Studienbücher für medizinische Berufe

Martin Trebsdorf
Paul Gebhardt

Biologie
Anatomie
Physiologie

LAU-Ausbildungssysteme

Anschriften der Verfasser:

Texte:
Dr. päd. Martin Trebsdorf
Albert-Schweitzer-Straße 9
Suhl

Illustrationen:
Dipl.-Med. päd. Paul Gebhardt
Steinbrücke 17
Quedlinburg

ISBN 3-928537-09-1

Printed in Germany

Vorwort

Im vorliegenden Buch wird mit vielen unterstützenden farbigen Abbildungen und Tabellen der Bau (Anatomie) und die Funktion (Physiologie, Biochemie) des gesunden menschlichen Körpers dargestellt.

Vom Umfang und Niveau entspricht es den Anforderungen, die an die Ausbildung von Krankenschwestern und -pflegern, Kinderkrankenschwestern, Hebammen, Physiotherapeuten, Assistenten in der Radiologie und im Labor, Arzthelferinnen und Altenpflegerinnen und -pflegern gestellt werden. Dabei fließen langjährige Erfahrungen der Autoren aus ihrer Lehrtätigkeit ein.

Aufbauend auf die Kenntnisse aus der allgemeinbildenden Schule werden zunächst die naturwissenschaftlich-biologischen Grundlagen erörtert. Danach wird der grundsätzliche Aufbau des Menschen aufgezeigt, ehe die einzelnen Organsysteme in ihrer Funktion speziell erläutert werden.

Durch das Einbringen von klinischen Bezügen und Krankheitsbildern soll der Text nicht nur aufgelockert, sondern auch darauf hingewiesen werden, daß gute Kenntnisse über den gesunden Körper Voraussetzungen für das Verstehen von Fehlfunktionen, d. h. Krankheiten, sind.

Für die wissenschaftliche Durchsicht des Manuskriptes sowie die zahlreichen Anregungen zu den Texten und Abbildungen gilt unser besonderer Dank Herrn Professor Dr. med. Peter Heinrich.

Für konstruktive Anregungen und Kritiken sind die Autoren jederzeit dankbar.

Reinbek, im Juli 1993

Martin Trebsdorf
Paul Gebhardt

Erläuterungen zu den Abkürzungen und Zeichen

Folgende allgemein gebräuchliche Abkürzungen wurden verwendet:

Abkürzung	**lateinischer Begriff**	**deutsche Bezeichnung**
A.	Arteria	Arterie
Aa.	Arteriae	Arterien (Plural)
Art.	Articulatio	Gelenk
C.	Cartilago	Knorpel
Col.	Columna	Säule
comm.	communis	gemeinsam
Gl.	Glandula	Drüse
Lig.	Ligamenta	Band
M.	Musculus	Muskel
N.	Nervus	Nerv
Nn.	Nervi	Nerven (Plural)
N. l.	Nodus lymphaticus	Lymphknoten
P.	Papilla	Warze, Bläschen, Knospe
Proc.	Processus	Fortsatz
R.	Ramus	Zweig, Ast
V.	Vena	Vene
Vv.	Venae	Venen (Plural)

Besonders hervorgehoben sind einzelne Passagen mit folgenden Markierungen:

█ Die nebenstehenden Textabschnitte sind wichtig.

➤ Die nachfolgende Information stellt einen Praxisbezug dar.

Inhaltsverzeichnis

1. Der menschliche Körper

Die Art Mensch bildet zusammen mit den Fischen, Lurchen, Kriechtieren und Vögeln die Gruppe der *Wirbeltiere*. Diese zeichnet sich durch eine Reihe übereinstimmender Merkmale aus, wie:

- Vorhandensein eines knöchernen Innenskeletts,
- Gliederung des Körpers in Kopf, Rumpf und Gliedmaßen,
- geschlossenes Blutgefäßsystem,
- mehrschichtige Haut,
- rückenseitig im Wirbelkanal und Schädel geschützt gelegenes Zentralnervensystem.

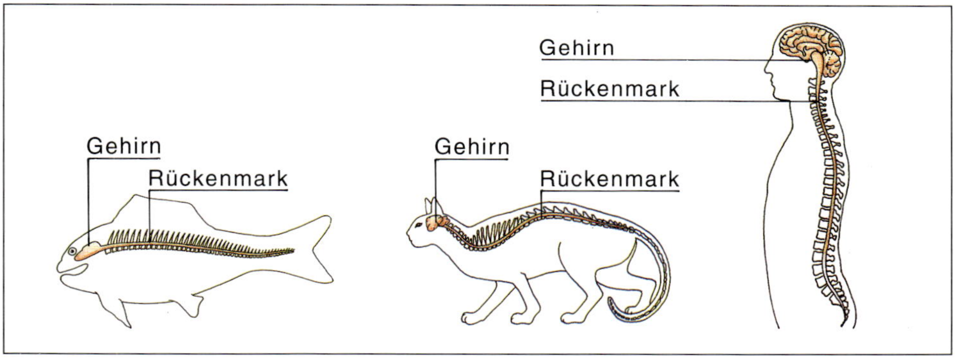

Abb. 1: Wirbeltiere.

Im engeren Sinn gehört er zu den *Säugetieren*, von denen die meisten gut an das Landleben angepaßt sind (Trockenlufttiere). Ermöglicht wird dies z.B. durch:

- innere Befruchtung und Verlagerung der Embryonalentwicklung in den Mutterleib,
- drüsenreiche Haut mit Haaren,
- Ausbildung von Schulter- und Beckengürtel,
- Lungenatmung.

Wie allgemein bekannt, zeigen die Individuen einer Art die mit Abstand meisten übereinstimmenden Merkmale (s. Abb. 2). Aber es gibt natürlich auch gerade bei Lebewesen mit relativ langer Jugendentwicklung und hoher Lebenserwartung, wie dem Menschen, eine Reihe wichtiger Unterschiede (s. Abschn. 1.2.), deren Kenntnis für das Verständnis insbesondere der Verhaltensweisen oder bestimmter Lebensfunktionen bedeutungsvoll ist.

1. 1. Gliederung

Schon auf den ersten Blick erkennt man, daß es sich in den Abbildungen 2, 3 und 4 um die Gattung Mensch handelt.
Die *Gestalt* des Menschen zeigt wichtige, übereinstimmende Merkmale.

1. 2. Unterschiede von Mensch zu Mensch

Jeder Mensch besitzt eine Vielzahl von Merkmalen, die ihn von allen anderen Artgenossen unterscheidet. Einige davon sind:
- Konstitution,
- Masse,
- Haut- und Haartyp,
- Verhalten,
- Widerstandsfähigkeit gegenüber Krankheiten.
- Größe,
- Muskelkraft,
- Nasen- und Lippenform,
- Hautleistenmuster,

1. 2. 1. Unterschiede zwischen Mann und Frau

Wie teilweise aus den Abbildungen ersichtlich, haben Frauen:
- geringere Körperlängen und Organmassen,
- eine rundlichere Körperform durch dickeres Unterhautfettgewebe,
- ein breiteres Becken,
- geringere Schulterbreite,
- größere Brustdrüsen mit dickerem Fettmantel,
- einen kleineren Kehlkopf und daher eine höhere Stimme,
- schwächere Körperbehaarung.

➤ Die Unterschiede werden maßgeblich durch die Wirkung verschiedener Hormone hervorgerufen und können daher durch künstliche Hormongaben beeinflußt werden.

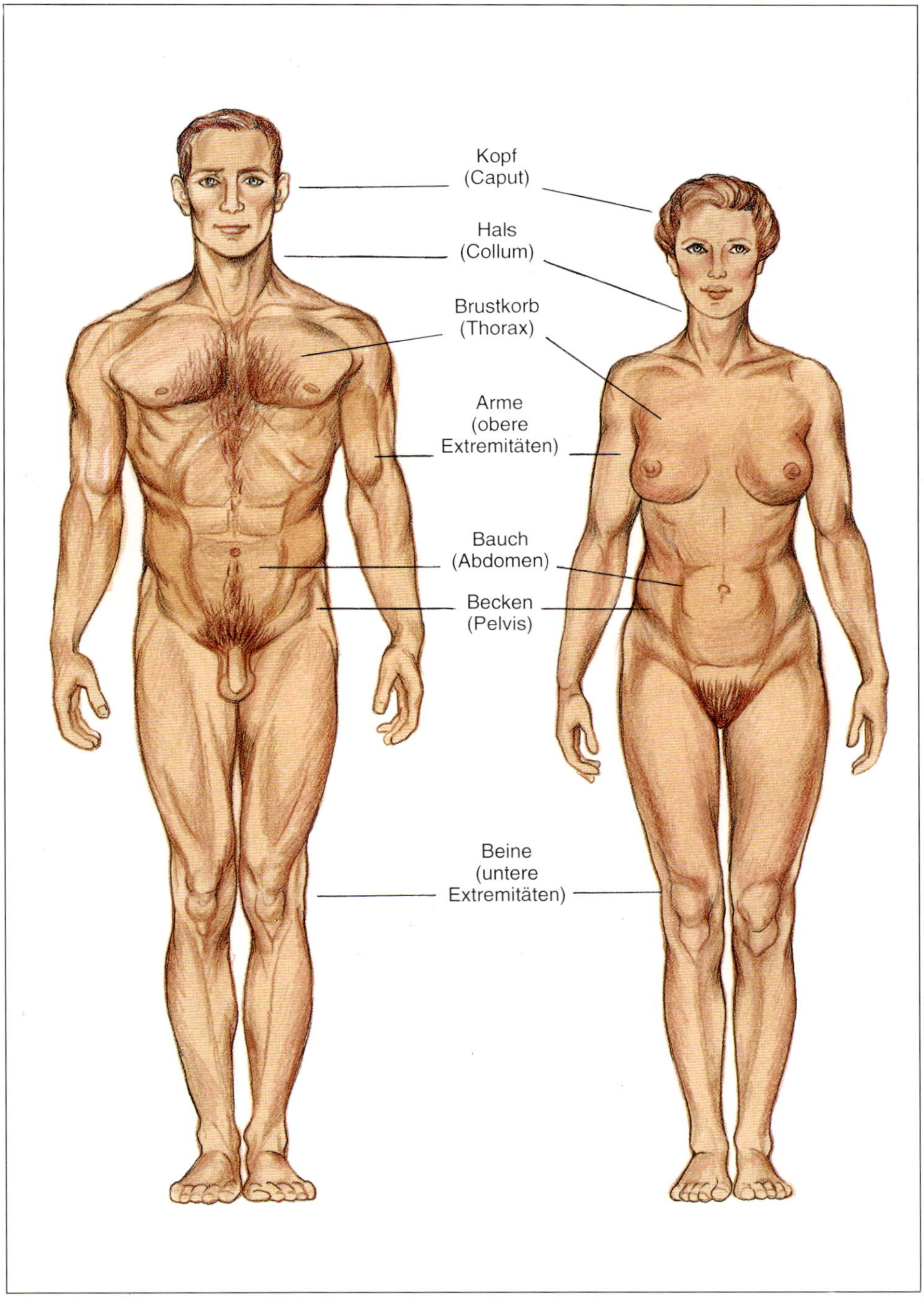

Abb. 2: Mann und Frau.

1. 2. 2. Wichtige Merkmale der kindlichen Gestalt

Hinsichtlich der Körpergestalt gibt es zwischen Jungen und Mädchen keine nennenswerten Unterschiede.
Im Vergleich mit Erwachsenen zeichnen sich Kinder aus durch:
- einen relativ großen Kopf, insbesondere den Gehirnteil betreffend, weil das Gehirn im 4. Lebensjahr bereits seine Endgröße erreicht,
- einen relativ großen Rumpf wegen der großen stoffwechselaktiven Organe,
- einen relativ großen Sagittaldurchmesser des Brustkorbes, weil die Rippen fast horizontal verlaufen und
- relativ kurze Beine.

➤ Beim Neugeborenen liegt der Bauchnabel und beim Erwachsenen die Symphyse etwa in der Körpermitte.

Nach der Geburt verlängert sich der Gesichtsteil u.a. durch:
- den Zahndurchbruch und
- die Bildung der Nasennebenhöhlen.

Interessant ist auch ein Vergleich zwischen dem Schädel des Menschen und dem der übrigen Säugetiere (s. Abb. 5).

Beim Menschen dominiert der Hirnschädel. Als Ursachen kommen in Frage:
- der aufrechte Gang,
- die stärkere Entfaltung des Endhirnes,
- die Reduktion der Kiefer,
- die Entwicklung von Sprache und Mimik sowie
- die Ernährung und Lebensweise des Menschen.

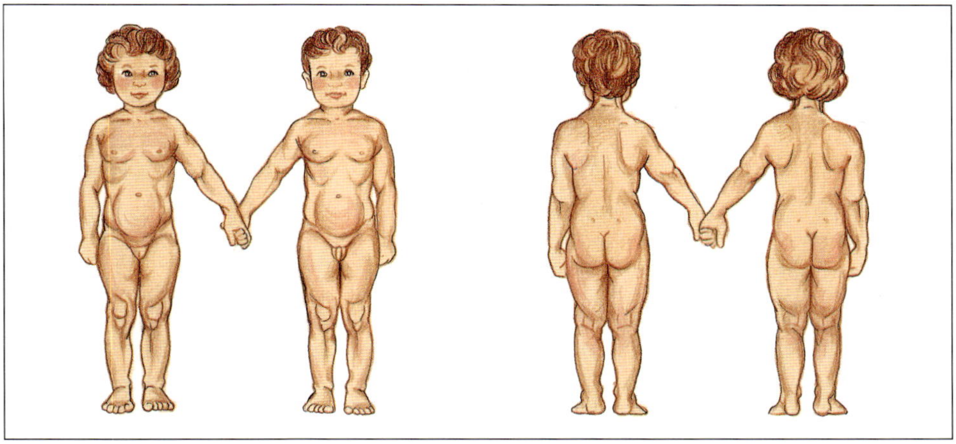

Abb. 3: Vergleich Junge - Mädchen.

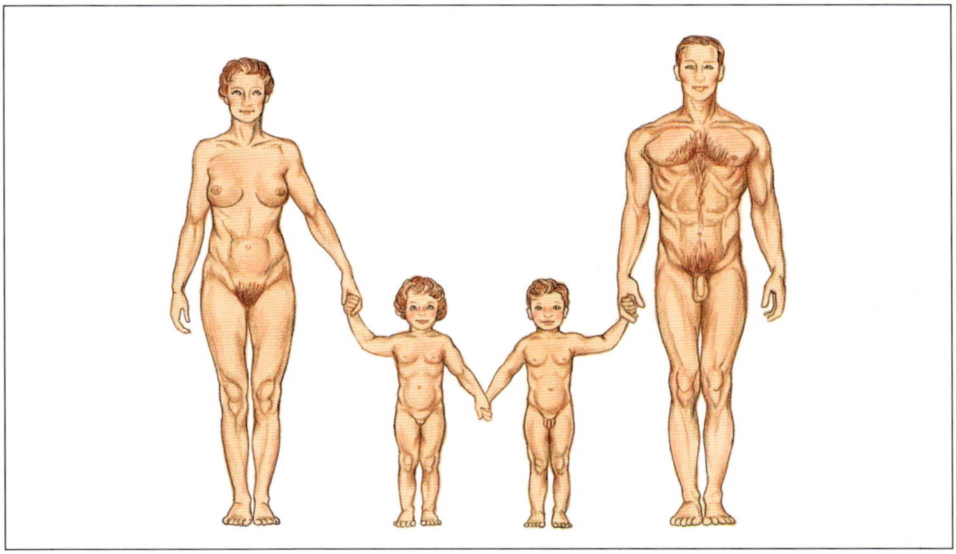

Abb. 4: Wichtige Merkmale der kindlichen Gestalt.

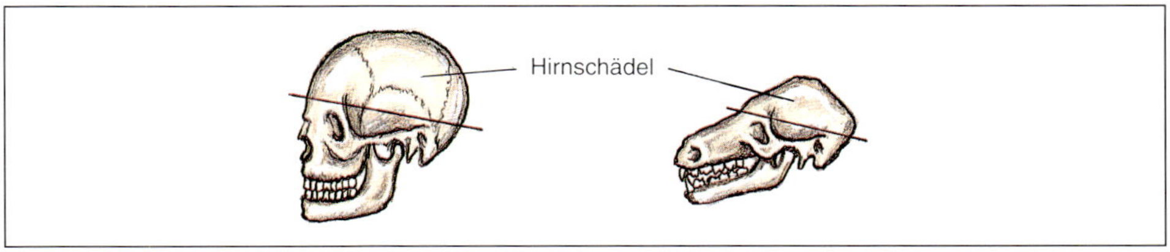

Abb. 5: Vergleich der Schädelformen Mensch - Säugetier.

1. 3. Orientierung am menschlichen Körper

Um z. B. die Lage eines Organs oder einer Verletzung exakt zu beschreiben, ist die Kenntnis der wichtigsten Lage- und Richtungsbezeichnungen notwendig.

Wir unterscheiden 4 Körperebenen (s. Abb. 6):

1. Die *Medianebene* teilt den Körper in zwei äußerlich spiegelgleiche (rechte und linke) Hälften.
2. Die *Sagittalebene* liegt parallel zur Medianebene.
3. Die *Frontalebene* zerlegt den Körper in einen vorderen und hinteren Abschnitt.
4. Die *Horizontal- oder Transversalebene* gliedert den Körper in einen oberen und unteren Abschnitt.

1. 4. Symmetrieverhältnisse

Der Mensch ist wie alle Wirbeltiere bilateral symmetrisch gebaut. Normalerweise müßte durch die Medianebene der menschliche Körper in zwei gleiche Hälften geteilt werden. Bei genauer Betrachtung fallen jedoch eine Reihe von Asymmetrien auf, die dem widersprechen. Bereits in der intrauterinen Entwicklung kommt es zur Bildung primärer Asymmetrien, wie:

- Abstieg und Verlagerung des Herzens,
- Darmdrehungen und
- Rückbildung paarig angelegter Organe (Aorta, Hohlvenen).

Diese primären Asymmetrien ziehen sekundäre nach sich, wie:

- Asymmetrie der Lungen aufgrund der Verlagerung des Herzens nach links.
- Die rechts liegende Leber drängt die rechte Niere nach unten.

Darüber hinaus gibt es zahlreiche zufällige Unterschiede der beiden Körperhälften, die meist belanglos sind. Am Gesicht läßt sich dies erkennen. Bedeutungsvoll werden sie dann, wenn Körperfunktionen beeinträchtigt werden, z.B.:

- Behinderung der Atmung durch schrägstehendes Nasenseptum.
- Schnellere Abnutzung der Wirbelsäule bei Beckenschiefstand, verursacht durch unterschiedliche Beinlängen.

Schließlich gibt es auch funktionelle Asymmetrien. Obwohl beide Großhirnhälften des Menschen gleichgebaut sind, übernimmt in der Regel die linke Hälfte die Führung. Im Bereich des Hirnstammes kreuzen die Nervenbahnen. Entwicklungsgeschichtlich ist es zu einer stärkeren Ausprägung der linken Hirnhälfte gekommen. Dies erkennt man an der Bevorzugung der rechten Körperhälfte, insbesondere durch die Rechtshändigkeit der meisten Menschen.

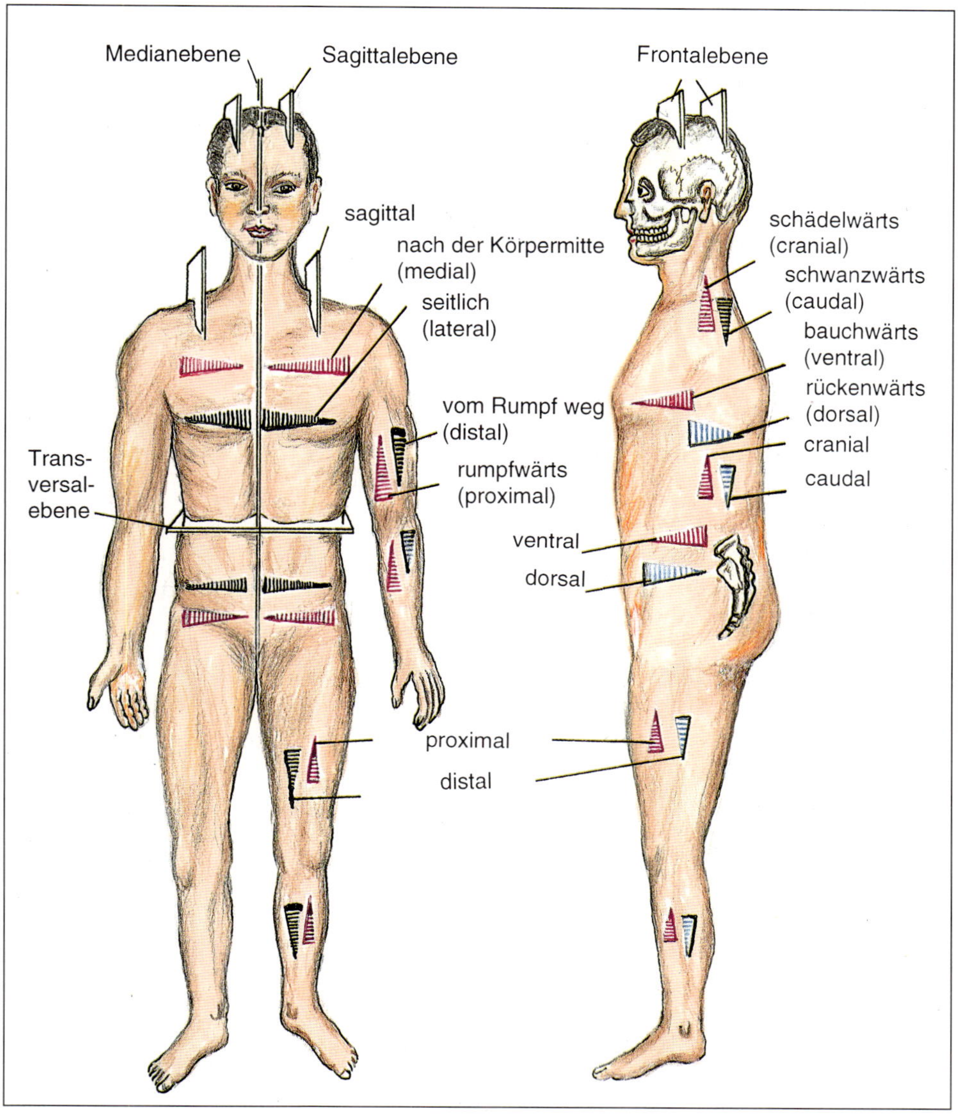

Abb. 6: Körperebenen und Richtungsbezeichnungen.

Darüber hinaus sind noch folgende Richtungsbezeichnungen gebräuchlich:
superior = darüber liegend,
inferior = darunter liegend,
anterior = davor liegend,
posterior = dahinter liegend.

Aufgaben zur Wiederholung

1. Nehmen Sie eine Einordnung des Menschen in die belebte Welt der Organismen vor und begründen Sie diese!

2. Definieren Sie die systematische Kategorie Art!

3. Beschreiben Sie die Gestalt des Menschen!

4. Begründen Sie die Unterschiede in der Gestalt zwischen Mann und Frau!

5. Nennen Sie wesentliche Unterschiede im Körperbau zwischen Neugeborenen bzw. Kindern und Erwachsenen und begründen Sie diese!

6. Beschreiben Sie die Lage der vier Körperebenen. Wieviele gibt es von jeder?

7. Beschreiben Sie mit Hilfe der Richtungsbezeichnungen die Lage
   a) des Ellenbogengelenks,
   b) des Kniegelenks,
   c) des Brustbeins,
   d) der Wirbelsäule,
   e) des Bauchnabels.

8. Betrachten Sie Ihr Gesicht im Spiegel! Welche Asymmetrien erkennen Sie?

2. Biologische Grundlagen

Der Mensch ist ein Teil der belebten Natur. Zwischen allen Lebewesen und der Umwelt bestehen lebensnotwendige Wechselwirkungen. Besonders wichtig sind:

1. die ständige Aufnahme und Abgabe von Stoffen und Energie sowie
2. die ständige Aufnahme und Abgabe von Informationen.

Für jedes Lebewesen sind die aus der Umwelt aufgenommenen Stoffe *körperfremd*. In den Zellen werden sie in *körpereigene* Stoffe umgewandelt (= Assimilation).

Autotrophe Assimilation
Die grünen Pflanzen sind als autotrophe Lebewesen in der Lage, im Prozeß der Photosynthese die anorganischen energiearmen Stoffe CO_2 und H_2O mit Hilfe ihres Chlorophylls und unter Nutzung der Lichtenergie in den energiereichen organischen Stoff Glukose umzuwandeln (= autotrophe Assimilation). Die Glukose wiederum dient der Pflanze zusammen mit einigen weiteren anorganischen Stoffen (z.B. N, S, P) als Ausgangsstoff für die Synthese der verschiedensten körpereigenen organischen Stoffe (z.B. Eiweiße, Fette, Vitamine, Farbstoffe) und als Energielieferant.

Heterotrophe Assimilation
Alle Lebewesen ohne Chlorophyll, also auch der Mensch, nehmen organische energiereiche Stoffe auf, die letztendlich immer von chlorophyllhaltigen Zellen stammen, und wandeln diese in körpereigene Stoffe um.

Merke: Die Photosynthese ist der wichtigste Assimilationsprozeß auf der Erde, weil durch sie sowohl die stoffliche als auch die energetische Grundlage für alle heterotrophen Organismen geschaffen werden. Außerdem produziert sie den gesamten molekularen Sauerstoff auf der Erde.

In der kleinsten Struktureinheit, der Zelle, vollziehen sich durch Wechselwirkung mit ihrer unmittelbaren Umgebung die für das Leben notwendigen Funktionsabläufe.
Im folgenden beschäftigen wir uns zunächst mit allgemeinen Grundlagen der Lebensvorgänge.

2. 1. Baustoffe des menschlichen Körpers und ihre biologische Bedeutung

2. 1. 1. Wasser

Der erwachsene Mensch besteht zu 60% aus Wasser. Das Wasser ist ein polarisiertes Molekül, weil die Elektronen der beiden Wasserstoffatome mehr zum Sauerstoff gezogen werden. Dieser Dipolcharakter erlaubt ihm, sich an Ionen anzulagern.

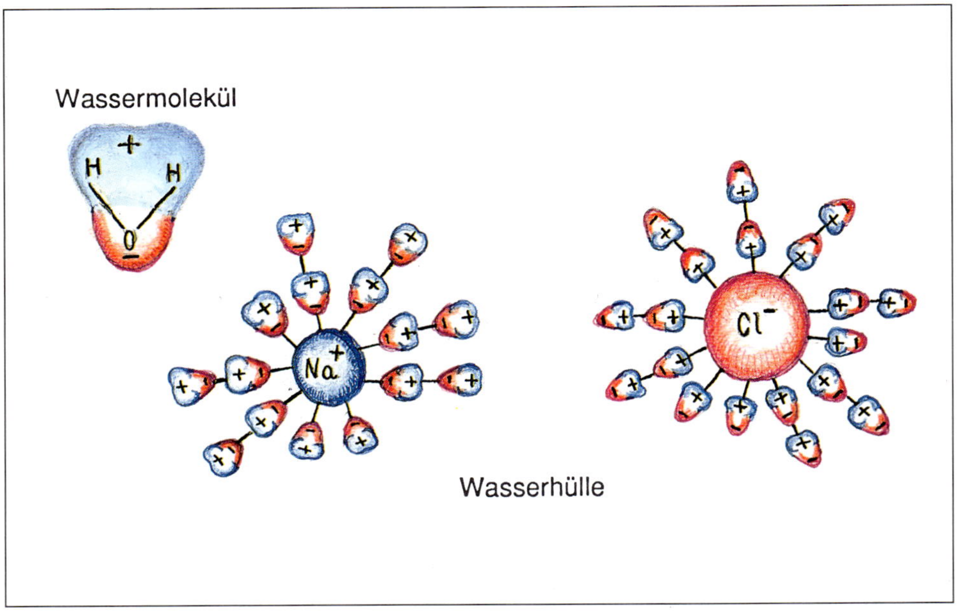

Abb. 7: Wassermolekül und Hydratation.

Der Vorgang der Wasseranlagerung wird als *Hydratation* bezeichnet. Er spielt für Wasser- und Elektrolytverschiebungen zwischen den Flüssigkeitsräumen des Körpers und bei Lösungsvorgängen eine wichtige Rolle.
Wasser kommt in Molekülverbänden vor. Aufgrund seiner inneren Struktur kann es viel Wärme aufnehmen und transportieren. Diese Eigenschaft ist eine wichtige Voraussetzung für die Regulation der Körpertemperatur.

Merke: Wasser erfüllt aufgrund seiner chemischen und physikalischen Eigenschaften im Organismus folgende Aufgaben:

- Lösungs- und Transportmittel für:
  Elektrolyte, Hormone, Glukose,
  Aminosäuren, Stoffwechselzwischen- und
  Stoffwechselendprodukte.
- Wärmeregulation,
- Reaktionsmedium für die chemischen Reaktionen in der Zelle.

2. 1. 2. Mineralstoffe

Die Mineralstoffe (Salze) liegen entweder dissoziiert (= Elektrolyte) oder in gebundener Form vor.
Die Elektrolytkonzentrationen sind relativ hoch und für den intra- (IZR) und extrazellulären Raum (EZR) charakteristisch, wie die folgende Tabelle zeigt.

Tab. 1: Elektrolytkonzentrationen

	IZR (mmol/l)	**EZR (mmol/l)**	**hauptsächliche Funktion**
Natrium (Na^+)	10	142	Grundvoraussetzung für die Erregbarkeit
Kalium (K^+)	160	4	
Calcium (Ca^{2+})	107	5	Blutgerinnung, Muskelkontraktion
Magnesium (Mg^{3+})	2	17	Bestandteil zahlreicher Enzyme
Chlorid (Cl^-)	3	103	HCL-Produktion im Magen

Alle übrigen Mineralstoffe kommen nur in sehr geringen Mengen vor und werden deshalb als *Spurenelemente* bezeichnet.

Spurenelemente

	Bedeutung
Eisen	: Zentralatom des Hämoglobins,
Kupfer	: Zentralatom vieler Enzyme,
Zink	: Bestandteil des Insulins,
Mangan	: Bindegewebs- und Skelettentwicklung,
Kobalt	: Zentralatom des Vitamin B_{12},
Jod	: Charakteristikum der Schilddrüsenhormone Trijodthyronin und Thyroxin,
Fluor	: Knochen- und Zahnaufbau.

Merke: In allen Körperflüssigkeiten liegen charakteristische Elektrolytkonzentrationen vor. Die dominierenden Ionen im IZR sind K^+ und Eiweißionen, im EZR Na^+ und Cl^-.

➤ Veränderungen der Mineralstoffkonzentrationen führen zu schweren Funktionsstörungen.

2. 1. 3. Kohlenhydrate, Fette und Eiweiße

Kohlenhydrate, Fette und Eiweiße sind *energiereiche organische Stoffe*. Sie werden als *Bau-, Betriebs- und Funktionsstoffe* benötigt.
Für diese Stoffe besteht ebenfalls ein Mindestbedarf.

Kohlenhydrate
Die Kohlenhydrate sind die einzigen immer genutzten *Energielieferanten* für die Zellen. Darüber hinaus sind sie Baustein für viele wichtige Verbindungen (siehe Tabelle 2).
Im Blut des Menschen befindet sich immer eine definierbare Glukosekonzentration.
Glykogen ist die Speicherform der Kohlenhydrate im tierischen Organismus. Gespeichert wird es in der Muskulatur (= Muskelglykogen) und in der Leber (= Leberglykogen).
Der Muskelglykogenvorrat ist relativ stabil und beträgt ca. 300 g. Die Leberglykogenmenge wird mit ca. 100 g angegeben und ist sehr beweglich.
Glykogen kann bei Bedarf rasch in Glukose umgewandelt werden. Umgekehrt läßt sich Glukose sehr schnell in Glykogen umwandeln.

Tab. 2: Übersicht über wichtige Kohlenhydrate und ihre biologische Bedeutung im menschlichen Körper

Gruppe	**Vertreter**	**Biologische Bedeutung**
Monosaccharide	Glukose (Hexose)	Energiespender Baustein und Reaktionspartner
	Fruktose (Hexose)	Reaktionspartner
	Ribose (Pentose)	Baustein der RNA
	Desoxyribose (Pentose)	Baustein der DNA
Polysaccharide	Glykogen	Speicherung

Merke: Kohlenhydrate sind Energielieferant Nr. 1. Die Möglichkeit der raschen Umwandlung von Glukose in Glykogen und umgekehrt garantiert einen konstanten Blutzuckerspiegel.

Fette

Fette stellen eine heterogene Stoffgruppe dar, die *wasserunlöslich* ist. Für unsere Betrachtung kommen in Frage:
- Triglyceride,
- Phosphatide,
- Cholesterol,
- Steroidhormone.

Triglyceride sind Triester des Glycerols mit gleichen oder verschiedenen gesättigten oder ungesättigten Fettsäuren.

Glycerol — FS
Glycerol — FS
Glycerol — FS

Einige Fettsäuren kann der Körper selbst synthetisieren. Andere müssen (obwohl lebensnotwendig) essentiell zugeführt werden. Die wichtigste Fettsäure für den Menschen ist die Linolsäure.
Mehrfach ungesättigte Fettsäuren werden besonders für den Aufbau von Biomembranen (siehe S. 30) benötigt.

➤ Ungesättigte Fettsäuren sind besonders in pflanzlichen Fetten enthalten, weshalb diese für die Ernährung wertvoller als tierische sind.

Triglyceride dienen
- als Speicherstoff und Energiespeicher,
- dem mechanischen Schutz und
- der Wärmeisolation.

Phosphatide werden beim Aufbau der Biomembranen benötigt und spielen eine wichtige Rolle beim Transport wasserunlöslicher Substanzen.

Cholesterol befindet sich wie die Phosphatide in allen Zellen und wird ebenfalls für den Aufbau der Biomembranen benötigt. Cholesterol kommt vor:
- in freier (unveresterter Form) in den Zellen,
- in gebundener (veresterter Form) im Blutplasma.

➤ Ein erhöhter Cholesterolspiegel im Blut (Hypercholesterinämie) zählt neben dem Übergewicht zu den ernährungsbedingten Risikofaktoren für Arteriosklerose mit den möglichen Folgen eines Herzinfarkts oder Schlaganfalls.

Steroidhormone (siehe Endokrines System).

Merke: Fettstoffe dienen als Speicherstoffe (Triglyceride) und sind wichtige Membranbausteine (Phosphatide, Cholesterol) sowie Lösungsmittel der Vitamine A, D, E, K.

Eiweiße

Eiweiße werden auch als Proteine bezeichnet. Sie gehören zu den Makromolekülen (relative Molekülmasse: 10^4 bis > 10^6). Die *Grundbausteine* der Eiweiße sind 20 verschiedene *Aminosäuren*, von denen Isoleuzin, Leuzin, Lysin, Methionin, Phenylalanin, Threonin, Tryptophan und Valin essentiell sind.

Die Eiweiße sind Polypeptide, d.h. sie bestehen aus vielen durch die sogenannte *Peptidbindung (CO-NH)* miteinander verknüpften Aminosäuren.

Dabei reagiert die Karboxylgruppe (- COOH) der einen Aminosäure mit der Aminogruppe (- NH_2) einer zweiten unter Wasserabspaltung.

Tab. 3

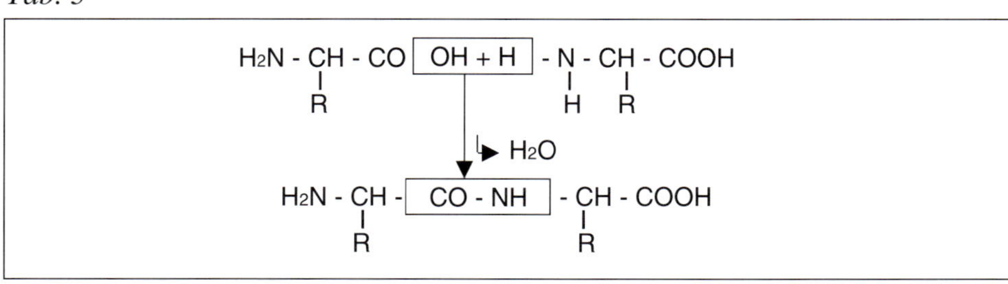

Proteide sind zusammengesetzte Eiweiße. Sie enthalten noch andere Bestandteile wie z.B. Lipide, Kohlenhydrate, Farbstoffe.
Die Proteine liegen in verschiedenen Strukturen vor, die für ihre biologische Aktivität bedeutungsvoll sind.

Primärstruktur:	Genetisch festgelegte Aufeinanderfolge (= Sequenz) der Aminosäuren, für die es eine gigantische Fülle von Möglichkeiten gibt.
Sekundärstruktur:	Spiralform (= Helixstruktur), lange Peptidketten.
Tertiärstruktur:	Knäuelartige Aufwindung der Sekundärstruktur durch intramolekuläre Wechselwirkungen.
Quartiärstruktur:	Räumliche Anordnung mehrerer Tertiärstrukturen durch weitere intramolekulare Wechselwirkungen.

Aminosäuren bilden Ionen, und zwar
- in neutraler Lösung (pH: 7): Zwitterionen,
- in saurer Lösung (pH < 7): Kationen,
- in basischer Lösung (pH > 7): Anionen.

Tab. 4: Verhalten von Aminosäuren in Lösungen mit unterschiedlichen pH-Werten

Das H^+ der Karboxylgruppe wandert zur Aminogruppe

Zwitterion
R - CH - COO^-
NH_3^+

Kation
R - CH - COOH
I
NH_3^+

Bei H^+-Überschuß in saurer Lösung nimmt die Karboxylgruppe H^+ auf. Es entsteht ein Kation.

Anion
R - CH - COO^-
I
NH_2

Bei OH^--Überschuß in basischer Lösung verbindet sich das H^+ der Aminogruppe mit dem OH^- zu H_2O. Es entsteht ein Anion.

Die Fähigkeit, überschüssige H^+ bzw. OH^- chemisch zu binden, trägt zur Konstanthaltung des pH-Wertes der Körperflüssigkeiten bei (siehe auch Abschnitt: Pufferung, S. 53).

Die außerordentlich hohe biologische Aktivität der Proteine liegt begründet in ihrer

- Strukturvielfalt und
- chemischen Reaktionsfreudigkeit.

Die wichtigsten biologischen Funktionen der Eiweiße sind

- Bau- und Strukturstoff aller Zellen,
- Stoffwechselsteuerung als Enzyme und Hormone,
- Abwehr durch Antikörperbildung,
- Die in der Gerinnungskaskade wirkenden Stoffe sind Eiweiße,
- Bewegung durch kontraktile Eiweiße, vor allem in Muskelzellen bzw. -fasern,
- Stofftransport durch Transportproteine,
- Festigung durch Strukturproteine (z.B. Kollagen) in Haut, Sehnen, Knorpel, Knochen,
- Pufferung.

2. 2. Zellen und ihr umgebendes Mileu

Zellen sind die Grundbausteine auch des menschlichen Organismus. Schon ein einziger Blutstropfen enthält ca. 5 Mill. Blutzellen. In Anpassung an bestimmte Funktionen haben sich vielfältige Zellformen herausgebildet, z. B. Knochenzellen, Nervenzellen, Epithelzellen, Fettzellen etc..
Gewebe sind Zellverbände aus annähernd gleichartig differenzierten Zellen und der von ihnen abgegebenen Interzellularsubstanz, z. B. Muskelgewebe, Nervengewebe, Binde- und Stützgewebe, Epithelgewebe.
Organe sind Teile des Menschen, die meist aus verschiedenen Geweben bestehen und eine funktionelle Einheit bilden, z. B. Auge, Herz, Niere, Lunge.
Organsysteme sind Funktionseinheiten, die meist aus mehreren Organen bestehen. Das Verdauungssystem z. B. besteht aus den Organen Mund, Rachen, Speiseröhre, Magen, Darm.

Der menschliche Organismus besteht aus Zellen, Geweben, Organen und Organsystemen.

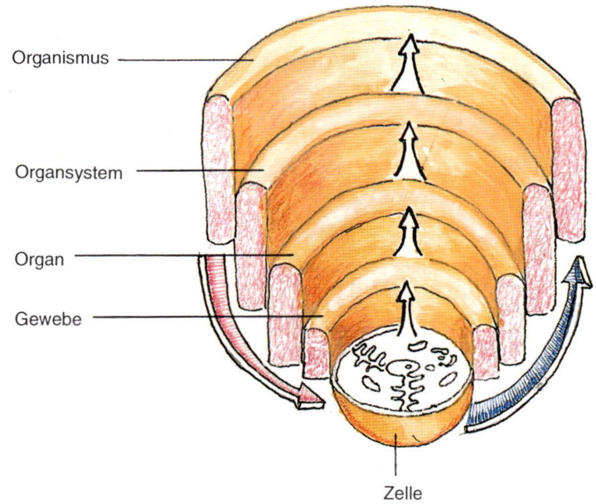

Abb. 8: Aus der Zelle entwickelt sich durch Zusammenschluß Gewebe; unterschiedliche Gewebe bilden Organe und Organe schließen sich zu Organsystemen zusammen.

2. 2. 1. Bau der Zelle

Die Zellenlehre (Zytologie) beschreibt den grundsätzlichen Aufbau und die Leistungen der Zellen.
Die Zelle ist die kleinste selbständige Bau- und Funktionseinheit mit den Kennzeichen des Lebens:

- Vermehrungsfähigkeit (Fortpflanzung),
- Formwechsel (Wachstum und Entwicklung),
- Informationswechsel (Aufnahme, Weiterleitung, Verarbeitung, Speicherung und Abgabe von Informationen),
- Stoff- und Energiewechsel.

Zellen sind im Prinzip identisch gebaut. Sie variieren allerdings aufgrund unterschiedlicher Funktionen vor allem in ihrer Gestalt und ihren funktionellen Bestandteilen (s. Abb. 9).

Menschliche Zellen:

- durchschnittliche Größe:	0,01-0,03 mm,
- kleinste Zellen:	Blutplättchen (0,002 mm),
- größte Zelle:	Eizelle (0,15 mm),
- längste Zellen:	Nervenzelle mit Neuriten (1 m).

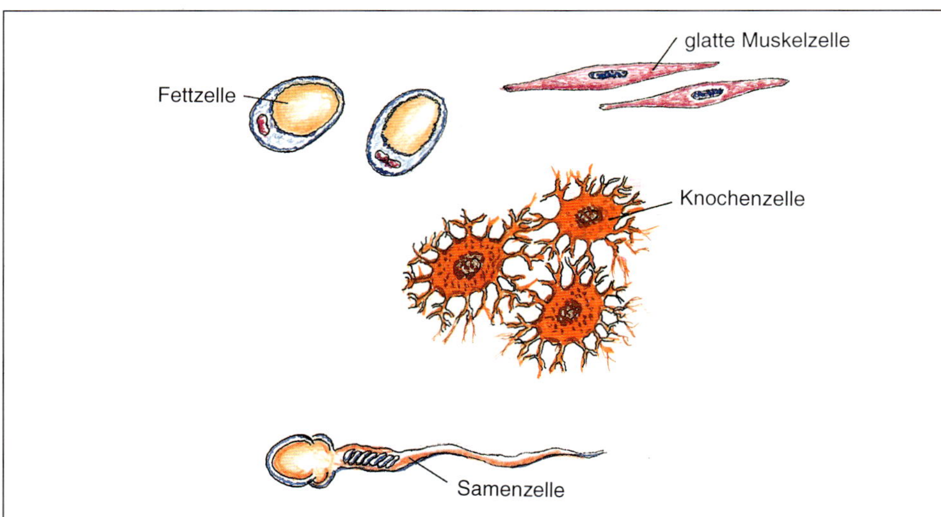

Abb. 9: Verschiedene Zellformen.

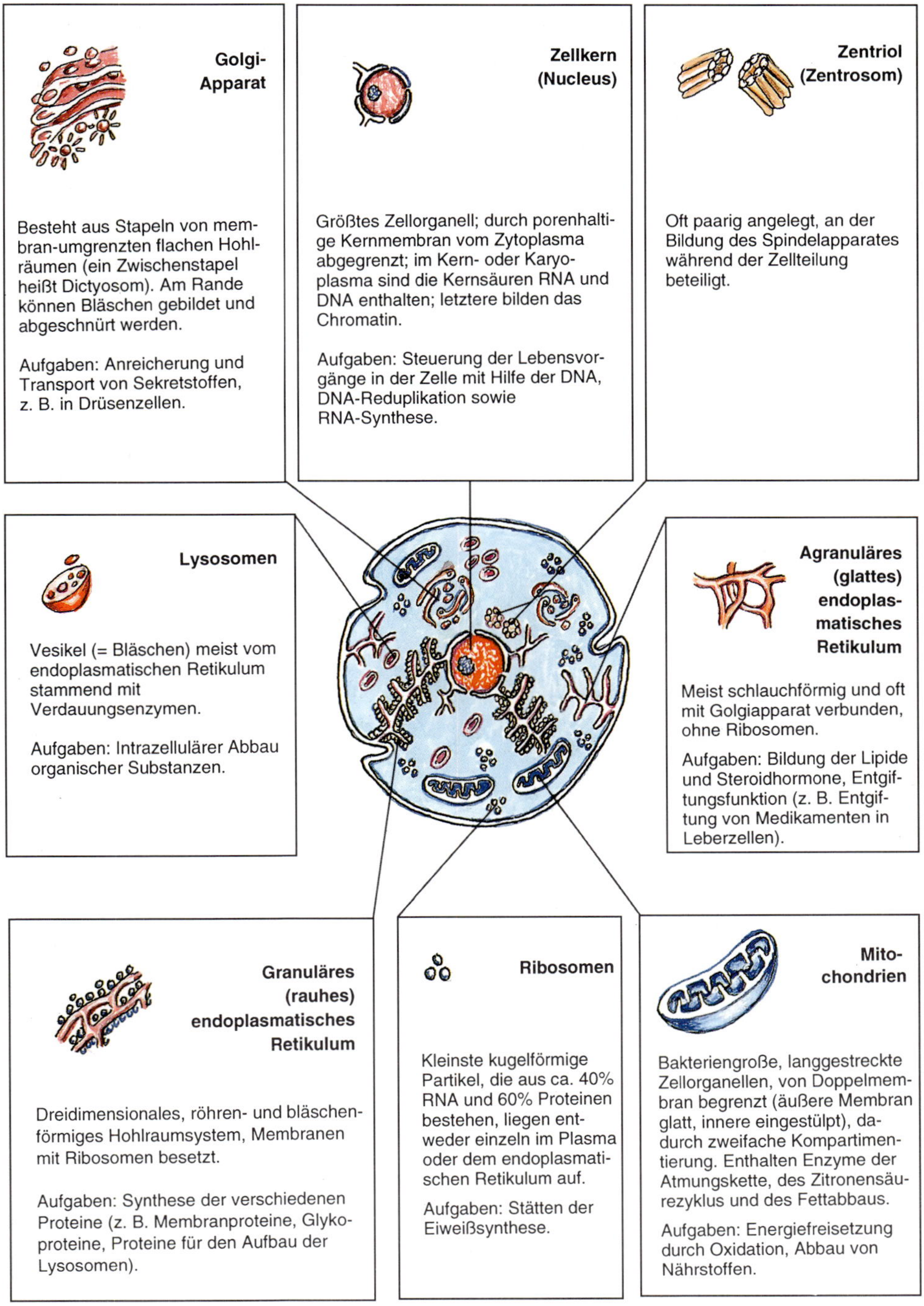

Abb. 10: Bestandteile einer tierischen Zelle und ihre Hauptfunktionen.

Das *Zellplasma* ist ein kolloidales System mit wechselndem Sol-Gel-Zustand und besteht hauptsächlich aus:
- Eiweißen,
- Ionen (vor allem Na^+, K^+, Ca^{2+}, Cl^-, PO_4^{2-}, SO_4^{2-}),
- löslichen Kohlenhydraten und Nukleinsäuren.

Zellmembran
Alle Membranen der Zelle sind im Prinzip gleichartig gebaut. Sie bestehen vorwiegend aus Fettstoffen und Membranproteinen. Deshalb spricht man von der Elementarmembran.

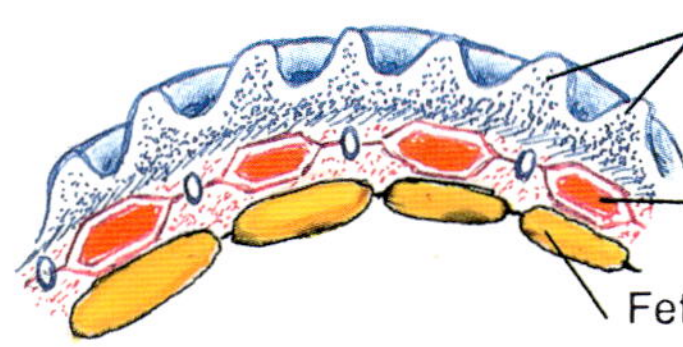

Abb. 11: Elementarmembran mit Glykokalyx.

Die Zellmembran der tierischen Zellen enthält Eiweißmoleküle mit Kohlenhydratketten an der Außenseite. Letztere bilden die Glykokalyx, welche für den Kontakt mit der Zellumgebung verantwortlich ist.

Kompartimente
Durch die Membransysteme wird die Zelle in viele Reaktionsräume aufgeteilt, die als Kompartimente bezeichnet werden.
Dadurch können in einer Zelle *gleichzeitig verschiedene Reaktionen* ablaufen.

2. 2. 2. Kompartimente des Körpers

Als Kompartimente des Körpers werden folgende *Flüssigkeitsräume* betrachtet:

1. Extrazellulärer Raum mit extrazellulärer Flüssigkeit:
   - Interstitieller Raum (= Zwischenzellraum) mit der interstitiellen Flüssigkeit,
   - Intravasaler Raum (= Raum in den Blut- und Lymphgefäßen) mit der Blut- und Lymphflüssigkeit, (Vas = Gefäß).
2. Intrazellulärer Raum (= Gesamtheit der Zellinnenräume) mit der intrazellulären Flüssigkeit.

Die folgende Darstellung zeigt die Beziehungen der Kompartimente untereinander und zur Umwelt sowie die quantitative Verteilung der Körperflüssigkeiten. Die Permeabilität (= Durchlässigkeit) der Barrieren (= Kapillar-, Zellmembran) gilt nur für passive Transportvorgänge (s. S. 33).

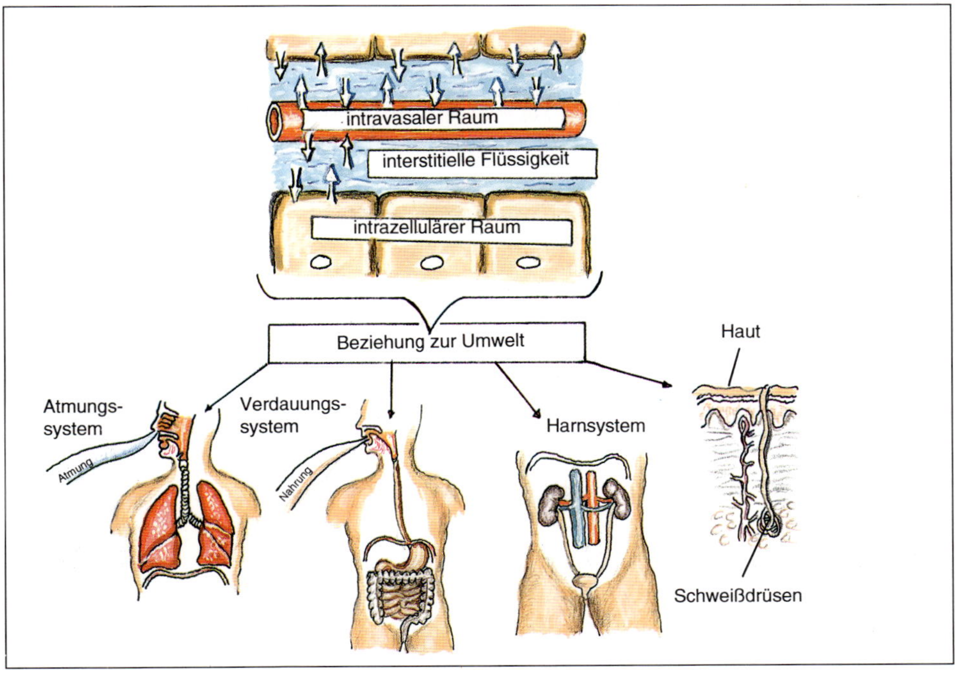

Abb. 12: Darstellung der Kompartiments-Beziehungen.

Die Körperflüssigkeiten sind Lösungen und bestehen aus dem Lösungsmittel Wasser, in dem eine Vielzahl lebenswichtiger Stoffe enthalten ist.

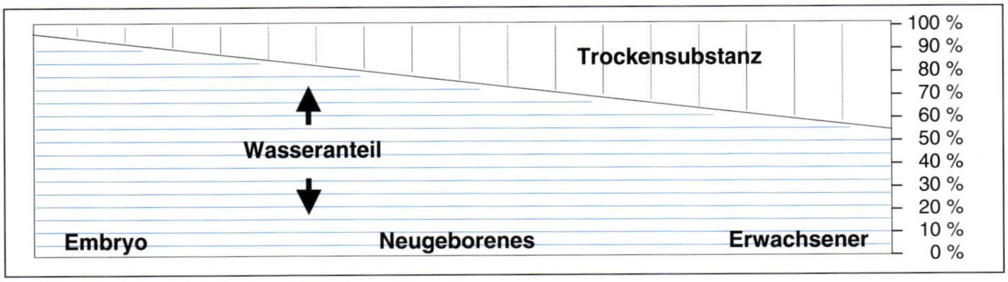

Abb. 13: Vergleich Wasseranteil - Trockensubstanz verschiedener Altersstufen.

➤ Mit zunehmendem Alter sinkt der Flüssigkeitsgehalt.

2. 2. 3. Körperflüssigkeiten und inneres Milieu

Als inneres Flüssigkeitsmilieu - kurz inneres Milieu genannt - werden die chemischen und physikalischen Eigenschaften der Körperflüssigkeiten bezeichnet.

Das innere Milieu ist die Funktionsumwelt der Zellen.

Die konstante Zusammensetzung dieses flüssigen Milieus ist eine unabdingbare Voraussetzung für den lebensnotwendigen Stofftransport zwischen den einzelnen Flüssigkeitsräumen.
Die Konstanthaltung (Homöostase) des inneren Milieus bezieht sich auf:
- die Einstellung des normalen Wassergehaltes (Isotonie),
- die Einstellung des normalen Elektrolytgehaltes (Isoionie),
- die Einstellung des normalen pH-Wertes (Isohydrie).

➤ Jede Veränderung des inneren Milieus hat Auswirkungen auf den Stoffwechsel des Organismus. Solche Veränderungen entstehen z.B. durch:
- Flüssigkeitsverluste bei extremem Schwitzen oder Durchfällen,
- Störungen des Elektrolytgehaltes bei Nierenerkrankungen,
- Eiweißmangel bei Hunger oder Leberschäden und
- bestimmten Medikamenten.

Wasser- und damit auch Salzverluste bei Säuglingen können lebensbedrohlich sein. Deshalb muß bei Erbrechen und Durchfällen auf ausreichende Flüssigkeits- und Salzzufuhr geachtet werden.

Für die Zusammensetzung und Menge der Körperflüssigkeiten sind vor allem der Wasseranteil und die darin gelösten Eiweiße und Elektrolyte bedeutungsvoll.

2. 3. Formen des Stofftransports im Organismus

In die Zellen, innerhalb der Zellen, zwischen den Zellen und aus den Zellen muß eine Vielzahl von Stoffen transportiert werden:

zum Beispiel: - Nährstoffe, - Mineralstoffe, - Vitamine,
- Atemgase, - Harnstoff, - Hormone.

Der vielzellige Organismus nutzt zu dessen Realisierung verschiedene Transportformen:

- passive Transportformen (= Formen, die ohne Energie aus dem Stoffwechsel ablaufen),
- aktive Transportformen (= Formen, die Energie aus dem Stoffwechsel benötigen).

Eine wichtige Voraussetzung für den geordneten Stofftransport stellen die Biomembranen als Barrieren mit veränderlicher Permeabilität (Durchlässigkeit) dar.

2. 3. 1. Passiver Transport

Als passive Transportprozesse sind zu besprechen:
- Diffusion
- Osmose
- Filtration

Diffusion

Versuch

Wir geben in eine Petrischale zuerst etwas Wasser und danach wenige Kristalle Kaliumpermanganat oder einen Tropfen eines wasserlöslichen Farbstoffes.

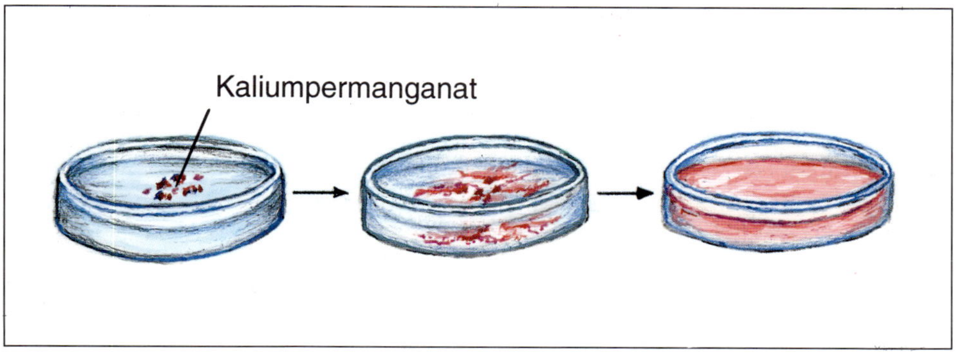

Abb. 14: Diffusion.

Was geschieht?

1. Die Farbstoffteilchen bewegen sich vom Ort ihrer höheren zum Ort ihrer niedrigeren Konzentration (sichtbar).
2. Die Wasserteilchen bewegen sich ebenfalls vom Ort ihrer höheren zum Ort ihrer niedrigeren Konzentration (unsichtbar).

Unter *Diffusion* versteht man die Wanderung von Teilchen vom Ort ihrer höheren zum Ort ihrer niedrigeren Konzentration aufgrund der Eigenbeweglichkeit der Teilchen bis zum Konzentrationsausgleich. Dieser Transportprozeß verläuft relativ langsam und setzt deshalb im Organismus außer dem Konzentrationsgefälle hinreichend große Austauschflächen und sehr kurze Wege voraus.

Vorkommen

Gasaustausch zwischen der Luft und dem Blut in der Lunge bzw. dem Blut und den Zellen in den Geweben.

Osmose

Wie auf S. 30 beschrieben, befinden sich die Inhaltsstoffe einer Zelle in Kompartimenten, die durch Membranen (= dünne Häutchen) voneinander getrennt sind.

Diese Membranen wirken ähnlich einem Sieb mit einer bestimmten Porenweite: Kleine Teilchen, z.B. H_2O-, O_2-, CO_2-Moleküle, können hindurch diffundieren, größere Teilchen, z.B. Eiweißmoleküle, nicht.

Solche Membranen heißen *halbdurchlässige = semipermeable Membranen.*

Ein Experiment soll Klarheit über die genaueren Vorgänge an einer solchen semipermeablen Membran schaffen.

Reines Wasser wird durch eine semipermeable Membran von einer Kochsalzlösung getrennt. Die Kochsalzlösung ist die Lösung mit der höheren Konzentration[1)] (= hypertone Lösung) und entspricht dem Zellplasma. Das Wasser ist die Lösung mit der niederen Konzentration (= hypotone Lösung) und entspricht der Außenlösung einer Zelle.

1) Konzentration bezieht sich auf die Menge der im Lösungsmittel Wasser gelösten osmotisch aktiven Teilchen.

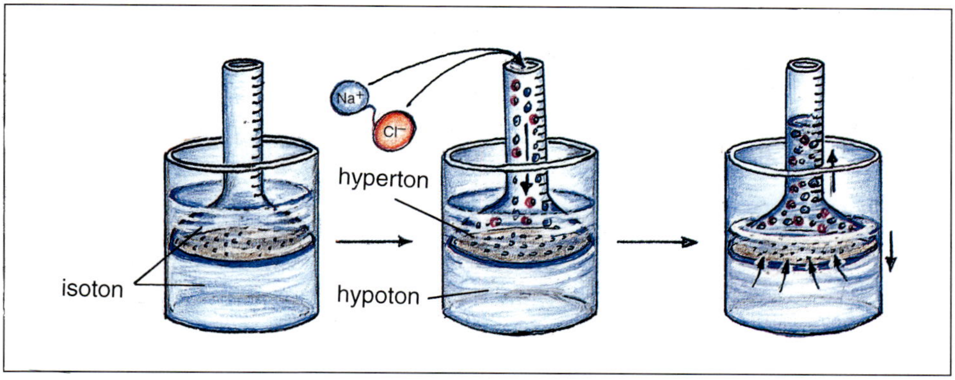

Abb. 15: Osmose.

Beobachtung:
Das Flüssigkeitsvolumen im inneren Gefäß vergrößert sich.

Erklärung:
Die semipermeable Membran läßt nur die Wasserteilchen hindurch, welche entsprechend ihrem Konzentrationsgefälle von außen nach innen diffundieren.

Wird die Bewegung bestimmter größerer Teilchen (hier Na^+ u. Cl^-) durch eine halbdurchlässige Membran behindert, können also nur kleinere Teilchen (hier Wasserteilchen) durch die Membran, spricht man von Osmose.

Die größeren Teilchen werden als osmotisch aktive Teilchen bezeichnet, der von ihnen hervorgerufene Druck als osmotischer Druck.
Verursachen Kolloide (z.B. Eiweiße) den osmotischen Druck, heißt er *kolloidosmotischer (KOD) oder onkotischer Druck.*

Vorkommen:
- Wasseraufnahme der Zellen.

Merke: Voraussetzung für den Ablauf der Körperfunktionen ist, daß die Körperflüssigkeiten annähernd isoton (isoton = gleicher osmotischer Druck) sind. Infusions- und Injektionslösungen müssen deshalb den Körperflüssigkeiten ebenfalls isoton sein.

Filtration
Besteht zwischen beiden Seiten einer Biomembran ein Druckunterschied, werden alle Teilchen einer Flüssigkeit, die durch die Poren passen, vom Ort des höheren zum Ort des niederen Druckes gepreßt.

Vorkommen:
- Stoffaustausch im Gewebe,
- Filtration des Blutplasmas in der Niere.

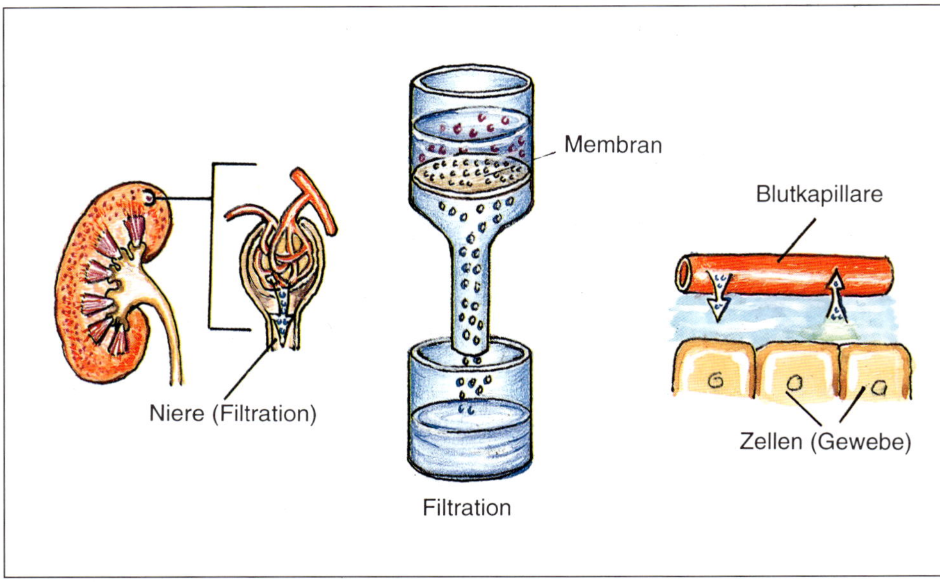

Abb. 16: Filtration.

2. 3. 2. Aktiver Transport

Diese Transportform ist notwendig, um Stoffe auch gegen Konzentrationsgefälle zu transportieren. Hier sollen 4 Formen näher beschrieben werden:

1. Phagozytose (griech. Freßtätigkeit einer Zelle)
Amoeboid bewegliche Zellen, z.B. bestimmte weiße Blutzellen, umfließen feste Partikel (z.B. Bakterien). An der Berührungsstelle der Zellmembran entsteht eine Vertiefung, die zu einer Nahrungsvakuole abgeschnürt wird.

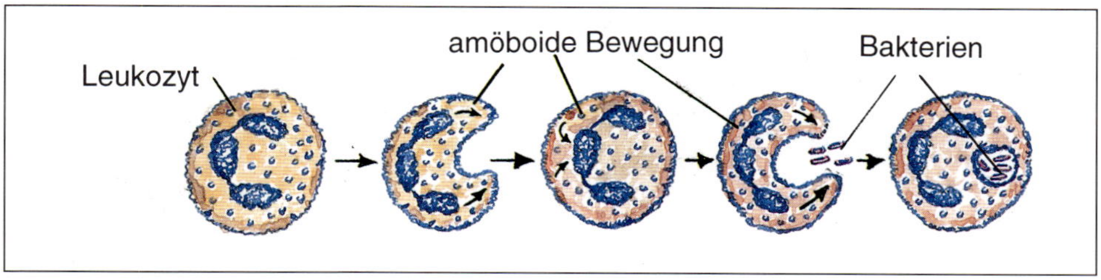

Abb. 17: Phagozytose.

2. Pinozytose (griech. Trinken einer Zelle)
Hier werden Flüssigkeitströpfchen nach dem gleichen Prinzip aufgenommen.

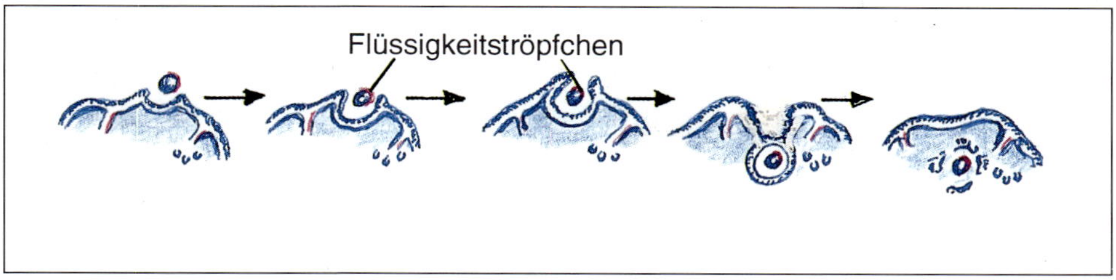

Abb. 18: Pinozytose.

3. Exozytose (griech. Ausscheidung von Stoffen durch eine Zelle)
Verschiedene in der Zelle anfallende Stoffe, z.B. Sekrete, können ebenfalls in Bläschen, die meist vom Golgiapparat abgeschnürt werden, eingeschlossen werden. Diese Bläschen verschmelzen vom Plasma her mit der Zellmembran und entleeren ihren Inhalt nach außen.

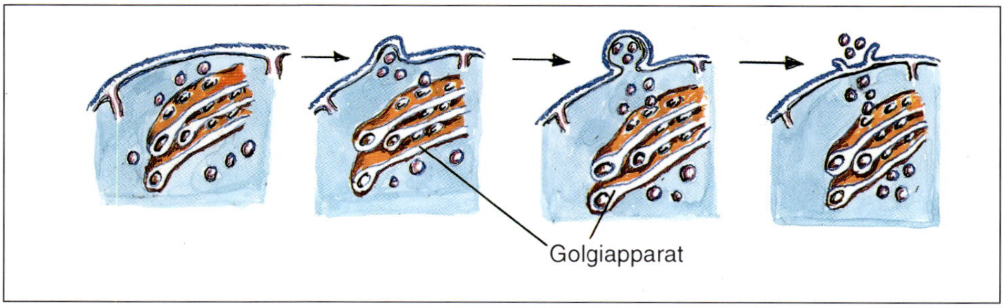

Abb. 19: Exozytose.

4. Trägerstoffe
Die zu transportierenden Teilchen, vor allem Nähr- und Mineralstoffe, werden an spezifische Trägermoleküle (meist Eiweiße) gebunden (= Trägertransport) und transportiert.

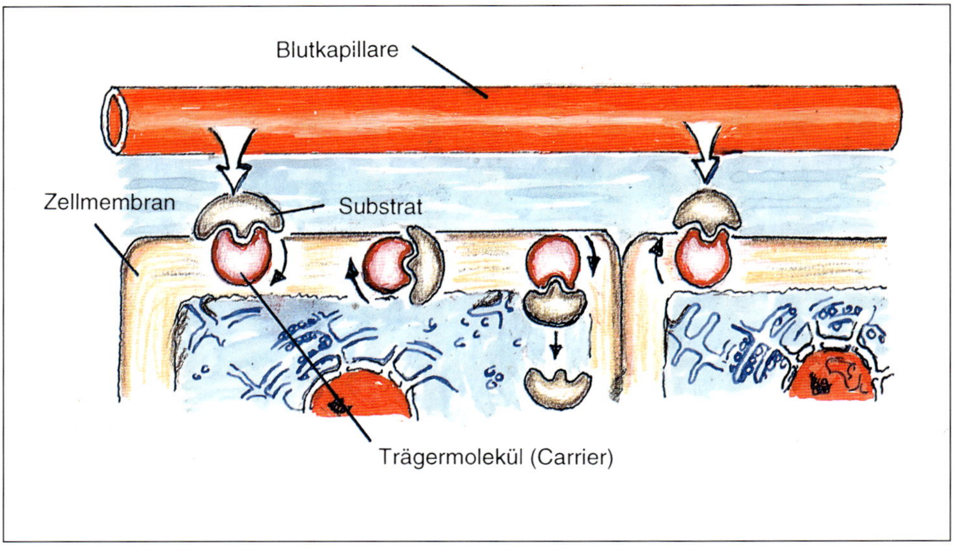

Abb. 20: Aktiver Transport.

Vorkommen
- Aufnahme der Glucose, Aminosäuren, Vitamine u. Mineralstoffe in die Darmzellen, von diesen in das Blut und danach in die Körperzellen.

Konvektion
Unter Konvektion wird Stofftransport durch Mitführung verstanden.
Beispiele: Sauerstoff- und Kohlendioxidtransport bei der Belüftung der Lunge; Stofftransport durch das Blutplasma.

2. 4. Physiologie des Stoff- und Energiewechsels

2. 4. 1. Stoff- und Energiewechsel als eine zentrale Eigenschaft des Lebens

Alle Lebensäußerungen lassen sich im Prinzip auf chemische Reaktionen in der Zelle zurückführen, welche Bestandteil des Gesamtstoff- und Energiewechsels sind.

Stoffwechsel umfaßt die Gesamtheit der im Organismus ablaufenden Prozesse zur Aufnahme, Umwandlung und Abgabe von Stoffen und Energie.
Aufnahme, Transport und Abgabe der Stoffe erfolgt beim Menschen durch spezielle Organe, jedoch immer über die interstitielle Flüssigkeit in die Zelle bzw. aus ihr heraus.

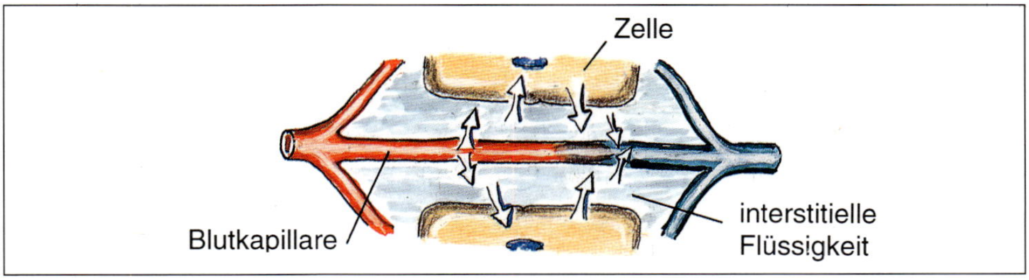

Abb. 21: Stoffaustausch im Gewebe.

Stoffaufnahme
- Atmungssystem: Sauerstoff.
- Verdauungssystem: organische, energiereiche Stoffe (Kohlenhydrate, Fette, Eiweiße),
  Vitamine,
  Mineralstoffe,
  Wasser,
  Ballaststoffe (gelangen nicht in die Zelle).

Stofftransport
Herz-Kreislauf-System; Blut und Lymphe als Transportmittel.

Stoffausscheidung
- Harnsystem: Harn,
- Atmungssystem: Kohlendioxid,
- Hautsystem: Wasser.

Intermediärstoffwechsel

Die Gesamtheit der in den Zellen ablaufenden chemischen Reaktionen heißt Intermediärstoffwechsel.

Dieser gliedert sich in 2 sich gegenseitig bedingende Bereiche:

- *Anabole (aufbauende) Stoffwechselwege* (= Baustoffwechsel) - Synthese körpereigener Bau- und Betriebsstoffe aus einfachen Molekülen unter Energieverbrauch (z.B. Proteinsynthese),
- *Katabole (abbauende) Stoffwechselwege* (= Betriebsstoffwechsel) - Abbau energiereicher organischer Verbindungen zum Zweck der Energiefreisetzung für Organleistungen.

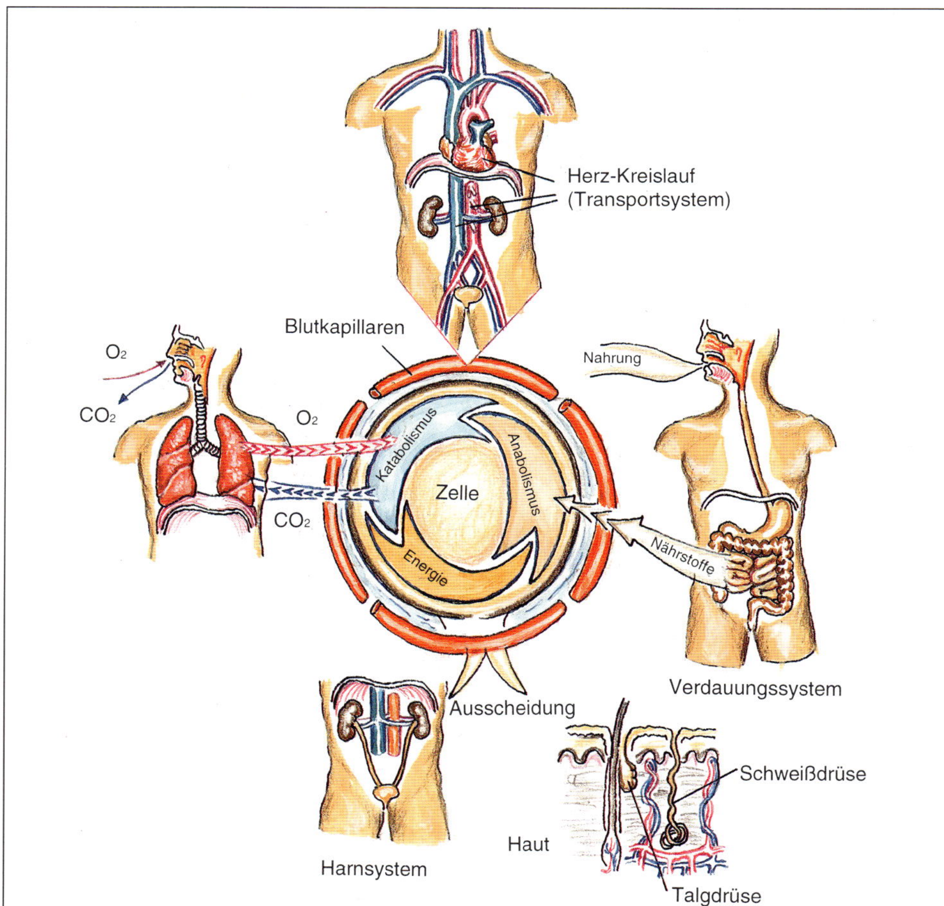

Abb. 22: Stoffwechsel.

2. 4. 2. Bedeutung energiereicher Phosphatverbindungen im Stoffwechsel

Energiereiche Phosphatverbindungen fungieren als Überträger energieverbrauchender und energieliefernder Prozesse. Die größte Bedeutung hat das ATP. Es gehört zu den Coenzymen (s. S. 43) und besteht aus:
- der organischen Base Adenin,
- dem Zucker Ribose (Adenin + Ribose = Adenosin),
- 3 Phosphatgruppen.

Tab. 5: Energiereiche Phosphatverbindungen

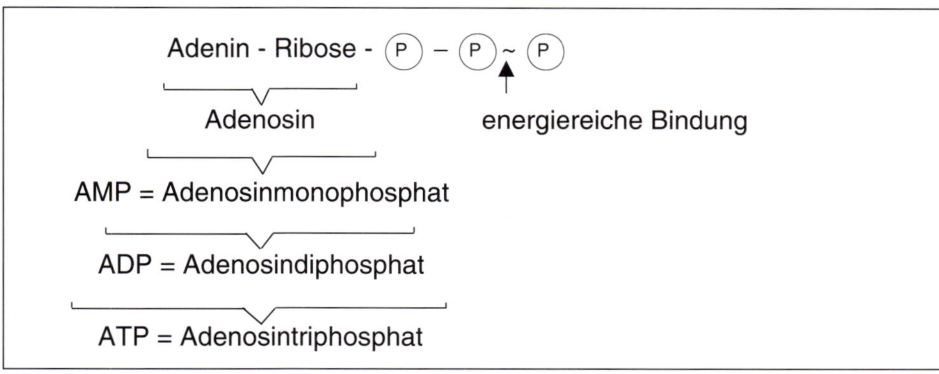

Wird Energie freigesetzt, läuft in der Zelle folgender Vorgang ab:

$$\text{ADP} + \text{Ⓟ} + \text{Energie} \rightarrow \text{ATP}$$

Wird Energie benötigt, kehrt sich der Vorgang um:

$$\text{ATP} \rightarrow \text{ADP} + \text{Ⓟ} + \text{Energie}$$

ATP ist in allen Zellen die wichtigste energiereiche Phosphatverbindung und einziger unmittelbarer Energielieferant.

2. 4. 3. Enzyme

Die chemischen Reaktionen in der Zelle laufen nur in Anwesenheit von Katalysatoren ab. Die Katalysatoren der Zelle heißen *Enzyme* (= Biokatalysatoren), die von ihnen umgesetzten Stoffe *Substrate*. Alle Enzyme sind Proteine oder Proteide (s. S. 24). Sie ermöglichen die chemischen Umsetzungen unter äußerst milden Bedingungen:
- 37°C (= Körpertemperatur),
- Normaldruck,
- pH 7,4,
- wässriges Milieu.

Sinn der Enzyme ist also, daß alle notwendigen Reaktionen unter Körperbedingungen koordiniert ablaufen können.

Bezeichnung der Enzyme
Die Enzymnamen enden in die Regel auf *-ase*.
Für uns sind 3 Enzymgruppen bedeutungsvoll (Einteilung nach dem Reaktionstyp):
1. Hydrolasen - katalysieren hydrolytische Spaltungen (z.B. Verdauungsenzyme),
2. Oxydoreduktasen - katalysieren Redoxprozesse,
3. Transferasen - katalysieren die Übertragung von Stoffgruppen.

Enzyme sind substrat- und reaktionsspezifische Funktionseiweiße.

- *Substratspezifität*, d.h. das Enzym reagiert nur mit einem ganz bestimmten Zwischenprodukt des Stoffwechsels,
- *Reaktionsspezifität*, d.h. von den vielen möglichen Reaktionen, die ein Zwischenprodukt eingehen kann, wird nur eine katalysiert.

Ablauf einer Enzymreaktion
Wasserstoffperoxid (H_2O_2) zerfällt normalerweise sehr langsam in Wasser (H_2O) und Sauerstoff (O_2). Gibt man einem mit H_2O_2 gefüllten Reagenzglas nur wenige Tropfen des Enzyms Katalase hinzu, so läuft diese Reaktion so schnell ab, daß man den freiwerdenden O_2 mit einem glühenden Holzspan nachweisen kann. Mit Hilfe der Katalase wird das beim Zellstoffwechsel anfallende Zellgift H_2O_2 beseitigt.
Die Katalase ist ein Biokatalysator. Ein einziges Molekül kann in der Minute bis zu 5 Millionen Moleküle H_2O_2 zerlegen. Dabei geht das Enzym selbst unverändert aus der Reaktion hervor.

Wie ist das möglich? Enzymkatalysen laufen in mehreren Schritten ab. Das Enzym setzt die Aktivierungsenergie erheblich herab, wodurch sich die Reaktionsgeschwindigkeit erhöht.

Schritte:
1. Herstellen eines Enzym-Substrat-Komplexes,
2. Ablauf der chemischen Reaktion,
3. Trennung des Enzyms vom Reaktionsprodukt.

Es gibt aber auch Reaktionen, die gebremst werden müssen. Die entscheidende Reaktion zur Energiefreisetzung: O_2 (aus der Atmung) + H_2 (aus dem Citratzyklus) zu H_2O + Energie würde unter Normalbedingungen sehr heftig als Knallgasreaktion ablaufen. Die Enzyme der Atmungskette sorgen dafür, daß die Energie schrittweise übertragen und in Form von ATP gespeichert wird.

Coenzyme
Für manche Enzymkatalysen sind unbedingt Coenzyme notwendig. Dies sind niedermolekulare Stoffe, die mehr oder weniger fest an das Enzym gebunden sind und nach der Reaktion auch wieder regeneriert werden. Trotzdem handelt es sich nicht um Enzyme. Besser wäre der Begriff Co-Substrat.
Als Bausteine oder Vorstufen für Coenzyme dienen verschiedene Vitamine. ATP ist das "Coenzym des Energiestoffwechsels".

Beeinflussende Faktoren der Enzymtätigkeit
Aus der Eiweißstruktur der Enzyme ist zu vermuten, daß ihre Aktivität insbesondere von der Temperatur und vom pH-Wert abhängt.

Experiment:
3 Reagenzgläser werden nach folgendem Schema gefüllt:

Reagenzglas	1	2	3
Stärkelösung	2 ml	2 ml	2 ml
Amylaselösung	4 ml	4 ml	4 ml
Jod-Kaliumjodidlösung	1 Tropfen	1 Tropfen	1 Tropfen

Nun werden die Reagenzgläser in unterschiedliche Temperaturbereiche gebracht:

Reagenzglas 1 in ein Wasserbad von 15-20°C
Reagenzglas 2 in ein Wasserbad von 35-40°C
Reagenzglas 3 in ein Wasserbad von 70-80°C

Ergebnis:
Das Temperaturoptimum für die meisten Enzyme liegt zwischen 30° und 40°C, d. h. bei Körpertemperatur. Temperaturerhöhung über 60°C zerstört die Enzyme.

Experiment:
3 Reagenzgläser werden wie folgt beschickt:

Reagenzglas	1	2	3
Wasser	0,5 ml	0,5 ml	0,5 ml
Pufferlösung (pH = 4,8)	1 ml		
Pufferlösung (pH = 7,0)		1 ml	
Pufferlösung (pH = 8,0)			1 ml
Stärkelösung	0,5 ml	0,5 ml	0,5 ml

Nach Zugabe der Stärkelösung kurz schütteln!
Danach werden aus jedem Glas einige Tropfen in je eine Vertiefung einer Tüpfelplatte gegeben und mit 1 Tropfen Jod-Kaliumjodidlösung auf Stärke geprüft.

Ergebnis:
Unterschiedliche Färbungen lassen erkennen, daß sich im Ansatz 2 (pH 7) kaum noch Stärke befindet, d.h. bei einem pH-Wert 7 ist der Substratumsatz optimal.

Jedes Enzym wirkt nur in einem bestimmten pH-Bereich.

Bestimmte Chemikalien (z.B. Kupfer- u. Silberionen, Säuren) hemmen bzw. blockieren die Enzymtätigkeit.

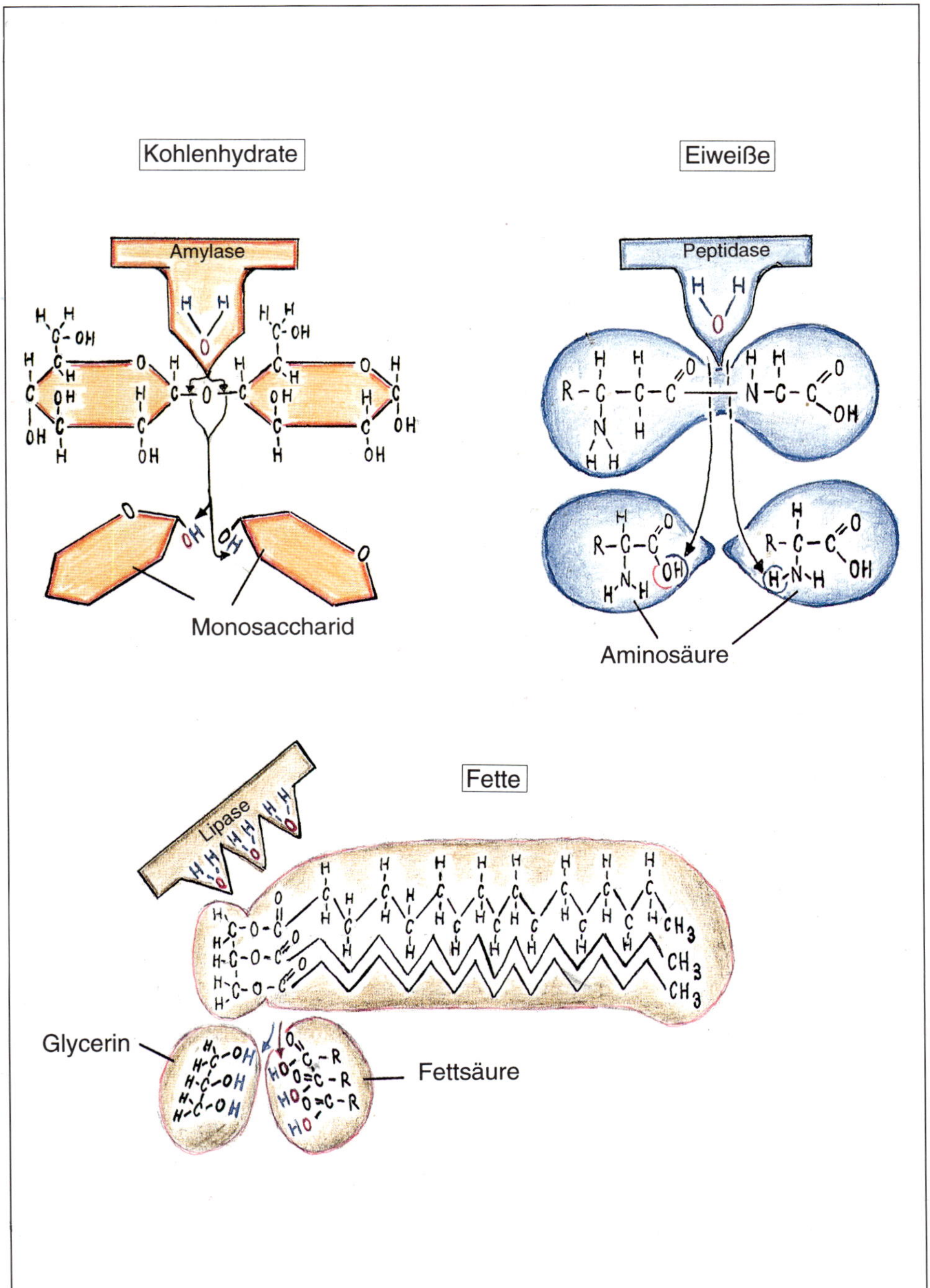

Abb. 23: Wirkung der Hydrolasen.

2. 4. 4. Stoffumsatz- und Energiefreisetzung

In diesem Abschnitt werden die wichtigsten Reaktionswege der Kohlenhydrate, Fette und Eiweiße in sehr vereinfachter Form dargestellt.

Abbau- und Synthesewege der Kohlenhydrate

Die Glucose ist das wichtigste Kohlenhydrat für den menschlichen Organismus. Nervenzellen und Erythrozyten können Energie nur durch Glucoseabbau bereitstellen. Eine wichtige Voraussetzung hierfür ist ein geregelter Blutglucosespiegel.

Der Blutzuckerspiegel wird durch 4 Faktoren beeinflußt.

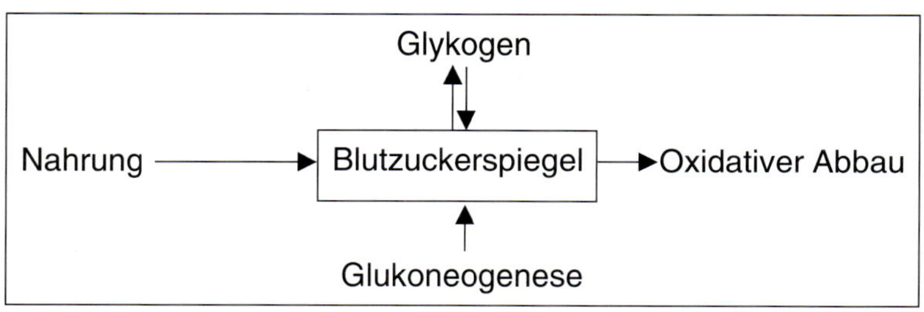

Tab. 6

Glykolyse

Die Glykolyse ist die wichtigste Stoffwechselreaktion der Glucose und leitet deren Abbau zum Zwecke der Energiefreisetzung ein.

Die Glucose wird hierbei zu Pyruvat (= Brenztraubensäure) abgebaut, das bei Anwesenheit von Sauerstoff weiter bis zum CO_2 und H_2O oxydiert wird (= Hauptabbauweg).
Anaerob (ohne O_2) entsteht aus dem Pyruvat in Anwesenheit des Enzyms Lactatdehydrogenase (LDH) Milchsäure. Die dabei freigesetzte Energiemenge reicht aus, um 2 ATP-Moleküle zu synthetisieren.

➤ Lebererkrankungen, Herzinfarkt, perniziöse Anämie, akute Hämolysen und Erkrankungen der Muskulatur verändern die LDH-Konzentration im Serum. LDH-Bestimmungen dienen deshalb sowohl der Diagnosestellung als auch der Verlaufskontrolle dieser Erkrankungen.

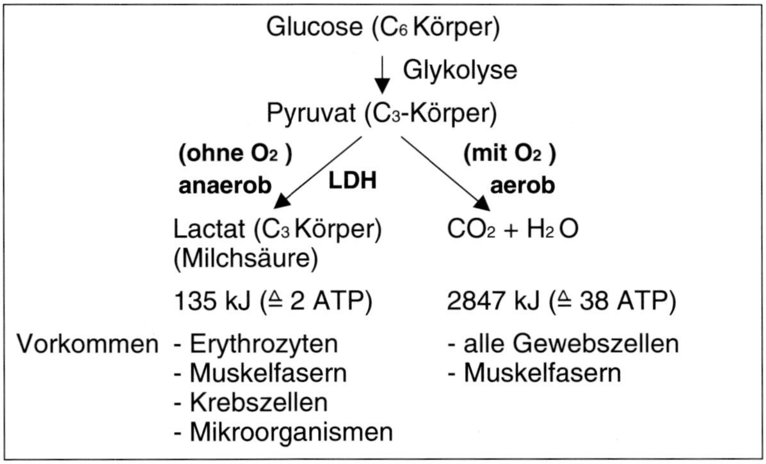

Tab. 7

Glukoneogenese

Was geschieht bei Erschöpfung der Glykogenreserven?

Nun, der Organismus hat in einem solchen Fall die Möglichkeit, in der Leber aus "Nichtkohlenhydrat-Material" Glucose zu synthetisieren. Dies nennt man Gluconeogenese. Folgende Ausgangsstoffe stehen zur Verfügung:

1. Lactat (aus Erythrozyten ständig, aus Muskulatur bei Überbeanspruchung).
2. Glycerol (aus eingeschmolzenen Fettvorräten).
3. Glucoplastische Aminosäuren (durch Eiweißabbau verfügbar).

Abbau und Aufbau der Triglyceride (Neutralfette)

Fettabbau

Die Fette werden zunächst in Glycerol und Fettsäuren zerlegt.

Glycerol

Glycerol kann zwecks Energiefreisetzung zu CO_2 und H_2O abgebaut werden oder es dient als Ausgangsstoff für die Bildung von Glucose (siehe Gluconeogenese).

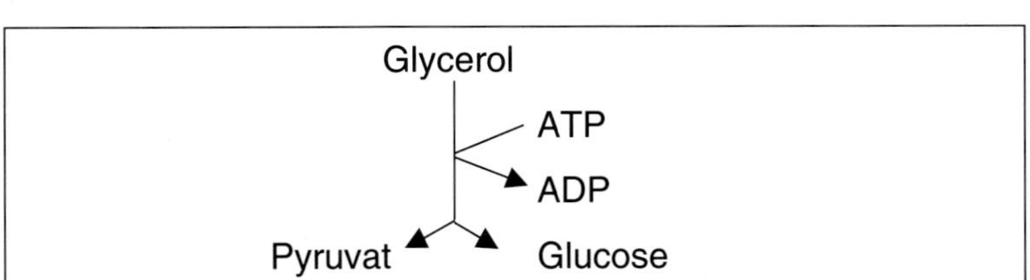

Tab. 8

Fettsäuren
Die Fettsäuren sind Energiequelle. Sie werden in den Mitochondrien zunächst in C_2-Einheiten zerlegt und dann weiter zu CO_2 und Wasser abgebaut.

➤ Beim Fettsäureabbau in der Leber entstehen Ketonkörper (= Aceton, Acetessigsäure, β-Hydroxybuttersäure) als Stoffwechselprodukte, die normalerweise in den peripheren Organen abgebaut werden. Bei Hunger mit extremer Mobilisierung der Fettreserven und beim Diabetes mellitus kommt es zu einer überschießenden Produktion dieser Ketonkörper. Sie werden dann mit dem Urin ausgeschieden (Obstgeruch!). Außerdem führen sie zu einer azidotischen Stoffwechsellage (s. Atmung, Niere).

Fettspeicherung
Triglyceride können in Fettzellen und begrenzt auch in der Leber gespeichert werden. Überschüssige Kohlenhydrate können leicht in Triglyceride umgewandelt und so ebenfalls zur Auffüllung der sogenannten Fettdepots (z.B. Bauch, Oberschenkel, Oberarm) dienen.

➤ Fettsucht und das damit verbundene Übergewicht sind eine der häufigsten Ursachen für Herz-Kreislauf-Erkrankungen und Erkrankungen des Bewegungsapparates.

Fettaufbau
Das folgende Schema zeigt in stark vereinfachter Form die Synthese der Fettsäuren.

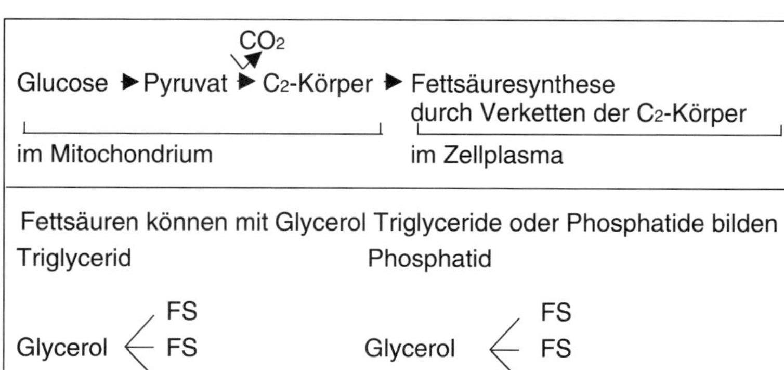

Tab. 9

Abbau der Aminosäuren

Der Stoffwechsel der Proteine beginnt mit der Zerlegung des Eiweißmoleküls im Verdauungstrakt in Aminosäuren.
In der Leber dienen die Aminosäuren entweder dem Aufbau körpereigener Proteine oder sie werden abgebaut. An dieser Stelle sollen 3 mögliche Reaktionswege stark vereinfacht beschrieben werden.

1. Transaminierung
Transferasen (ASAT = Aspartat-Amino-Transferase, ALAT = Alanin-Amino-Transferase) übernehmen die NH_2-Gruppe einer Aminosäure und geben sie an ein anderes Kohlenstoffskelett ab.

➤ ASAT und ALAT spielen eine wichtige Rolle in der Leberenzymdiagnostik. Eine erhöhte Konzentration dieser Enzyme im Blutserum deutet auf einen Leberschaden hin (z. B. Hepatitis, Leberzirrhose).

2. Dekarboxylierung
Aminosäuren werden durch spezifische Enzyme (Dekarboxylasen) in CO_2 und biogene Amine gespalten. Die biogenen Amine als Dekarboxylierungsprodukte der Aminosäuren sind biologisch vielfältig wirkende Stoffe.
Beispiele: lokale Gewebshormone, z.B. Histamin, Serotonin.
Bausteine von Coenzymen, z.B. Cysteamin.
Bestandteile von Ribosomen, z.B. Cadaverin.

$$\text{Aminosäure} \xrightarrow{\text{Dekarboxylase}} CO_2 + \text{biogenes Amin}$$

Tab. 10

3. Oxydative Desaminierung
Durch Aminosäure-Oxidasen wird in der Leber die NH_2-Gruppe abgespalten. Dabei entsteht Ammoniak, der unter Energieverbrauch in Harnstoff umgewandelt wird.
Der Harnstoff, der mit dem Urin ausgeschieden wird, ist wegen folgender Eigenschaften dafür bestens geeignet. Er ist
- ungeladen,
- nicht toxisch und
- gut für Diffusion geeignet.

Merke: Die wenigen nicht als Baustoff oder Funktionsstoff benötigten Aminosäuren werden vor allem in der Leber zur Energiefreisetzung abgebaut. Die Endprodukte des Aminosäureabbaus sind:
- Wasser,
- Kohlendioxid und
- Ammoniak.

➤ Fast jede Erkrankung verursacht mehr oder weniger deutliche Veränderungen des Eiweißstoffwechsels. Bei Schwerkranken und Schockpatienten ist immer darauf zu achten, daß ausreichend Harnstoff ausgeschieden wird.

Stoffwechselwege zur Energiefreisetzung (Überblick)

Der Mensch benötigt zur Aufrechterhaltung seiner Lebensvorgänge (z.B. Informationsaustausch, Stoffsynthesen, Bewegung, Aufrechterhaltung der Körpertemperatur) ständig Energie, die durch Abbau energiereicher Stoffe in den Zellen bereitgestellt werden muß. Als energiereiche Stoffe kommen in Frage:
- Kohlenhydrate: 99%.
- Fette: geringe Beteiligung, aber langkettige Fettsäuren liefern bei hohem O_2-Verbrauch viel Energie.
- Eiweiße: spielen normalerweise keine Rolle.

Im folgenden wird in einfacher Form dargestellt, wie die chemische Energie dieser Stoffe freigesetzt wird. Grundsätzlich erfolgt der Abbau schrittweise mit Hilfe von Enzymen. Drei grundlegende Schritte sind zu erkennen (siehe Tab. 11).

1. Zerlegung der Makromoleküle in ihre Grundbausteine (s. auch Abschn. Verdauung).
   - Kohlenhydrate —Amylasen→ Monosaccharide,
   - Fette —Lipasen→ Glycerol + Fettsäuren,
   - Eiweiße —Proteasen Peptidasen→ Aminosäuren.

2. Zerlegung der Grundbausteine in C_2-Körper.

3. Oxydation der C_2-Körper zu CO_2 + H_2O, wobei die Hauptmenge der Energie dosiert freigesetzt wird.

Tab. 11

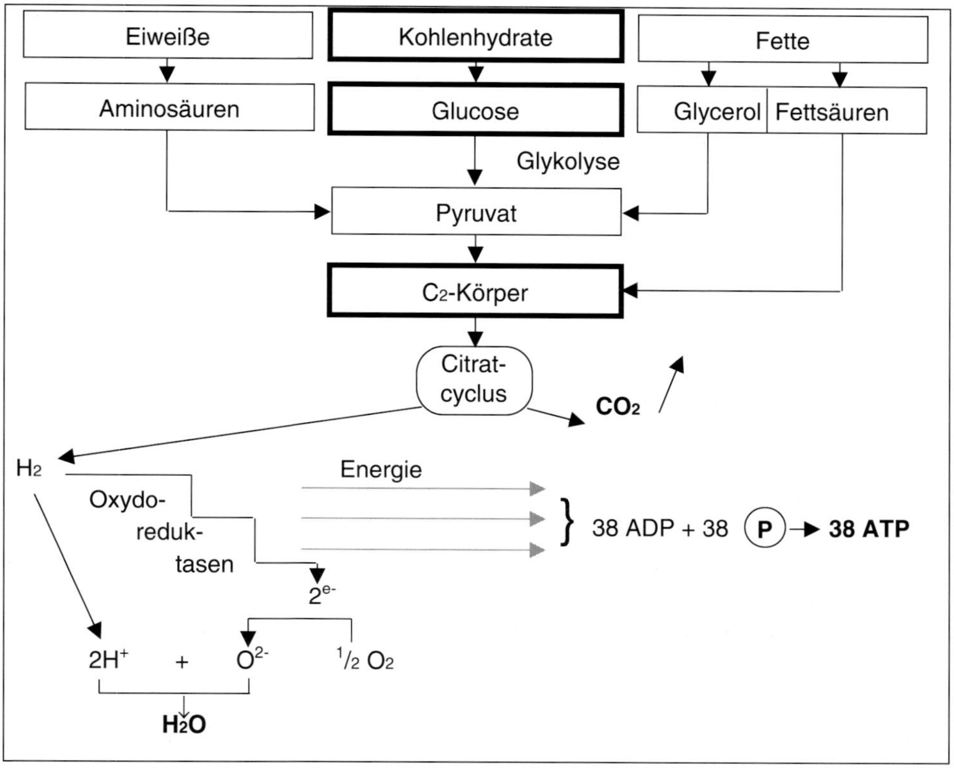

Im einzelnen ist zu erkennen:

- Pyruvat und C_2-Körper sind zentrale Stoffe im Energiestoffwechsel, wobei, wie bereits gesagt, 99% aus der Glykolyse stammen.
- Alle C_2-Körper werden in den Citratcyclus eingeschleust und weiter abgebaut, wobei Wasserstoff (wird an Coenzyme gebunden) und CO_2 (wird abgegeben) entstehen.

Die zentrale Stellung des Citratcyclus im Intermediarstoffwechsel kommt darüber hinaus bei der Fettsäure-, Aminosäure-, Glucose- und Hämsynthese zum Ausdruck.

In der Endphase der Atmungskette wird der Wasserstoff (enthält die Energie) ionisiert.
Die dabei entstehenden energiereichen Elektronen werden von einer Oxydoreduktase aufgenommen und zur nächsten weitertransportiert.
Es kommt dabei zu einer schrittweisen Energieabgabe. Die freigesetzte Elektronenenergie wird sofort durch ATP-Bildung in chemische Bindungsenergie umgewandelt.
Zum Schluß werden die energiearmen Elektronen auf molekularen Sauerstoff übertragen. Der so ionisierte Sauerstoff verbindet sich mit den entstandenen Wasserstoffionen zu Wasser.

Merke: Das CO_2 entsteht im Säurekreislauf, der O_2 wird zur Wasserbildung verbraucht und nicht zur Oxidation von Kohlenstoff zu CO_2.

Die beschriebenen Abbauwege zur Energiefreisetzung sind in allen Zellen gleich.

2. 4. 5. Pufferung

Die biochemischen Reaktionen in den Zellen laufen nur in Anwesenheit von Enzymen ab. Deren katalytische Wirkung wiederum ist sehr stark vom pH-Wert der Körperflüssigkeiten, die ja Lösungen sind, abhängig.

Merke:	Für die Enzymkatalysen ist ein konstanter pH-Wert sehr wichtig.

pH-Wert
In sauren, neutralen und basischen Lösungen ist das Produkt aus Wasserstoffionenkonzentration $[H^+]$ und Hydroxidionenkonzentration $[OH^-]$ konstant, nämlich 10^{-14} mol/l.

$$[H^+] \cdot [OH^-] = \text{konstant}$$

Für neutrale Lösungen bedeutet dies:

$(10^{-7}) \cdot (10^{-7}) = 10^{-14}$.

In sauren Lösungen ist die $[H^+]$ höher und die $[OH^-]$ niedriger als 10^{-7}, in basischen Lösungen liegen dementsprechend umgekehrte Verhältnisse vor.

Der pH-Wert ist eine spezielle Größe für die Angabe der $[H^+]$ in einer Lösung. Er ist der negative Exponent der jeweiligen $[H^+]$ in mol/l unter Weglassen des negativen Vorzeichens.

Um eine praktikable Anwendung mit einer einfachen Zahl zu sichern, wurde der Logarithmus gewählt.

Beispiele:	0,1 mol/l	$= 10^{-1}$ mol/l	: pH 1
	0,01 mol/l	$= 10^{-2}$ mol/l	: pH 2
	usw.		

Daraus folgt:	pH = 7	= neutrale Lösung,
	pH < 7	= saure Lösung,
	pH > 7	= basische Lösung.

pH-Werte einiger Körperflüssigkeiten:

- Blut : 7,37 bis 7,43,
- Magensaft : ca. 1,
- Urin : 4,7 bis 8.

Pufferung

Der pH-Wert der Körperflüssigkeiten ist vor allem durch Nahrungsaufnahme und Stoffwechselgeschehen ständigen Störungen ausgesetzt. Das heißt, es entstehen zeitweise überschüssige H^+ bzw. OH^-.

Pufferlösungen (Blutplasma) können je nach ihrer Zusammensetzung überschüssige OH^- oder H^+-Ionen chemisch binden. So versucht der Körper den pH-Wert, als eine wichtige Komponente des inneren Milieus, weitgehend konstant zu halten.

Für die Konstanthaltung des pH-Wertes im menschlichen Organismus sorgen hauptsächlich 3 Puffersysteme:

1. Kohlensäure-Bicarbonat-System,
2. Proteinpuffersysteme, z. B. Hämoglobin,
3. Phosphatpuffersysteme.

Versuch zum Nachweis der Pufferwirkung des Blutplasmas

Zu diesem Zweck werden zunächst 2 Reagenzgläser wie folgt beschickt:

Reagenzglas I:	5 ml frisches Blutplasma, 2 bis 3 Tropfen Methylorange.
Reagenzglas II:	5 ml destilliertes Wasser, 2 bis 3 Tropfen Methylorange.

Nun gibt man nacheinander in beide Reagenzgläser soviel 0,1 mol/l Salzsäure, bis ein Farbumschlag eintritt. Dieser Farbumschlag tritt im Reagenzglas II bereits nach wenigen Tropfen und im Reagenzglas I erst nach vielen Tropfen HCl ein.

Erklärung

Im Blutplasma befinden sich Puffersysteme (Kohlensäure-Bicarbonat-System, Plasmaeiweiße), die durch chemische Bindung der H^+ zunächst den pH-Wert konstant halten. Der Mechanismus ist folgender:

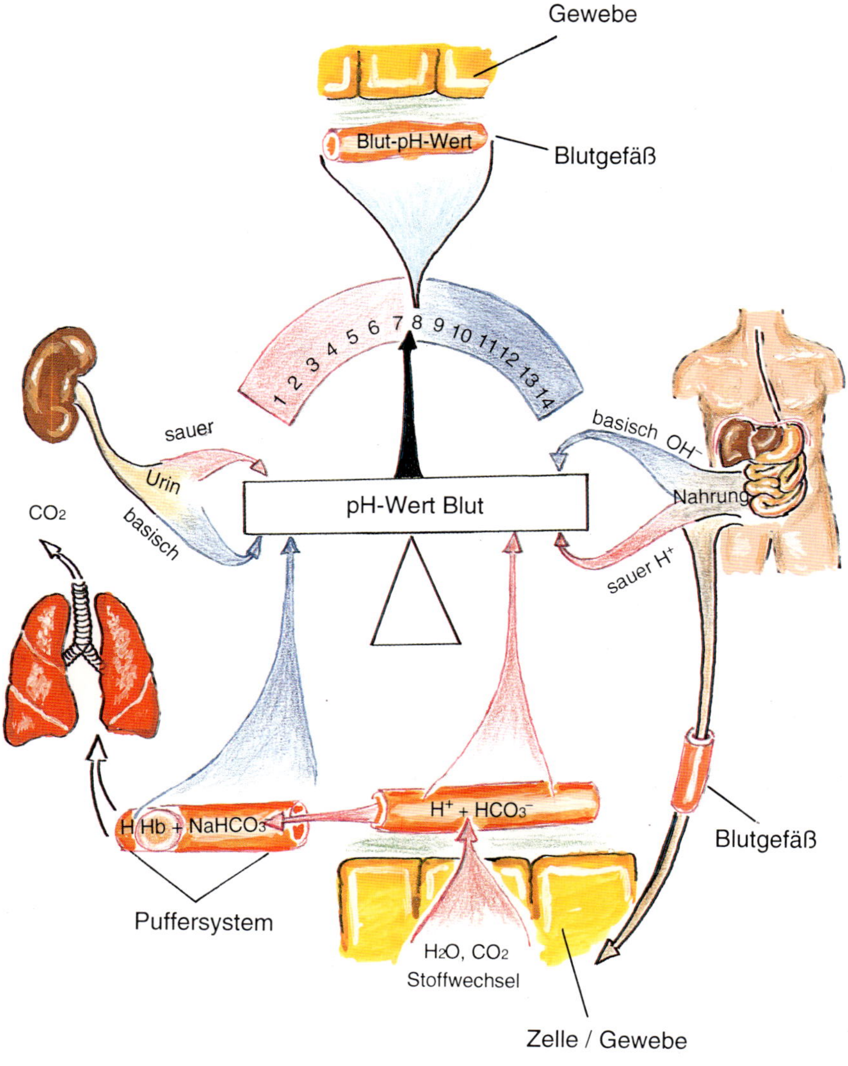

Abb. 24: Pufferung.

Im Blut und der interstitiellen Flüssigkeit liegen folgende Dissoziationsgleichgewichte vor:

(1) $H_2CO_3 \rightleftharpoons H^+ + HCO^{3-}$

(2) $NaHCO_3 \rightleftharpoons Na^+ + HCO^{3-}$

(3) $H_2O \rightleftharpoons H^+ + OH^-$

Bei *H^+-Überschuß* reagieren die HCO^{3-} aus Gleichung (2) mit den H^+ nach Gleichung (1) zu H_2CO_3.
Bei *OH^--Überschuß* reagieren die H^+ aus Gleichung (1) mit den OH^- nach Gleichung (3) zu H_2O.
In beiden Fällen wird somit eine Veränderung des pH-Wertes vermieden.

Die große Bedeutung des Kohlensäure-Bicarbonat-Puffersystems liegt darin, daß die Konzentrationen beider Pufferkomponenten (H^+ und HCO^{3-}) durch das System Blut - Atmung - Niere weitestgehend unabhängig voneinander verändert werden können.

So zerfällt einerseits die bei H^+-Überschuß vermehrt gebildete Kohlensäure in H_2O und CO_2. Letzteres kann über die Lunge durch Intensivierung der Atmung abgegeben werden. Andererseits reguliert die Niere die Abgabe von H^+ und HCO^{3-}.

H^+-Überschuß

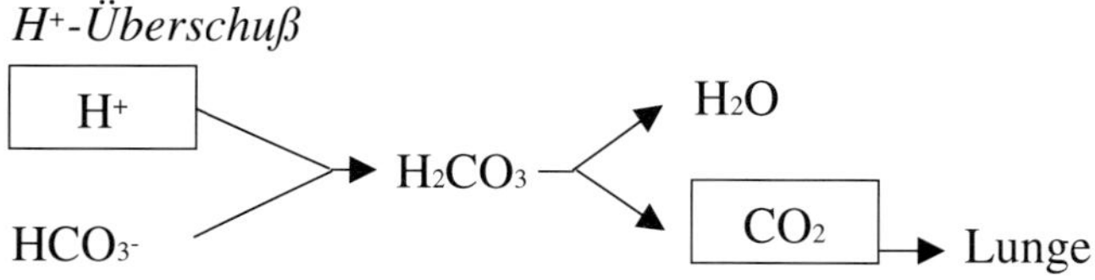

OH^--Überschuß

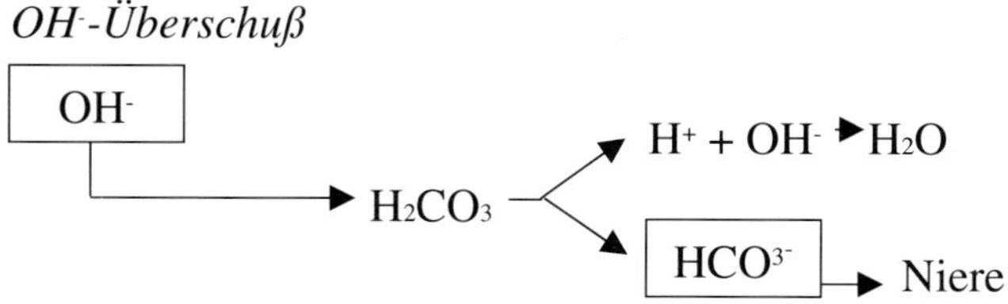

2. 5. Fortpflanzung des Menschen

2. 5. 1. Zellvermehrung

Eine Voraussetzung für die Fortpflanzung ist die Fähigkeit der Zellen, sich zu vermehren. Dies geschieht durch verschiedene Formen der Teilung.

Mitose, indirekte Kernteilung

Bevor wir die Vorgänge bei der mitotischen Zellteilung beschreiben, wenden wir uns dem Bau des Zellkerns zu.

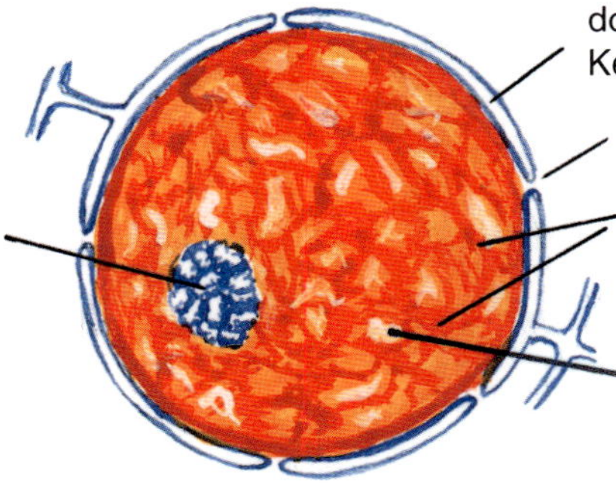

Abb. 25: Bau des Zellkerns.

Die Chromosomen bilden die "Transportform" für die Erbinformation und sind nur während der Zellteilungen sichtbar.
Zwischen den Teilungszyklen und in Zellen, die sich nicht mehr teilen, finden wir das nicht sichtbare Chromatin als "Arbeitsform".
Bei den meisten Lebewesen liegen Chromosomenpaare vor, die gleichgestaltet sind. Man bezeichnet sie als *homologe Chromosomen*.
Das eine stammt ursprünglich vom Vater, das andere von der Mutter. Deshalb sind die Erbanlagen nicht alle gleich.
Beispiel: Augenfarbe, Körpergröße.

Jedes Lebewesen besitzt einen artspezifischen Chromosomensatz (z. B. Mensch 23 Paare und Erbse 7 Paare).

Ablauf der Mitose

Bevor sich die Zelle teilt, findet die Kernteilung statt. Der Ablauf der Kernteilung kann in 4 Phasen zerlegt werden.

Beispiel: Zelle mit 2 Chromosomenpaaren

1. Prophase

- Umbildung des Chromatins zu den Chromosomen.
- Kernmembran löst sich auf.
- Ausbildung des Spindelapparates aus besonders kontraktilen Plasmafäden, die sich mit den Centromeren der Chromosomen verbinden.

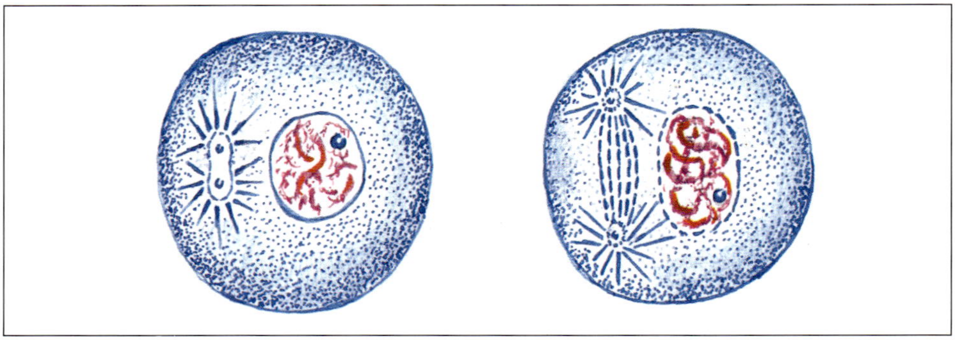

Abb. 26: Prophase.

2. Metaphase

- Teilung der Chromosomen durch Längsspaltung in zwei *Chromatiden*.
- Anordnung der Chromatiden unter Spindelfaserzug in der Zellmitte (= Ausbildung der Äquatorialplatte).

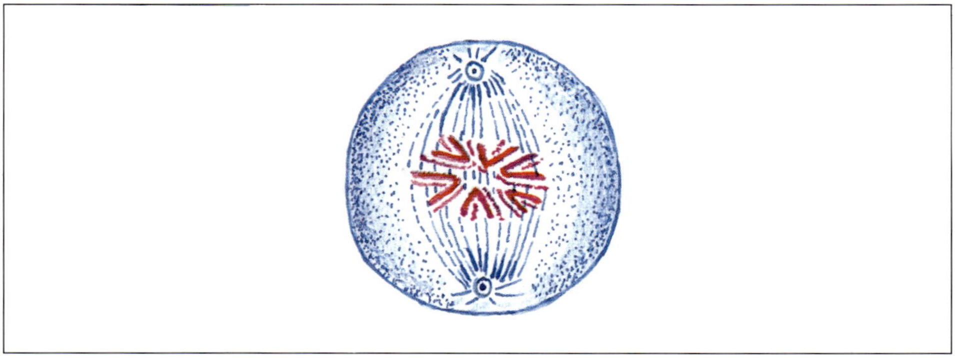

Abb. 27: Metaphase.

3. Anaphase

Chromatiden werden mit dem Zentromer voran von den Spindelfasern zu den *Zellpolen* gezogen. Dabei ist wichtig, daß die beiden Chromatiden eines Chromosoms *getrennt* werden.

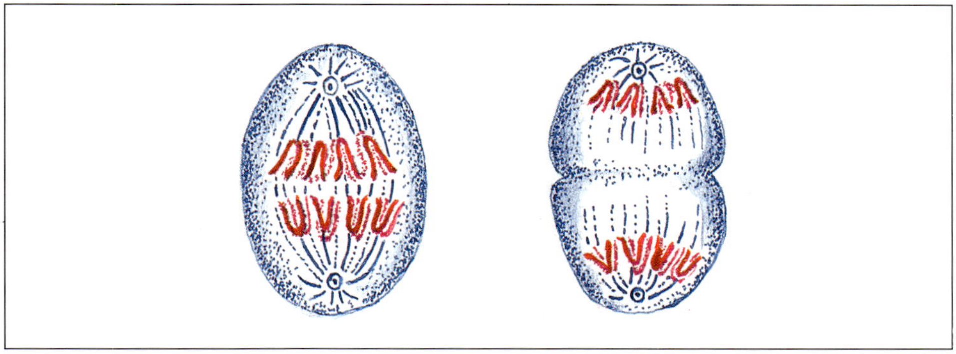

Abb. 28: Anaphase.

4. Telophase

- Spindelapparat löst sich auf.
- Kernmembran bildet sich neu.
- Aus Chromatiden entsteht Chromatingerüst.
- Zwischen den beiden Tochterkernen bildet sich Zellmembran, so daß zwei neue Tochterzellen entstehen.

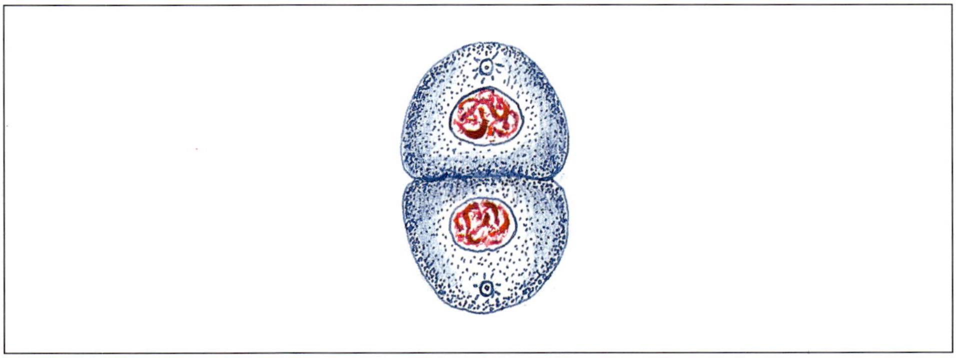

Abb. 29: Telophase.

Zellzyklus

Bei der weiteren Entwicklung der Tochterzellen gibt es 2 Möglichkeiten:

1. *Zellen, die sich kontinuierlich teilen*
   Sie wachsen und bilden Enzyme, mit deren Hilfe die DNA-Einzelstränge jeder Chromatide identisch verdoppelt werden (= Verdopplung der gesamten Erbinformation). Am Ende dieser *Interphase* ist die Zelle erneut teilungsfähig. Die Zeitdauer beträgt ca. 7-20 Stunden.
2. *Zellen mit Spezialfunktion*
   Die entstandenen Tochterzellen können aber auch in ganz spezifischer Weise ihre Zellbestandteile vermehren. So entstehen ausdifferenzierte Zellen mit Spezialaufgaben (z.B. Muskelzellen, Nervenzellen), die entweder vorübergehend oder für immer ihre Teilungsfähigkeit verlieren.

Merke: Bei der Mitose entstehen 2 erblich völlig mit der Mutterzelle identische Tochterzellen. Nach der Kernteilung folgt die Aufteilung des Plasmas.

Bedeutung der Mitose

1. *Grundlage des Wachstums* (= Zellteilungswachstum)
   Ausgehend von der befruchteten Eizelle (= Zygote) entstehen alle Körperzellen durch Mitosen, besitzen also das gleiche Erbmaterial wie die Zygote.
2. *Grundlage der Wundheilung*
   Bei Verletzungen werden bestimmte Zellen wieder zur Mitose angeregt.
3. *Grundlagen der Tumorbildung*
   Die Mitosen finden unkontrolliert statt.

Endomitose

Im Zellkern entstehen Chromatiden, aber die Kernmembran bleibt erhalten und die Zelle teilt sich nicht.

Ergebnis: Zellen mit vielfachen Chromosomensätzen (= polyploide Zellen).
Vorkommen: Megakaryozyten des Knochenmarks, bösartige Tumorzellen.

Amitose (= direkte Kernteilung)

Am häufigsten ist, daß nur der Zellkern einfach geteilt wird, ohne daß eine geordnete Aufteilung von Chromatiden erfolgt.

Ergebnis: Zellen mit 2 Zellkernen.
Vorkommen: Leberzellen, Harnblasenepithel.

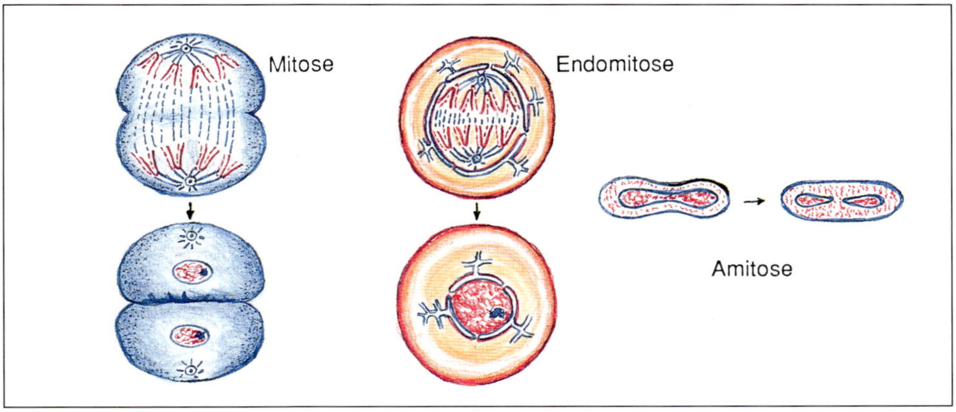

Abb. 30: Vergleichende Übersicht der mitotischen Zellteilungen.

2. 5. 2. Nukleinsäuren als Trägerstoff der Erbinformation

Wir wissen, daß bei jeder Mitose die Tochterzellen die vollständige Erbinformation der Mutterzelle erhalten. Die Nukleinsäuren sind hierfür die stoffliche Grundlage. Sie besitzen die für diese Funktion notwendigen 3 Eigenschaften:
1. relativ stabil zu sein,
2. zahlreiche Informationen speichern zu können,
3. sich identisch zu verdoppeln.

Aufbau der Nukleinsäuren

Für das Vererbungsgeschehen kommen 2 unterscheidbare Nukleinsäuren in Frage:
1. **D**esoxyribo**n**ukleins**ä**ure (DNS) oder **D**esoxyribo**n**uclein**a**cid (DNA),
2. **R**ibo**n**ukleins**ä**ure (RNS) oder **R**ibo**n**uclein**a**cid (RNA).

Jede dieser Nukleinsäuren besteht aus vielen miteinander verbundenen Nukleotiden als Bausteine. Deshalb werden sie auch als *Polynukleotid* bezeichnet.
Ein *Nukleotid* setzt sich zusammen aus:
1. Zuckermolekül,
2. Phosphorsäuremolekül,
3. Organische Stickstoffbase.

DNA

Die DNA wird aus 4 verschiedenen Nukleotiden gebildet:

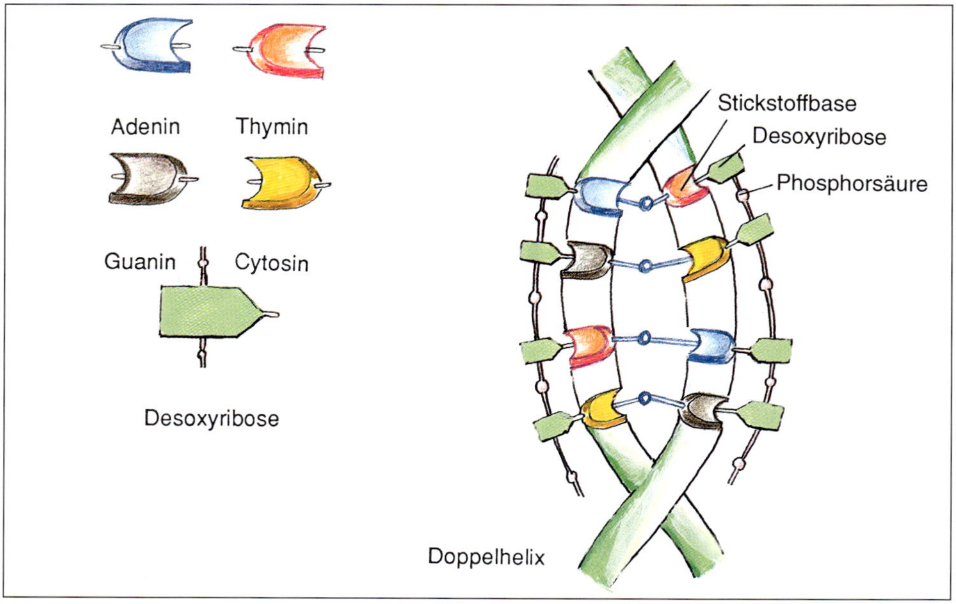

Abb. 31: DNA.

Ähnlich den Proteinen sind auch bei der DNA verschiedene Strukturen zu unterscheiden:

1. Primärstruktur (= Nukleotidsequenz),
2. Sekundärstruktur (= Doppelstrang),
3. Tertiärstruktur (= Raumstruktur, rechtsdrehende Doppelhelix).

Wegen der Molekülstruktur können sich durch Wasserstoffbrücken nur

Adenin mit *Thymin*

und

Guanin mit *Cytosin* miteinander verbinden.

Die sich im Doppelstrang gegenüberstehenden Basen heißen *komplementäre Basen* (= sich ergänzende Basen). Der Doppelstrang läßt sich längs der Wasserstoffbrücken in 2 komplementäre Einzelstränge spalten.

RNA

Die RNA wird ebenfalls aus 4 verschiedenen Nukleotiden gebildet.

In der folgenden Übersicht sind Gemeinsamkeiten und Unterschiede von DNA und RNA dargestellt.

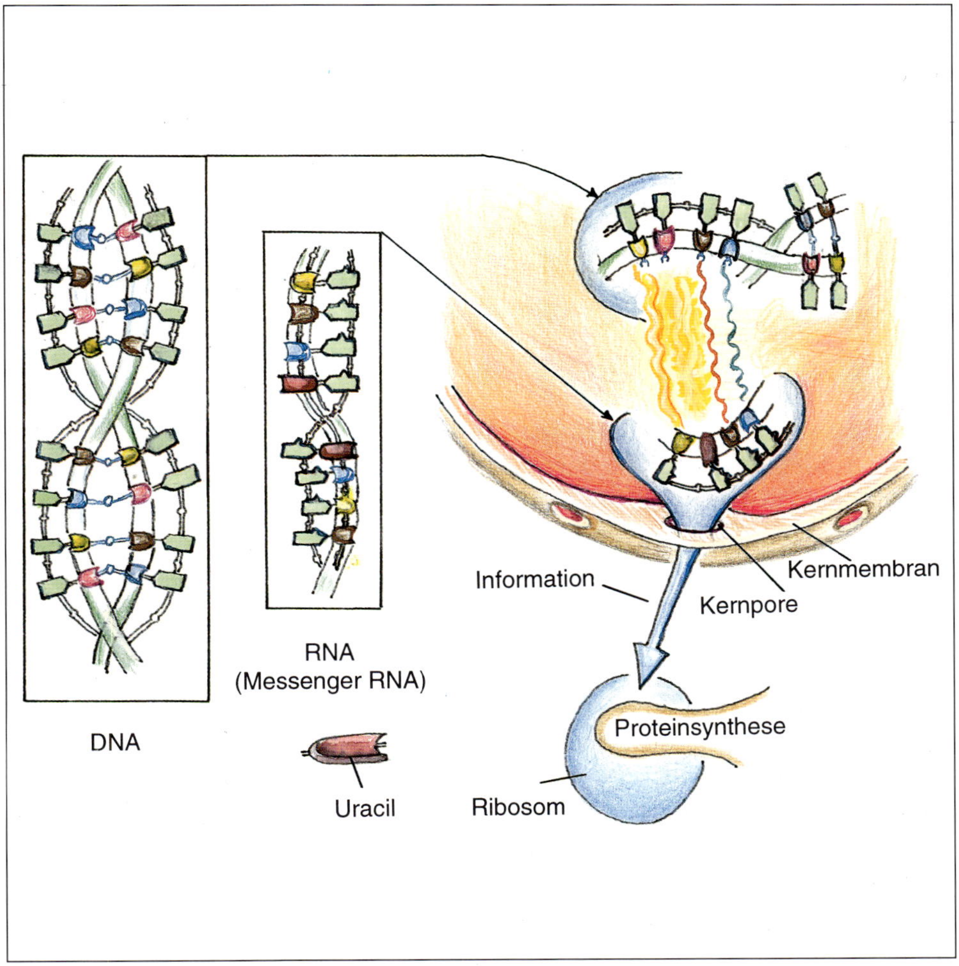

Abb. 32: Merkmale DNA - RNA.

Speicherung der Erbinformation in der DNA

Speicherung der Erbinformation in der DNA bedeutet im Prinzip Speicherung der Information für die Reihenfolge (= Sequenz) der Aminosäuren für die Synthese der spezifischen Eiweiße der Individuen.

Die Aminosäuresequenz der Eiweiße wird durch die Basensequenz der DNA verschlüsselt (codiert).

Triplett-Code
Die Aminosäuren werden durch Nukleotidbasentripletts kodiert. Zur Kodierung der 20 vorkommenden Aminosäuren gibt es aufgrund 4 verschiedener Basen *4^3 = 64 Kombinationsmöglichkeiten.* Das heißt, für die meisten Aminosäuren gibt es mehrere Tripletts. So wird z. B. die Aminosäure Alanin durch folgende Tripletts der DNA verschlüsselt: CGA, CGG, CGT, CGC.

Die Speicherung der Erbinformation ist bei allen Lebewesen gleich.

Identische Verdopplung (= Reduplikation) der DNA

Die identische Verdopplung des genetischen Materials bei Zellteilungen ist die *Voraussetzung* für die unveränderte Weitergabe und die *Erhaltung artspezifischer Merkmale.*
Die identische Reduplikation beruht auf der *komplementären Paarung der organischen Basen* zwischen den Polynukleotidsträngen. Sie wird durch Enzyme gesteuert und verläuft in mehreren Phasen.
1. Mittels Enzymen werden die Wasserstoffbrückenbindungen zwischen den komplementären Basen gelöst. Der Doppelstrang öffnet sich wie ein Reißverschluß. Es entstehen *2 Einzelstränge.*
2. An die Basen jedes Einzelstranges lagern sich die jeweils passenden freien Nukleotide aus dem Zellstoffwechsel an und verbinden sich in der bereits bekannten Weise miteinander. Es sind *2 genetisch identische Doppelstränge* entstanden, halb aus altem und halb aus neuem Material.

Realisierung der Erbinformation (Eiweißsynthese)

Die Realisierung der Erbinformation besteht in der Synthese der *individualspezifischen Eiweißstoffe.* Dabei wird derjenige Abschnitt der DNA, der die Synthese eines bestimmten Eiweißstoffes steuert, als *Gen* (= Erbanlage) bezeichnet (s. S. 74).

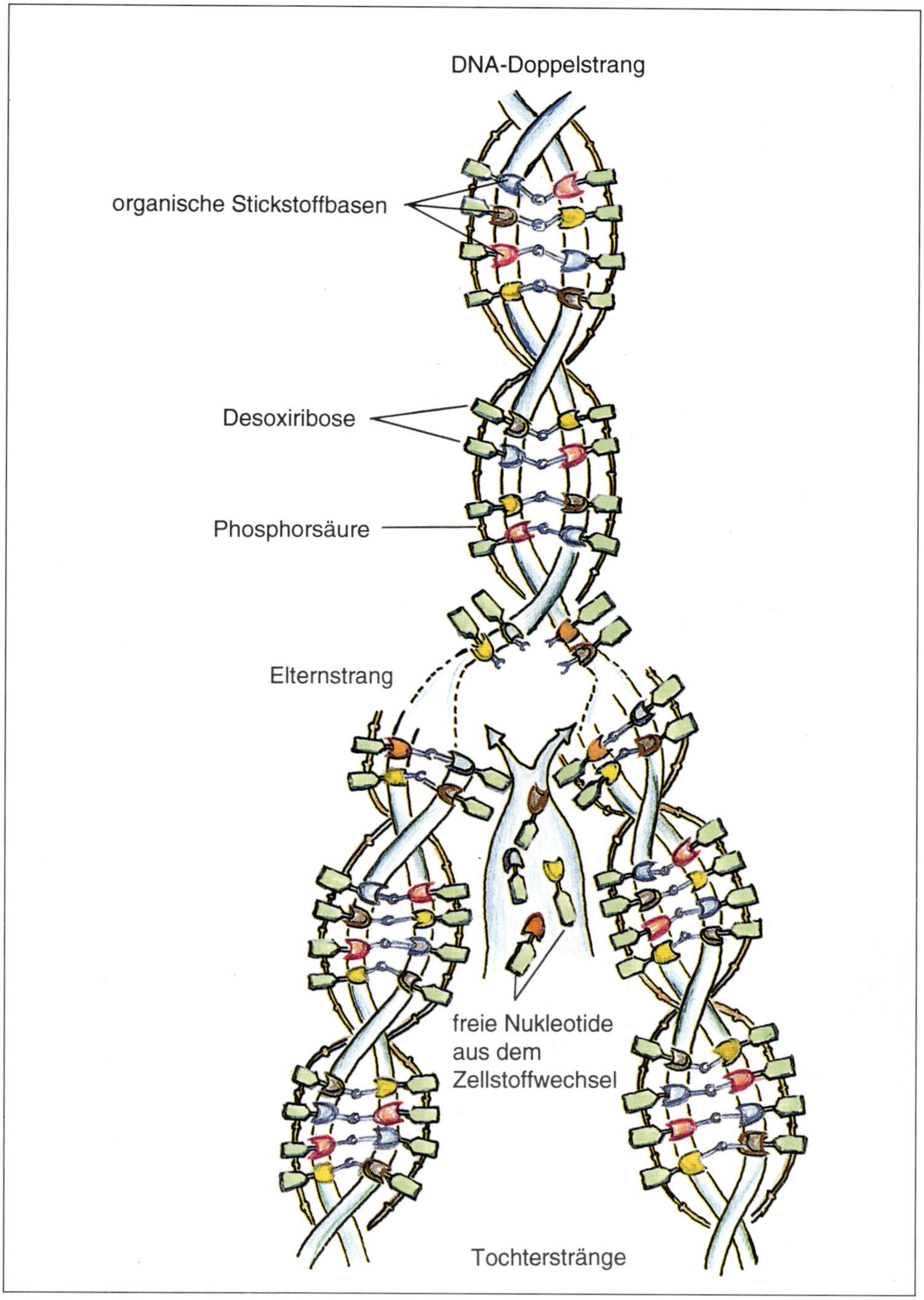

Abb. 33: Identische Reduplikation der DNA.

Die Realisierung erfolgt in *2 Stufen:*

1. Informationsabgabe im Zellkern (= Transkription)

Die Information der DNA (Gen) wird in die Nukleotidsequenz einer m-RNA umgeschrieben

- Aufspaltung des DNA-Doppelstranges durch Lösen der Wasserstoffbrücken,
- komplementäre Anlagerung der m-RNA-Nukleotide,
- Ablösen der m-RNA und Wanderung zu den Ribosomen.

2. Entschlüsselung im Ribosom (= Translation)

Die genetische Information der m-RNA als Aminosäuresequenz eines Proteins wird entschlüsselt. Der Proteinaufbau erfolgt mit Hilfe der t-RNA

- Anlagerung der m-RNA an ein Ribosom,
- komplementäre Basenpaarung zwischen m-RNA und t-RNA und Verknüpfung der Aminosäuren,
- Lösen des Eiweißes von der t-RNA.

Vorgänge im Zellkern	
TAC - CTA - GCG - CTA - ATT	DNA-Einzelstrang als Matrize
						↓
AUG - GAU - CGC - GAU - UAA	mRNA-Strang "schreibt" Erbinformation um
Vorgänge im Ribosom	
AUG - GAU - CGC - GAU - UAA	mRNA aus Zellkern
UAC CUA GCG CUA AUU	t-RNA "liest" Erbinformation ab
AS – AS – AS – AS – AS –	Eiweiß

Tab. 12

> *Merke:* Zeitpunkt der Informationsabgabe und Reduplikation sind meist identisch.

➤ Sowohl durch äußere Einflüsse (z.B. radioaktive Strahlen, Röntgenstrahlen, Teerstoffe, Viren) als auch durch innere Einflüsse (z.B. Erbeinflüsse) können Zellen entarten (Krebszellen).

Im Unterschied zu gesunden Zellen ist bei Krebszellen die Produktion von Eiweißstoffen erhöht, wodurch das Zellteilungswachstum erheblich beschleunigt wird. Die entstehenden Zellen verbleiben in funktionsuntüchtigem Zustand. Es treten Veränderungen im katabolen Stoffwechselbereich ein, indem der Abbau des Pyruvat zu Milchsäure abläuft.

2. 5. 3. Bildung der Geschlechtszellen (= Keimzellen = Gameten) - Meiose

Der Mensch pflanzt sich geschlechtlich fort. Die dazu erforderlichen Geschlechtszellen werden in den Keimdrüsen (Hoden, Eierstock) gebildet.

Der Hoden bildet die Samenzellen (Spermien) und der Eierstock die Eizellen.

Die *Körperzellen* des Menschen besitzen einen doppelten Chromosomensatz. Sie sind *diploid* (= 2n). In jeder menschlichen Körperzelle befinden sich *22 Autochromosomenpaare* und ein *Gono-* oder *Geschlechtschromosomenpaar* (2n = 46).

Chromosomensatz der Frau:	22 Autochromosomenpaare + 2 gleichgestaltete Gonosomen, die X-Chromosomen.
Chromosomensatz des Mannes:	22 Autochromosomenpaare + 2 ungleichgestaltete Gonosomen, ein X- und ein Y-Chromosom.

Damit dieser Chromosomensatz auch in den Folgegenerationen erhalten bleibt, findet bei der Bildung der Geschlechtszellen eine Halbierung statt. Die *Samen- und Eizelle* besitzen demnach einen einfachen Chromosomensatz. Sie sind *haploid* (= n). In jeder reifen menschlichen Keimzelle befinden sich somit 23 Chromosomen (n = 23), also in den Samenzellen 22 Autosomen plus 1 Y- oder X-Chromosom und in den Eizellen 22 Autosomen plus in jedem Fall 1 X-Chromosom.

Ablauf der Meiose (=Reifeteilung)
Die Meiose läuft in zwei aufeinanderfolgenden Teilungsschritten ab:
Meiose I (Reduktionsteilung)

Prophase I
- Paarung der homologen Chromosomen (je 1 mütterliches mit dem entsprechenden väterlichen Chromosom). Während der Paarung kann es zum Austausch einzelner homologer Bruchstücke bei Nichtschwesterchromatiden kommen ("crossing over").

Metaphase I
- Anordnung der homologen Chromosomen in der Äquatorialebene zufallsgemäß.

Anaphase I
- Die mütterlichen und väterlichen Chromosomen gelangen entsprechend der zufallsgemäßen Anordnung an die Zellpole.

Telophase I
- Bildung der Tochterzellen.

Meiose II

Die Meiose II ist eine Mitose. Beim Menschen entstehen

- 4 haploide plasmaarme Spermien (Mann),
- 1 haploide plasmareiche Eizelle und 3 haploide plasmaarme Polkörperchen (Frau).

> *Merke:* Bei der Meiose entstehen aus diploiden Urkeimzellen in 2 Teilungsschritten haploide Geschlechtszellen.

Bedeutung der Meiose

1. Grundlage für die Konstanz der artspezifischen Chromosomenzahlen.
2. Grundlage für die Neukombination des genetischen Materials zwischen den Generationen.

Bei Trennung der homologen Chromosomen hängt es vom Zufall ab, welche mütterlichen bzw. väterlichen Chromosomen in die eine oder andere Tochterzelle gelangen. Beim Menschen sind demnach 2^{23} = 8.388.608 verschiedene Kombinationen möglich.

Dies wird noch erweitert durch den möglichen Austausch homologer Bruchstücke von Nichtschwesterchromatiden in der Prophase I.

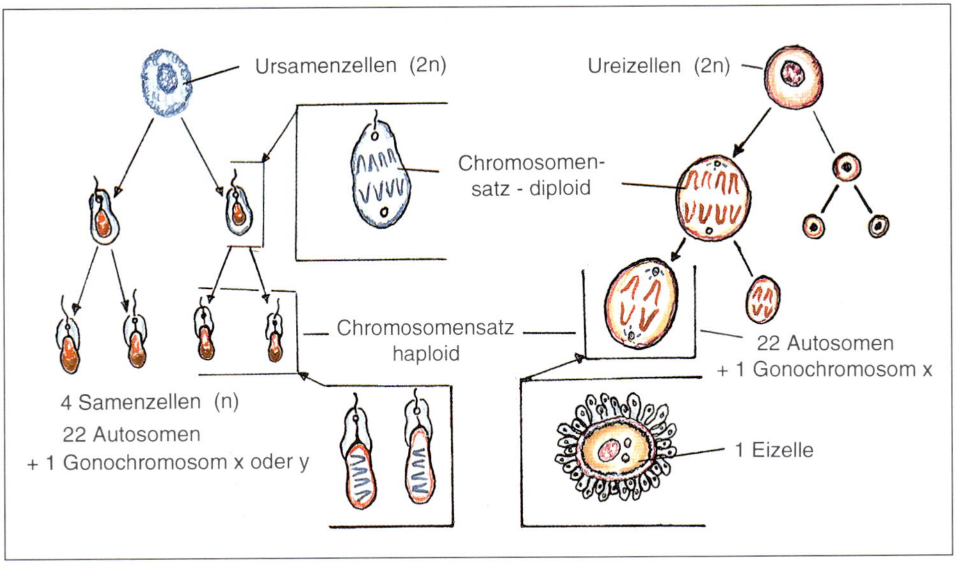

Abb. 34: Meiose - Bildung der Geschlechtszellen.

2. 5. 4. Individualentwicklung

Die Entwicklung des Menschen kann in 4 Phasen unterteilt werden.
1. Embryonalentwicklung,
2. Jugendentwicklung,
3. Reifephase,
4. Phase des Alterns, die mit dem Tod abschließt.

Die Individualentwicklung der mehrzelligen Lebewesen verläuft im Prinzip gleich.

Embryonalentwicklung
Diese Phase beginnt mit der Befruchtung und endet mit der Geburt.

Befruchtung
Unter Befruchtung versteht man die Verschmelzung einer haploiden Samenzelle mit einer haploiden Eizelle zu einer diploiden Zygote (= befruchtete Eizelle). Die Zygote ist die erste Körperzelle des neuen Organismus.
Dieser Vorgang findet in der Regel im Eileiter statt.

Merke: Beim Menschen bestimmen die Geschlechtschromosomen das Geschlecht. XX-Zygoten ergeben weibliche und XY-Zygoten männliche Individuen. Entscheidend für das Geschlecht des Kindes ist mithin die Samenzelle.

Weg der Eizelle (s. Abb. 36)
Bei der Geburt befinden sich in jedem Eierstock ca. 200.000 Eizellen, eingeschlossen von sog. Follikelzellen (Eizelle plus Follikelzellen gleich Follikel).
Mit Beginn der Pubertät reift in jedem Zyklus ein Follikel und wird sprungfähig.

Der sprungreife Follikel heißt Tertiär- oder Graafscher Follikel.

Eisprung (= Follikelsprung, = Ovulation)
Der reife Follikel erreicht einen Durchmesser von 1 bis 2 cm. Er reißt schließlich ein. Eizelle und Hüllzellen gelangen mit der Follikelflüssigkeit in den Eileiter. Der Eisprung erfolgt bei einem 28tägigen Zyklus in der Regel zwischen dem 12. u. 15. Tag. In dieser Zeit ist eine Befruchtung am wahrscheinlichsten. Die Eizelle ist nur 12 Stunden befruchtungsfähig.

Weg der Samenzellen (= Spermien) (s. Abb. 36)
Beim Geschlechtsverkehr (Coitus) gelangen mit der Samenflüssigkeit ca. 200 bis 300 Mill. Samenzellen vom Hoden über Nebenhoden, Samenleiter, Harnsamenröhre in die Scheide. Von da aus wandern sie dank ihrer Eigenbeweglichkeit über die Gebärmutter ebenfalls in den Eileiter (Zeitdauer: 45-60 Min.). Die Samenzellen sind höchstens 72 Stunden befruchtungsfähig.

➤ Ursachen für Unfruchtbarkeit können sein:
Beim Mann
- zu geringe Spermienzahl,
- mißgebildete Spermien,
- zu geringe Beweglichkeit der Spermien,
- nichtdurchgängige Samenleiter.

Bei der Frau
- Mißbildungen der inneren Geschlechtsorgane,
- Funktionsstörungen der Eierstöcke oder der Gebärmutter,
- nichtdurchgängige Eileiter.

Furchung

Unter Furchung versteht man mehrfache mitotische Zellteilungen ohne Wachstum und Trennung der Zellen.

Etwa 30 Stunden nach der Befruchtung beginnt die Furchung der menschlichen Zygote.

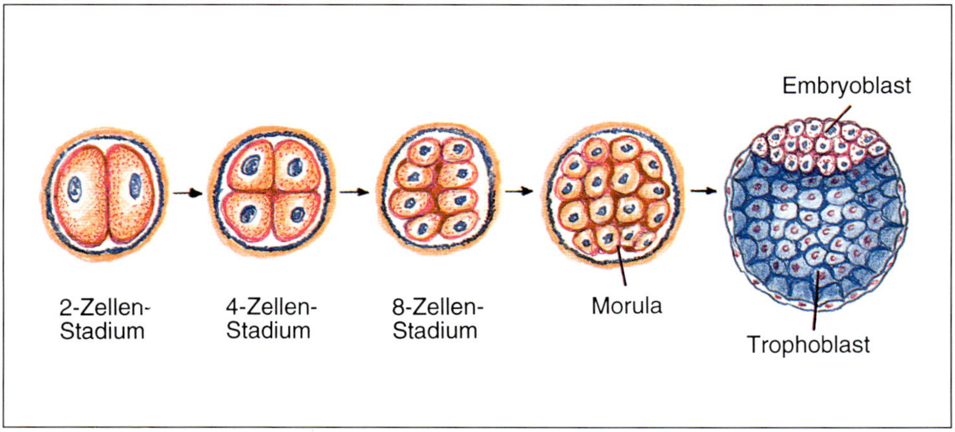

Abb. 35: Die Stadien der Furchung.

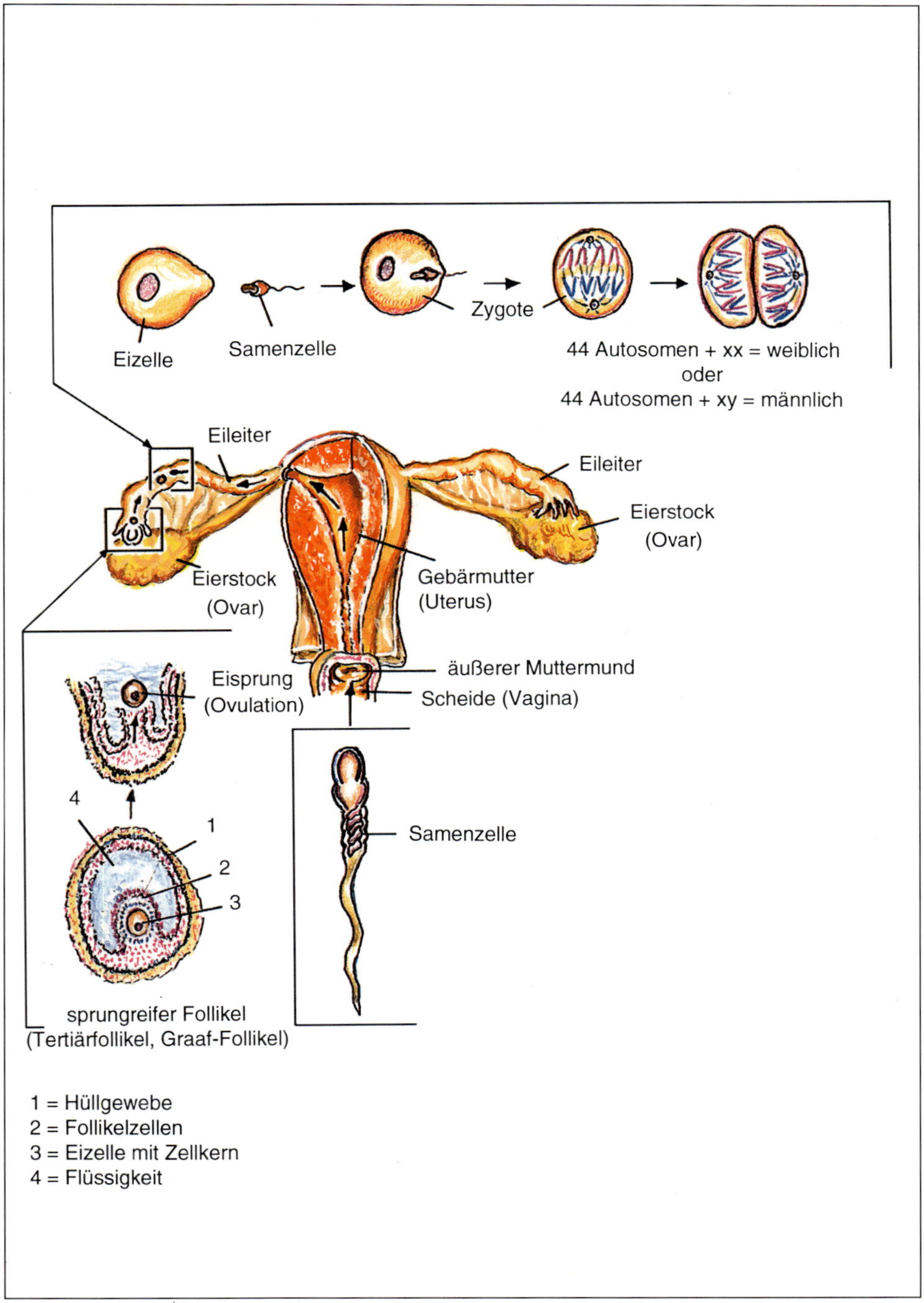

Abb. 36: Weg der Samen- und Eizelle zum Ort der Befruchtung.

Furchungsstadien

1. *2-, 4-, 8-Zellen-Stadium*
2. *Morula* (= maulbeerförmiger Keim) aus ca. 16 Zellen, gelangt nach 3-4 Tagen in die Gebärmutter.
3. *Blastozyste* (= bläschenförmiger Keim) nistet sich mit Beginn der 2. Entwicklungswoche in die Gebärmutterschleimhaut ein. Ein Teil der Zellen wird zum *Embryoblasten*, der sich zum Menschen weiterentwickelt. Aus den übrigen Zellen entsteht der *Trophoblast*, der auch für die Einnistung (= Nidation) verantwortlich ist und sich danach mit Teilen der Gebärmutterschleimhaut zur Plazenta, dem Mutterkuchen, umbildet.

Keimblattbildung (= Gastrulation)

Die Zellen des Embryoblasten differenzieren sich in 3 Schichten, die Keimblätter.

- Ektoderm (= äußeres Keimblatt),
- Mesoderm (= mittleres Keimblatt),
- Entoderm (= inneres Keimblatt).

Organbildung

Aus den Keimblättern bilden sich durch weitere Zellverlagerungen und Zelldifferenzierungen die einzelnen Organanlagen für die späteren Organe.

Tab. 13: Überblick über wichtige Phasen der Embryonalentwicklung

Monat	Länge (in cm)	Masse (in g)	Merkmale	Bemerkungen
1.	0,5		typische Körpergliederung; Anlagen für Nervensystem, Augen, Ohren; einfacher Blutkreislauf	Keimling (= Embryo)
2.	2	1	Knorpelskelett	
3.	9		alle Organanlagen, Geschlecht feststellbar	ab hier heißt der Keimling Fetus
4./5.	25	500	Beginn der Verknöcherung, Lanugobehaarung, Herzschlag hörbar	Mutter spürt Bewegungen
6.			Zahnanlagen, Öffnen der Augen	
7.	40	1300	alle Organe ausgebildet	Frühgeburt - eingeschränkte Leistungsfähigkeit
8.	50	3000 -3500	starke Massezunahme	

- Voraussichtlicher Geburtstermin:
  1. Tag der letzten Regel minus 3 Monate plus 7 Tage plus 1 Jahr.
  Beispiel: 10.4.92 minus 3 Monate plus 7 Tage ergibt 17.1.93 (± 10 Tage).

- In den ersten 3 Schwangerschaftsmonaten ist der Embryo auf Grund der Organbildung besonders stark gefährdet.
  Schädigende Einflüsse üben z.B. bestimmte Medikamente, radioaktive Strahlen (Röntgenstrahlen), Alkohol und Nikotin aus.

Versorgung des Keimlings
Unmittelbar nach der Einnistung wird der Keimling (Embryo) mit Stoffen aus dem mütterlichen Gewebe zunächst über den Trophoblasten versorgt.
Nach Bildung der Plazenta, die über die Nabelschnur mit dem Embryo/Fetus verbunden ist, übernimmt diese die Versorgung und Entsorgung.

Merke: Die Plazenta vermittelt den Stoffaustausch zwischen Mutter und Kind. Eine Vermischung des Blutes findet nicht statt.
Dementgegen ist die Plazenta für Medikamente und Toxine durchgängig.

2. 6. Vererbung

Bei der Fortpflanzung einer Organismenart entstehen immer wieder Nachkommen, die in ihren wesentlichen Merkmalen den Eltern gleichen. Diese *relative Konstanz der Arten* wird durch die Konstanz spezifischer Enzyme gewährleistet.
Die "Anweisungen" für die Bildung der Enzyme sind in der DNA gespeichert. Bei der geschlechtlichen Fortpflanzung werden sie von den Eltern auf die Nachkommen übertragen und bei der Zellteilung auf die Tochterzellen weitergegeben. Man sagt, sie werden vererbt und bezeichnet sie als *Erbinformation* oder genetische Information.

Zum besseren Verständnis der Erbgänge sollen zunächst einige *wichtige Fachbegriffe* geklärt werden.

Gen (= Erbanlage)
Alle Merkmale eines Lebewesens sind von seiner Erbinformation abhängig. In der DNA sind die Informationen für die einzelnen Enzyme hintereinander angeordnet.

Ein Abschnitt der DNA, der die Information für den Aufbau eines bestimmten Eiweißes enthält, heißt Gen.

Jedes Gen hat eine spezifische Erbinformation gespeichert. Die Gesamtheit der Gene eines Lebewesens werden als seine *Erbanlagen* bezeichnet.
An der Ausbildung eines Merkmals (z.B. Augenfarbe) sind in der Regel Genpaare beteiligt, d.h. je ein Gen vom Vater und von der Mutter. (Die Ausprägung vieler Merkmale wird durch Gengruppen gesteuert).

Genotyp = Gesamtheit der in den Genen verschlüsselten Erbinformation.

Phänotyp = Äußeres Erscheinungsbild, welches sich aus allen Merkmalen zusammensetzt.

Reinerbig = (homozygot) bedeutet, daß für die Ausbildung eines Merkmals 2 gleiche Gene oder Gengruppen vorhanden sind.

Mischerbig = (heterozygot) bedeutet, daß für die Ausbildung eines Merkmals 2 verschiedene Gene oder Gengruppen vorhanden sind. Diese Individuen werden als Hybride oder Bastarde bezeichnet.
Solche gleichen oder unterschiedlichen Zustandsformen von Genen, die in homologen Chromosomen den gleichen Platz einnehmen, werden als *Allele* bezeichnet.

Dominant	=	bedeutet, daß ein Gen oder eine Gengruppe in der Merkmalsausprägung vorherrscht.
Rezessiv	=	bedeutet, daß ein Gen oder eine Gengruppe in der Merkmalsausprägung zurücktritt.
Intermediär-kodominant	=	bedeutet, daß 2 Gene oder Gengruppen in der Merkmalsausprägung gleich stark sind.

Bei der Darstellung von Erbgängen werden zur Vereinfachung Buchstaben verwendet:
- ein großer Buchstabe für dominant, zum Beispiel B;
- ein kleiner Buchstabe für rezessiv, zum Beispiel b;
- zwei gleiche Buchstaben für reinerbig, zum Beispiel BBbb;
- zwei ungleiche Buchstaben für mischerbig, zum Beispiel aB, AB, bA.

2. 6. 1. Gesetzmäßigkeiten der Vererbung - Mendelsche Gesetze

Im 19. Jahrhundert stellte Gregor Mendel durch zahlreiche Kreuzungsversuche als erster das Auftreten von Gesetzmäßigkeiten in der Vererbung fest. Er legte damit den Grundstein für die moderne Genetik. Im folgenden wollen wir uns mit einigen seiner wichtigsten Erkenntnisse, den Mendelschen Erbregeln, genauer auseinandersetzen. Bei der Durchführung von Kreuzungen werden für die Kreuzungspartner folgende Bezeichnungen benutzt:
P = Elterngeneration (Parentalgeneration),
F_1 = 1. Tochtergeneration (1. Filialgeneration),
F_2 = 2. Tochtergeneration (2. Filialgeneration) usw..

1. Mendelsche Gesetz (Uniformitätsregel)
Kreuzt man reinerbige Individuen, die sich in einem oder mehreren Merkmalen unterscheiden, sind alle F_1-Bastarde gleich (= uniform).

Beispiel: Vererbung der Blutgruppen

a) Dominant-rezessiver Erbgang
AA = Blutgruppe A (Vater)
oo = Blutgruppe 0 (Mutter)

P: AA x oo
↓ ↓
Keimzellen: A 0

Kreuzungsschema

M \ V	A	A
o	Ao	Ao
o	Ao	Ao

(F_1)

Ergebnis: Alle Nachkommen haben die Blutgruppe A und sind mischerbig.

b) Intermediärer Erbgang

AA = Blutgruppe A, reinerbig (Vater)
BB = Blutgruppe B, reinerbig (Mutter)

Kreuzungsschema

P: AA x BB
↓ ↓
Keimzellen: A B

M \ V	A	A
B	AB	AB
B	AB	AB

(F_1)

Ergebnis: Alle Nachkommen haben die Blutgruppe AB und sind mischerbig.

2. Mendelsches Gesetz (Spaltungsregel)

Kreuzt man F_1-Bastarde, die in einem Merkmal mischerbig sind, so ist die F_2-Generation in dem betreffenden Merkmal nicht einheitlich, sondern spaltet sich in einem bestimmten Zahlenverhältnis auf:

Bei dominant-rezessiven Erbgängen: 3:1 = 75% : 25%
Bei intermediären Erbgängen: 1:2:1 = 25% : 50% : 25%

Beispiel: Vererbung der Blutgruppen

a) Dominant-rezessiver Erbgang

Ao = Blutgruppe A (Vater)
Ao = Blutgruppe A (Mutter)

Kreuzungsschema

P: A0 x A0
↓ ↓
Keimzellen: A,o A,o

M \ V	A	o
A	AA	Ao
o	Ao	oo

(F_1)

Ergebnis: Blutgruppe A= 3x, Blutgruppe 0= 1x

b) Intermediärer Erbgang

AB = Blutgruppe AB (Vater)
AB = Blutgruppe AB (Mutter)

Kreuzungsschema

P: AB x AB
↓ ↓
Keimzellen: A, B A, B

M \ V	A	B
A	AA	AB
B	AB	BB

(F_1)

Ergebnis: Blutgruppe A= 1x, Blutgruppe AB= 2x, Blutgruppe B= 1x

3. Mendelsches Gesetz (Neukombinationsregel)
Kreuzt man Bastarde, die sich in mehreren Merkmalen unterscheiden, so werden die Merkmale unabhängig voneinander nach der Spaltungsregel vererbt, soweit sie nicht gekoppelt auf einem Chromosom lokalisiert sind.

Beispiel: Vererbung der Blutgruppe und des Rhesusfaktors.

AAdd (Vater)	x	ooDD (Mutter)
A = Blutgruppe A		o = Blutgruppe 0
D = Rhesusfaktor (Rh^+)		d = Rhesusfaktor (Rh^-)

P:	AAdd x ooDD
	↓ ↓
Keimzellen:	Ad oD
F1	AoDd
Keimzellen:	AD, Ad, oD, od

Kreuzungsschema

M \ V	AD	Ad	oD	od
AD	AADD	AADd	AoDD	AoDd
Ad	AADd	AAdd	AoDd	Aodd
oD	AoDD	AoDd	ooDD	ooDd
od	AoDd	Aodd	ooDd	oodd

(F_2)

Ergebnis:
Blutgruppe:

A, Rh+ (reinerbig): 1 }9
A, Rh+ (mischerbig): 8

A, Rh- (reinerbig): 1 }3
A, Rh- (mischerbig): 2

0, Rh+ (reinerbig): 1 }3
0, Rh+ (mischerbig): 2

0, Rh- (reinerbig): 1 }1
0, Rh- (mischerbig): -

Spaltungsverhältnis: 9:3:3:1
2 neue reinerbige Merkmalskombinationen: AAdd, ooDD

2. 6. 2. Mutationen

Mutationen sind sprunghaft entstandene Veränderungen der Erbinformation, bei denen ein Allel in ein anderes überführt wird. Das betroffene Individuum heißt *Mutante*.

Arten

Genmutationen betreffen ein Gen, sind also Veränderungen innerhalb der Basenfolge der DNA.

Beispiele: - Sichelzellanämie,
- Phenylketonurie,
- Hämophilie.

Chromosomenmutationen sind Strukturveränderungen einzelner Chromosomen.

Beispiele: - Katzenschrei-Syndrom.

Genommutationen sind Änderungen der Chromosomenzahl.

Beispiele: - Trisomie 21 (Chromosom Nr. 21 ist 3x vorhanden),
- Kleinfelter-Syndrom: 44 + XXY,
- Turner-Syndrom: 44 + X.

Ursachen:
- Energiereiche Strahlen, z.B. Röntgenstrahlen,
- Chemikalien, z.B. LSD, Nikotin, Salpetersäure, bestimmte Industrieabgase,
- Temperatur, z.B. Kälte- und Wärmeschocks,
- Viren.

Merke: Erbkrankheiten beruhen auf Mutationen in den Keimzellen. Mutationen in den Körperzellen führen zu veränderten Zellverbänden und damit zu Fehlbildungen des Individuums (z. B. auch Krebs).

Aufgaben zur Wiederholung

1. Beschreiben Sie die chemischen und physikalischen Eigenschaften des Wassers und seine Bedeutung für den menschlichen Organismus!
2. Was wissen Sie über die Elektrolytkonzentrationen in den Körperflüssigkeiten? Welche Aufgaben erfüllen Na^+, K^+, Ca^{2+}, J?
3. Erläutern Sie die Hauptfunktionen der Kohlenhydrate, Fette und Eiweiße im menschlichen Organismus!
4. Erklären Sie folgende Begriffe:
   a) Zelle, b) Gewebe,
   c) Organ, d) Organsystem.
5. Skizzieren Sie aus dem Gedächtnis eine menschliche Zelle und ordnen Sie den einzelnen Bestandteilen die entsprechenden Funktionen zu!
6. Beschreiben Sie den Aufbau der Zellmembran! Welche Eigenschaften und Aufgaben hat sie?
7. Was verstehen Sie unter Kompartimenten:
   a) der Zelle, b) des Körpers?
8. Was wissen Sie über Zusammensetzung, Menge und Verteilung der Körperflüssigkeiten?
9. Was versteht man unter der Homöostase des inneren Milieus?
10. Erläutern Sie die Notwendigkeit des Stofftransportes im menschlichen Körper!
11. Erklären Sie folgende Begriffe:
    a) passiver Transport, b) Konzentrationsgefälle,
    c) Diffusion, d) Osmose,
    e) osmotischer Druck, f) koloidosmotischer Druck,
    g) aktiver Transport, h) Phagozytose,
    i) Pinozytose, j) Trägertransport,
    k) Konvektion!
12. Überlegen Sie, was passiert, wenn rote Blutzellen
    a) in eine hypotone, b) in eine hypertone Lösung gebracht werden!
13. Erläutern Sie den Begriff Stoffwechsel und die wichtigsten Teilprozesse!
14. Was ist ATP und welche Bedeutung hat es?
15. Unterscheiden Sie Enzyme und Coenzyme!
16. Beschreiben Sie den Ablauf einer Enzymreaktion!
    Welche Bedeutung haben Enzyme im Stoffwechsel?

17. Erklären Sie die Begriffe Glykolyse und Gluconeogenese!
18. Nennen und erläutern Sie die 3 wichtigsten Phasen der Energiefreisetzung!
19. Was versteht man unter dem pH-Wert?
20. Erklären Sie die Pufferung und ihre Bedeutung im Organismus!
21. Wodurch ist die geschlechtliche Fortpflanzung gekennzeichnet?
22. Erklären Sie folgende Begriffe:
    a) Chromosom b) Chromatin
    c) Chromatide d) DNA, m-RNA, t-RNA
    e) Nukleotid, Polynukleotid f) Reduplikation
23. Beschreiben Sie die Mitose und ihre Bedeutung!
24. Was versteht man unter dem Triplett-Code?
25. Beschreiben Sie die Eiweißsynthese!
26. Erläutern Sie folgende Begriffe:
    a) haploid b) diploid
    c) Individualentwicklung d) Embryonalentwicklung
    e) Befruchtung f) Eisprung
    g) Furchung h) Morula
    i) Blastozyste j) Gastrulation
    k) Keimblätter
27. Welchen Sinn hat die Meiose? Wie läuft sie ab?
28. Vergleichen Sie Mitose und Meiose!
29. Wann kann ein Geschlechtsverkehr mit hoher Wahrscheinlichkeit zu einer Befruchtung führen? Begründen Sie Ihre Antwort!
30. Geben Sie einen Überblick über wichtige Phasen der Embryonalentwicklung des Menschen!
31. Was versteht man unter der relativen Konstanz einer Art?
32. Erklären Sie folgende Begriffe:
    a) Erbinformation b) Gen
    c) Allel d) Genotyp
    e) Phänotyp f) homozygot
    g) heterozygot h) dominant-rezessiver Erbgang
    i) intermediärer Erbgang
33. Erläutern Sie die 3 Mendelschen Gesetze an Hand konkreter Beispiele!
34. Mutter und Kind haben Blutgruppe 0. Kann der Vater Blutgruppe A haben? Begründen Sie Ihre Antwort!
35. Was sind Mutationen und welche Bedeutung haben sie?

3. Gewebe

Gewebe sind Verbände von Zellen mit annähernd gleichem Bau und gleicher Funktion einschließlich der von ihnen abgegebenen Interzellularsubstanz.

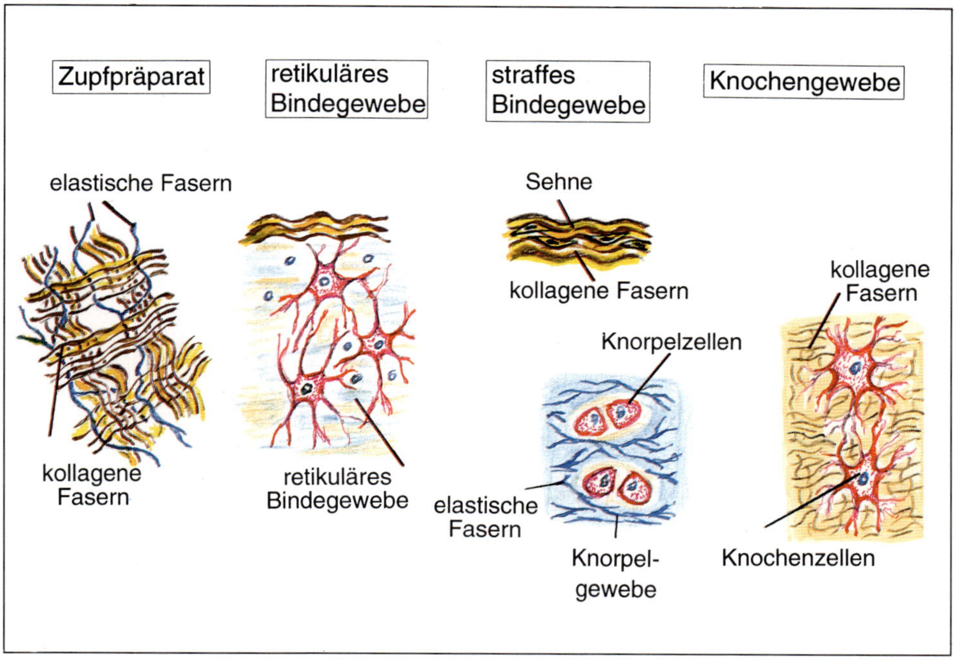

Abb. 37: Interzellularsubstanz.

Interzellularsubstanzen

Die Interzellulärsubstanz befindet sich zwischen den Zellen und kann *ungeformt* und *geformt* auftreten.

1. Ungeformte Interzellularsubstanz

Diese Substanz kann vorliegen als:

- dünnflüssige, solartige Gewebsflüssigkeit oder als
- Gel von unterschiedlicher Konsistenz.

Die ungeformte Interzellularsubstanz ist strukturlos und wird auch als Kittsubstanz bezeichnet, weil sie den Zusammenhalt von Zellen und Fasern sichert.

2. *Geformte Interzellularsubstanz (= Fasern)*

Die Fasern ermöglichen als wichtiger Bestandteil des Körpers den Zusammenhalt und die Festigkeit der Organe. Man unterscheidet 3 Faserarten.

1. *Retikulinfasern*
   Sie bilden Fasernetze um Zellen und um Blutgefäße. Außerdem kommen sie im retikulären Bindegewebe vor.
2. *Kollagenfasern*
   Die Kollagenfasern sind die zugfesten Bauelemente in den Bändern, Gelenkkapseln und Sehnen.
   Kollagen heißt "leimgebend". Aus diesen Fasern entsteht beim Kochen eine leimartige Masse.
3. *Elastische Fasern*
   Dieser Fasertyp verhält sich wie ein Gummiband. Wir finden ihn vor allem in häufig beanspruchten Organen.

Beispiel: - Wände der großen Arterien,
- Lunge,
- Gallenblasenwand.

> Der menschliche Organismus besteht aus vier Haupttypen von Geweben:
> 1. Epithelgewebe,
> 2. Binde- und Stützgewebe,
> 3. Muskelgewebe,
> 4. Nervengewebe.

Jeder Typ hat mehrere Untergruppen, die anschließend beschrieben werden.
Jedes Organ ist aus mehreren Gewebearten zusammengesetzt (vergl. S. 27). Diejenigen Zellen, die für die spezielle Organleistung der kompakten inneren Organe verantwortlich sind, werden als *Parenchymzellen* bezeichnet. Diese Zellen bilden also das eigentliche Organgewebe (Parenchym), z. B. Leber-, Pankreas-, Nierenparenchym.

3. 1. Epithelgewebe (= Epithel)

Epithelien haben verschiedenartige Funktionen, z. B.:
- mechanischer Schutz,
- Einschränkung der Verdunstung,
- Abgabe und Aufnahme von Stoffen,
- Reizaufnahme.

Nach ihrer Funktion lassen sich unterscheiden:
- Deckepithel,
- Drüsenepithel (Behandlung im Abschnitt Drüsen),
- Sinnesepithel (Behandlung im Abschnitt Sinnessystem),

Epithelgewebe sind fast ohne Interzellulärsubstanz.

Deckepithel (= Schutzepithel)
Das Deckepithel bedeckt als flächiger, in sich geschlossener Zellverband die *Körperoberfläche* und kleidet die *Körperhohlräume* (z.B. Verdauungstrakt, Harnwege) aus. Es ruht mit einer Grenzmembran (= Basalmembran) auf dem darunterliegenden Bindegewebe.

Entsprechend der Funktionen weisen die Deckepithelien verschiedene Merkmale auf. Man unterscheidet:

a) nach der Zellform
- Plattenepithel mit abgeflachten Zellen,
- isoprismatisches (kubisches) Epithel mit annähernd würfelförmigen Zellen,
- hochprismatisches Epithel (Zylinderepithel) mit hohen Zellen.
- Flimmerepithel: Bewegliche Plasmastrukturen der Schleimhaut der Atemwege und der Eileiter dienen dem Transport von Staub bzw. der Eizelle.

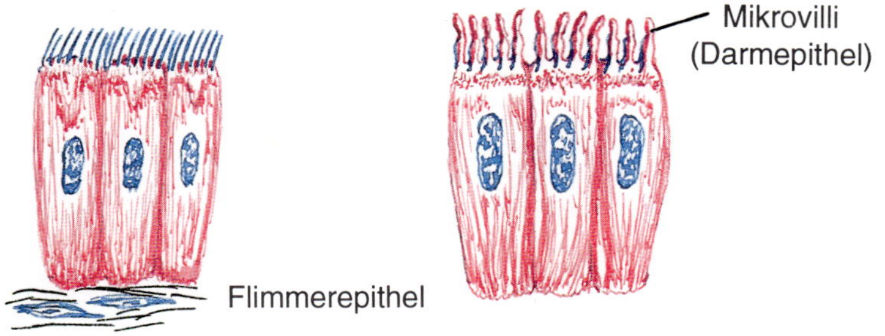

Abb. 38: Einschichtige Epithelien.

Die freie Oberfläche der Zellen kann verschiedene Bildungen tragen.

Beispiel: Bürstensaum: Feinste Fäserchen (= Mikrovilli) der Dünndarmepithelzellen, die von der Zelloberfläche entspringen und der Oberflächenvergrößerung und damit der besseren Stoffaufnahme dienen.

b) nach der Zahl der Zellenlagen.

Einschichtige Epithelien (die auch mehrreihig sein können)

1. Einschichtiges Plattenepithel
   - als Auskleidung der Blutgefäße (hier heißt es *Endothel*),
   - als Epithel der serösen Häute (hier heißt es *Mesothel*).
2. Einschichtiges kubisches Epithel
   - als Auskleidung der kleinen Bronchien.
3. Einschichtiges Zylinderepithel
   - als Auskleidung des Magens und Darmes.
4. Mehrreihiges Epithel oder Übergangsepithel als Auskleidung der ableitenden Harnwege. Das Epithel ist stark dehnungsfähig.

Mehrschichtige Epithelien

1. Mehrschichtiges Plattenepithel

a) *unverhornt* als Auskleidung von Mundhöhle, Speiseröhre, Scheide und Bedeckung der Lippen,

b) *verhornt* als Bedeckung der Körperoberfläche (= Epidermis).

2. Mehrschichtiges Zylinderepithel als Auskleidung der männlichen Harnröhre.

Merke:

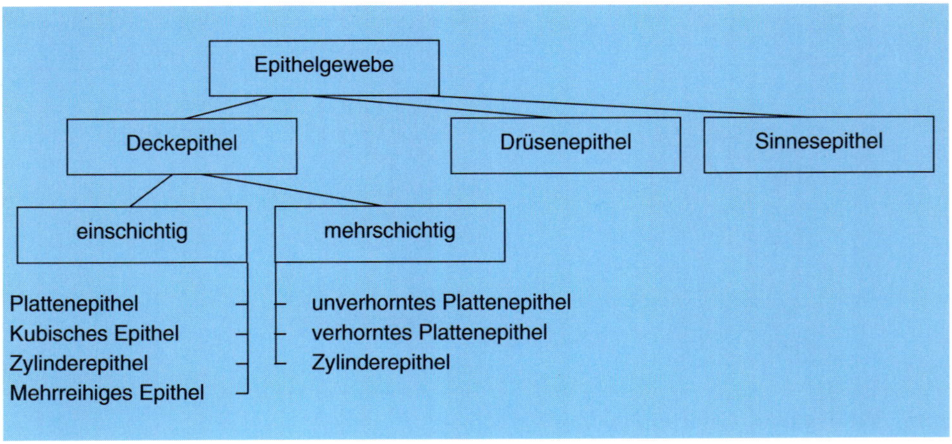

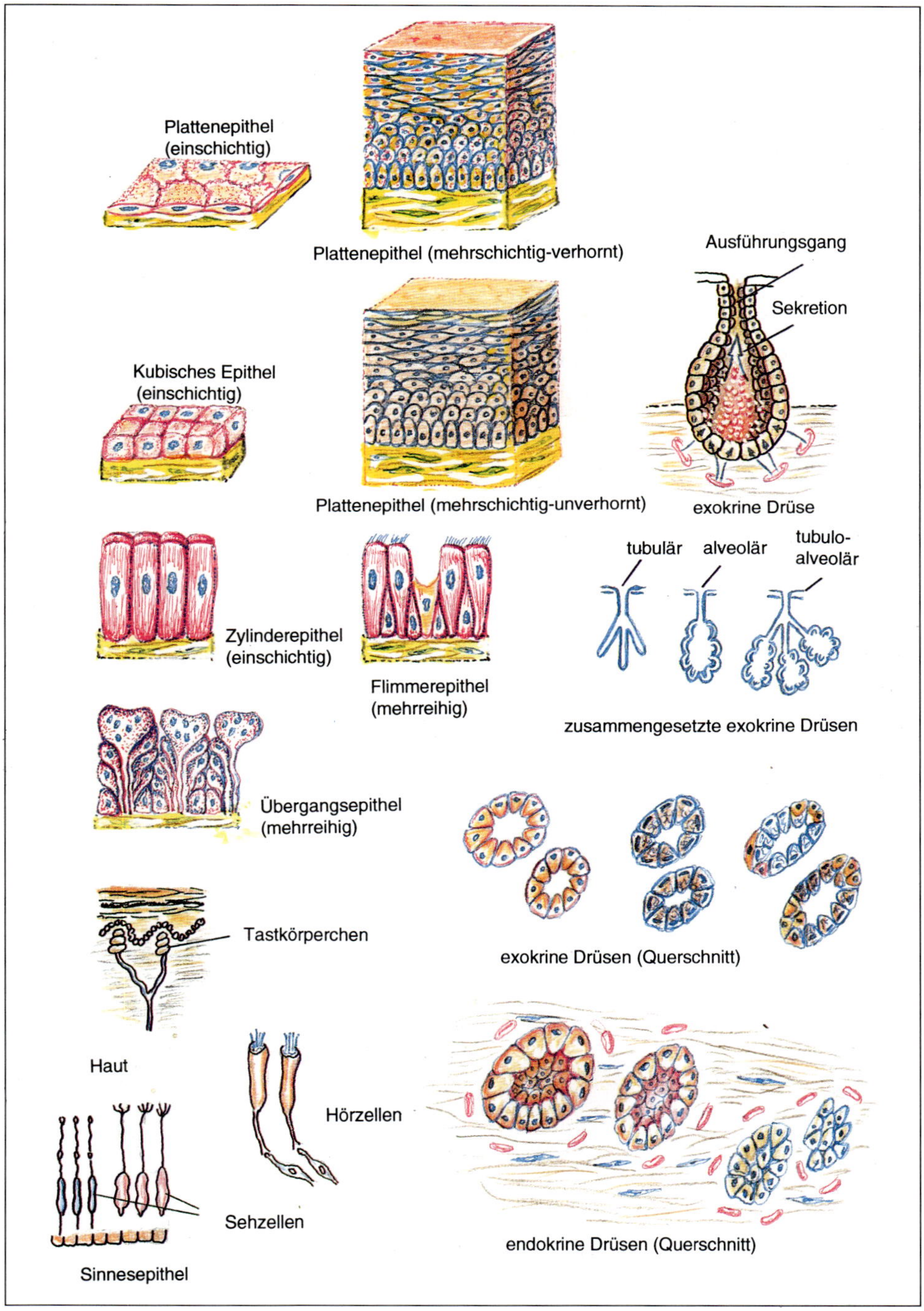

Abb. 39: Formen der Epithelgewebe.

3. 2. Binde- und Stützgewebe

Das Stützgewebe
- verleiht dem Körper Festigkeit und Stütze,
- verbindet seine Teile untereinander.

Zum Stützgewebe gehören
- Bindegewebe,
- Knorpelgewebe,
- Knochengewebe.

Binde- und Stützgewebe besitzen im Unterschied zum Epithelgewebe relativ *wenig Zellen*, dafür *reichlich Interzellularsubstanz*.

Bindegewebe

Das Bindegewebe bezeichnet eine Gruppe verschiedener Gewebe mit vielfältigen Aufgaben; es
- umhüllt und verbindet die Organe,
- bildet das Grundgerüst der Organe,
- erfüllt Stoffwechselfunktionen und
- speichert Fett.

Neben den fixen Zellen (= jeweilige Bindegewebszellart) kommen oft sog. *freie*, teilweise zur Wanderung befähigte *Zellen* vor, die Abwehrfunktionen ausüben.

Merke: Das Bindegewebe zeigt in seiner Ausbildung eine große Mannigfaltigkeit und übt im Organismus vielfältige Funktionen aus.

Bindegewebe	fixe Zellen	freie Zellen	Interzellularsubstanz	Vorkommen u. Aufgaben
Embryonales Bindegewebe, Mesenchym 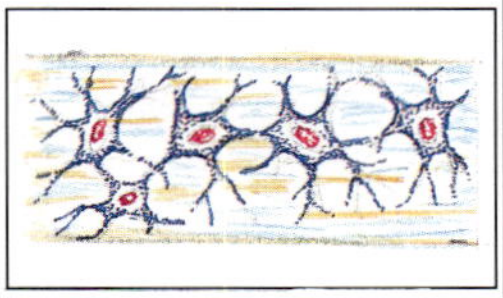	sternförmige Zellen zu einem räumlichen Gitterwerk angeordnet	selten	flüssig	bildet Füllgewebe des Embryo, Ausgangsmaterial für alle anderen Binde- und Stützgewebe
Retikuläres Bindegewebe, netzförmiges Bindegewebe 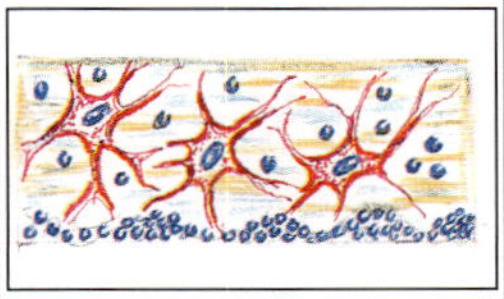	Retikulumzellen	sehr viele	flüssig (= Gewebsflüssigkeit) Verfestigung durch Retikulinfasern	Retikulum- und freie Zellen sind zur Phagozytose und Speicherung befähigt, baut Knochenmark, Milz, Lymphknoten und Lymphfollikel auf
Fettgewebe - weißes - braunes 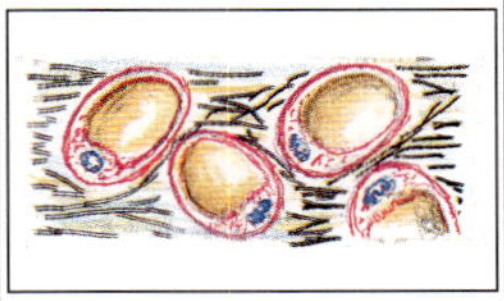	zahlreiche Fettzellen	keine	Grundsubstanz mit wenig Fasern	Speicherfett - Fettstoffwechsel, Baufett - druckelastische Polster. Wärmehaushalt - Schutz vor Abkühlung Wasserhaushalt - Wasserspeicherung, Gewebsersatz - Verfettung funktionsuntüchtig gewordener Zellen (z.B. Thymus)
Lockeres Bindegewebe 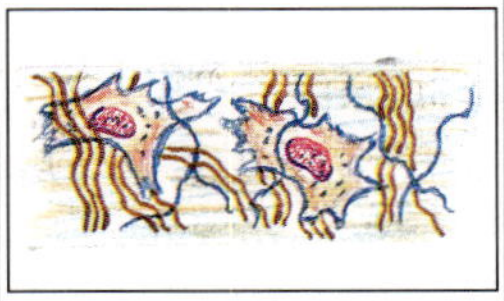	Fibrozyten	viele, z.B. Plasmazellen, Histiozyten	Gewebsflüssigkeit mit eingelagerten Retikulin-, Kollagen- und elastischen Fasern	füllt Lücken zwischen den Organen u. verbindet sie beweglich, liegt zwischen den Parenchymzellen der Organe, speichert Flüssigkeit, erfüllt Abwehraufgaben
Straffes Bindegewebe 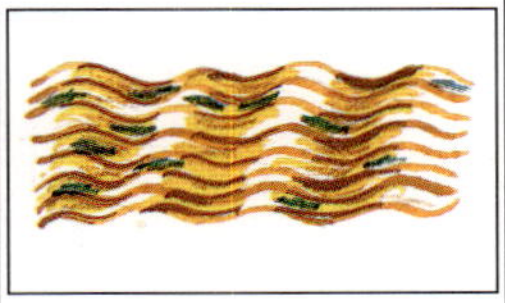	wenig Fibrozyten	selten	sehr viele zu dichten Geflechten oder parallel angeordnete Kollagenfasern, die von elastischen Fasern begleitet werden	baut Lederhaut, Sehnen, Fasern, Bänder, Gelenkkapseln auf

Abb. 40: Bindegewebsformen.

Knorpelgewebe und Knochengewebe

Knorpel- und Knochengewebe sind die *Stützgewebe im engeren Sinn.* Sie geben dem Körper durch ihre besondere Festigkeit seine Form. Formgebendes Prinzip ist die geformte und ungeformte Interzellularsubstanz. Letztere wird hier als *Grundsubstanz* bezeichnet.

Knorpelgewebe, Knorpel
Das Knorpelgewebe geht aus dem Mesenchym hervor. Es bildet auch beim Menschen zunächst das Knorpelskelett, welches sich durch den Prozeß der Knochenbildung in das Knochenskelett umwandelt.
Der Knorpel besteht aus den Knorpelzellen (Chondrozyten), die von einer gallertartigen Grundsubstanz mit eingekitteten Kollagenfasern umgeben werden.
Die Knorpelzellen liegen in Ein- oder Mehrzahl in den *Knorpelhöhlen* (= Aussparungen der Interzellularsubstanz). Deren Wand heißt *Knorpelkapsel.*
Mit Ausnahme der Gelenkknorpel werden alle übrigen von einer *Knorpelhaut* (Perichondrium) überzogen, von der aus die Versorgung des Knorpels erfolgt.

Eigenschaften
- hohe Druckelastizität, - geringe Zugfestigkeit.

Beim Menschen tritt der Knorpel in 3 Formen auf:
1. *Hyaliner Knorpel, Glasknorpel.* Vorkommen: Rippenknorpel, Gelenkknorpel, Knorpelspangen der Luftröhre, Knorpelstücke der Bronchien.
2. *Elastischer Knorpel, Netzknorpel.* Vorkommen: Ohrmuschel.
3. *Faserknorpel, Bindegewebsknorpel.* Vorkommen: Zwischenwirbelscheiben, Symphyse.

➤ Der Knorpel hat keine eigene Blutversorgung. Die stoffliche Versorgung erfolgt durch Diffusion über die Gelenkhaut und dem unter dem Knorpel liegenden Knochen. Diese ohnehin nicht optimale Versorgung reagiert zudem sehr empfindlich auf unterschiedlichste Störfaktoren. Die Folge sind Abnutzungen des Knorpels, die als Arthrose (= Gelenkleiden) der entsprechenden Gelenke in Erscheinung treten. Da die Zellen des erwachsenen Knorpels außerdem ihre Teilungsfähigkeit verloren haben, ist die Arthrose irreversibel.

Knochengewebe, Knochen
Das Knochengewebe zeichnet sich durch seine besondere *Härte* und *Festigkeit* aus. Diese Eigenschaften sind auf die chemische Zusammensetzung und komplizierte Architektur der reich ausgebildeten Interzellularsubstanz zurückzuführen.

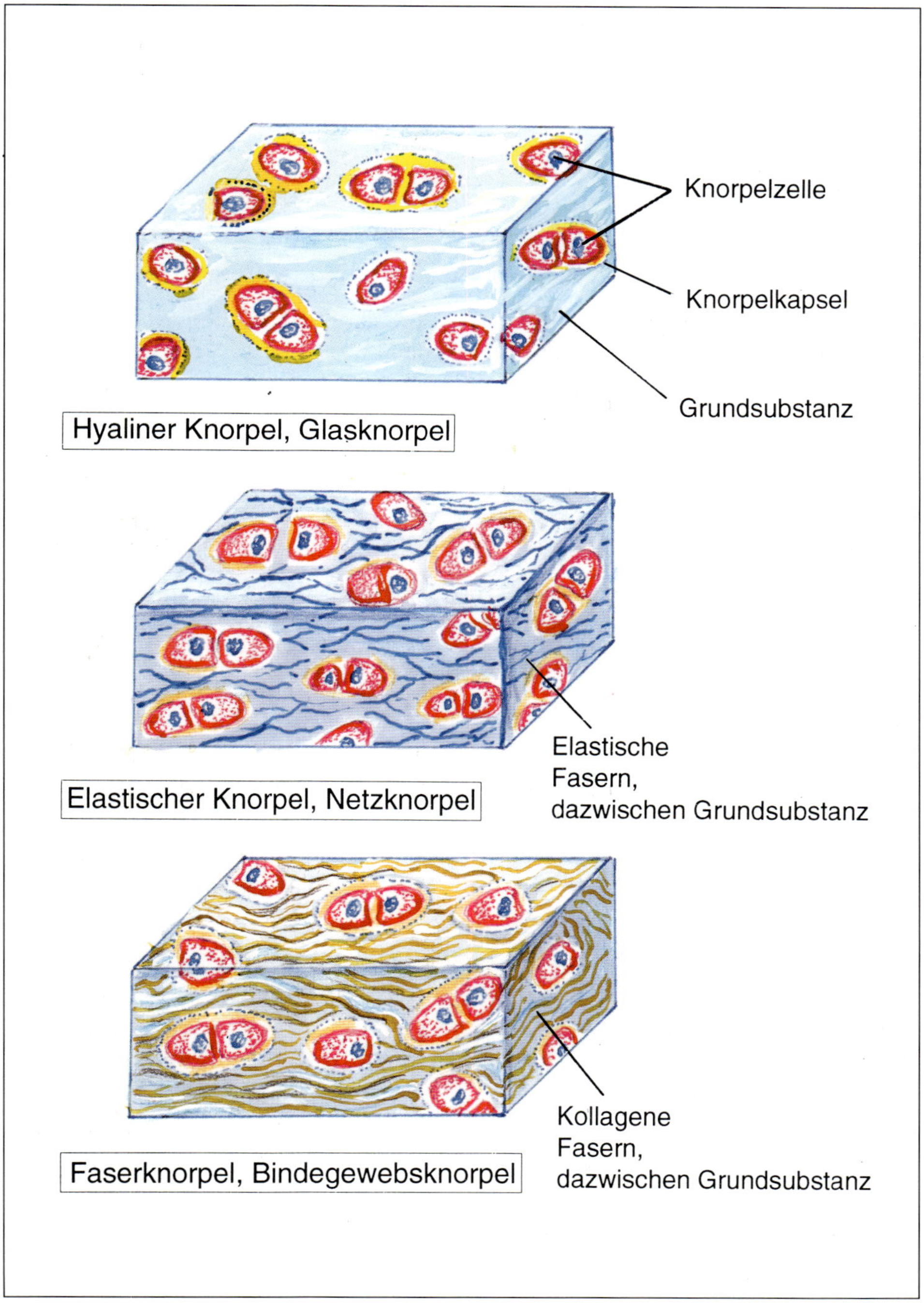

Abb. 41: Knorpelarten.

Die Interzellularsubstanz setzt sich zusammen aus:
- der *gehärteten anorganischen Grundsubstanz*, dem Ossein (besteht zu 85% aus Kalziumphosphat) und
- den darin eingekitteten *organischen Kollagenfasern.*

Merke: Der anorganische Bestandteil verleiht dem Knochen die Druckfestigkeit, der organische Bestandteil die Elastizität.

➤ Mit zunehmendem Alter nimmt die Elastizität ab. Die Knochen werden spröder (= Ursache für häufigere Knochenbrüche).

In den Knochenhöhlen bzw. -kanälchen der Interzellularsubstanz sind die Knochenzellen (Osteozyten) eingeschlossen.

Tab. 14

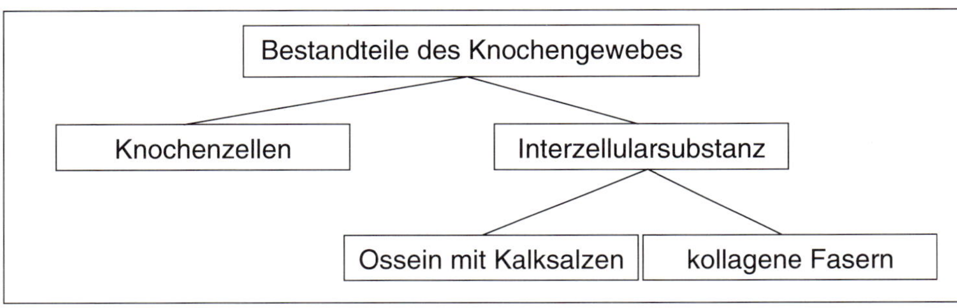

Tab. 15

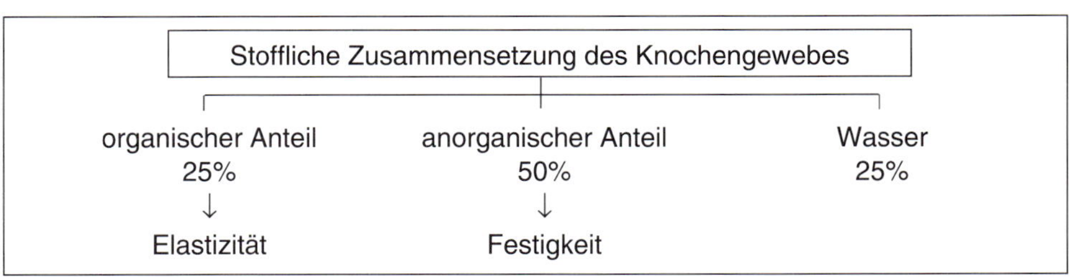

Die Anordnung der Interzellularsubstanz ist unterschiedlich. Man unterscheidet danach 2 Knochentypen:

1. Geflechtknochen, Faserknochen
Die Kollagenfasern bilden ein unregelmäßiges Flechtwerk.
Vorkommen: Schädelnähte.

2. *Lamellenknochen, Schalenknochen*
   Die Interzellularsubstanz ist lamellen- oder schalenförmig um die Blutgefäße angeordnet.
   Vorkommen: alle Knochen des Menschen.

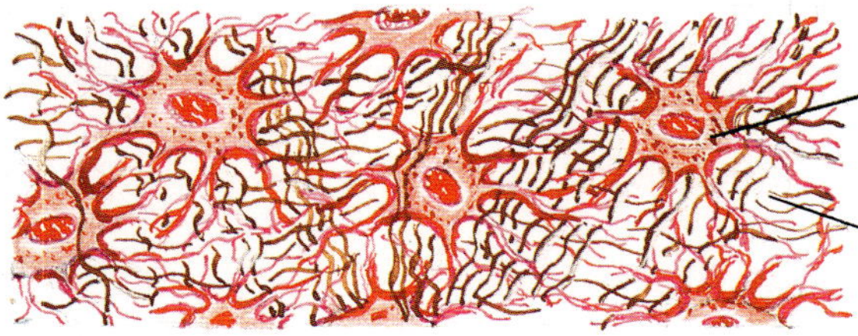

Abb. 42: Geflechtknochen.

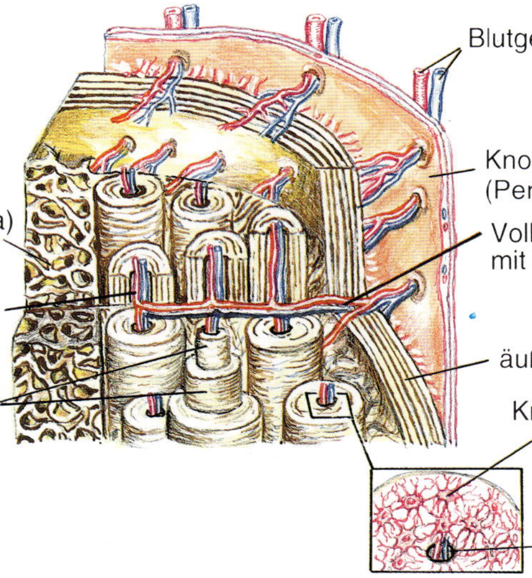

Abb. 43: Lamellenknochen.

Die Oberfläche der Knochen wird von einer gefäß- und nervenreichen *Knochenhaut (= Periost)* überzogen.
Vom Periost aus gelangen durch Kanäle Blutgefäße und Nerven in das Knocheninnere bis zu den Knochenzellen.

➤ Bei der Frakturheilung legt der Organismus um den Bruchspalt einen stützenden Verband in folgender Art und Weise an:
   1. Zunächst wächst vor allem vom Periost gefäßreiches Bindegewebe in und um den Bruchspalt (= bindegewebiger Kallus).
   2. Im Bindegewebe entstehen knochenbildende Zellen (= Osteoblasten), welche um den Bruchspalt eine "Knochenmanschette" legen (= knöcherner Kallus).
   3. Jetzt, nach Fixierung der Bruchstücke, verknöchert das Bindegewebe im Spalt.
   4. Zum Schluß wird die Knochenmanschette abgebaut.

Knochenbildung, Ossifikation
Die Ausbildung des Knochengewebes ist ein komplizierter Prozeß.
Vom Mesenchym differenzierte Osteoblasten bilden die Interzellularsubstanz des Knochengewebes. Dadurch mauern sie sich selbst ein und werden zu Knochenzellen.

Die Ossifikation erfolgt auf 2 verschiedenen Wegen:

1. Desmale Ossifikation
Knochengewebe entsteht direkt aus dem Mesenchym. Dabei werden von den Osteoblasten kleine Kalkbänkchen aufgebaut und zu einem räumlichen Gitterwerk verbunden. Man nennt die so gebildeten Knochen *Bindegewebsknochen.*
Beispiele: Schädeldach, Schlüsselbeine.

Mesenchym → Bindegewebsknochen

2. Chondrale Ossifikation
Die meisten Knochen des Menschen werden vor der Ossifikation als Knorpel angelegt. Danach findet in einer bestimmten Reihenfolge die Verknöcherung sowohl von innen (= enchondrale Ossifikation) als auch von außen (= perichondrale Ossifikation) statt.
Beispiel: Röhrenknochen der Extremitäten.

Mesenchym → Knorpel → Knochen

2. 1. Perichondrale Ossifikation

Von der Knorpelhaut werden Osteoblasten gebildet, welche eine ringförmige Knochenmanschette bilden. Die Knorpelhaut wird danach Knochenhaut genannt.

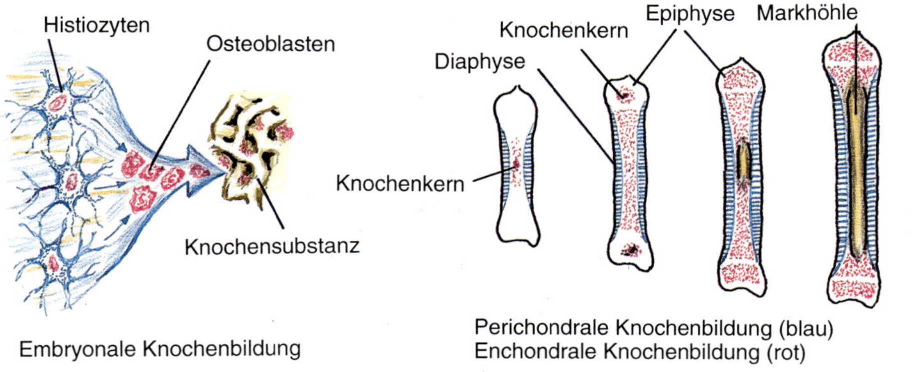

Abb. 44: Knochenbildung.

2. 2. Enchondrale Ossifikation

Von der Seite her wachsen durch die Knochenmanschette Blutgefäße und Mesenchymzellen in das Innere. Aus den Mesenchymzellen gehen verschiedene Zelltypen hervor:

1. Zellen, welche von innen her Knorpel abbauen, die bereits bestehenden Verkalkungspunkte aber unberührt lassen.
2. Osteoblasten, die, wie bereits beschrieben, das Knorpelgewebe durch Knochengewebe ersetzen.
3. Gefäßwandzellen,
4. Stammzellen der Blutbildung.

Da bei der chondralen Ossifikation Knorpelgewebe durch Knochengewebe ersetzt wird, heißt der so gebildete Knochen *Ersatzknochen.*

Der Ersatzknochen weist zunächst eine ungeordnete Struktur auf und wird deshalb als Geflecht- oder Faserknochen bezeichnet.

Später wird er in ein geordnetes Gewebe umgebaut und heißt Lamellenknochen.

3. 3. Muskelgewebe

Das Muskelgewebe besitzt im besonderen Maße die Fähigkeit zur Kontraktion, wodurch die Bewegung der Körperteile sowie die Ortsbewegung ermöglicht werden. Verantwortlich für die Kontraktilität sind die *Myofibrillen.* Das sind feinste Fäserchen, bestehend aus den kontraktilen Eiweißen *Aktin* und *Myosin.*
Nach morphologischen und funktionellen Gesichtspunkten unterscheidet man 3 Muskelgewebearten:
1. glattes Muskelgewebe,
2. quergestreiftes Muskelgewebe,
3. Herzmuskelgewebe.

Glattes Muskelgewebe
Bauelement des glatten Muskelgewebes ist die spindelförmige glatte *Muskelzelle* mit zentral gelegenem ovalen Kern. Die längs verlaufenden Myofibrillen sind ohne Querstreifung.

Eigenschaften
Glattes Muskelgewebe
- ist nicht dem Willen unterworfen (= unwillkürliche Muskulatur), Steuerung durch das vegetative Nervensystem,
- kontrahiert langsam,
- kann einen bestimmten Spannungs- bzw. Dehnungszustand über längere Zeit aufrecht erhalten, ermüdet also kaum,
- entfaltet nur geringe Kraft und benötigt deshalb nur wenig Energie.

Vorkommen
- Verdauungstrakt,
- Atmungstrakt,
- Harnleiter, Harnblase,
- Gebärmutter,
- Blutgefäße.

Aufgaben
- Bewegungen der Hohlorgane sichern.

➤ Besonders hohe Anforderungen führen zur Hypertrophie (= übermäßige Vergrößerung der Zellen). So kann im schwangeren Uterus die Zellgröße auf das Achtfache gesteigert werden.

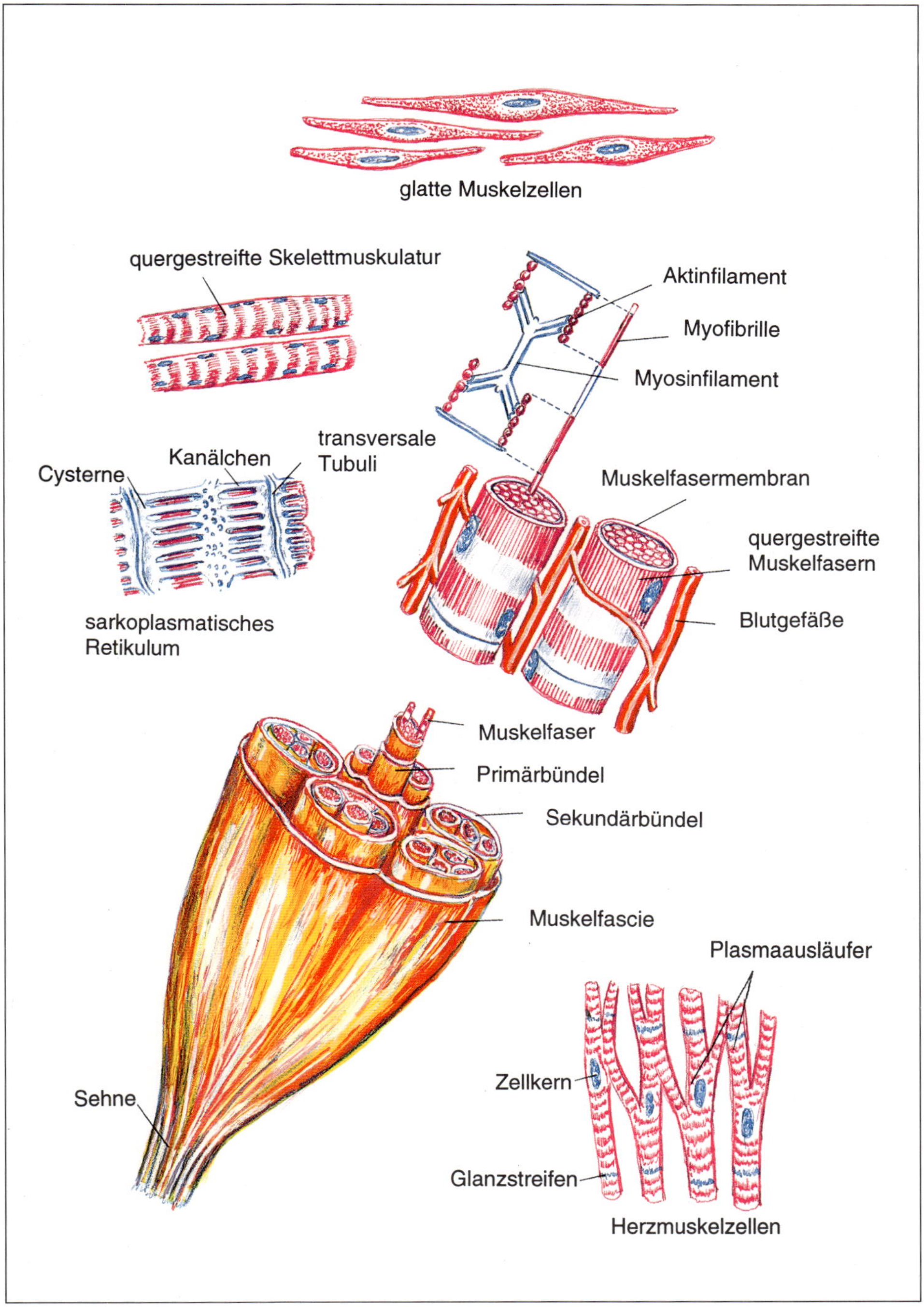

Abb. 45: Muskelgewebearten.

Quergestreiftes Muskelgewebe
Bauelement des quergestreiften Muskelgewebes ist die quergestreifte vielkernige *Muskelfaser*, die eine Länge von wenigen Millimetern bis zu 10 cm erreicht. Die reichlich vorhandenen Myofibrillen durchziehen die Faser als parallele Eiweißfäden in Längsrichtung. Sie lassen unter dem Mikroskop helle und dunkle Bänder erkennen, die meist in gleicher Höhe liegen - daher die Querstreifung. Um die Myofibrillen bildet das endoplasmatische Retikulum (hier sarkoplasmatisches Retikulum) ein netzförmiges Röhrensystem, welches bei der Erregung eine wichtige Rolle spielt.

Muskelfaserbündel
Mehrere Muskelfasern werden zu Primärbündeln und diese wiederum zu Sekundärbündeln zusammengeschlossen. In ihrer Gesamtheit bilden diese Faserbündel den Muskel.

Eigenschaften
Quergestreiftes Muskelgewebe
- ist dem Willen unterworfen (= willkürliche Muskulatur),
- entfaltet viel Kraft und benötigt deshalb viel Energie,
- kontrahiert schnell,
- ermüdet schnell.

Vorkommen
gesamte Skelettmuskulatur, Zunge, Rachen, Zwerchfell, Kehlkopf.

Aufgaben
- Bewegungen der Extremitäten, des Rumpfes, der Augäpfel,
- Atembewegungen,
- Stimmbildung.

Herzmuskelgewebe
Bauelement des Herzmuskelgewebes sind die *Herzmuskelzellen* mit zentral gelegenem Zellkern. Die Zellen sind raumgitterartig angeordnet und durch Plasmaausläufer miteinander verbunden. In Längsrichtung werden sie durch die sog. Glanzstreifen (= typisches Kennzeichen) miteinander verzahnt. Die Myofibrillen zeigen eine Querstreifung.

Erregungsbildungs- und Erregungsleitungssystem
Spezifisch differenzierte Herzmuskelzellen (fibrillenarm, glykogenreich), die die Erregung des Herzmuskels garantieren.

Vorkommen
Herzmuskel.

3. 4. Nervengewebe

3. 4. 1. Bau

Das Nervengewebe ist das am höchsten entwickelte Gewebe. Es dient dem Informationsaustausch. Zusammen mit der Neuroglia oder Glia bildet es das zentrale und periphere Nervensystem. Hauptbestandteil des Nervengewebes sind die Nervenzellen (= Neuronen).

Neuron
Das Neuron setzt sich zusammen aus:
- dem eigentlichen *Zellkörper* (= Perikaryon, Soma) und
- den von ihm ausgehenden *Fortsätzen* (Dendriten, Neuriten).

Die meisten Neuronen des Menschen sind multipolar, d. h. sie besitzen mehrere Dendriten (baumartig verzweigt) und einen längeren, meist dünneren *Neurit (= Axon)*. Das Axon zweigt sich am Ende zum Endbäumchen (Telodendron) auf. Die Enden verdicken sich meist keulenförmig (= Endknopf).
Neurone sind funktionell bipolar, d. h. man unterscheidet einen
- Rezeptorpol zur Informationsaufnahme und einen
- Effektorpol zur Informationsabgabe über das Axon.

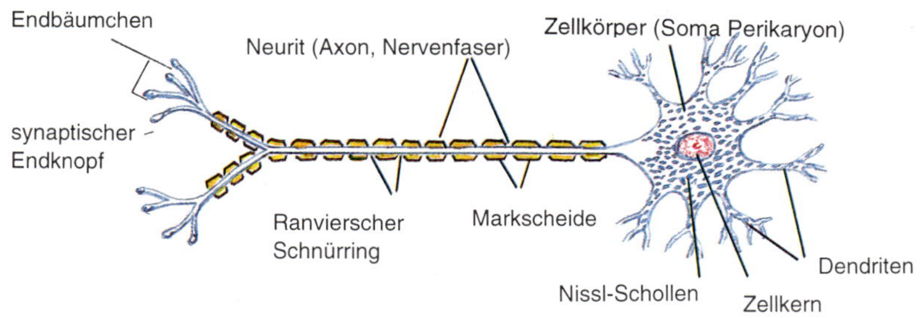

Abb. 46: Nervenzelle (Neuron).

Neurone zeichnen sich weiterhin aus durch:
- reichlich granuläres endoplasmatisches Retikulum in Perikaryon und Dendriten, das sich schollig verteilt und deshalb als *Tigroidsubstanz* oder Nissl-Schollen bezeichnet wird,
- zahlreiche Mitochondrien und Lysomen im Perikaryon.

Nervenfaser
Der Neurit stellt zusammen mit den bekleidenden Gliazellen die Nervenfaser dar. Sie erreichen beim Menschen eine Länge bis zu 1 m (Rückenmark bis Fuß).
Die *markscheidenhaltige Nervenfaser* besteht demnach aus
- dem *Mark* (Neurit = Axon = Achsenzylinder),
- der aus Gliazellen bestehenden Gliascheide, die sich nochmals in eine äußere *Schwannsche Scheide* und in eine innere *Mark- oder Myelinscheide* gliedert.

Letztere wird in ca. 1 mm-Abständen von den *Ranvierschen Schnürringen* ringförmig unterbrochen.
Markscheidenlose Nervenfasern besitzen keine derartige Markscheide.

Einteilung der Nervenfasern nach ihren funktionellen Eigenschaften
1. Afferente (= sensible, aufsteigende) Nervenfasern leiten die Information von der Peripherie zum ZNS.
2. Efferente (= motorische, absteigende) Nervenfasern leiten die Informationen vom ZNS zur Peripherie.

Periphere Nerven
Die peripheren Nerven setzen sich aus einer wechselnden Anzahl von Nervenfaserbündeln zusammen.

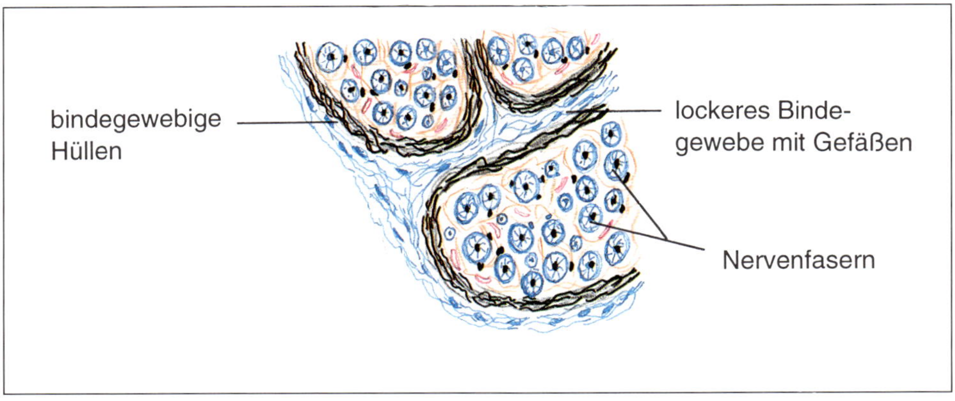

Abb. 47: Querschnitt eines peripheren Nerven.

Neuroglia
Als Neuroglia bezeichnet man das aus Gliazellen bestehende bindegewebsähnliche Stützgewebe. Diese Gliazellen treten sowohl im zentralen als auch im peripheren Nervensystem in verschiedenen Formen auf.

Sie erfüllen folgende Aufgaben:
- Auskleidung der Hirnventrikel und des Rückenmarkskanals,
- Stützfunktion,
- Beteiligung an der Markscheidenbildung,
- Stoffspeicherung und -transport,
- Phagozytose.

➤ Gliazellen füllen Defekte in der Hirnsubstanz aus. Es entstehen die sogenannten Glianarben.

3. 4. 2. Elektrische Erscheinungen des Nervengewebes

Das Nervengewebe sichert den Informationsaustausch, der in 5 Schritten dargestellt werden kann:
1. Informationsaufnahme durch Sinneszellen (= Rezeptoren),
2. Informationsleitung durch afferente Nervenfasern zum Zentralnervensystem,
3. Informationsverarbeitung und Speicherung im Zentralnervensystem,
4. Informationsleitung durch efferente Nervenfasern zum Muskel bzw. zur Drüse (= Effektoren),
5. Informationsabgabe an die Umwelt durch Muskelleistung und Drüsensekrete.

Grundlage für den Informationsaustausch ist die *Erregung* der Nervenzellen. Im folgenden werden beschrieben:
- die Erregungsbildung,
- die Erregungsleitung,
- die Erregungsübertragung.

Erregungsbildung

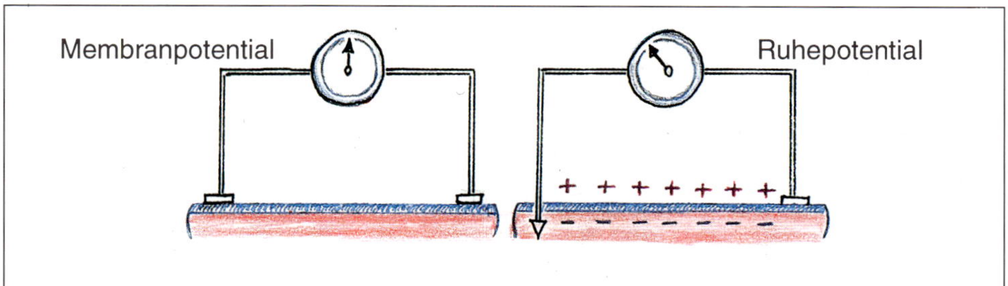

Beide Elektroden berühren die Nervenfasermembran - keine Spannung

Eine der beiden Elektroden wird durch die Nervenfasermembran in das Zellinnere geführt - Spannung von ca. -80 mV

Abb. 48: Membranpotentiale.

Ruhepotential
Die Spannung (= Potential), die bei einer nicht gereizten Zelle zwischen Zellinnerem und der Außenseite der Membran herrscht, bezeichnet man als Ruhepotential der Zelle.

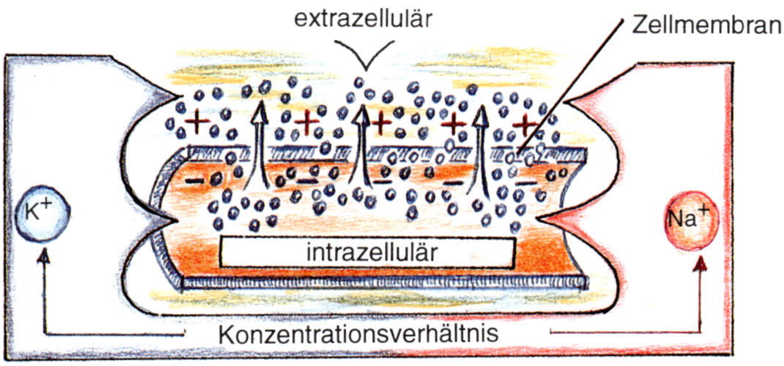

Abb. 49: Ruhepotential.

Folgende Faktoren bedingen die Entstehung des Ruhepotentials:

1. Ungleichmäßige Verteilung bestimmter Ionen in der intra- und extrazellulären Flüssigkeit (vergl. S. 21).
2. Unterschiedliche Permeabilität der ruhenden Membran für die einzelnen Ionenarten. Die Membran ist für Proteinionen undurchlässig, für Na^+ relativ gering und K^+ relativ gut durchlässig.
   Entsprechend der unterschiedlichen Durchlässigkeit der Membran diffundieren im Ruhezustand ständig relativ viele K^+ von innen nach außen und wenige Na^+ im umgekehrten Richtungssinn.
3. Ein aktives Transportsystem (= Natrium-Kalium-Pumpe) sorgt dafür, daß es nicht zum Konzentrations- und damit auch Ladungsausgleich kommt.

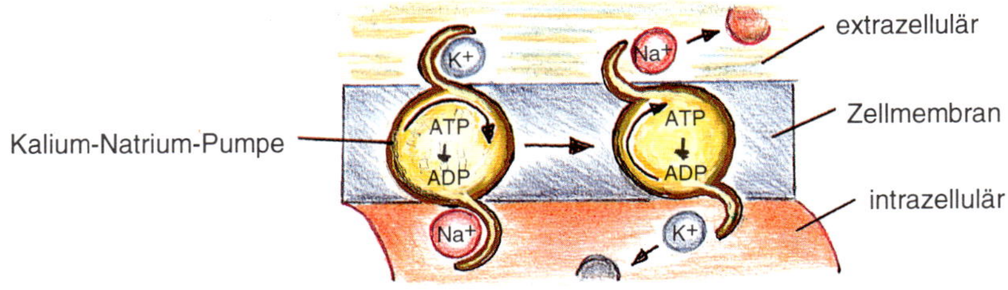

Abb. 50: Natrium-Kaliumpumpe.

Letztendlich ist es so, daß in der intrazellulären Flüssigkeit einige wenige Anionen und in der extrazellulären Flüssigkeit einige Kationen überwiegen.

Diese wenigen Ionen bewirken, daß die *Innenseite der Membran* im Ruhezustand gegenüber der Außenseite *negativ* geladen ist. Sie ist polarisiert.
Das *Membranruhepotential* ist eine wichtige *Voraussetzung für* die *Erregungsbildung*.

Erregung (Aktionspotentialbildung)

Erregung einer Zelle bedeutet die Umwandlung des Ruhepotentials in das Aktionspotential infolge Reizung.

Reize
Ein *Reiz* ist eine energetische Veränderung physikalischer und/oder chemischer Natur in der Umgebung einer Zelle, die zu einer *Änderung des Membranpotentials* führt.
Beispiel: Änderung von Lichtintensität, Temperatur, Schallwellen, Druck, pH-Wert.

Der Verlauf der Potentialänderung bei Reizung ist in der folgenden Abbildung dargestellt.

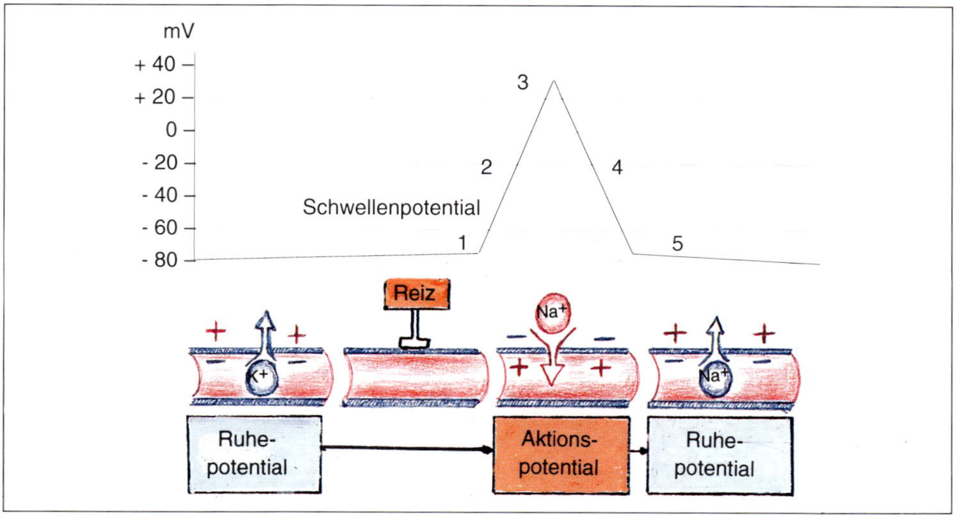

Abb. 51: Aktionspotential.

Es ist zu erkennen, daß bei Reizung das Ruhepotential (1) sehr schnell zusammenbricht.
Die Membran wird depolarisiert (2), für kurze Zeit findet sogar eine Ladungsumkehr bis ca. +30 mV statt. (Membran innen positiv, außen negativ) (3). Anschließend wird die Membran wieder repolarisiert (4), d.h., das Ruhepotential wird wieder hergestellt (5). Der gesamte Vorgang dauert nur wenige Millisekunden.

Den Verlauf der Spannungsänderung von der Depolarisation bis zur Wiederherstellung des Ruhepotentials nennt man Aktionspotential. Es ist Ausdruck einer Erregung.

Unter Beachtung der Faktoren, die für das Ruhepotential verantwortlich sind, wurde erkannt:

Reize verändern die Membranpermeabilität. Als Folge kommt es zu einer Veränderung der Ionenverteilung.

Je nach Reizstärke wird die Membran mehr oder weniger depolarisiert.
Voraussetzung für die Entstehung eines Aktionspotentials ist eine *Mindestreizstärke*, welche die Membran auf ca. -60 mV depolarisiert. Bei diesem Wert erhöht sich auf Grund der Ladungsänderung die Permeabilität der Membran für Na^+ auf das 500fache.
Folge: Rascher Na^+-Einstrom mit weiterer Depolarisation und schließlich Ladungsumkehr.

Das durch die Mindestreizstärke ausgelöste Potential als Voraussetzung für das Aktionspotential heißt *Schwellenpotential.*

Reize, die die Membran bis zum Schwellenwert depolarisieren, also die Reizschwelle der Zelle erreichen, nennt man *überschwellige Reize.*
Reize, die die Membran nicht bis zum Schwellenwert depolarisieren und somit kein Aktionspotential auslösen, bezeichnet man als *unterschwellige Reize.*

Die Permeabilitätsänderung für Na^+ hält nur kurzfristig an. Dafür wird die Membranpermeabilität für K^+ verbessert.
Folge: Verstärkter K^+-Ausstrom und dadurch Depolarisation, d.h. die Ruhespannung wird wieder erreicht.
Im Anschluß daran sorgt die Natrium-Kalium-Pumpe dafür, daß wieder die alten Konzentrationsverhältnisse wie vor der Erregung hergestellt werden.

Bemerkenswert ist, daß trotz der großen Permeabilitätsänderungen der Membran an der erregten Stelle die Ionenkonzentrationen im intra- und extrazellulären Raum kaum verändert werden.

Alles-oder-Nichts-Gesetz
Die Tatsache, daß bei unterschwelligen Reizen keine Erregung erfolgt, bei überschwelligen aber immer eine Erregung in vollem Umfang, bezeichnet man als "Alles-oder-Nichts-Gesetz". Das bedeutet, nachdem das Schwellenpotential erreicht ist, bleibt bei weiterer Verstärkung des Reizes die Amplitude der Aktionspotentiale trotzdem unverändert.

Wie ist es aber möglich, dennoch unterschiedliche Reizstärken, z.B. unterschiedliche Druckeinwirkung wahrzunehmen?
Die Reizstärke wird durch die Frequenz der Aktionspotentiale verschlüsselt. Je stärker der Reiz, desto mehr Aktionspotentiale werden in der Zeiteinheit ausgelöst.

Erregungsleitung
Die Erregungsleitung besteht in der *Fortleitung der Aktionspotentiale* entlang der Neuritenmembran bis an das Ende des Neuriten. Wie ist das zu erklären?
Ein ausgelöstes Aktionspotential hat zur Folge, daß zwischen benachbarten Membranabschnitten ein Ladungsunterschied entsteht. Dieser führt zu einem Ladungsausgleich (= Stromfluß) längs der Faser (innen und außen). Der Ladungsausgleich aus der Nachbarschaft bedeutet dort die Bildung eines neuen Aktionspotentials usw.. Bei *markscheidenhaltigen Neuriten* erfolgt die Erregungsleitung *saltatorisch* (sprunghaft) von Schnürring zu Schnürring.

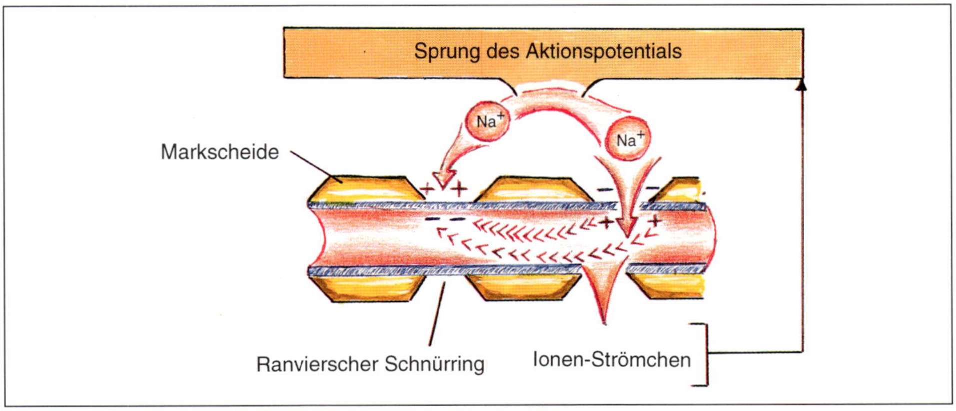

Abb. 52: Saltatorische Erregungsleitung.

Bei *markscheidenlosen Neuriten* erfolgt die Erregungsleitung *kontinuierlich*, weil polarisierte, de- und repolarisierte Membranabschnitte viel dichter beieinander liegen. Das hat Konzequenzen für die Erregungsleitungsgeschwindigkeit und den Energieverbrauch.

Bei der saltatorischen Erregungsleitung "springt" das Aktionspotential von Schnürring zu Schnürring.

Folge:
- Erhöhung der Leitungsgeschwindigkeit (ca. 100 $\frac{m}{s}$ gegenüber 1 $\frac{m}{s}$ bei kontinuierlicher Leitung).
- Geringerer Energieverbrauch, da Natrium-Kalium-Pumpe nur an den Schnürringen tätig.

➤ Die Repolarisierung benötigt viel Energie, was die gute Durchblutung des Nervensystems erklärt.
Sauerstoffmangel, niedrige Temperaturen und Narkotika lähmen die Tätigkeit des Nervensystems.

Erregungsübertragung

Unter Erregungsübertragung (= Informationsübertragung) versteht man die Übertragung einer Erregung von einem Neuron auf
- ein anderes Neuron,
- eine Muskelzelle bzw. -faser,
- eine Drüse.

Die Erregungsübertragung erfolgt in *Synapsen*.

Funktion der Synapse

Im *präsynaptischen Endknöpfchen* treffen Aktionspotentiale ein und bewirken dort die *Freisetzung* eines bestimmten Quantums *Transmitter* (= chemischer Überträgerstoff).
Der *Überträgerstoff* diffundiert über den *synaptischen Spalt* in die *postsynaptische Membran* (= Membran der benachbarten Zelle) und verändert dort die Durchlässigkeit für positive Ionen.

Folge: Es kann ein Aktionspotential in der anderen Zelle ausgelöst werden.

In einer Synapse wird immer nur ein bestimmter Transmitter gebildet. Es gibt *erregende* und *hemmende Transmitter* und damit erregende und hemmende Synapsen. An einem Neuron können bis über tausend Synapsen liegen.

Bau einer Synapse

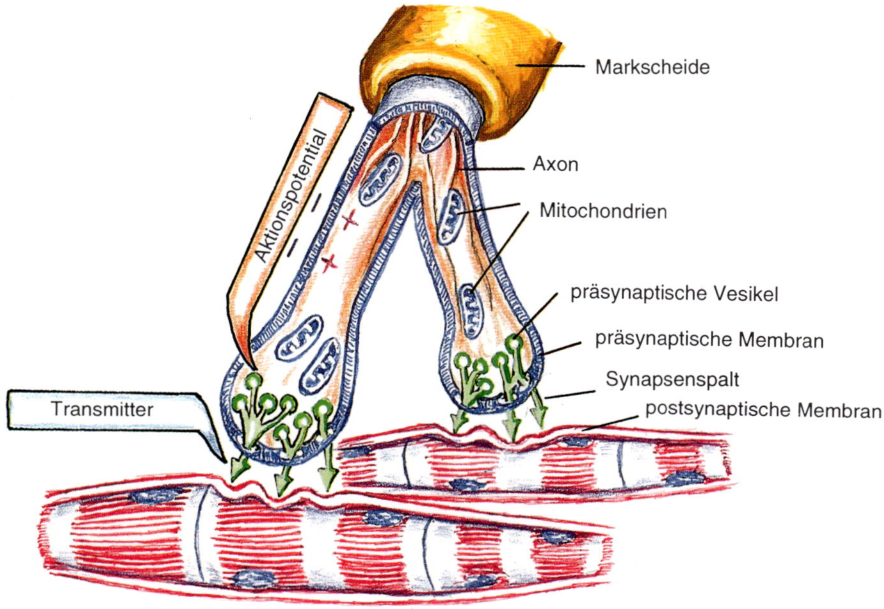

Abb. 53: Motorische Endplatte.

Die Bildung von Aktionspotentialen in einem Neuron setzt voraus, daß eine bestimmte Mindestzahl von erregenden Synapsen gegenüber den hemmenden vorherrscht. Das Verhältnis von erregenden und hemmenden Synapsenpotentialen bestimmt also, ob eine Information weitergeleitet (= gebahnt) oder gehemmt wird. Synapsen wirken demnach wie Ventile.

➤ Es gibt zahlreiche chemische Substanzen, die die Wirkung der natürlichen Transmitter nachahmen (imitieren) oder hemmen. Sie sind Bestandteil vieler Medikamente (z. B. Atropin, Propanolol).

Aufgaben zur Wiederholung

1. Erklären Sie die Begriffe
   a) Gewebe, b) Interzellularsubstanz.
2. Nennen Sie Bauarten, Vorkommen und Aufgaben
   a) des Epithelgewebes, b) des Stützgewebes,
   c) des Muskelgewebes.
3. Nennen Sie Unterschiede zwischen Epithel und Stützgewebe!
4. Welche Eigenschaften besitzt Knorpel?
   Nennen Sie die Knorpelarten!
5. Erklären Sie die Festigkeit der Knochen aus ihrer Struktur!
6. Beschreiben Sie den Bau eines Lamellenknochens!
7. Welche Aufgaben hat das Periost?
8. Erklären Sie
   a) chondrale, b) perichondrale,
   c) enchondrale Ossifikation!
9. Vergleichen Sie glattes, quergestreiftes und Herzmuskelgewebe nach Bau, Aufgaben und Vorkommen!
10. Was sind Myofibrillen?
11. Vergleichen Sie eine Nervenzelle mit anderen Zellen hinsichtlich Bau und Funktion!
12. Erklären Sie folgende Begriffe:
    a) Dendrit, b) Neurit,
    c) Nervenfaser, d) Axon,
    e) Nerv!
13. Was versteht man unter der Neuroglia und welche Aufgaben erfüllt sie?
14. Erklären Sie die Begriffe
    a) Ruhepotential, b) Aktionspotential,
    c) Erregung, d) Synapse,
    e) Transmitter!
15. Erklären Sie den Vorgang der Erregungsbildung!
16. Erklären Sie die Begriffe
    a) Reiz, einschließlich über- und unterschwelliger Reiz,
    b) Schwellenpotential, c) Alles-oder-Nichts-Gesetz!
17. Wie wird die Reizstärke verschlüsselt?
18. Erklären Sie den Vorgang der saltatorischen Erregungsleitung!
19. Erklären Sie die Erregungsübertragung in der Synapse!
    Was sind erregende und hemmende Synapsen?

4. Häute

Zu den Häuten gehören:
- äußere Haut,
- Schleimhaut,
- seröse Haut.

4. 1. Äußere Haut

Äußere Haut und Schleimhaut bilden die Grenzschicht zwischen Organismus und Umwelt. Die äußere Haut mit einer Masse von ca. 8 kg ist die Körperbedeckung des Menschen. Ihre Oberfläche beträgt ca. 1,5 m^2. Sie wird geprägt durch
- ein Grobrelief (= Felderhaut) und
- ein Feinrelief (= Leistenhaut).

Das Grobrelief entsteht durch Hautfalten, daher der Name *Felderhaut*. Sie bedeckt den größten Teil des Körpers.
Das Feinrelief wird von charakteristischen Hautleistenfeldern gebildet, daher der Name *Leistenhaut*. Wir finden sie an Handflächen, Fußsohlen, Fingern und Zehen.

➤ Das Hautleistenmuster ist an den Tastballen der Fingerendglieder am ausgeprägtesten. Da es genetisch festgelegt ist, spielt es in der Kriminalistik eine wichtige Rolle.
Klinische Bezeichnungen leiten sich fast durchweg von "derma" ab, z.B. Dermatologie, Dermatitis.

Epidermis
In der basal gelegenen *Keimschicht* der Epidermis entstehen ständig durch Mitose neue Zellen, die zur Oberfläche wandern und durch die Bildung von Hornstoff (Keratin) verhornen. Sie bilden das *mehrschichtige verhornte Plattenepithel* der Epidermis.
Nach etwa 30 Tagen werden sie als Hornschuppen abgestoßen. Die Regenerationsfähigkeit der Oberhaut ist also sehr gut.

➤ In Anpassung an unterschiedliche mechanische Beanspruchung schwankt die Dicke des Plattenepithels zwischen 0,1 bis 1 mm. Zuviel Horn kann Krankheitswert bekommen (z. B. "Hühnerauge").

Lederhaut

Die Lederhaut besteht aus:

- straffen miteinander verflochtenen Kollagenfasern,
- netzartig miteinander verbundenen elastischen Fasern,
- Bindegewebszellen,
- Zellen der Abwehr.

Durch die Kombination von kollagenen und elastischen Fasern erhält die Lederhaut eine große Zugfestigkeit und Elastizität. Die Lederhaut ist mit der darüberliegenden Oberhaut durch die *Lederhautpapillen* verzahnt.
In den Lederhautpapillen befinden sich Kapillarschlingen, über die die gefäßlose Oberhaut versorgt wird. Außerdem dienen sie der Wärmeregulation.

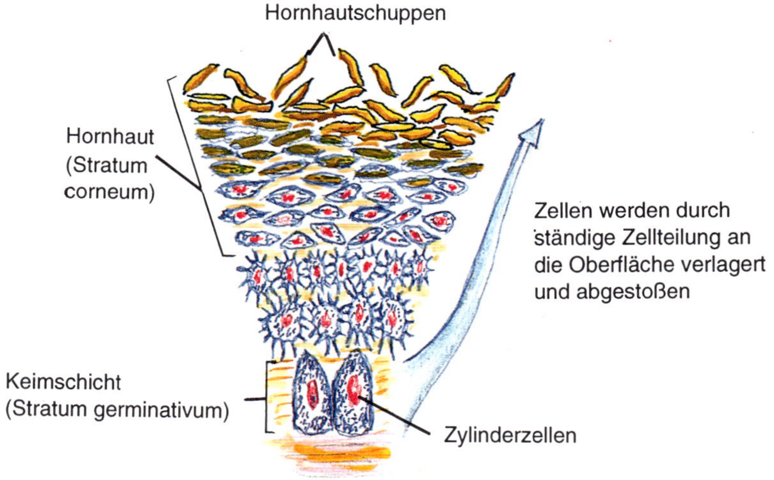

Abb. 54: Epidermis.

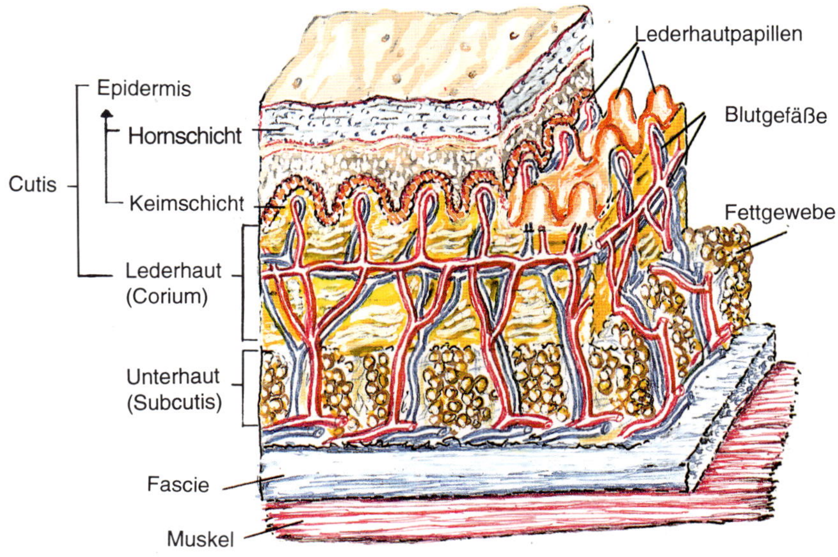

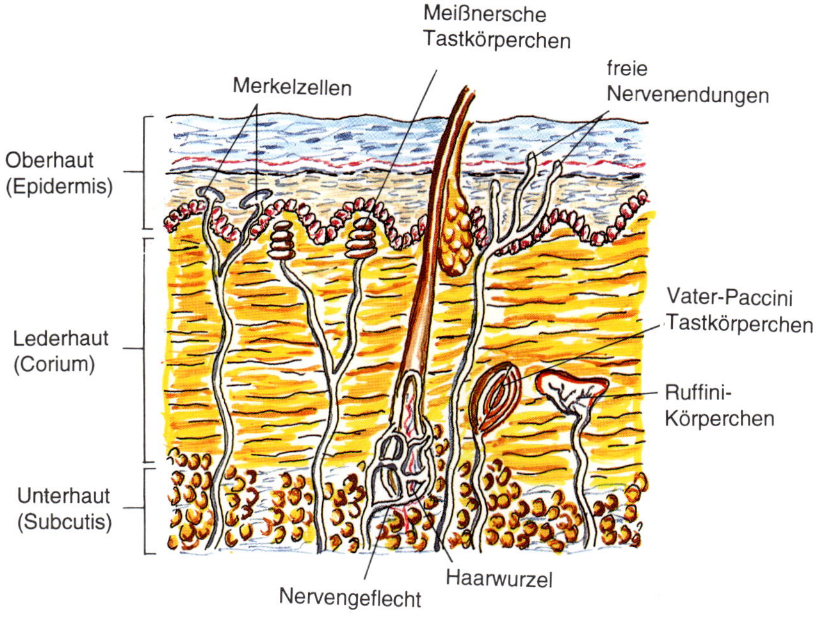

Abb. 55: Hautschichten und Sinneszellen der Haut.

Unterhaut
Die Unterhaut verbindet die Lederhaut mit dem darunter liegenden Bindegewebe. Sie lagert Speicherfett ein, das in seiner Gesamtheit den *Fettmantel* (Panniculus adiposus) der Haut darstellt.

➤ Die Unterhaut kann viel Flüssigkeit aufnehmen und eignet sich daher gut zur Aufnahme von Medikamenten, z. B. bei subkutanen Injektionen (Heparin zur Thromboseprophylaxe, Insulin zur Blutzuckersenkung.

Hautfarbe
Die Hautfarbe der Menschen wird bestimmt
- vom Pigmentgehalt (Pigment = Farbstoff) und
- von der Farbe des Blutes.

Das braunschwarze Pigment *Melanin* wird in Pigmentzellen, die in den unteren Schichten der Oberhaut liegen, gebildet. Die Hautpigmentierung ist nicht an allen Stellen gleich. Stärkere ultraviolette Bestrahlung führt zur vermehrten Melaninbildung und die Haut bräunt sich.

➤ Individuen, die wegen eines Gendefekts kein Melanin synthetisieren können, heißen Albinos; sie sind blaßhäutig, haben rote Augen und sind durch Sonnenstrahlung sehr gefährdet.
Da die äußere Haut wie kein anderes Organ in ihrer ganzen Ausdehnung der unmittelbaren Betrachtung zugänglich ist, hat sie für die Diagnostik besondere Bedeutung. Nicht zuletzt auch deshalb, weil sich Erkrankungen anderer Organe in ihr wiederspiegeln, z. B. Rötung der Gesichtshaut bei Bluthochdruck (Hypertonie), Blässe bei Blutarmut (Anämie), Blaufärbung (Zyanose) bei O_2-Mangel oder Gelbfärbung (Ikterus) bei Lebererkrankungen.

In der Haut befinden sich zahlreiche *Sinneszellen* und *Nervenenden* zur Aufnahme von verschiedenen Reizen.

4. 1. 1. Anhangsgebilde der Haut

Zu den Anhangsgebilden der Haut gehören:
- Hautdrüsen,
- Haare und
- Nägel.

Hautdrüsen

Talgdrüsen
Talgdrüsen sind einfache Drüsen, welche den Hauttalg produzieren. Ihr Ausführgang endet am Haartrichter. Talg fettet Haut und Haare ein, so daß sie geschmeidig und wasserdicht werden.
In der Gesichtshaut gibt es besonders große Talgdrüsen. Ihre Öffnungen sind oft deutlich als Poren sichtbar. Die Verstopfung ihres Ausführganges führt zur Anschwellung, und es bildet sich ein Mitesser.

➤ Der natürliche Fettfilm schützt die Haut. Wird durch zu vieles Waschen mit Seife das Fett beseitigt, können wasserlösliche Schadstoffe und Bakterien leichter in die Haut eindringen.

Schweißdrüsen
Schweißdrüsen sind Knäueldrüsen, die den Schweiß produzieren. Es gibt sie nahezu in der gesamten Haut. Besonders zahlreich finden wir sie
- an der Stirn,
- am Handteller,
- an der Fußsohle und
- am Rücken.

Die Schweißdrüsen stehen im Dienst der Wärmeregulation. Außerdem wirkt der Schweiß antibakteriell.

Duftdrüsen
Duftdrüsen befinden sich nur in bestimmten Hautarealen. Dazu gehören Achselhaut und die Haut im Genital- und Afterbereich.

➤ Das Sekret kann durch Bakterien leicht zersetzt werden, wodurch ein unangenehmer Geruch entsteht. Außerdem zerstört es den Säureschutzmantel, so daß die Duftdrüsen leicht von Bakterien infiziert werden können ("Drüsenabszeß"). Ihr alkalisches Sekret enthält individuelle Duftstoffe.

Milchdrüsen (= Brustdrüsen)
Die Brustdrüse (= Mamma) entwickelt sich in der Pubertät bei Mädchen. Sie ist kein Geschlechtsorgan, sondern ein sekundäres weibliches Geschlechtsmerkmal.
Beim Mann bleibt die Brustdrüse normalerweise in der kindlichen Form bestehen.

➤ Durch Gabe weiblicher Geschlechtshormone zur Behandlung des Prostatakrebses kann sich auch bei ihm die Brustdrüse entwickeln.

Das Drüsengewebe liegt in der Unterhaut und besteht aus 12 bis 15 Einzeldrüsen, die mit selbständigen Ausführgängen (= Milchgänge) an der Brustwarze ausmünden. Die äußere Form der Brustdrüse wird in erster Linie durch eingelagertes Bindegewebe (größtenteils Fettgewebe) bestimmt.

Die Brustwarze wird vom deutlich stärker pigmentierten Warzenvorhof umgeben.

➤ Berührung der Brustwarze löst den Aufrichterreflex aus. Muskelkontraktionen führen zu ihrer Verlängerung. Das Saugen wird erleichtert.
Normalerweise ist der Drüsenkörper auf der Faszie des großen Brustmuskels gut verschieblich.
Der Brustkrebs ist der häufigste Krebs der Frau. Bei Früherkennung gibt es eine gute Heilungschance, so daß die regelmäßige Selbstuntersuchung propagiert werden muß.

Lymphabflußwege
Es gibt 2 Hauptabflußrichtungen:
- außerhalb des Brustkorbes zum Achselbereich,
- in das Brustkorbinnere.

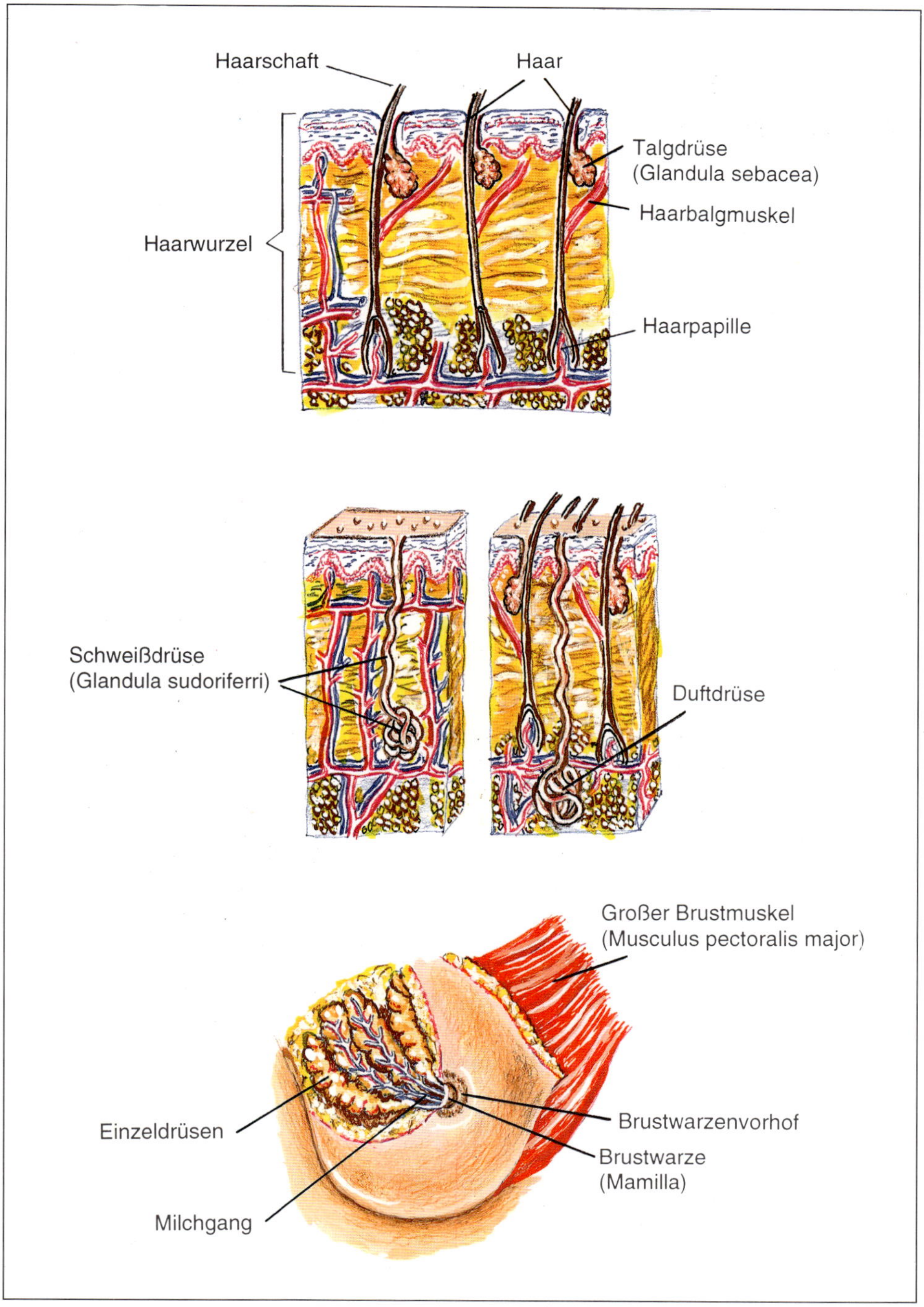

Abb. 56: Anhangsgebilde der Haut.

Haare

Das Haarkleid des Menschen ist im Vergleich zu den anderen Säugetieren stark reduziert.

Haararten
Wollhaare (= Lanugohaare),
zarte, kurze und nicht pigmentierte Haare.

Vorkommen:
Fast der gesamte Körper des Neugeborenen, große Hautgebiete des Erwachsenen.

Terminalhaare
Längere, kräftigere und pigmentierte Haare.
Vorkommen:
- Kopfhaare,
- Augenbrauen,
- Augenwimpern,
- Haare des äußeren Gehörganges,
- Barthaare,
- Achselhaare,
- Schamhaare,

➤ Die Terminalbehaarung erfolgt zum Teil erst in der Pubertät unter dem Einfluß der Geschlechtshormone.

Bau
Haare sind schräg in der Haut steckende biegsame Hornfäden. Sie bestehen aus:
- Haarschaft (= der aus der Haut herausragende Teil),
- Haarwurzel (= der in der Lederhaut mittels einer Wurzelscheide verankerte Teil).

Die *Wurzelscheide* öffnet sich zur Oberfläche hin trichterförmig.
Unterhalb des Haartrichters:
- mündet eine Talgdrüse,
- setzt der Haaraufrichtermuskel an.

➤ Beim Aufrichten der Haare entsteht die sog. Gänsehaut.

Haarwachstum
Das Haar wächst von der Haarwurzel aus pro Monat ca. 1 cm.

Lebensdauer

Terminalhaare:	3 bis 5 Jahre
Wimpern:	3 bis 6 Monate

➤ Ergrauen der Haare beruht auf der Einlagerung von Luftbläschen, Weißwerden auf dem Erlöschen der Pigmentbildung.

Aufgaben:
- Wärmeschutz,
- Reibungsminderung (z.B. Achselhöhle),
- Berührungsempfindung.

Nägel

Die Nägel bedecken als Hornplatten die Endglieder der Finger und Zehen.

Aufgaben:
- Schutz,
- Widerlager für die Tastballen und dadurch Verbesserung der Tastempfindung.

Bau:
Der *Nagelwall* begrenzt den Nagel seitlich und bedeckt proximal die *Nagelwurzel*. Die Haut unter dem Nagel heißt *Nagelbett*. In dessem proximalen Bereich erfolgt die Neubildung des Nagels.
Das Wachstum beträgt pro Tag 0,1 bis 0,3 mm.

➤ Bei Durchblutungsstörungen ist die Nagelbildung beeinträchtigt, erkennbar an Querlinien und verringertem Längenwachstum.

Tab. 16: Funktionen der äußeren Haut

Funktion	Strukturen
1. Mechanischer Schutz	*Hornschicht:* unterschiedlich dick, wird durch das fetthaltige Sekret der Talgdrüsen geschmeidig gehalten. *Lederhaut:* garantiert Zugfestigkeit und Beweglichkeit. *Nägel:* Schutz der empfindlichen Finger- und Zehenendglieder. ➤ Die Hornschicht kann sich bei Überbeanspruchung von der Keimschicht lösen, es bildet sich eine Blase.
2. Temperaturregulation, Wärmeschutz	*Hautblutgefäße:* Erweiterung - verstärkte Wärmeabgabe; Verengung - Drosselung der Wärmeabgabe. *Schweißdrüsen:* Schweiß verdunstet, wodurch dem Körper Wärme entzogen wird ("Verdunstungswärme"). *Unterhautfettgewebe:* ist ein schlechter Wärmeleiter und wirkt daher wärmeisolierend (magere Menschen frieren leichter).
3. Flüssigkeitsschutz	Mehrschichtiges verhorntes *Plattenepithel* mit wasserabstoßender *Fettschicht* halten den Flüssigkeitsdurchtritt klein. ➤ Größere Wasserverluste sind lebensbedrohlich.
4. Strahlenschutz	*Melanin:* schützt die Zellteilungen vor schädlichen UV-Strahlen.
5. Infektionsschutz	*Schweißdrüsen:* produzieren ein saures Sekret (= Schweiß), so daß ein Säuremantel auf der Haut entsteht, durch den das Wachstum der Bakterien gehemmt wird.
6. Speicherfunktion	*Unterhautfettgewebe:* besteht überwiegend aus Fettgewebe mit eingelagerten Kohlenhydraten, Eiweißen und Mineralstoffen. Es dient als Energiereserve.
7. Sinnesfunktion	
• Druckempfindung	*Merkel-Zellen* in den untersten Schichten der Epidermis, *Ruffini-Körperchen.*
• Berührungsempfindung	*Meißnersche Tastkörperchen* in den Lederhautpapillen; *Nervengeflechte* um die Haarwurzeln.
• Vibrationsempfindung	*Lamellenkörperchen* (Vater-Pacini-Körperchen) in der Unterhaut.
• Kälte- und Wärmeempfindung	*Freie Nervenenden.*
• Schmerzempfindung	*Freie Nervenenden.*

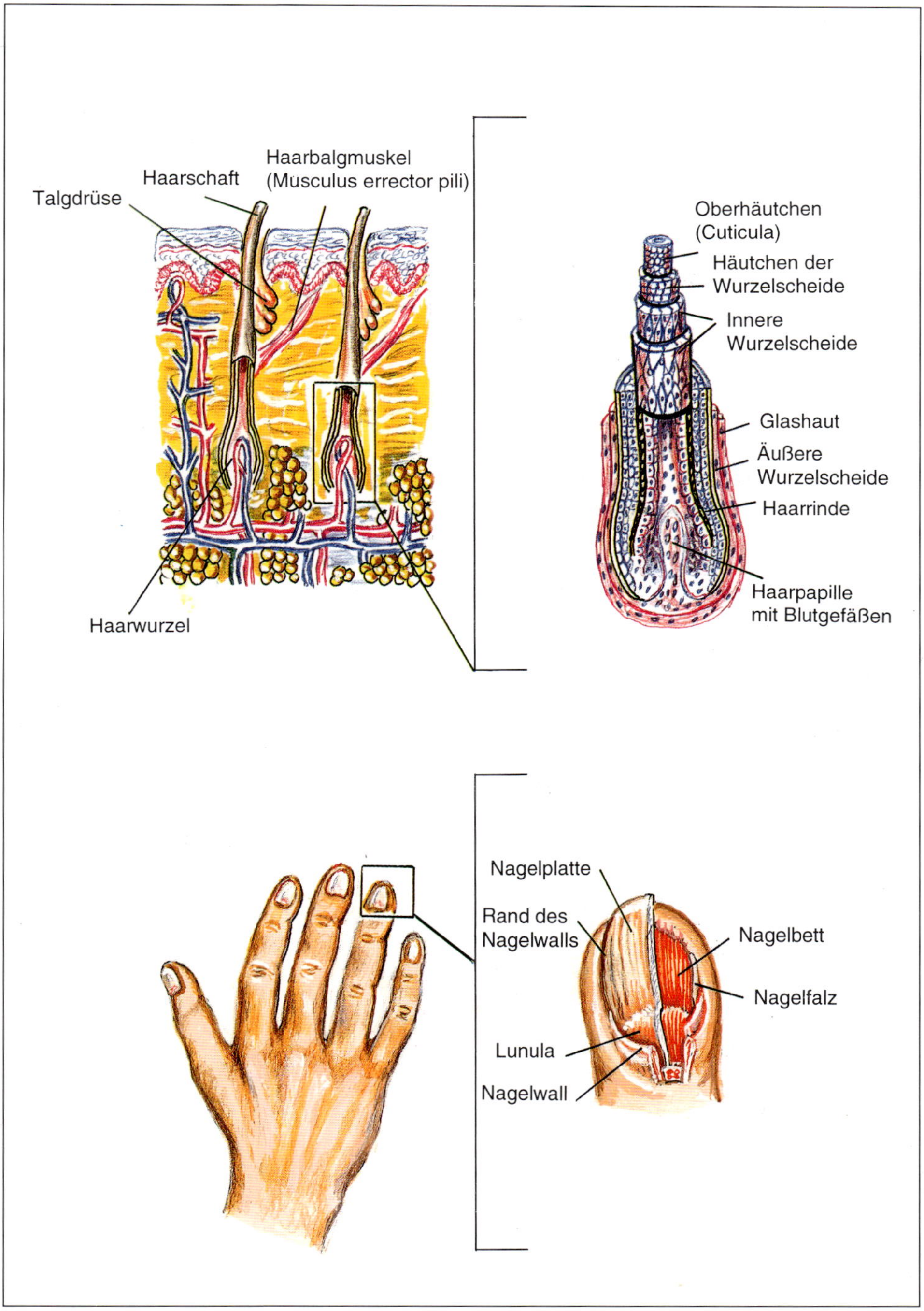

Abb. 57: Haar und Fingernagel.

4. 2. Schleimhaut (Tunica mucosa)

Schleimhäute sind feucht und schleimig. Der Schleim wird in Schleimdrüsen (Becherzellen) produziert. Wir finden die Schleimhäute als innere Auskleidung solcher Hohlorgane, deren Lichtung mit der Umwelt in Verbindung steht, z. B.:

- Verdauungskanal,
- Atemwege,
- Harnwege,
- Geschlechtsorgane,
- Mittelohr,
- Bindehaut der Augenlider.

Jede Schleimhaut besteht aus mindestens 2 Schichten:
1. Epithelium,
2. Schleimhautbindegewebe.

Aufgaben:
Die Schleimhäute sind in ihrem Bau der speziellen Funktion gut angepaßt und erfüllen folgende Aufgaben:

Tab. 17

Aufgabe	**Struktur**
Schutzaufgabe	
- hohe mechanische Beanspruchung	unverhorntes mehrschichtiges Plattenepithel z.B. Mundhöhle, Speiseröhre, Harnröhre, Scheide
- Abtransport von staubigem Schleim	Flimmerepithel z. B. Atemwege
- Schutz der Harnwege vor dem Harn	Übergangsepithel
Stoffaufnahme (Resorption)	Falten, Zotten und Mikrovilli zur Vergrößerung der Oberfläche, z. B. Dünndarm
Stoffabgabe (Sekretion)	Abgabe von Schleim zum Schutz der Schleimhaut, z. B. Magen
Stofftransport	Blut- und Lymphgefäße des Schleimhautbindegewebes
Abwehr	weiße Blutzellen des Schleimhautbindegewebes.

4. 3. Seröse Haut (Tunica serosa) und seröse Höhlen

Seröse Häute sind spiegelglatt und feucht. Sie bestehen wie die Schleimhäute ebenfalls aus mindestens 2 Schichten.

1. Serosaepithel: Es ist im Unterschied zur Schleimhaut immer ein einschichtiges, drüsenloses Plattenepithel, welches auch als Mesothel bezeichnet wird.
2. Serosabindegewebe.

Aufgabe
Die Serosa ermöglicht einerseits eine äußerst reibungsarme *Verschieblichkeit der inneren Organe*. Das wird durch einen Flüssigkeitsfilm erreicht, der durch *Transsudation* (= Übertritt von Flüssigkeit aus dem Blut) und *Resorption* (= Übertritt von Flüssigkeit in das Blut) konstant gehalten wird. Andererseits *verbindet* sie die Organe miteinander.
Die Realisierung dieser Aufgabe wird ermöglicht, indem die Serosa die einzelnen Organe doppelwandig umgibt. Eiter in solchen Höhlen nennt man Empyem (z. B. Pleuraempyem).

Eine seröse Höhle besteht demnach aus 2 Blättern:
- dem *visceralen Blatt*, das dem jeweiligen Organ anliegt und
- dem *parietalen Blatt*, das sich mit der Umgebung verbindet.

Zwischen den beiden Blättern liegt die eigentliche "Höhle", die in Wirklichkeit nur einem *kapillaren Spaltraum* (= Serosaspalt), in dem sich etwas Flüssigkeit befindet, entspricht.

Zu den serösen Höhlen gehören:
- Brustfell, Pleura,
- Herzbeutel, Pericardium,
- Bauchfell, Peritoneum.

➤ Eine Vermehrung der Flüssigkeit im Serosaspalt führt zur Bildung eines Ergusses (z.B. Pleuraerguß), welcher durch Punktion beseitigt werden kann.

Aufgaben zur Wiederholung

1. Vergleichen Sie den Aufbau von äußerer Haut, Schleimhaut und seröser Haut!

2. Welche Beziehung besteht zwischen seröser Haut und seröser Höhle?

3. Stellen Sie in einer Übersicht die hauptsächlichen Funktionen der verschiedenen Häute zusammen!

4. Wo kommen
   a) Schleimhäute und
   b) seröse Häute (seröse Höhlen) vor?

5. Definieren Sie: Transsudation und Resorption!

6. Geben Sie einen Überblick über die Anhangsgebilde der Haut!

7. Welche Aufgaben erfüllen
   a) der Talg und
   b) der Schweiß?

8. Beschreiben Sie den Aufbau der Brustdrüse! Erläutern Sie die Bedeutung der Selbstuntersuchung durch Abtasten!

9. Nennen und begründen Sie einige Maßnahmen, die zum Erhalt der Funktionstüchtigkeit der äußeren Haut beitragen!

10. Welche Rolle spielt die äußere Haut im Rahmen der Krankenbeobachtung und Diagnostik?

5. Drüsen

Drüsenzellen sind spezialisierte Epithelzellen. Sie dienen der Bildung und Abgabe (= *Sekretion*) von Sekreten.

Sekrete sind Stoffe, die im Körper bestimmte Aufgaben erfüllen.

Beispiel:
- Schleim,
- Talg,
- Milch,
- Schweiß,
- Gallenflüssigkeit,
- Hormone.

Drüsen treten auf als:
- einzellige Drüsen, z. B. schleimproduzierende Becherzellen der Atemwege
- mehrzellige Drüsen (Drüsen im engeren Sinn), z. B.
  Mundspeicheldrüsen,
  Leber,
  Drüsen der äußeren Haut,
  Schilddrüse,
  Bauchspeicheldrüse,
  Tränendrüsen,
  Hypophyse,
  Nebennieren.

Nach dem Sekretionsziel unterscheidet man:
- exokrine Drüsen (= Drüsen mit äußerer Sekretion),
- endokrine Drüsen (= Drüsen mit innerer Sekretion).

In exokrinen Drüsen befindet sich ein Gangsystem, welches das Sekret (z. B. Mundspeichel, Gallensaft, Bauchspeichel, Schweiß, Talg, Tränenflüssigkeit) aufnimmt und an die Oberfläche leitet.

Die Sekrete der endokrinen Drüsen werden Hormone (= Inkrete) genannt.
Beispiele: Adrenalin, Thyroxin, Insulin.

Die Hormone gelangen direkt ins Blut und werden mit diesem zum Wirkungsort transportiert.

Merke:	Die endokrinen Drüsen (= Hormondrüsen) besitzen im Unterschied zu den exokrinen Drüsen keine Ausführgänge.

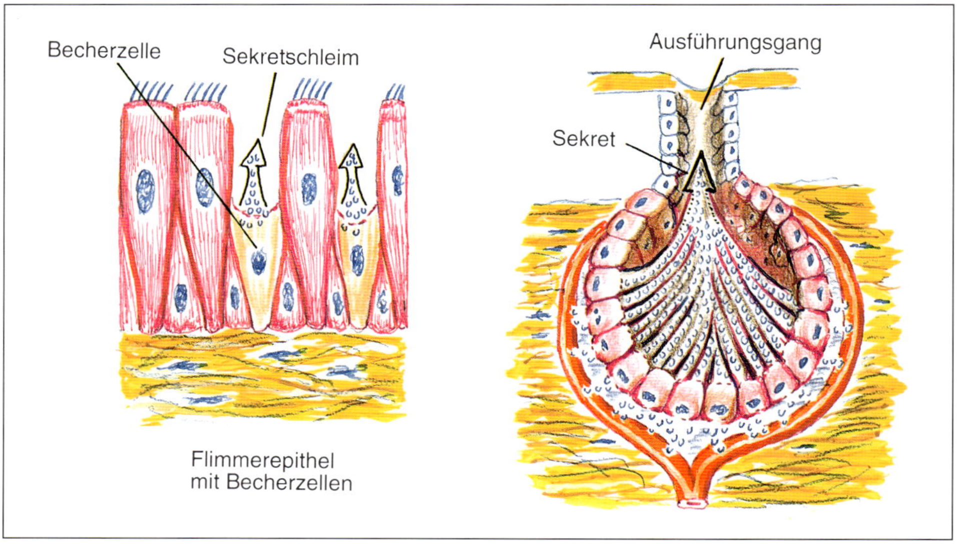

Abb. 58: Exokrine Drüsen.

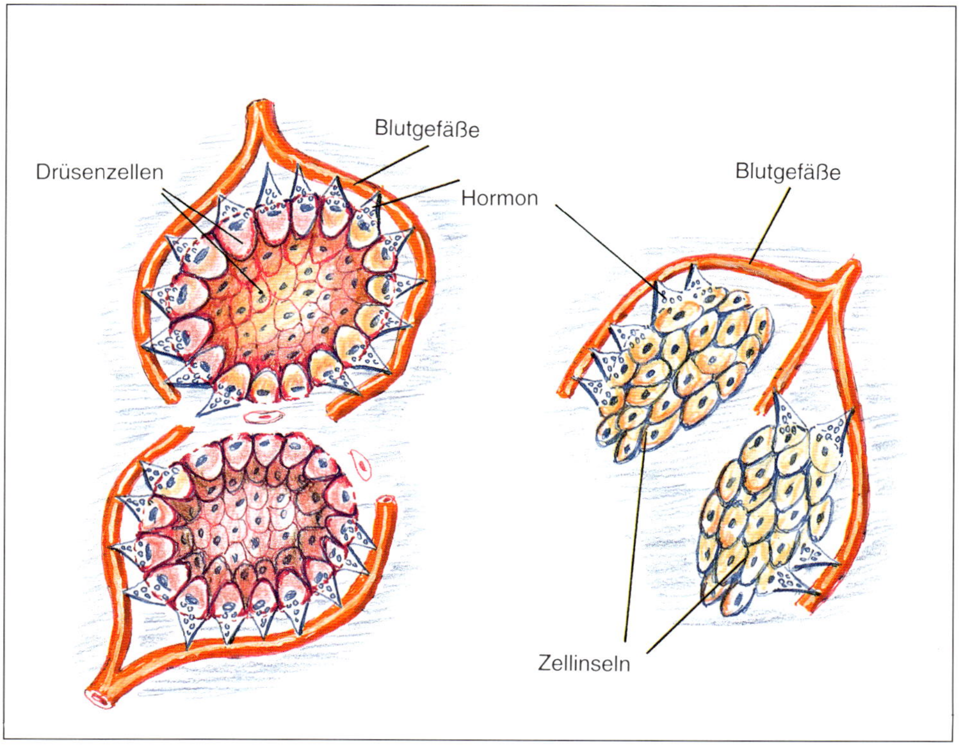

Abb. 59: Endokrine Drüsen.

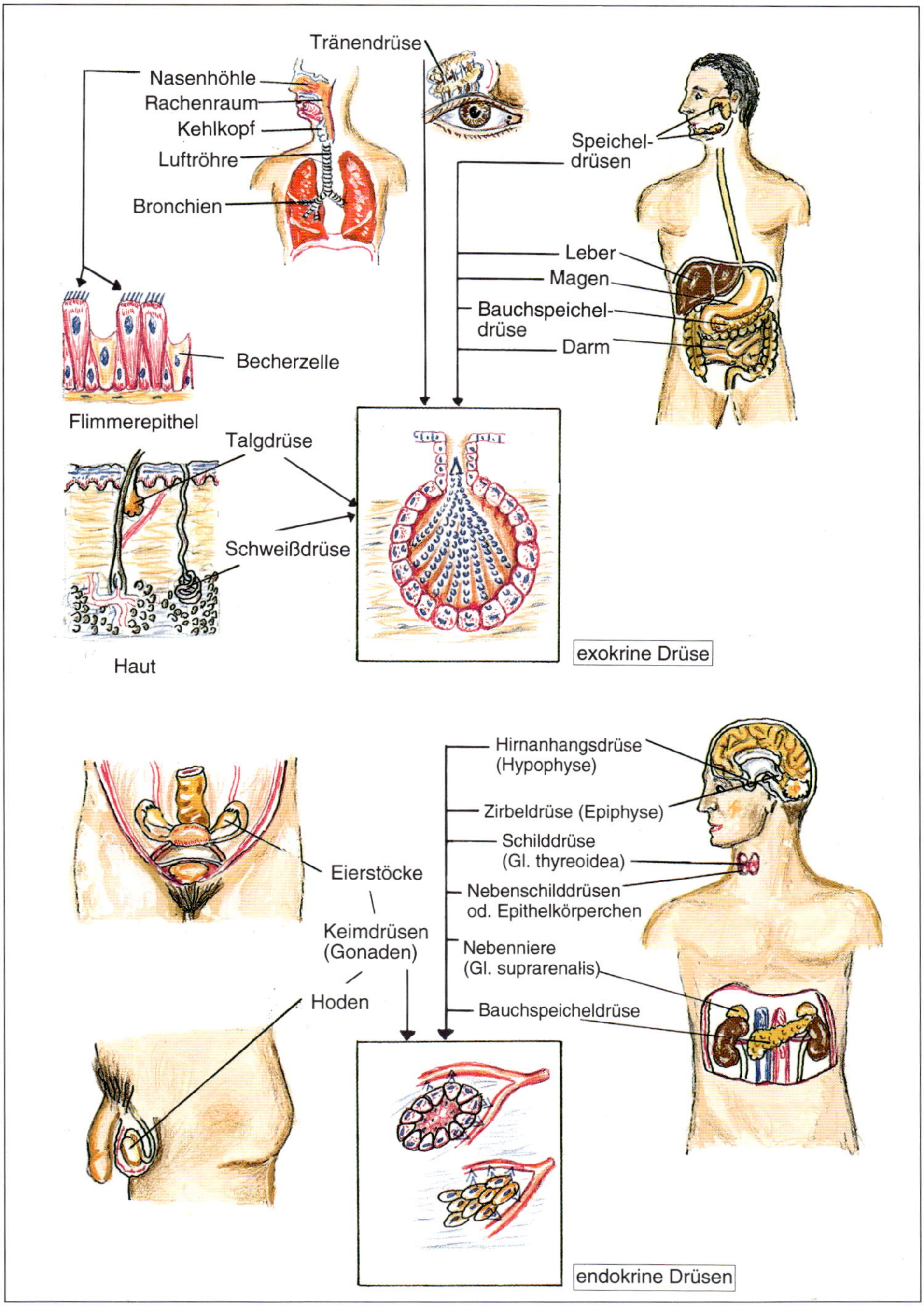

Abb. 60: Lage der exo- und endokrinen Drüsen (Schema).

Aufgaben zur Wiederholung

1. Erklären Sie die Begriffe:
   a) Drüse,
   b) Sekretion,
   c) Sekret,
   d) Hormon.

2. Unterscheiden Sie exokrine und endokrine Drüsen!

3. Nennen Sie die exokrinen und endokrinen Drüsen und die von ihnen gebildeten Sekrete. Beschreiben Sie kurz die Lage dieser Drüsen!

6. Bewegungssystem

Das Bewegungssystem ist die Gesamtheit der an der Fortbewegung des Menschen beteiligten Organe:
Man unterscheidet:
- den passiven Bewegungsapparat (= Skelett) und
- den aktiven Bewegungsapparat (= Muskulatur).

6. 1. Allgemeine Knochenlehre

6. 1. 1. Aufgaben der Knochen

Die Knochen erfüllen folgende Aufgaben:
1. *Stützfunktion:* So kann z. B. das Schienbein in Längsrichtung mit 1500 kg und in waagerechter Richtung mit 200 kg belastet werden.
2. *Schutzfunktion:* Gehirn in der Schädelhöhle, Rückenmark im Wirbelkanal, Herz und Lunge im Brustkorb, Harn- und Geschlechtsorgane im kleinen Becken.
3. *Bewegungsfunktion:* Durch Knochenverbindungen im Zusammenwirken mit Muskeln.
4. *Bildung der Blutzellen:* Das rote Knochenmark ist die wichtigste Bildungsstätte der Blutzellen.

Knochen sind Organe (s. S. 88), bei denen das Knochengewebe den Hauptanteil darstellt.

Überlegen Sie, welche weiteren Gewebearten am Aufbau eines Knochens beteiligt sind! Studieren Sie dazu noch einmal Kapitel 3, S. 81!

6. 1. 2. Knochentypen

Nach ihrer Form teilt man die Knochen ein in:
- *Röhrenknochen* (Oberarmknochen, Elle, Speiche, Mittelhandknochen, Fingerknochen, Oberschenkelknochen, Schienbein, Wadenbein, Mittelfußknochen, Zehenkochen);
- *platte Knochen* (Schulterblatt, Scheitelbein, Darmbeinschaufel, Brustbein);
- *unregelmäßige Knochen* (Nasenbein, Jochbein, Unterkiefer, Oberkiefer, Wirbel, Handwurzelknochen, Fußwurzelknochen).

6. 1. 3. Bau eines Knochens

Die meisten Knochen bestehen aus:
- Knochenrinde (= Substantia corticalis - äußere-kompakte Knochenschicht = Corticalis),
- Knochenbälkchen (= Substantia spongiosa - aufgelockerte Knochenschicht im Inneren = Spongiosa).

Die Teile eines Röhrenknochens entnehmen Sie der Abb. 61.

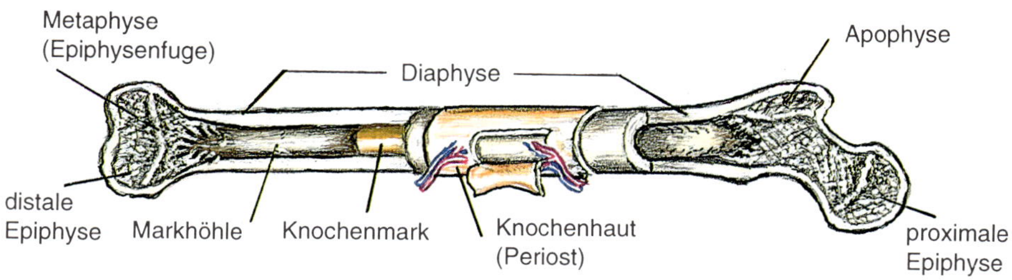

Abb. 61: Teile eines Röhrenknochens.

Bei den Röhrenknochen befindet sich Substantia spongiosa nur in den Epiphysen, während sie bei allen anderen Knochen überall zu finden ist.

➤ Solange das Wachstum noch nicht abgeschlossen ist, bleiben die Metaphysen knorpelig.

Knochenhaut (= Periost)

Jeder Knochen wird mit Ausnahme der Gelenkflächen von einer Knochenhaut umgeben.

Sie ist durch zugfeste Fasern im Knochen verankert. Die Knochenhaut ist gefäß- und nervenreich. Von ihr aus dringen Blutgefäße und Nerven in das Knocheninnere und versorgen den Knochen.

Der Knochen ist kein totes Gebilde, er hat einen intensiven Stoffwechsel.

Knochenmark
Man unterscheidet:
- das *rote Knochenmark* im Bereich der Substantia spongiosa, es stellt das Gewebe der Erythropoese,
- das *gelbe Knochenmark* (= Fettmark) in den Markhöhlen der Röhrenknochen bei Erwachsenen.

6. 1. 4. Knochenwachstum

Wie auf S. 92 dargestellt, wird das Skelett bindegewebig oder knorpelig angelegt und dann in Knochen umgebaut. Das *Längenwachstum* erfolgt in der Metaphyse unter dem Einfluß verschiedener Hormone. Mit der Verknöcherung der Epiphysenfuge wird das Längenwachstum beendet.

➤ Verletzung (z. B. Fraktur durch die Epiphysenfuge) und Knochenmarkserkrankungen können zu einem vorzeitigen Schluß der Epiphysenfugen führen, so daß z.B. ungleiche Beinlängen die Folge sein können. Durch Hormonwirkungen (z. B. Keimdrüsenhormone) kann die Verknöcherung der Epiphysenfuge beschleunigt oder verzögert werden. Folgen sind Zwerg- bzw. Riesenwuchs.

Das *Dickenwachstum* geht von der Knochenhaut aus, die zeitlebens funktionstüchtig bleibt.

➤ Bruchheilung erfolgt durch die sog. Kallusbildung, die größtenteils vom Periost ausgeht.

Knochenumbau
Einmal gebildete Knochen können sich verändern, indem sie sich z.B. durch Änderung der Masse und Struktur unterschiedlichen Belastungen anpassen.

6. 1. 5. Knochenverbindungen

Der Grad der Beweglichkeit von 2 oder mehr Knochen gegeneinander muß funktionsbedingt sehr unterschiedlich sein. Dementsprechend gibt es verschiedene Arten von Knochenverbindungen:

1. *Bandgelenke.*
   Knochen werden durch Bindegewebe miteinander verbunden.
   a) Bandhaft: Zwischenknochenmembran zwischen Elle und Speiche bzw. Schien- und Wadenbein.
   b) Naht: Nähte zwischen den Schädelknochen (sie verknöchern später).
   c) Einzapfung: Federnde Befestigung der Zähne im Zahnfach.
2. *Knorpelgelenke*
   Knochen werden durch Knorpelgewebe miteinander verbunden.
   Beispiel: Schambeinfuge, Bandscheiben, Rippenknorpel.

➤ Band- und Knorpelgelenke haben nur sehr geringe Bewegungsausmaße. Sie werden häufig auch als Fugen oder Hafte bezeichnet.

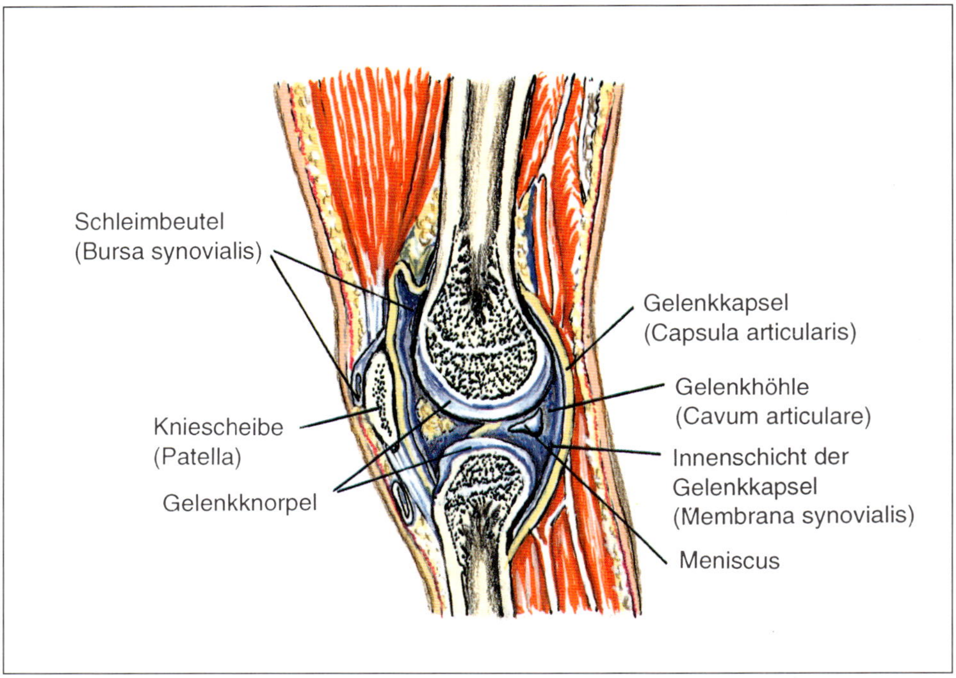

Abb. 62: Synoviales Gelenk (Kniegelenk).

3. *Synoviale Gelenke*

➤ Wenn man vom Gelenk spricht, ist praktisch immer das synoviale Gelenk gemeint.

Das synoviale Gelenk ist gekennzeichnet durch:
1. *Gelenkspalt* (gewebefreier Spalt zwischen den Gelenkflächen),
2. *Gelenkflächen* mit *Gelenkknorpel,*
3. *Gelenkschmiere* (= Synovia) im Gelenkspalt zwischen den Gelenkflächen, gebildet von der inneren Schicht der Gelenkkapsel; sie hat Ernährungsfunktion und dient der Reibungsminderung.
4. *Gelenkkapsel* aus straffem Bindegewebe zur Abgrenzung des Gelenkraumes,
5. *Gelenkbänder* aus straffem Bindegewebe, die dem Zusammenhalt des Gelenkes dienen.

Die Bewegungsausmaße und Stabilität der Gelenke werden durch drei Einrichtungen beeinflußt:
1. Knochenführung (z. B. beim Hüftgelenk besser ausgeprägt als beim Schultergelenk);
2. Muskelführung (besonders ausgeprägt beim Schultergelenk, z.B. durch den Deltamuskel (M. deltoideus);
3. Bänderführung (z. B. Kreuz- und Seitenbänder des Kniegelenks).

➤ Bei Störungen oder Schwächung einer dieser Komponenten kann die Gelenkführung durch eine andere teilweise ausgeglichen werden. Z. B. wird die Funktion des Kniegelenkes trotz einer Kreuzbandruptur durch eine gut ausgebildete Oberschenkelmuskulatur kaum beeinträchtigt.

Darüber hinaus können bei bestimmten synovialen Gelenken Einrichtungen auftreten, die die Kongruenzverhältnisse der Gelenkflächen verbessern bzw. die Bewegungsmöglichkeiten beeinflussen:
1. Zwischenscheiben (= Disci) aus Faserknorpel,
   Beispiel: Kiefergelenk, innere Schlüsselbeingelenke.
2. Zwischenringe aus Faserknorpel (= Menisci),
   Beispiel: Kniegelenk.
3. Gelenklippen zur Vergrößerung der Gelenkpfanne,
   Beispiel: Hüftgelenk.

Merke: Disci trennen den Gelenkraum vollständig, Menisci nur teilweise.

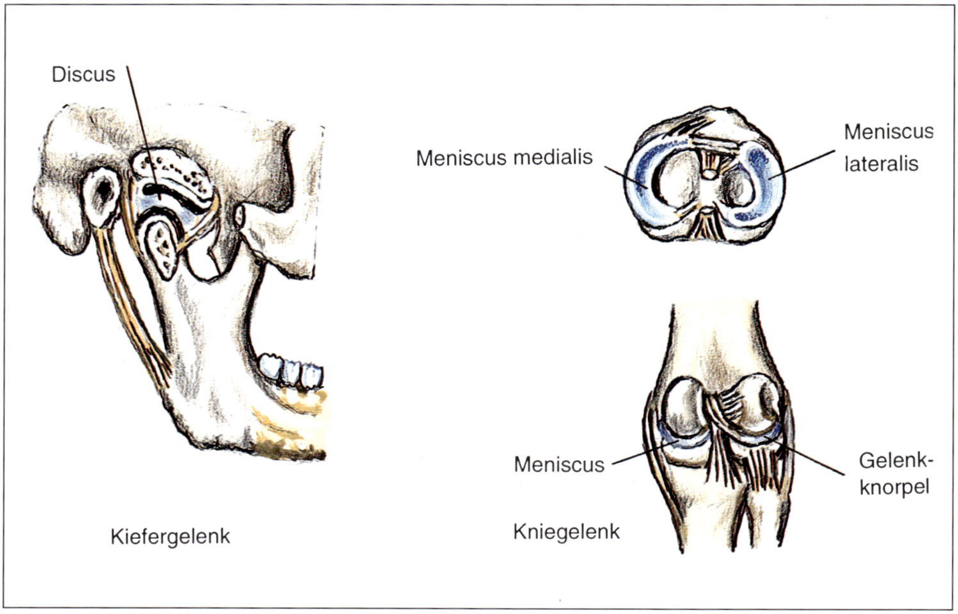

Abb. 63: Disci und Menisci.

Einteilung der synovialen Gelenke

Nach der Form der Gelenkflächen und den sich daraus ergebenden Bewegungsmöglichkeiten sind 5 Gelenktypen zu unterscheiden:

1. Scharniergelenk (einachsig)
   Beispiel: Ellenbogengelenk, Fingermittel- und -endgelenke.
2. Kugelgelenk (dreiachsig)
   Beispiel: Schulter-, Hüftgelenk.
3. Sattelgelenk (zweiachsig)
   Beispiel: Handwurzel-Mittelhand-Gelenk des Daumens (Daumen-Sattelgelenk).
4. Eigelenk (zweiachsig)
   Beispiel: proximales Handgelenk.
5. Radgelenk
   Beispiel: Rippen-Wirbel-Gelenke, Gelenk zwischen Atlas und Dreher.

➤ Häufige Gelenkverletzungen sind:
- Prellung (= Kontusion),
- Bänderriß (= Ligamentruptur),
- Zerrung (= Distorsion),
- Verrenkung (= Luxation).

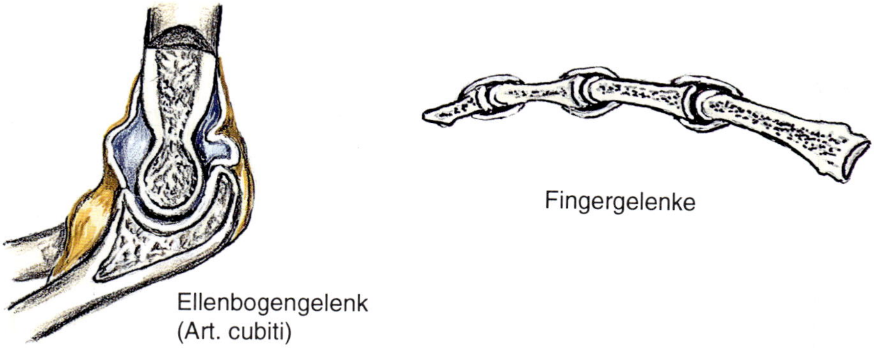

Abb. 64: Scharniergelenk.

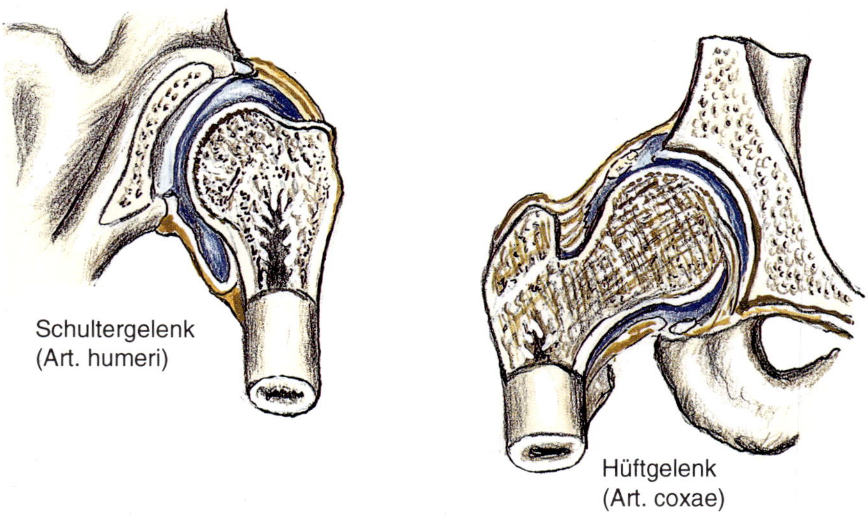

Abb. 65: Kugelgelenk.

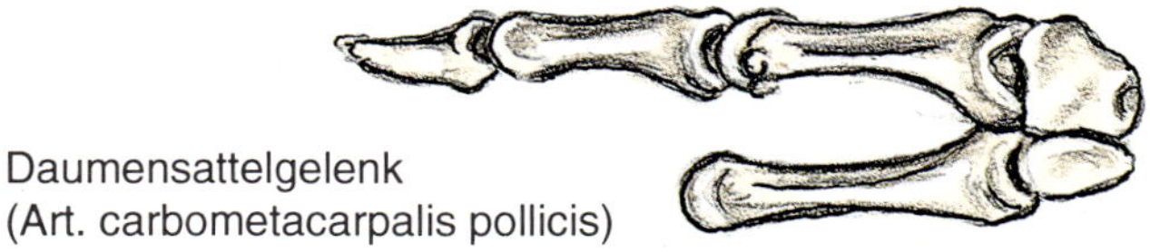

Abb. 66: Sattelgelenk.

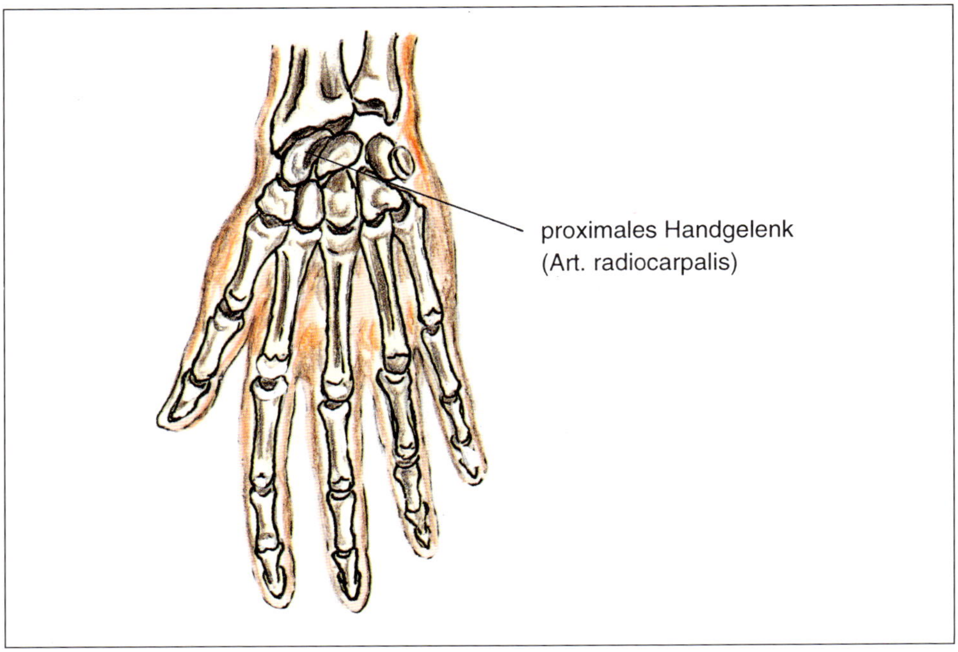

Abb. 67: Eigelenk.

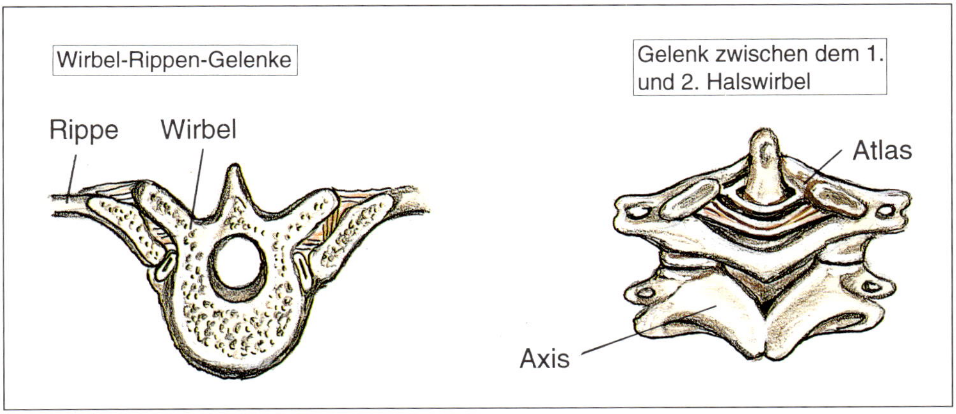

Abb. 68: Radgelenk.

6. 2. Allgemeine Muskellehre

Muskeln sind Organe, die hauptsächlich aus Muskelgewebe bestehen (s. S. 94). Daneben finden wir straffes und lockeres Bindegewebe, Blutgefäße, Nerven.

An einem Skelettmuskel lassen sich in der Regel folgende Teile unterscheiden (s. Abb. 69):

- *Ursprung und Ansatz*: Befestigungsstellen durch Sehnen am Knochen oder Fascien.
- *Muskelbauch*: Der aus Muskelgewebe unterschiedlich geformte Teil des Muskels. (Man unterscheidet z. B. gefiederte, spindelförmige, 2-, 3- oder 4 köpfige Muskeln).
- *Muskelfaszie* (= Muskelbinde): Hülle aus straffem Bindegewebe um einzelne Muskeln oder Muskelgruppen. Sie bilden gewissermaßen Führungsröhren für die Muskeln.

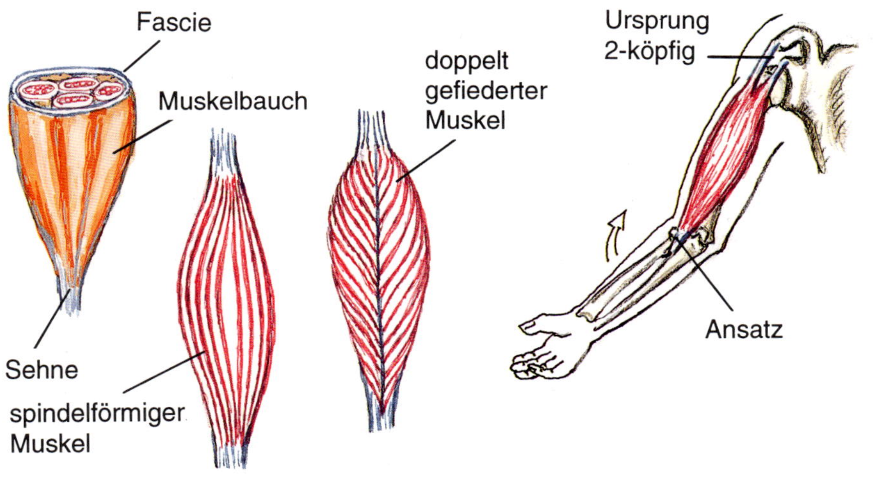

Abb. 69: Skelettmuskel.

Weitere Einrichtungen des Bewegungsapparates sind:

- *Sehne*: Sie besteht ebenfalls aus straffem Bindegewebe und befestigen die Muskeln am Knochen. Sehnen sind verschieden geformt. Breite, flache Sehnen werden als *Aponeurosen* bezeichnet (z.B. die Sehnen der Bauchmuskeln und die Aponeurosis palmaris sowie plantaris).
  Einrichtungen zur Herabsetzung der Reibung:
- *Sehnenscheide*: Gleithülle aus straffem Bindegewebe und Synovia, in der die Sehne hin- und hergleiten kann. Gleichzeitig wird dadurch die Sehne am Knochen oder Gelenk fixiert.
  Beispiel: Sehnen für Finger- und Zehenknochen
- *Schleimbeutel*: Bindegewebige Säckchen mit Flüssigkeit, die der Druckverteilung zwischen Knochen, Muskeln und Sehnen dienen. Man findet sie dort, wo Muskeln um einen Knochen biegen.
- *Sesambein*: Meist kleinere Knochen, die in eine Sehne eingebaut werden, um sie umzulenken. So wird mit dem darunterliegenden Knochen ein synoviales Gelenk gebildet.

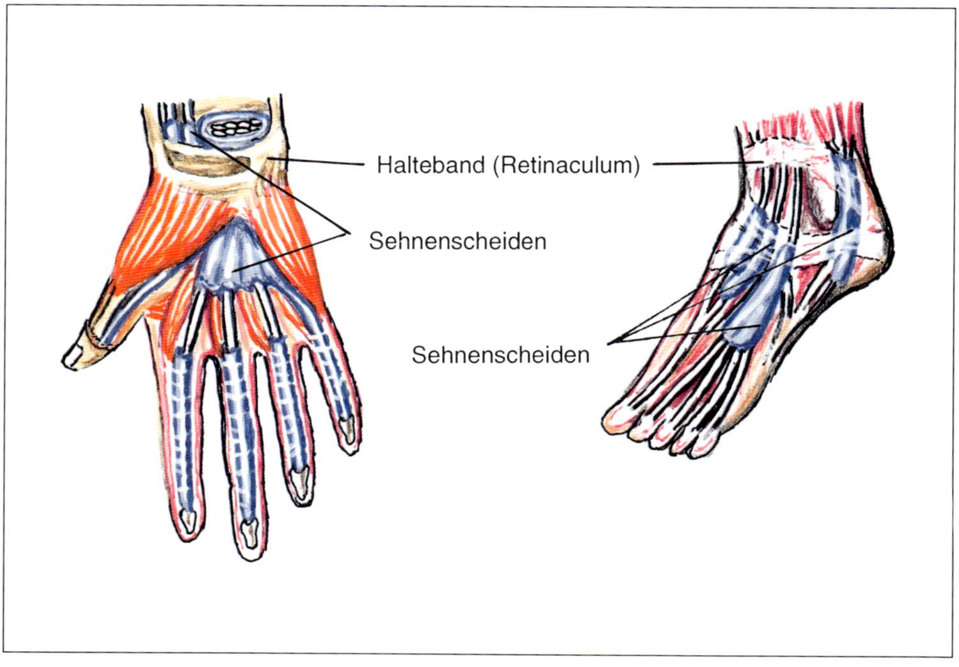

Abb. 70: Sehnenscheiden.

➤ Wichtige Sehnen für Reflexprüfungen sind: Kniescheibensehne, Achillessehne, Biceps-, Tricepssehne.
Übermäßige Beanspruchung von Sehnenscheiden und Schleimbeuteln können zu deren aseptischer Entzündung führen (Bursitis = Schleimbeutelentzündung, Tendovaginitis = Sehnenscheidenentzündung).

Bei der Beschreibung der Muskelmechanik werden u. a. folgende Begriffe verwendet:

1. Synergisten: Muskeln, die bei einer Bewegung zusammenarbeiten.

2. Antagonisten: Muskeln, die bei einer Bewegung als Gegenspieler arbeiten (z.B. M. biceps und M. triceps, S. 155, Abb. 83).

3. Bewegungsmuskeln: Muskeln, die überwiegend schnelle Bewegungen ausführen.
   Beispiel: Muskeln der Extremitäten.

4. Haltemuskeln: Muskeln, die überwiegend Halteaufgaben ausüben.
   Beispiel: viele Rückenmuskeln.

6. 2. 1. Muskelkontraktion

Auf S. 104 wurde die Erregungsübertragung beschrieben.

Der Kontraktionsvorgang eines Muskels wird stets durch Nervenimpulse gesteuert, setzt also Erregung voraus.

Die Erregungsübertragung auf den Muskel erfolgt in spezifischen Synapsen, den *motorischen Endplatten*.

Der Neurit eines motorischen Neurons versorgt mit seinen Verzweigungen 5 bis 200 Muskelfasern. Die von einem Neuron versorgten Muskelfasern bilden eine *motorische Einheit*. Je weniger Muskelfasern durch einen Neurit versorgt werden, um so feiner abgestimmte Bewegungen des entsprechenden Muskels sind möglich (z. B. bessere Feinmotorik der Augen- und Fingermuskeln gegenüber der Beinmuskulatur).

Erregungsumwandlung in Bewegung

1. Nervenaktionspotentiale setzen in der motorischen Endplatte Acetylcholin frei.
2. Acetylcholin bewirkt die Entstehung von Muskelaktionspotentialen, die sich in der Muskelfasermembran ausbreiten und über Tubuli in die Tiefe gelangen.
3. Dort bewirken sie die Freisetzung von Ca^{2+} aus dem sarkoplasmatischen Retikulum, welche für eine Energiefreisetzung aus ATP sorgen. (ATP $\rightarrow$ ADP + Ⓟ + Kontraktionsenergie).
4. Dadurch kommt es zur Muskelzuckung, die Muskelfasern werden verkürzt. Die Verkürzung wird bewirkt, indem die Aktinfilamente zwischen die Myosinfilamente gleiten und sich mit ihnen verbinden. Es entsteht ein *Aktomyosinkomplex*.
5. Die Ca^{2+} werden aktiv in das sarkoplasmatische Retikulum zurückgepumpt.
6. Die Verbindungsstellen zwischen Aktin und Myosin werden durch ATP besetzt, der *Aktomyosinkomplex* wird *gelöst*. Die Muskelfasern werden wieder schlaff und weich.

Die *Abstufung der Muskelkraft* geschieht durch:

a) die Erregung unterschiedlicher Anzahlen motorischer Einheiten,
b) Änderung der Aktionspotentialfrequenz.

Eine *Dauerkontraktion* (= Tetanus) kommt zustande, wenn die Frequenz der Nervenaktionspotentiale 50 bis 150 Impulse je Sekunde beträgt.
Der *Ruhetonus* (= Ruhespannung) wird durch geringere Aktionspotentialfrequenzen an einzelnen motorischen Endplatten verursacht.

Kontraktionsarten

- isotonische Kontraktion: Verkürzung des Muskels bei gleichbleibender Spannung.
  Beispiel: Bewegungen der Gliedmaßen.

- isometrische Kontraktion: Keine Verkürzung, aber Kraftentwicklung.
  Beispiel: Haltearbeit vieler Rückenmuskeln.

Meistens sind beide Kontraktionsarten gemischt, d. h. der Muskel verkürzt sich und entwickelt gleichzeitig Kraft.

➤ ATP-Mangel verhindert die Erschlaffung. Dies ist auch Ursache der Totenstarre.

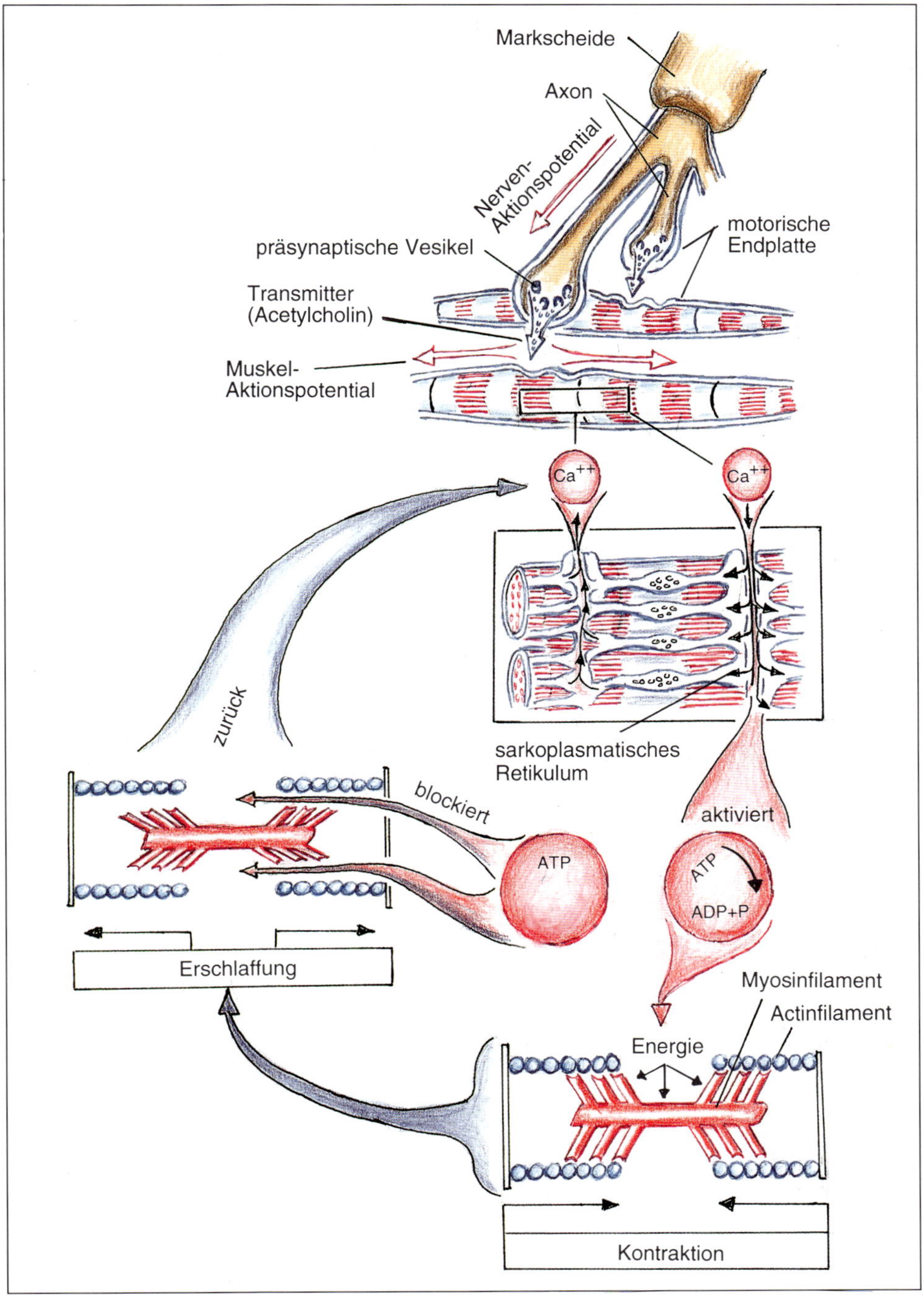

Abb. 71: Muskelkontraktion und -erschlaffung.

Energiequellen für die Muskelkontraktion
Bei der Muskelkontraktion wird chemische Energie des ATP in mechanische umgewandelt (Wirkungsgrad: 20 - 30%).
Das ATP als einzige unmittelbare Energiequelle wird durch 3 Prozesse regeneriert:

1. Bildung von ATP aus Kreatininphosphat (= besonderer Energiespeicher der Muskeln).
   Kreatininphosphat (KP) + ADP → Kreatinin (K) + ATP.
2. Anaerobe Glykolyse
   Glykogen → Glukose → Milchsäure + *2 ATP* (s. S. 46).
3. Atmungskette
   Glykogen → Glukose → CO_2 + H_2O + *38 ATP* (s. S. 50).

Der ATP-Vorrat eines Muskels wird bei Dauerleistungen in dem Maße *aerob* regeneriert, wie er verbraucht wird. Es herrscht also ein stationäres Gleichgewicht (= Fließgleichgewicht) vor.
Dabei kann die Muskeldurchblutung auf das 20fache zunehmen, was wiederum eine entsprechende Erhöhung von Herz- und Atemzeitvolumen voraussetzt. Die begrenzenden Faktoren dürften Herz-Kreislauf-System und Enzymkapazitäten sein.
Sowohl bei Tätigkeitsbeginn, wenn der Muskelstoffwechsel noch auf Ruhe eingestellt ist, als auch bei kurzzeitigen Höchstleistungen, wird zusätzlich Energie benötigt. Diese Energiemenge wird *anaerob* durch Glykolyse bereitgestellt, was 2 bis 3mal schneller erfolgt.
Allerdings wird dieser Vorgang relativ rasch begrenzt. Es kommt durch die Anhäufung von Milchsäure und die damit verbundene Senkung des pH-Wertes (= metabolische Azidose, sowie die Anhäufung von ADP und Phosphat zur *Ermüdung*.
Die ATP-Bildung aus KP und ADP erfolgt ebenfalls zügig.
Bei der Kreatininphosphatspaltung und der anaeroben Glykolyse geht der Organismus eine *Sauerstoffschuld* ein. In der anschließenden Ruhephase muß diese wieder abgetragen werden: die angesammelte Milchsäure wird unter erhöhtem O_2-Verbrauch (trotz körperlicher Ruhe) in Leber und Herz verstoffwechselt und die erschöpften ATP- und KP-Speicher werden auf diese Weise wieder aufgefüllt.
Skelett- und Herzmuskulatur besitzen im *Myoglobin* einen besonderen Sauerstoffspeicher, wodurch kurzfristiger O_2-Mangel während der Kontraktion überbrückt wird.

6. 3. Spezielle Knochen- und Muskellehre

6. 3. 1. Wirbelsäule (Columna vertebralis)

Hauptaufgaben

1. *Stütze des Rumpfes* vor allem durch die von cranial nach caudal größer werdenden *Wirbelkörper*.
2. *Schutz* des Rückenmarkes durch den Wirbelkanal, der von den *Wirbelbögen* gebildet wird.
3. *Federung* und vielseitige Beweglichkeit durch
   - zahlreiche einzelne Wirbel, die durch Bandscheiben und synoviale Gelenke gegeneinander beweglich sind.
   - Doppel-S-Form.

Gliederung

Die Wirbelsäule gliedert sich in 5 Abschnitte:

1. Halswirbelsäule (HWS): 7 gegeneinander bewegliche Halswirbel (C_1-C_7).
2. Brustwirbelsäule (BWS): 12 gegeneinander bewegliche Brustwirbel (Th_1-Th_{12}).
3. Lendenwirbelsäule (LWS): 5 gegeneinander bewegliche Lendenwirbel (L_1-L_5).
4. Kreuzbein (Os sacrum): 5 miteinander verwachsene Kreuzwirbel (S_1-S_5).
5. Steißbein (Os coccygis): 3-5 zurückgebildete miteinander verwachsene Steißwirbel (Co_1-$Co_{3\text{-}5}$).

Form

Die normal gebaute menschliche Wirbelsäule ist doppel-S-förmig in der Medianebene gekrümmt. Diese physiologisch bedingten Krümmungen heißen:

- *Lordose*: Konvexe Seite der Krümmung liegt ventral.
- *Kyphose*: Konvexe Seite der Krümmung liegt dorsal.

Physiologisch sind: Halslordose, Brustkyphose, Lendenlordose.

Neben der Doppel-S-Form ist das *Promontorium* (= Knick zwischen dem 5. Lendenwirbel und dem Kreuzbein) charakteristisch.

➤ Es gibt eine Vielzahl zum Teil krankhafter Verbiegungen, z.B. Flach- und Rundrücken, Buckel, Skoliosen (= Krümmung in der Frontalebene).

Bauelemente

Wirbel (Vertebra, Spondylus)

Die 24 Wirbel bilden den mehr oder weniger beweglichen Teil der Wirbelsäule.

Bis auf die ersten beiden Halswirbel weisen die Wirbel folgenden Bau auf:

- Wirbelkörper: ventral gelegenes massives Tragstück.
  (Man beachte die Größenzunahme von cranial nach caudal)
- Wirbelbogen mit 7 Fortsätzen:
  1 Dornfortsatz (Processus spinosus),
  2 Querfortsätze (Processi transversi),
  2 obere Gelenkfortsätze,
  2 untere Gelenkfortsätze.
- Wirbelloch (Foramen vertebralis).

Die Wirbellöcher aller Wirbel bilden zusammen den Wirbelkanal.

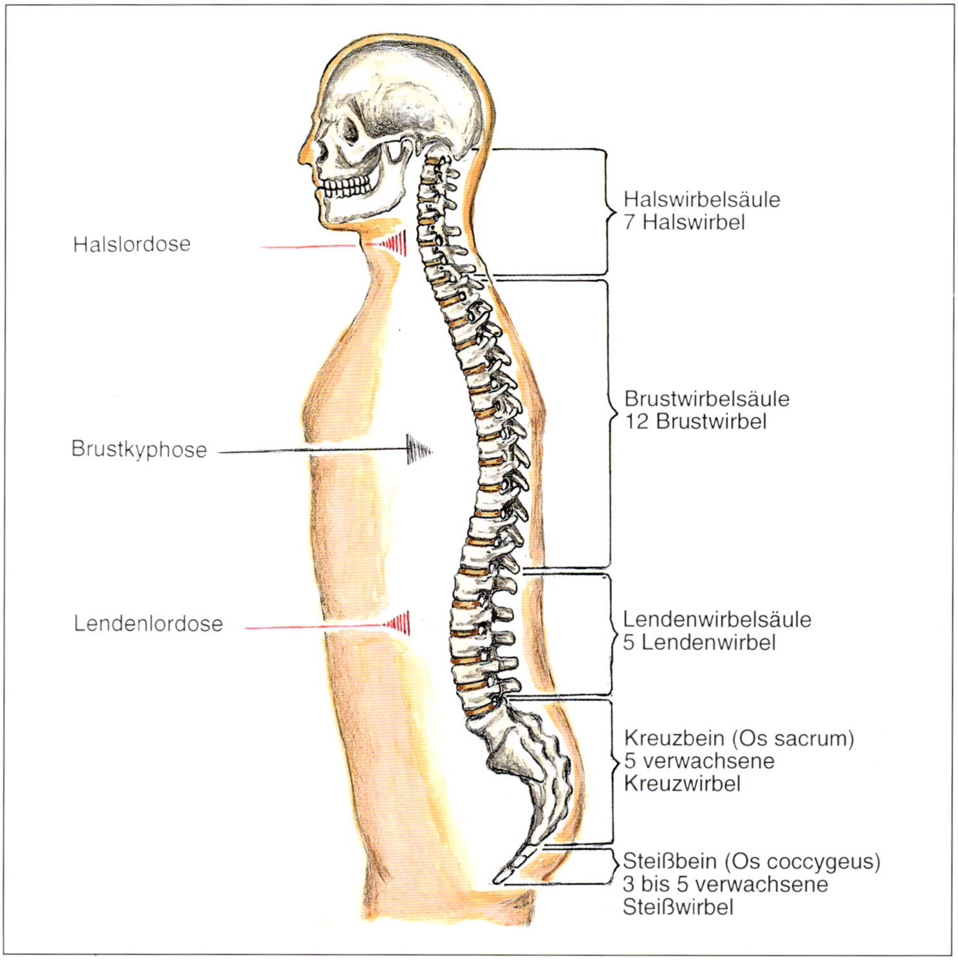

Abb. 72: Gliederung der Wirbelsäule und physiologische Krümmungen.

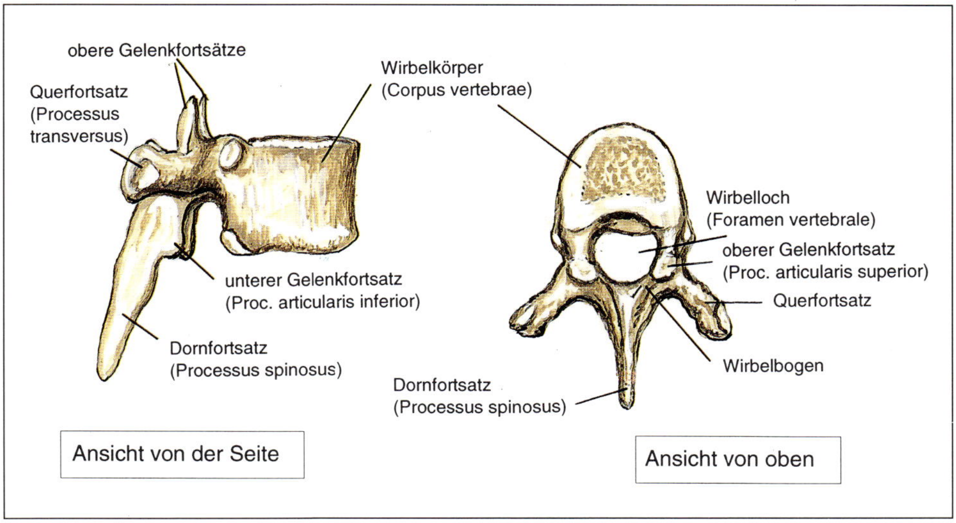

Abb. 73: Brustwirbel.

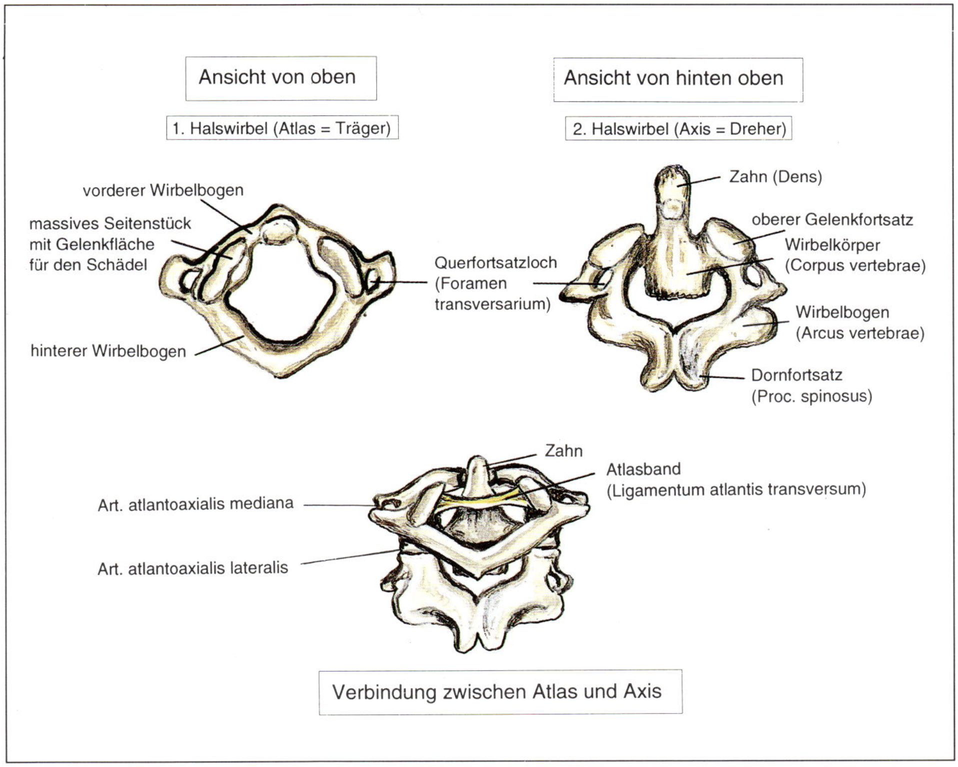

Abb. 74: Halswirbel.

Besonderheiten (= Erkennungsmerkmale der Wirbeltypen)
Halswirbel

- Wirbelkörper klein und sattelförmig,
- Querfortsätze mit Löchern für die Wirbelgefäße,
- Dornfortsätze häufig gegabelt.

1. Halswirbel (= Atlas)

- ohne Wirbelkörper und Dornfortsatz,
- mit vorderem und hinterem Bogen sowie 2 seitlichen Tragstücken für den Schädel.

2. Halswirbel (= Axis)

- mit Dens (= Zahn), der als Fortsetzung des Wirbelkörpers nach oben in den vorderen Bogen des Atlas ragt.

7. Halswirbel (Vertebra prominens)

- mit besonders langem Dornfortsatz als Tastpunkt, daher der Name Zählwirbel.

➤ Die sattelförmigen Wirbelkörper der Halswirbel können sich seitlich gelenkig verbinden (= Unkovertebralgelenke). Diese Verbindungen sind verschleißanfällig.

Brustwirbel

- lange schräg nach unten zeigende Dornfortsätze,
- Gelenkflächen für die Rippen an Körper und Querfortsatz.

Lendenwirbel

- sind die größten Wirbel,
- Dornfortsatz ist breit und steht horizontal.

Kreuzbein (Os sacrum)
Die 5 Kreuzbeinwirbel sind beim Erwachsenen zu einem einheitlichen Knochen verwachsen.
An Wirbel erinnern:

- Knochenkämme auf der Rückseite als Reste der Wirbelfortsätze,
- der Kreuzbeinkanal ist die Fortsetzung des Wirbelkanals.

Steißbein (Os coccygis)
Die ebenfalls verwachsenen Steißwirbel sind stark zurückgebildet. Der Wirbelbogen fehlt.

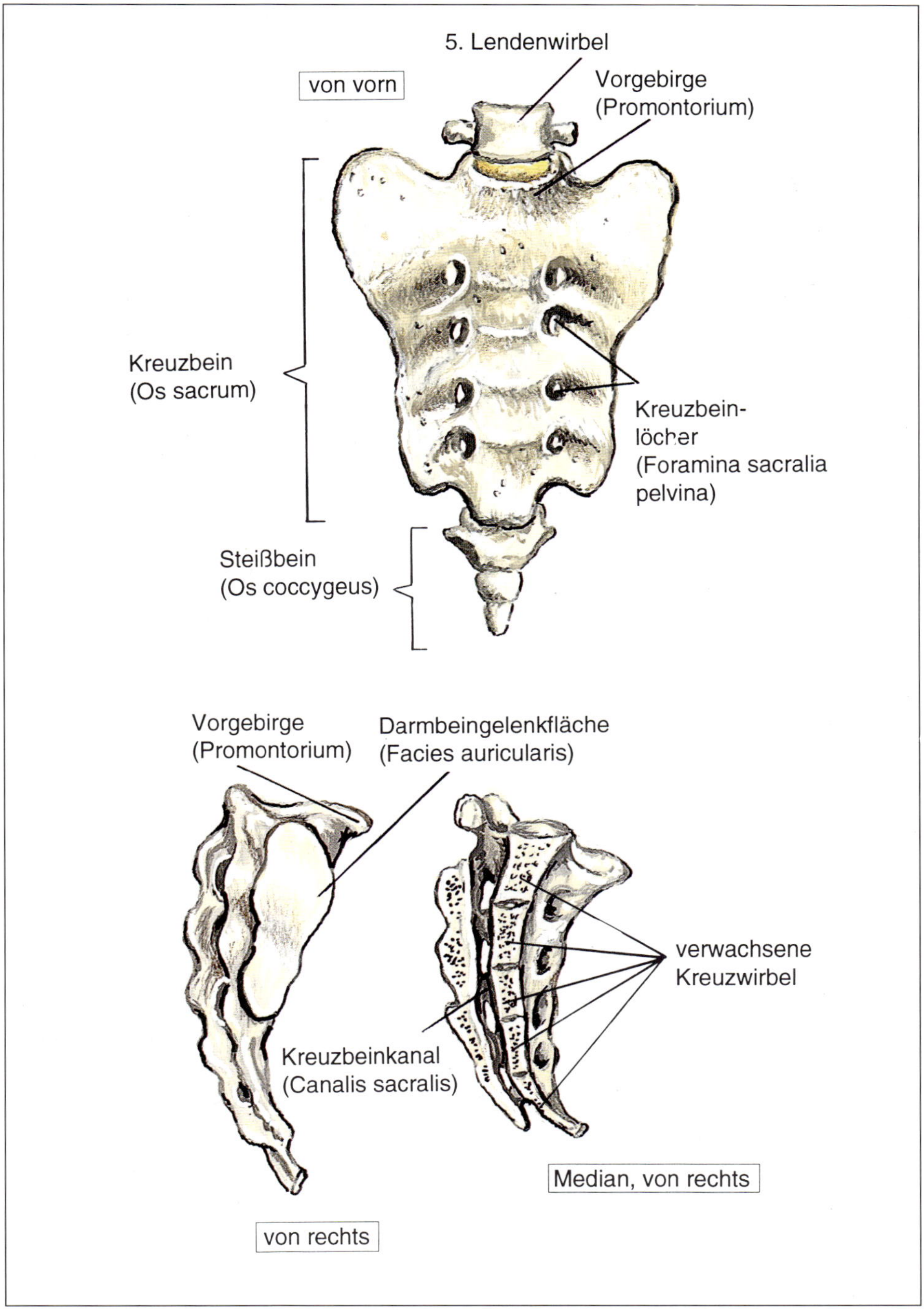

Abb. 75: Kreuz- und Steißbein.

Knochenverbindungen

Die Verbindung der Wirbel geschieht durch
- die Bandscheiben zwischen den Wirbelkörpern,
- Wirbelbogengelenke zwischen den Gelenkfortsätzen der Wirbelbögen,
- Bänder.

Den der Bewegung dienenden Raum zwischen 2 Wirbeln bezeichnet man als *Bewegungselement.* Es wird gebildet von
- einer Bandscheibe (= Zwischenwirbelscheibe),
- zwei Wirbelbogengelenken,
- zwei Zwischenwirbellöchern und
- verschiedenen Bändern (s. S. 145, Abb. 76).

Bandscheiben (Disci vertebrales)
Bandscheiben bestehen aus einem gallertartigen Kern (Nucleus pulposus), der von einem faserknorpeligen Ring (Anulus fibrosus) umgeben ist. Durch ihren Aufbau ermöglichen sie eine Dämpfung zwischen den Wirbelkörpern ("Wasserkissenfunktion").

➤ Mit zunehmendem Alter kann es zu Abnutzungen (degenerative Veränderungen in Form einer Höhenveränderung der Bandscheiben = Osteochondrose) besonders wegen des geringeren Wasseraufnahmevermögens und damit abnehmender Elastizität kommen.
Überlastung der Bandscheiben kann zum Bandscheibenvorfall führen (Nucleus pulposus prolaps). Der faserknorpelige Ring reißt und Gallertmasse gelangt in die Zwischenwirbellöcher oder in den Wirbelkanal und kann dort die Nervenfunktion behindern (Schmerz, Sensibilitätsausfälle, Lähmung). Abnutzungserscheinungen der Bandscheiben sind besonders häufig im Lendenwirbelsäulenbereich zu beobachten, da hier die Belastung durch die Körpermasse am größten ist.

Bewegungsmöglichkeiten
Die Bewegungen werden durch das Zusammenwirken von Bauch- und Rückenmuskulatur mit der Wirbelsäule ermöglicht, z. B.:
- Vorneigen,
- Rückneigen,
- Seitneigen,
- Drehen.

➤ Es ist darauf Wert zu legen, daß die Wirbelsäule nicht einseitig, vorwiegend statisch beansprucht wird. Vielmehr kommt es darauf an, Stabilität und Mobilität gleichmäßig zu entwickeln. Das bedeutet vor allem, auf eine allseitige Kräftigung der Muskulatur mit der Entwicklung einer aufrechten Haltung (nur eine aufrechte Haltung gewährleistet eine optimale Atmung) zu achten, so daß der passive Bewegungsapparat entlastet wird.
Auch mit den Patienten sollten nach Möglichkeit täglich leichte gymnastische Übungen zur Stärkung von Bauch- und Rückenmuskulatur durchgeführt werden.

Tastbare Knochenpunkte
- Dornfortsätze ab 7. Halswirbel.

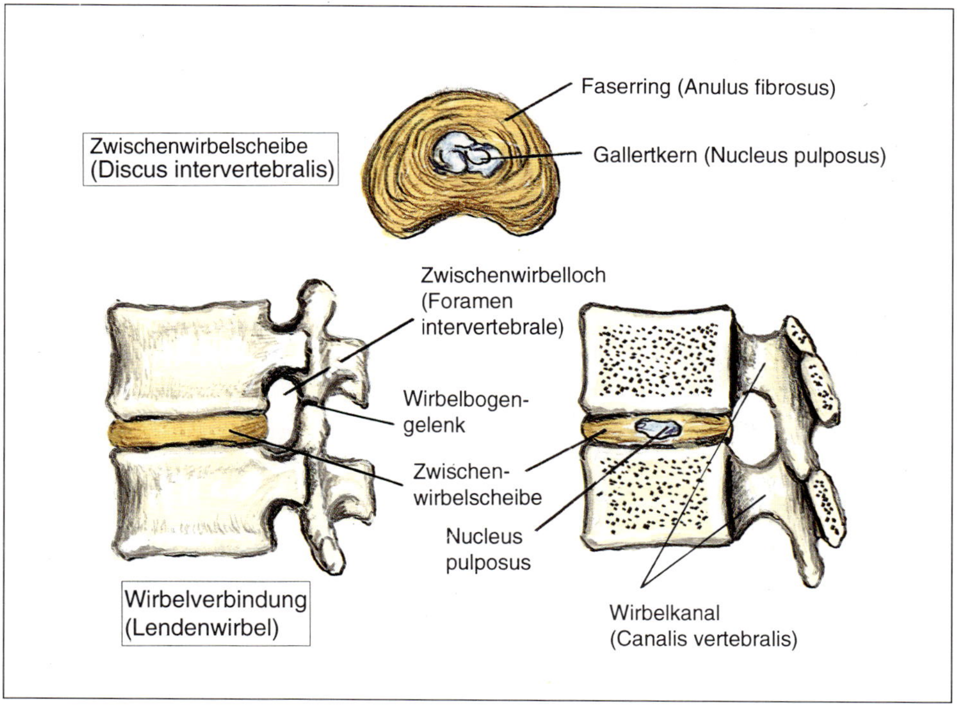

Abb. 76: Bewegungselement.

6. 3. 2. Brustkorb (Thorax)

Aufgaben
Der Thorax
- dient dem Schutz wichtiger Organe wie Herz, Lunge, Leber, Magen,
- ermöglicht die Atembewegungen und damit die Belüftung der Lunge,
- ist eine wichtige "Durchgangsstraße" für viele Organe, z. B. Speiseröhre, Gefäße, Nerven.

Knochen
- Brustwirbelsäule,
- Brustbein (Sternum), bestehend aus Handgriff (Manubrium), Brustbeinkörper (Corpus sterni) und Schwertfortsatz (Proc. xiphoideus),
- 12 Paar Rippen.

➤ Die 3 Teile des Sternums sind anfangs durch Knorpelzonen getrennt, die mit zunehmendem Alter allmählich verknöchern. Die Gewinnung von rotem Knochenmark aus dem Sternum heißt *Sternalpunktion*.

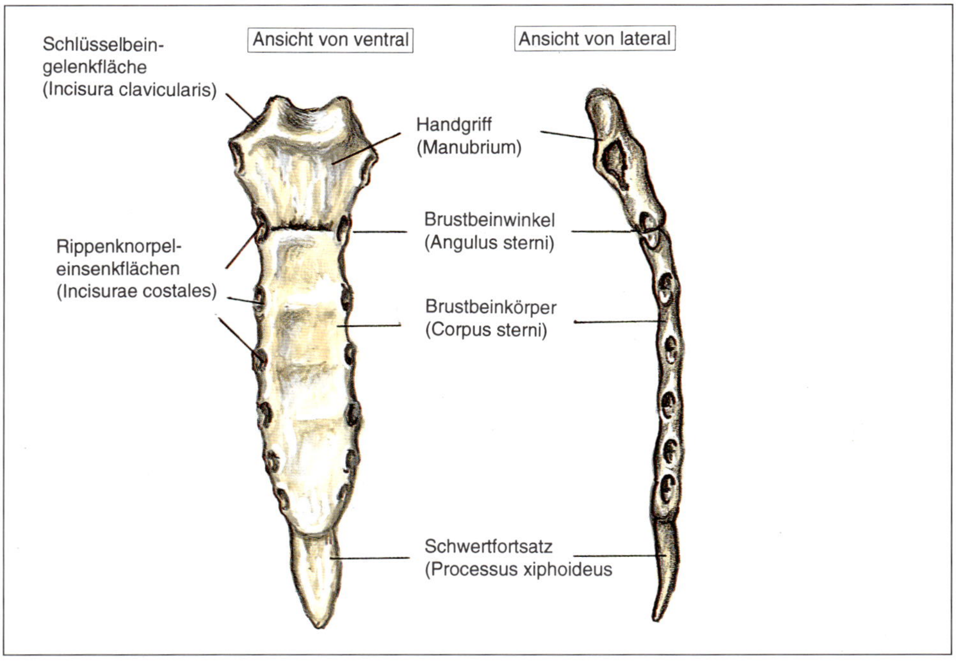

Abb. 77: Brustbein (Sternum).

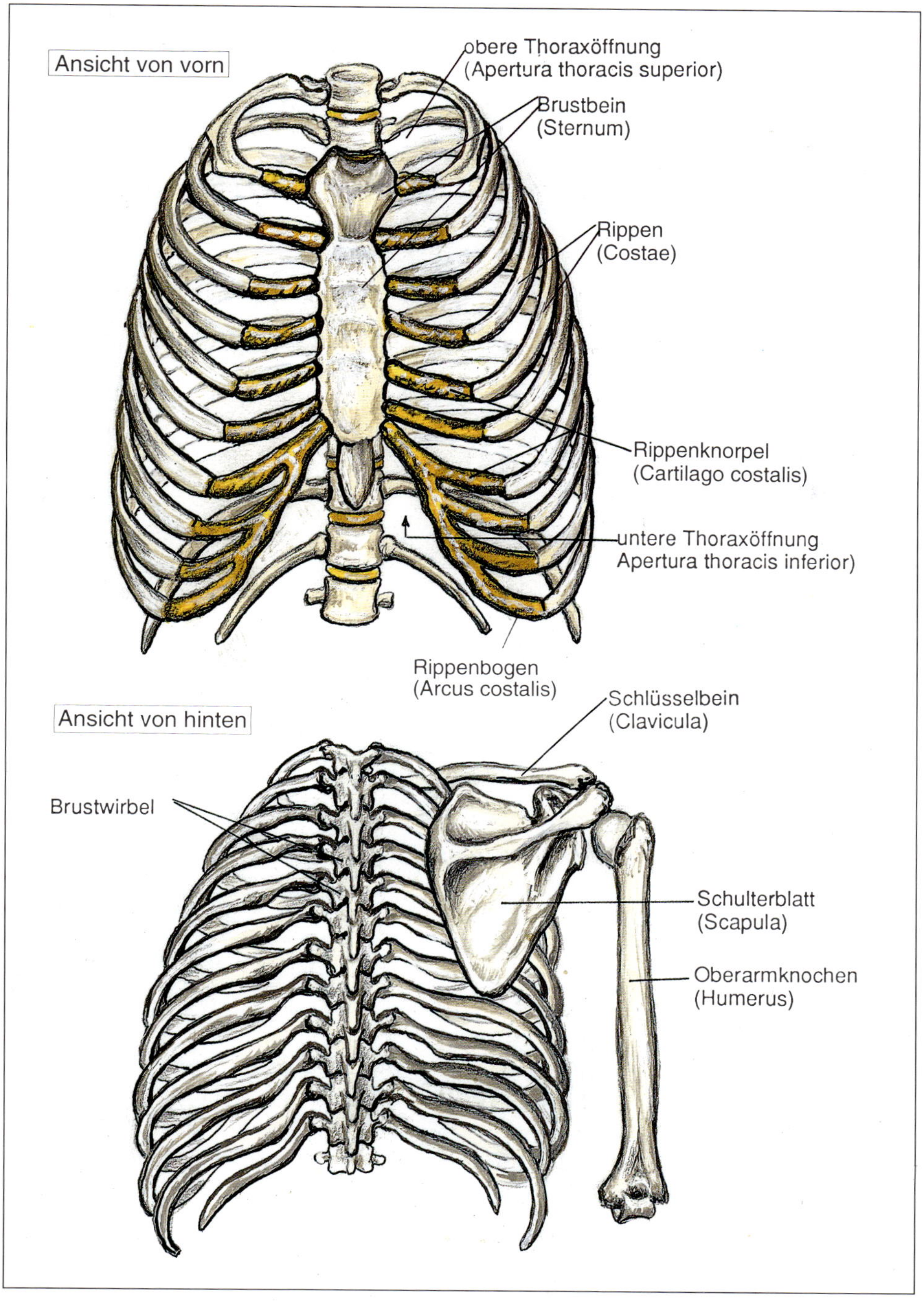

Abb. 78: Brustkorb (Thorax).

Beziehung der Rippen zum Sternum
Nach ihrer Beziehung lassen sich die Rippen in 2 Gruppen unterteilen:
1. *Echte Rippen*: Sie sind direkt mit dem Sternum verbunden - Rippenpaare 1-7.
2. *Falsche Rippen*: Die Rippenpaare 8-10 erreichen das Sternum indirekt über den Knorpel der 7. Rippe. Dadurch entstehen der rechte und linke *Rippenbogen*. Die Rippenpaare 11 und 12 erreichen das Sternum gar nicht. Sie enden als *freie Rippen* in der Muskulatur.

➤ Die Ansatzstelle der 1. Rippe ist nicht tastbar. Die 2. Rippe setzt am Brustbeinwinkel an. Diese Stelle ist tastbar und eine Orientierungshilfe am Thorax.

Knochenverbindungen
Die Knochen des Thorax sind elastisch verbunden durch:
- Wirbel-Rippen-Gelenke (= synoviale Drehgelenke), die durch die gebogenen Rippen das Heben und Senken des Thorax ermöglichen.
- Brustbein-Rippen-Gelenke (= teils synoviale, teils Knorpelgelenke).

Muskeln und Bewegungsmöglichkeiten s. Kap. Atmung.

Brustkorböffnungen (Thoraxaperturen)
Der Thorax besitzt 2 Öffnungen:
1. *Obere Thoraxapertur*, gebildet von:
- 1. Brustwirbelkörper,
- 1. Rippenpaar,
- Handgriff.
2. *Untere Thoraxapertur*, gebildet von:
- 12. Brustwirbel,
- Schwertfortsatz,
- Rippenbögen,
- 11. u. 12. Rippenpaar.

➤ Der Thorax ändert sich in Abhängigkeit vom Alter. Beim Neugeborenen stehen die Rippen nahezu horizontal. Im Laufe des Lebens senken sie sich und der Thorax wird flacher und auch starrer. Die elastische Verspannung der Teile des Thorax wird in der 1. Hilfe bei der externen Herzmassage genutzt.

Tastbare Knochenpunkte
- Sternum,
- Ansatzstelle der 2. Rippe und der Rippen 5-7,
- Rippenkörper.

6. 3. 3. Schultergürtel und obere Extremität

Schultergürtel

Aufgaben

- Verbindung des Armes mit dem Rumpf,
- Erweiterung des Bewegungsumfanges des Schultergelenkes,
- Ansatz- und Ursprungsstelle für Schultermuskeln.

Knochen

- 2 Schlüsselbeine (Claviculae),
- 2 Schulterblätter (Scapulae).

Knochenverbindungen

- innere Schlüsselbeingelenke verbinden Schlüsselbeine mit Brustbein,
- äußere Schlüsselbeingelenke verbinden Schlüsselbeine mit Schulterblatt.

Einzelheiten entnehmen Sie den Abb. 79 und 80.

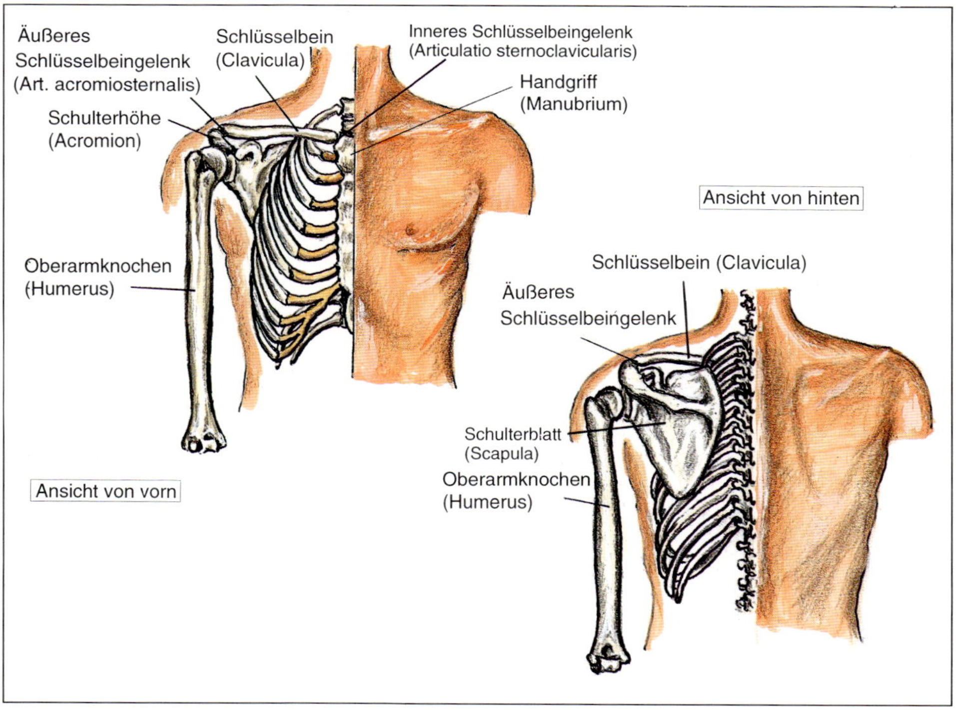

Abb. 79: Schultergürtel.

Obere Extremität

Tab. 18: Gliederung und Knochen

Obere Extremität

Oberarm	Unterarm	Hand		
Oberarmknochen	Unterarmknochen - Speiche - Elle	Handwurzel - 8 Handwurzel- knochen	Mittelhand - 5 Mittelhand- knochen	Finger - 14 Finger- knochen

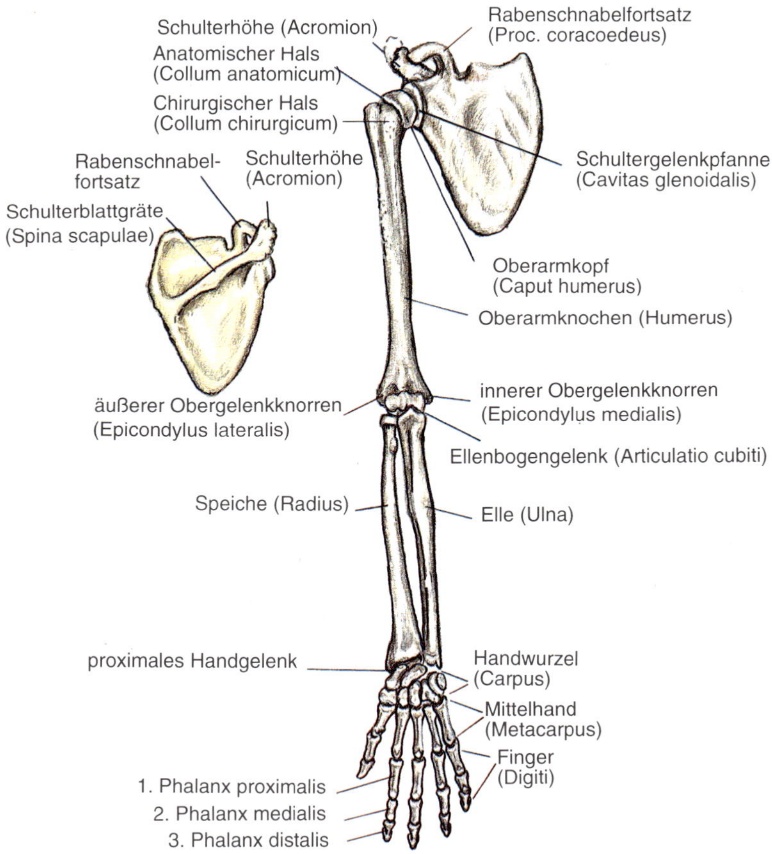

Abb. 80: Obere Extremität und Schulterblatt.

Alle *Armknochen,* mit Ausnahme der Handwurzelknochen, gehören zu den *Röhrenknochen.* Einzelheiten entnehmen Sie der Abb. 80.

> *Merke*: Die Elle (Ulna) liegt kleinfingerwärts, die Speiche (Radius) daumenwärts.

Knochenverbindungen, Bewegungsmöglichkeiten, Muskeln

Schultergürtel und Arm sind durch 3 große Gelenke verbunden:
- Schultergelenk (Art. humeri),
- Ellenbogengelenk (Art. cubiti),
- proximales Handgelenk (Art. radiocarpea).

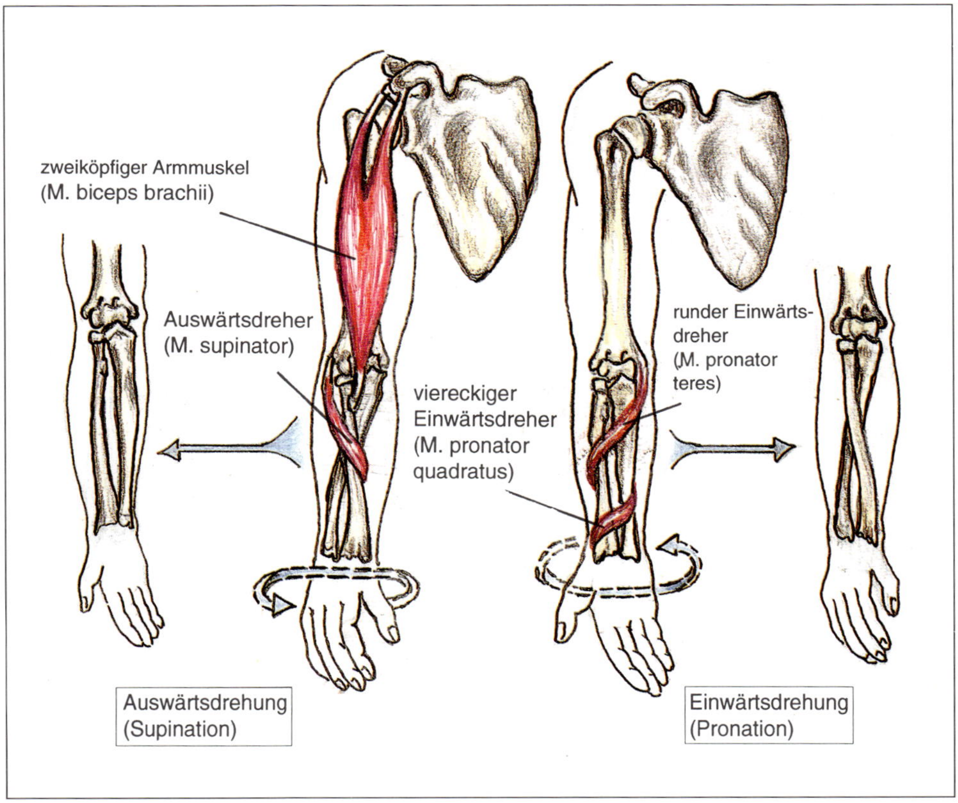

Abb. 81: Ein- und Auswärtsdrehungen der Hand.

Schultergelenk (Articulatio humeri)

Beteiligte Knochen bzw. Knochenteile:
- Gelenkfläche des Schulterblattes (liegt unterhalb der Schulterhöhe),
- Gelenkkopf des Humerus.

Merkmale
Kugelgelenk, sehr großer Bewegungsspielraum durch
- relativ kleine Kontaktflächen (großer Gelenkkopf, kleine Gelenkpfanne, d. h. kaum Knochenführung),
- sehr weite Gelenkkapsel,
- nur Muskelführung,
- Zusammenwirken mit den Schlüsselbeingelenken und dem Schulterblatt ermöglicht eine beträchtliche Erweiterung des Bewegungsumfanges.

➤ Die geringe Knochenführung, die schlaffe Kapsel sowie die fehlende Bänderführung sind Ursachen häufiger Luxationen.

In der Nähe des Schultergelenkes liegt eine große Zahl von Schleimbeuteln zur Minderung der Reibung.

Ellenbogengelenk (Art. cubiti)

Das Ellenbogengelenk wird aus 3 Teilgelenken gebildet, die von einer gemeinsamen Gelenkkapsel umschlossen werden:

Oberarm-Ellen-Gelenk	- Oberarmrolle	– Ellenhaken	} Scharniergelenk
Oberarm-Speichen-Gelenk	- Speichenkopf	– Oberarmköpfchen	
proximales Ellen-Speichen-Gelenk	- Speichenkopf	– Einschnitt der Elle. Das proximale Ellen-Speichen-Gelenk bildet mit dem *distalen Ellen-Speichen-Gelenk* ein Drehgelenk.	

Proximales Handgelenk (Art. radiocarpae)

Beteiligte Knochen bzw. Knochenteile:
- Radius,
- proximale Handwurzelknochenreihe,
- Ulna ist durch einen Discus von den Handwurzelknochen getrennt.

➤ Beim Sturz auf die Hand bricht meistens der Radius. Die distale Radiusfraktur ist eine der häufigsten Frakturen überhaupt.

Weitere Knochenverbindungen der Hand (Manus)
- Distales Handgelenk zwischen proximaler und distaler Handwurzelknochenreihe,
- Handwurzel-Mittelhand-Gelenke zwischen distaler Handwurzelknochenreihe und proximalen Enden der Mittelhandknochen,
- Fingergrundgelenke,
- Fingermittelgelenke (Ausnahme: Daumen),
- Fingerendgelenke.

Merke: Sonderstellung des Daumen-Sattelgelenkes (nur der Mensch kann den Daumen jedem anderen Finger gegenüberstellen).

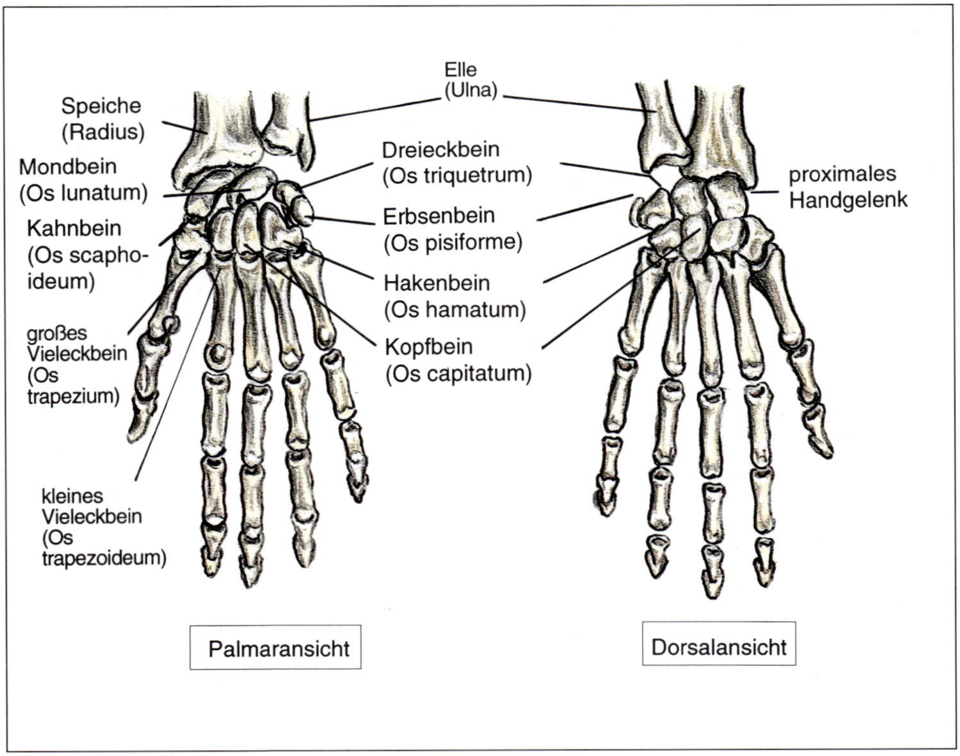

Abb. 82: Knochen der Hand.

Achselhöhle
= Einbuchtung der Körperoberfläche zwischen Rumpf und Arm.
Inhalt
Bindegewebskörper mit
- Gefäß-Nerven-Straße (Armgefäße, Armnerven),
- Regionäre Achsellymphknoten.

Ellenbeuge
Liegt zwischen Flexoren des Oberarmes und Flexoren sowie Extensoren des Unterarms.
Inhalt
- Venen der Ellenbeuge (Cubitalvenen) (häufig genutzt zur Blutentnahme und i. v.-Injektion),
- Aufzweigung der Oberarmerterie (A. brachialis) in Speichenarterie (A. radialis) und Ellenarterie (A. ulnaris).

Tastbare Knochenpunkte :
- Obergelenkknorren (Epicondylen),
- Elle (Ulna),
- Schlüsselbein (Clavicula),
- Speichenkopf (Caput radii),
- Speichenschaft,
- Oberarmkopf (Caput humeri),
- Schaft des Humerus,
- Oberarmköpfchen (Capitulum humeri),
- Ellenbogen (Olecranon),
- Ellenkopf (Caput ulnae),
- Schulterblattgräte (Spina scapulae),
- Rabenschnabelfortsatz (Proc. coracoideus),
- Erbsenbein (Os pisiforme),
- Kahnbein (Os scaphoideum).

Muskulatur und ihre Funktion

Merke: An den Extremitäten werden folgende Muskelgruppen unterschieden:
- Flexoren: Beuger,
- Extensoren: Strecker,
- Adduktoren: heranführende Muskeln,
- Abduktoren: wegführende Muskeln.

Muskelfunktionen (s. Abb. 83):
- Flexion: Beugen,
- Abduktion: Wegführen,
- Pronation: Einwärtsdrehung,
- Extension: Strecken,
- Adduktion: Heranführen,
- Supination: Auswärtsdrehung.

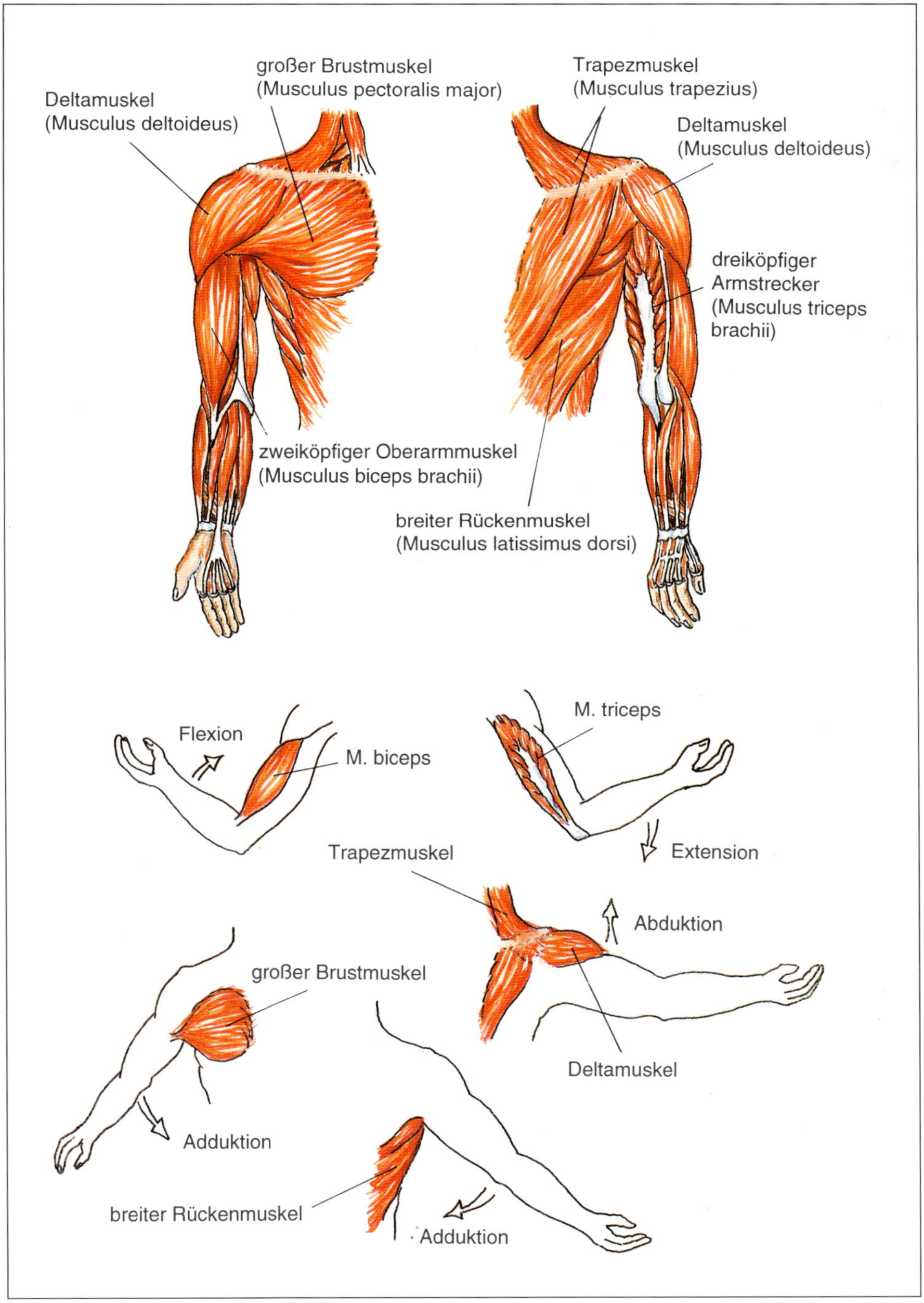

Abb. 83: Muskelfunktionen.

Unterarmmuskulatur

1. Flexoren:	Flexion von Hand und Fingern,
2. Extensoren:	Extension von Hand und Fingern,
3. Pronatoren:	Innenrotation von Hand und Unterarm,
4. Supinatoren:	Außenrotation von Hand und Unterarm.

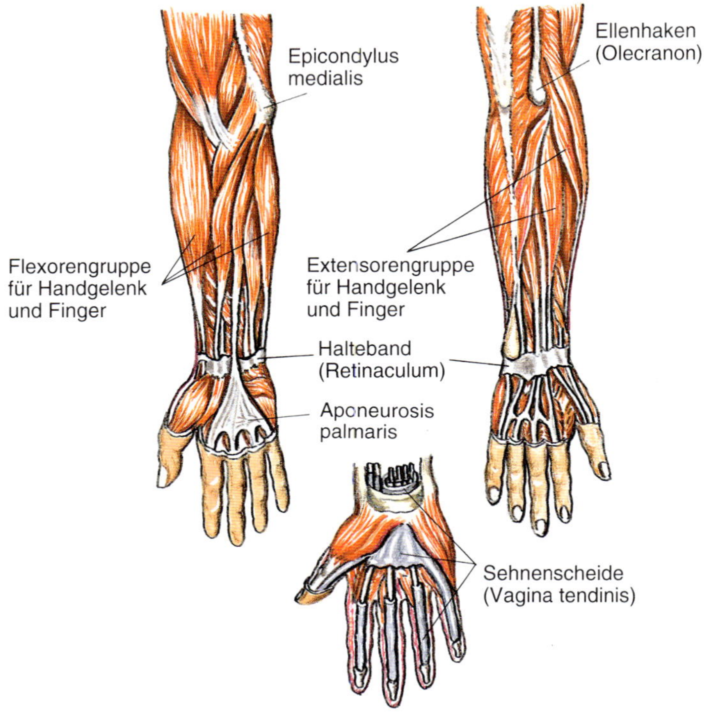

Abb. 84: Unterarmmuskulatur.

Handmuskulatur
Für die Bewegungen der Hand sorgen ca. 50 Muskeln, von denen etwa 30 im Unterarm liegen und über lange Sehnen mit der Hand verbunden sind.

Innervation
Die Muskulatur der oberen Extremitäten wird von Nerven versorgt, die aus dem Armgeflecht (Plexus brachialis) hervorgehen (z. B. N. radialis, N. ulnaris, N. medianus).

6. 3. 4. Beckengürtel und untere Extremität

Beckengürtel

Aufgaben

- Verbindung der Beine mit dem Rumpf.
- Übertragung der Körpermasse von der Wirbelsäule auf die beiden Oberschenkelknochen. Zu diesem Zweck ist er im Unterschied zum Schultergürtel als stabiler Ring fest mit der Wirbelsäule verbunden.
- Gebärkanal,
- Ansatz- und Ursprungsstelle von Bauch- und Gesäßmuskeln.

Knochen

Der Beckengürtel besteht aus:

- 1 Kreuzbein (Os sacrum),
- 2 Hüftbeine (Ossa coxae),
- 1 Steißbein (Os coccygeus).

Jedes Hüftbein besteht aus 3 miteinander verwachsenen Knochen:

- Darmbein (Os ilium),
- Schambein (Os pubis),
- Sitzbein (Os ischii).

Merke: Die Hüftgelenkpfanne (Acetabulum) wird von Teilen der Körper aller drei Teilknochen des Hüftbeins gebildet und besitzt einen halbmondförmigen Gelenkknorpel.

Knochenverbindungen

- *Kreuzbein-Darmbein-Gelenke* (Iliosacralgelenke) verbinden die Hüftbeine im Bereich der Darmbeinschaufeln mit dem Kreuzbein. Wegen der sehr straffen Bänder sind nur geringe Bewegungen möglich. (Wichtig für Elastizität des Beckens und Federung der Wirbelsäule).
- *Schambeinfuge* (Symphysis pubica) verbindet die beiden Hüftbeine im Bereich der Schambeine mittels elastischem Knorpel miteinander.

Gestalt

Das Becken ist trichterförmig gebaut. Der Innenraum wird durch die Grenzlinie (Linea terminalis), die vom Promontorium bogenförmig zum Oberrand der Symphyse verläuft, gegliedert in:

- *großes Becken* oberhalb der Grenzlinie zwischen den beiden Darmbeinschaufeln,
- *kleines Becken* (= Beckenkanal) mit Beckeneingang und Beckenausgang unterhalb der Grenzlinie.
- Die Beckeneingangsebene ist beim aufrechten Stand vorn nach unten geneigt.

Geschlechtsunterschiede

- *Männliches Becken*: Untere Schambeinäste bilden spitzen Winkel. Das männliche Becken ist hoch, schmal und eng.
- *Weibliches Becken*: Untere Schambeinäste bilden stumpfwinkligen Bogen. Das weibliche Becken ist flach, breit und weit.

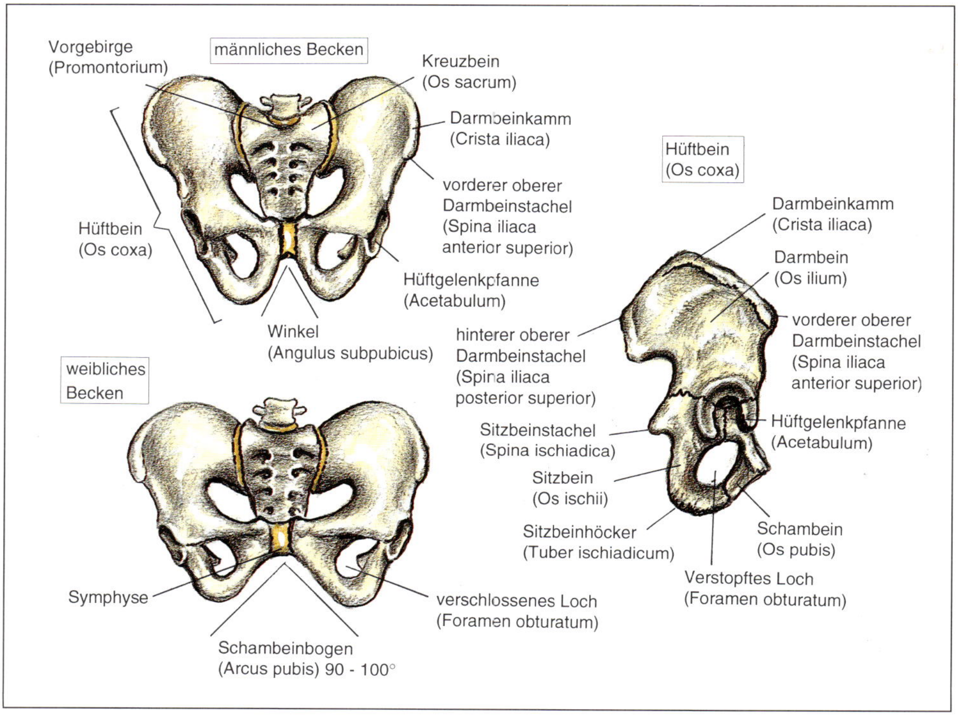

Abb. 85: Becken und Hüftbein.

Untere Extremität

Tab. 19: Gliederung und Knochen

Untere Extremität				
Oberschenkel	Unterschenkel	Fuß		
		Fußwurzel	Mittelfuß	Zehen
Oberschenkelknochen	Unterschenkelknochen - Schienbein - Wadenbein	- 7 Fußwurzelknochen	- 5 Mittelfußknochen	- 14 Zehenknochen

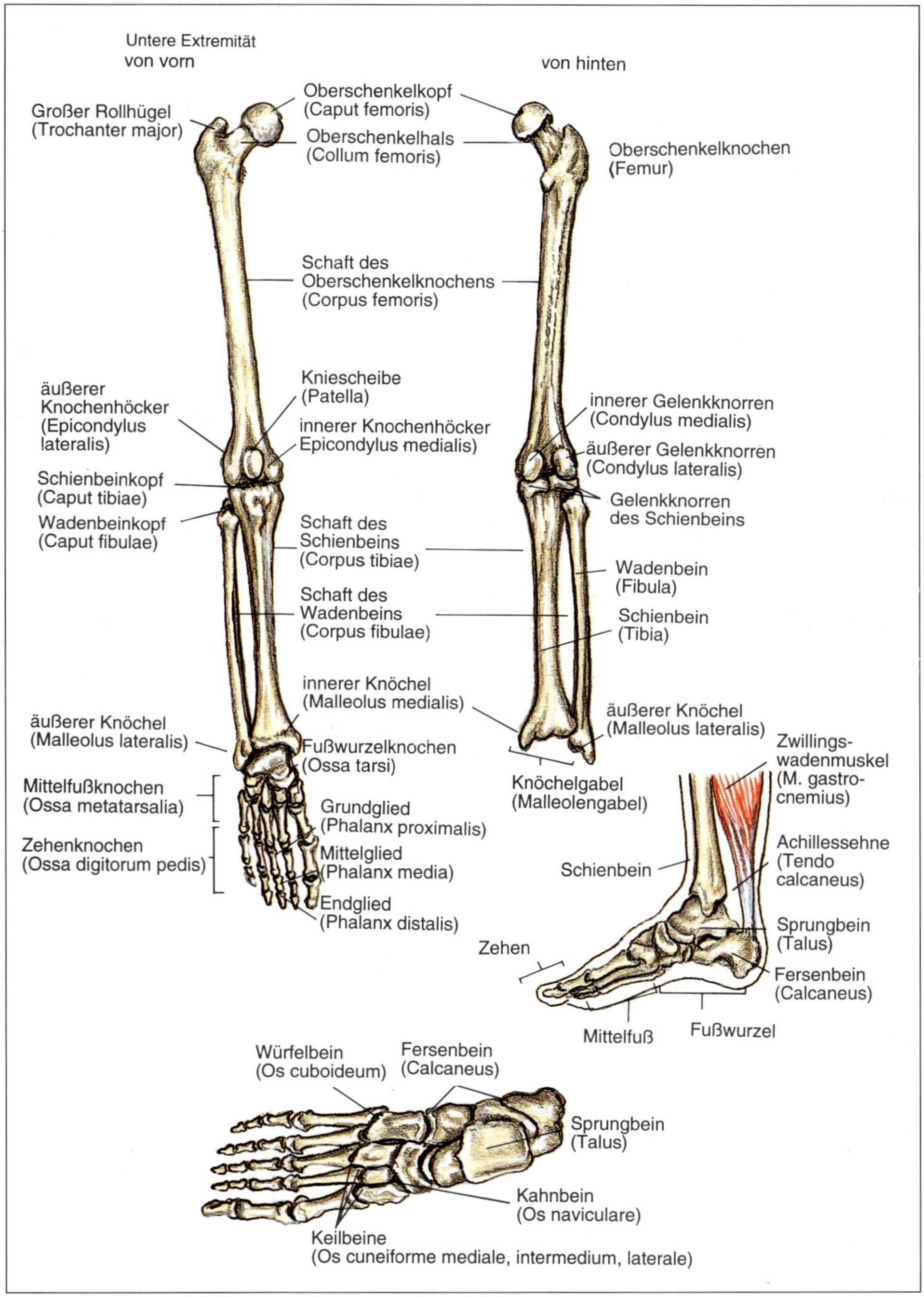

Abb. 86: Untere Extremität.

Merke: Das stärkere Schienbein (Tibia) liegt medial, das schwächere Wadenbein (Fibula) lateral im Unterschenkel.

Alle Beinknochen mit Ausnahme der Fußwurzelknochen sind Röhrenknochen. Der Oberschenkelknochen (Femur) ist der größte Knochen des Menschen. Sein Kopf (Caput femoris) ist durch den Schenkelhals vom Schaft abgespreizt, wodurch der Schenkelhalswinkel (= Kollodiaphysenwinkel) von ca. 128° entsteht.

➤ Mit zunehmendem Lebensalter nimmt der Mineralstoffgehalt der Knochen ab. Geht dies über eine bestimmte Mindestgrenze hinaus, spricht man von Osteoporose. Durch die "Entkalkung" werden die Knochen brüchiger. Es kann schon bei geringen Belastungen zu Frakturen, besonders Schenkelhalsfrakturen, kommen. Frauen sind häufiger betroffen, da bei ihnen durch die verminderte Östrogenbildung nach der Menopause der Knochenabbau gegenüber dem -aufbau überwiegen kann.

Malleolengabel (= Knöchelgabel)
Sie wird vom inneren Knöchel der Tibia und äußeren der Fibula gebildet. Aufgrund der Beteiligung von 2 Knochen werden zusätzliche Federwege eingebaut.

Knochenverbindungen, Bewegungsmöglichkeiten, Muskeln
Beckengürtel und Bein sind durch 3 große Gelenke miteinander verbunden:
- Hüftgelenk (Art. coxae),
- Kniegelenk (Art. genus),
- oberes Sprunggelenk (Art. talocruralis).

Hüftgelenk (Art. coxae)
Beteiligte Knochen bzw. Knochenteile:
- Hüftgelenkpfanne mit ausgeprägter Gelenklippe,
- Kugelförmiger Kopf des Femur (= Hüftkopf).

Merkmale
- Kugelgelenk mit eingeschränkter Beweglichkeit (Nußgelenk), weil Hüftkopf von der Hüftpfanne zu zwei Dritteln umschlossen wird (gute Knochenführung, daher geringe Luxationsgefahr).
- Weite, derbe Kapsel, die auch den Schenkelhals teilweise mit einschließt.
- Verstärkung durch 4 kräftige Bänder (Darmbein-Oberschenkel-Band (Lig. iliofemorale) = stärkstes Band des Menschen).

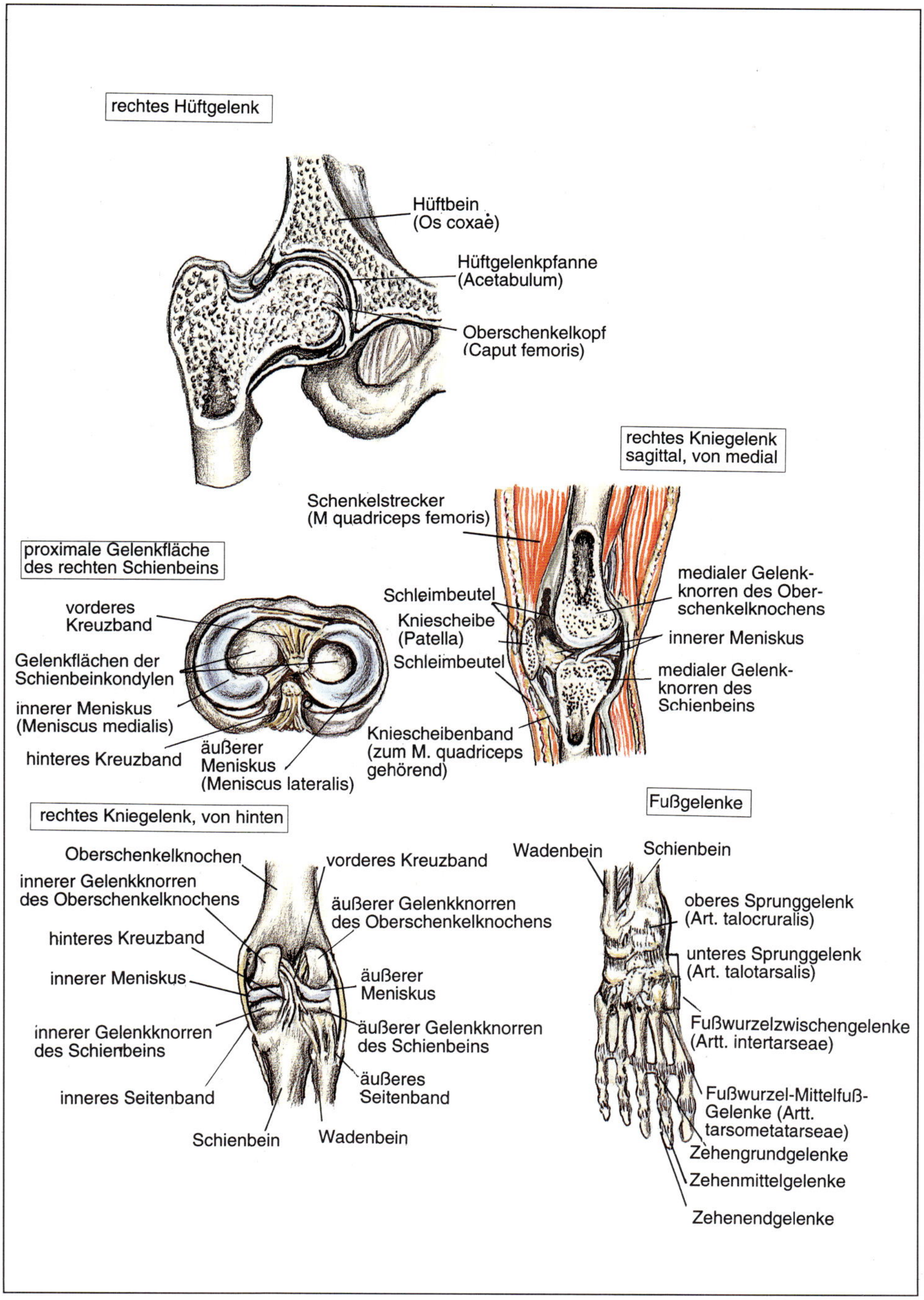

Abb. 87: Gelenke der unteren Extremität.

Kniegelenk (Art. genus)

Beteiligte Knochen bzw. Knochenteile:
- Femurcondylen mit 2 Gelenkflächen für Tibiakopf und 1 Gelenkfläche für Patella,
- Tibiakopf,
- Patella (Kniescheibe).

Merkmale
- Scharnierbewegung,
- Ungleichheiten der Gelenkflächen werden durch 2 halbmond- und keilförmige Menisci (Innen- und Außenmeniscus) ausgeglichen. Jeder Meniscus ist durch kräftige Bänder mit der Gelenkkapsel verankert,
- ausgesprochene Bandführung (z.B. vorderes und hinteres Kreuzband zwischen den Femurcondylen, inneres und äußeres Seitenband),
- sehr weite Kapsel,
- größtes Gelenk des Menschen.

➤ Das Kniegelenk erleidet häufig Verletzungen, da es am wenigsten durch Muskelmassen geschützt ist. Drehungen am Knie bei fixiertem Unterschenkel (Ski- und Fußballsport) lösen Bandschäden aus. Sturz in senkrechter Richtung (Fahrstuhlabsturz oder Absprung) führen zu Tibiakopfbrüchen; direkte Gewalt (Autoarmaturenaufprall) zu Patella- oder supracondylären Femurfrakturen.

Kniekehle
Die Kniekehle ist die von Muskeln umgrenzte Grube dorsal des Kniegelenkes.
Inhalt
Bindegewebskörper mit
- Hauptäste des N. ischiadicus,
- Kniekehlenvene (V. poplitea),
- Kniekehlenarterie (A. poplitea).

Oberes Sprunggelenk (Art. talocruralis)

Beteiligte Knochen bzw. Knochenteile:
- Sprungbein,
- Malleolengabel.

Merkmale
- kräftige Bänder sichern die Scharnierbewegung.

Weitere Knochenverbindungen der Fußwurzel und des Fußes:

- unteres Sprunggelenk zwischen Sprung-, Fersen- und Kahnbein (ermöglicht Ein- und Auswärtsdrehen des Fußes),
- Fußwurzel-Mittelfuß-Gelenke zwischen Fußwurzel und proximalen Enden der Mittelfußknochen,
- Zehengrundgelenke,
- Zehenmittelgelenke (außer Großzehe, die kein Mittelgelenk besitzt),
- Zehenendgelenke.

Der Fuß besitzt ein *Quer-* und *Längsgewölbe*, die durch Muskeln und Bänder gehalten werden.

➤ Infolge Schlaffheit von Bändern, Muskellähmungen und schlechter Schuhe können Gefügestörungen (= Deformitäten) auftreten, wie z. B.
Senkfuß: Längswölbung abgeflacht (als Extremform Plattfuß),
Hohlfuß: Längswölbung verstärkt,
Spreizfuß: Querwölbung abgeflacht.

Tastbare Knochenpunkte

a) Beckengürtel:
  - Vorderer oberer Darmbeinstachel (Spina iliaca anterior superior),
  - hinterer oberer Darmbeinstachel (Spina iliaca posterior superior),
  - Darmbeinkamm (Crista iliaca).

b) Oberschenkel:
  - Großer Rollhügel (Trochanter major),
  - Kniescheibe (Patella),
  - Gelenkknorren (Condylen),
  - Obergelenkknorren (Epicondylen).

c) Unterschenkel:
  - Schienbein (Condylen der Tibia),
  - Wadenbeinkopf (Caput fibulae),
  - Knöchel (Malleolen).

d) Fuß (Pes):
  - Zehen,
  - Mittelfußknochen (Ossa tarsi),
  - Sprungbein (Talus),
  - Fersenbein (Calcaneus).

Muskulatur und ihre Funktion

Hüftmuskulatur

1. Vordere Gruppe
- Darmbein-Lenden-Muskel, M. iliopsoas.

Funktion: Flexion im Hüftgelenk.

2. Hintere Muskelgruppe
- Großer Gesäßmuskel, M. gluteus maximus,
- Mittlerer Gesäßmuskel, M. gluteus medius,
- Kleiner Gesäßmuskel, M. gluteus minimus,

Funktion: Extension, Abduktion, Adduktion im Hüftgelenk.

Oberschenkelmuskulatur

1. Extensorengruppe
- Schenkelstrecker, M. quadriceps femoris, der aus 4 Teil-muskeln besteht (für intramuskuläre Injektionen ist der M. vastus lateralis wichtig).
  Die Sehne des Muskels, in die die Patella als Umlenkrolle vor dem Kniegelenkspalt eingelagert ist, setzt an der Tibia an.
- Schneidermuskel, M. satorius.

Funktion: Flexion im Hüftgelenk, Extension im Kniegelenk.

2. Flexorengruppe
- Zweiköpfiger Oberschenkelmuskel, M. biceps femoris (begrenzt die Kniekehle lateral),
- Halbsehniger Muskel, M. semitendinosus (begrenzt die Kniekehle medial),
- Halbmembranöser Muskel, M. semimembranosus (begrenzt die Kniekehle medial).

Funktion: Extension im Hüftgelenk, Flexion im Kniegelenk.

3. Adduktorengruppe
- Schlanker Muskel, M. gracilis,
- Kammuskel, M. pectineus,
- Langer Adduktor, M. adductor longus.

Funktion: Adduktion im Hüftgelenk.

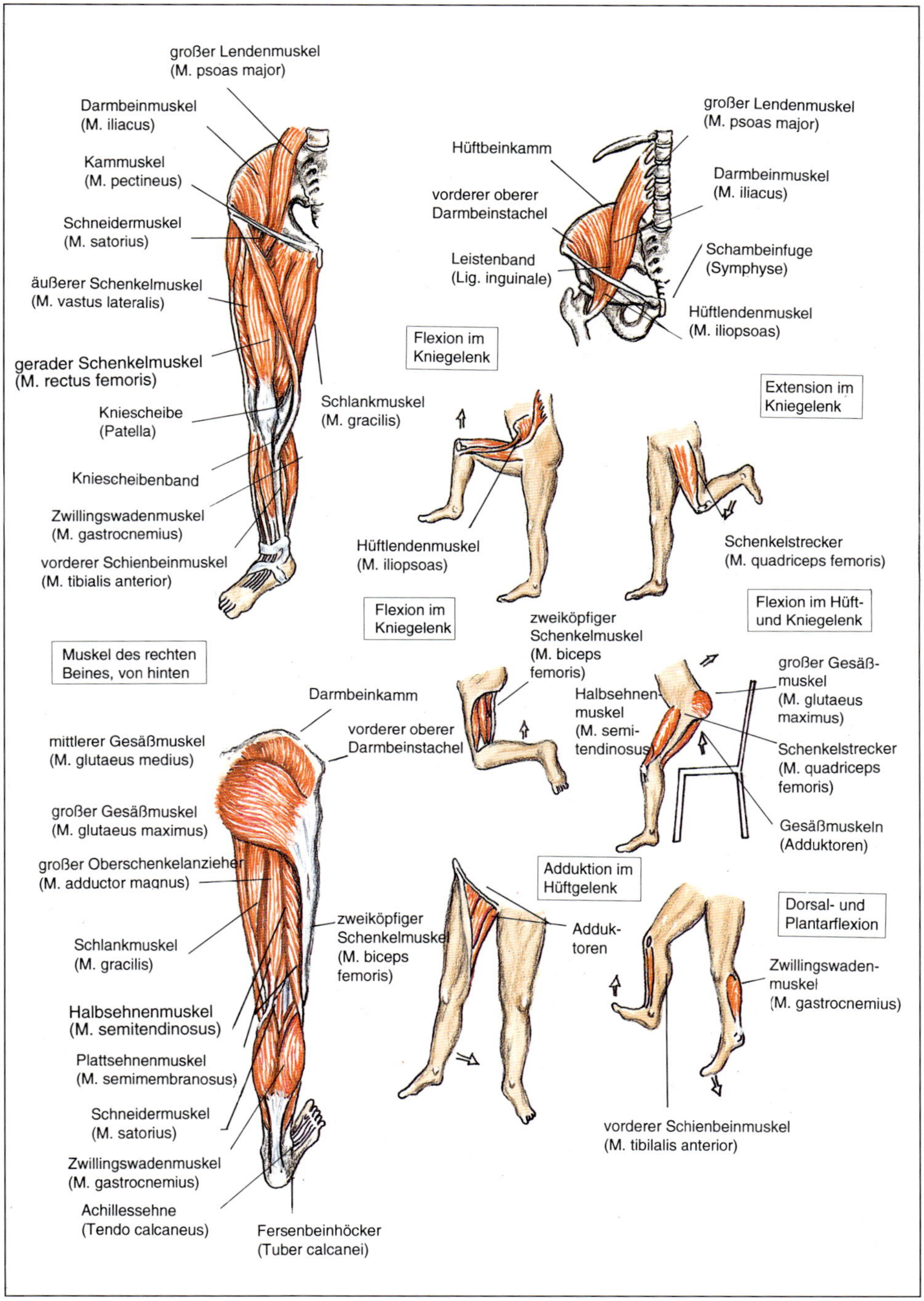

Abb. 88: Untere Extremität - wichtige Muskeln und Bewegungsmöglichkeiten.

Unterschenkelmuskulatur

1. Extensorengruppe (vorn)
- Vorderer Schienbeinmuskel, M. tibialis ant.

Funktion: Dorsalflexion (Fußbewegung nach oben), Anheben der Zehen.

2. Flexorengruppe (hinten)
- Zwillingsmuskel (M. gastrocnemius),
- dreiköpfiger Wadenmuskel (M. triceps surae) über Achillessehne am Fersenbeinhöcker befestigt.

Funktion: Plantarflexion (Fußbewegung nach unten).

Merke: Intramuskuläre Injektionen sind tiefe Injektionen in einen Muskel. Dafür gibt es im wesentlichen 3 Verabreichungsorte:
- Mittlerer Gesäßmuskel (M. gluteus medius) nach Lanz-Wachsmuth im Bereich zwischen Darmbeinkamm und der Verbindungslinie zwischen vorderem und hinterem oberen Darmbeinstachel,
- M. vastus lateralis nach v. Hochstetter auf der Mitte einer gedachten Linie zwischen großem Rollhügel und Kniescheibe,
- Deltamuskel (M. deltoideus) an der Außenseite des Schultergelenks.

➤ Häufige Weichteilverletzungen des Beines sind:
- Muskelzerrungen und Muskelfaserrisse. Oft betroffen sind der M. gastrocnemius und M. quadriceps femoris.
- Achillessehnenverletzungen (Teil- oder komplette Risse).

Typisch für diese Verletzungen sind plötzlich auftretende akute Schmerzen und Funktionsstörungen. Durch lockeres Aufwärmen vor sportlicher Betätigung wird der Stoffwechsel der Muskulatur aktiviert und die Dehnbarkeit der Muskelfasern verbessert, so daß das Verletzungsrisiko vermindert wird.

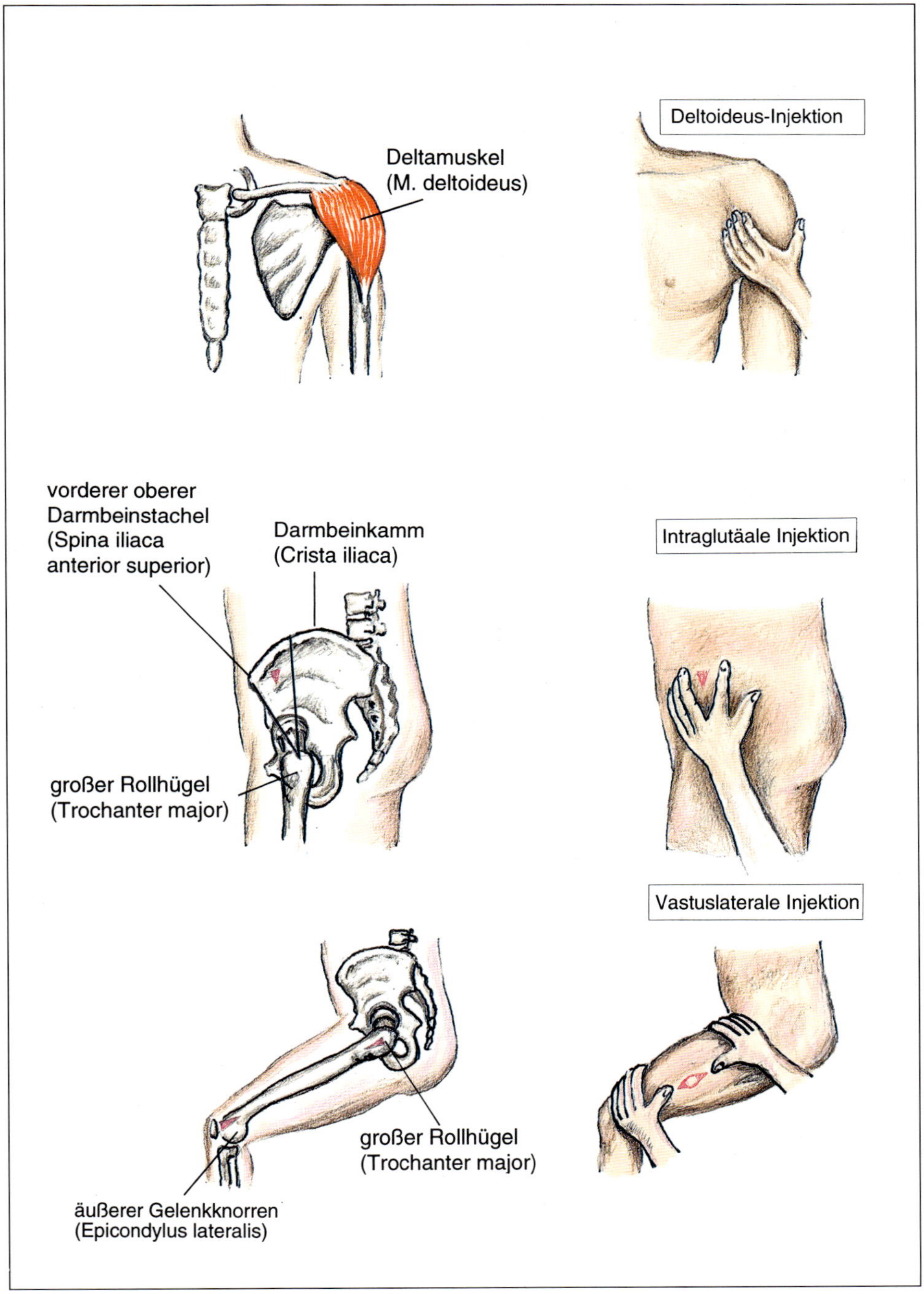

Abb. 89: Intramuskuläre Injektionen - häufigste Verabreichungsorte.

6. 3. 5. Kopf

Der Kopf (Caput) ist durch den Hals mit dem Rumpf verbunden.

Schädel (Cranium)
Der Schädel ist das Knochengerüst des Kopfes.

Aufgaben
- Schutz des Gehirns und wichtiger Sinnesorgane,
- Beginn des Verdauungs- und Atmungstraktes.

Gliederung
- Gehirnschädel,
- Gesichtsschädel.

Gehirnschädel
Am Hirnschädel unterscheidet man:
- Schädeldach,
- Schädelbasis (innere und äußere),
- Schädelhöhle (mit Gehirn).

Bei Säuglingen ist der Gesichtsschädel durch die fehlende Kaufunktion (dadurch unvollständig ausgebildeter Kiefer) geringer ausgeprägt.

Knochen des Schädeldaches (Calvaria):
- Scheitelbein (Os parietale),
- Schläfenschuppe (Squama temporalis),
- Stirnschuppe (Squama frontalis),
- Hinterhauptschuppe (Squama occipitalis),
- Schläfenfläche des großen Keilbeinflügels (Ala major ossis sphenoidalis).

Knochenverbindungen
Die Knochen des Schädeldaches werden durch *Knochennähte* miteinander verbunden. Die wichtigsten sind:
- Kranznaht zwischen Stirnbein und Scheitelbeinen,
- Pfeilnaht zwischen den Scheitelbeinen,
  Lambdanaht zwischen Hinterhauptsbein und Scheitelbeinen,
- Stirnnaht zwischen den Stirnbeinen (beim Erwachsenen nicht mehr zu erkennen).

Fontanellen
Fontanellen bestehen aus Bindegewebe. Sie verbinden die Schädeldachknochen beim Neugeborenen und ermöglichen eine geringe Verschiebung der Knochen gegeneinander, was Bedeutung für den Geburtsvorgang und das Schädelwachstum hat.

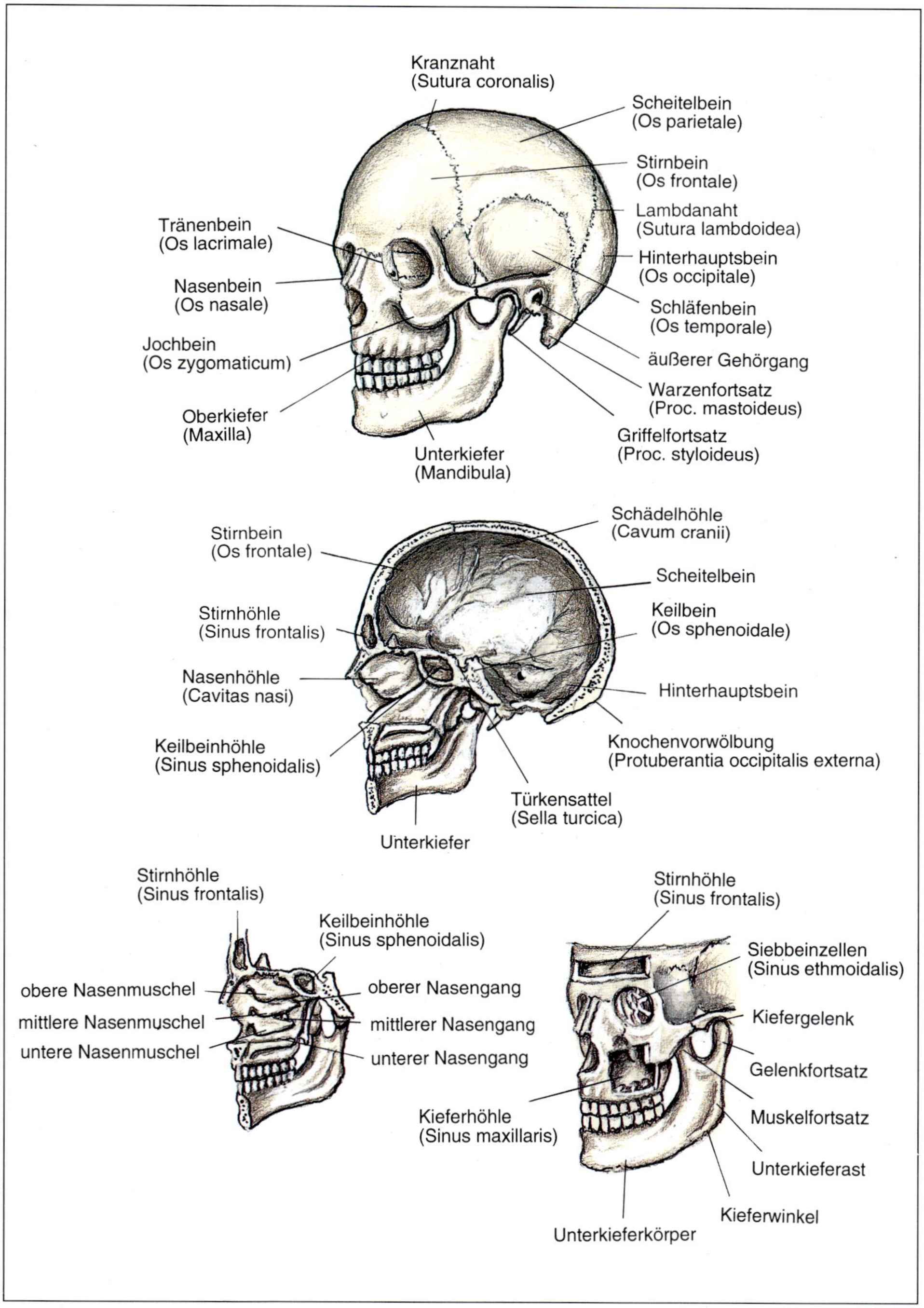

Abb. 90: Schädel.

Das menschliche Neugeborene hat:
2 unpaarige Fontanellen.

- *Vordere, große oder Stirnfontanelle* an der Vereinigung von Kranz-, Pfeil- und Stirnnaht. Die viereckige Fontanelle schließt sich im Laufe des 2. Lebensjahres.
- *Kleine oder Hinterhauptfontanelle* an der Vereinigung von Pfeil- und Lambdanaht. Sie ist dreieckig und schließt sich spätestens am Ende des 1. Lebensjahres.

2 paarige Fontanellen

- *Vordere Seitenfontanelle* zwischen Stirnbein, Scheitelbein und großem Keilbeinflügel.
- *Hintere Seitenfontanelle* zwischen Scheitelbein, Hinterhauptbein und Warzenfortsatz.

➤ Beim Geburtsvorgang sind die beiden unpaarigen Fontanellen wichtig. Sie ermöglichen während der Geburt eine Verformung des Schädels beim Durchtritt durch den knöchernen Beckenring der Mutter.

Schichten des Schädeldaches
Das Schädeldach (Calvaria) besteht aus 5 Schichten (s. Abb. 91 oben):
Mit dem äußeren Periost ist die Kopfschwarte (= funktionelle Einheit von Haut, Unterhaut und Sehnenhaupe) durch Bindegewebe verschiebbar verbunden.

➤ Blutungen unter der Kopfschwarte können oberhalb oder unterhalb der Knochenhaut liegen.

Knochen der Schädelbasis
Die Schädelbasis ist wie folgt zusammengesetzt:

- 4 unpaarige Knochen:
  Stirnbein (Os frontale), Keilbein (Os sphenoidale),
  Siebbein (Os ethmoidale), Hinterhauptsbein (Os occipitale).

- 1 paariger Knochen:
  Schläfenbein (Os temporale).

Im Felsenbein des Schläfenbeins befinden sich Gehör- und Gleichgewichtsorgan.

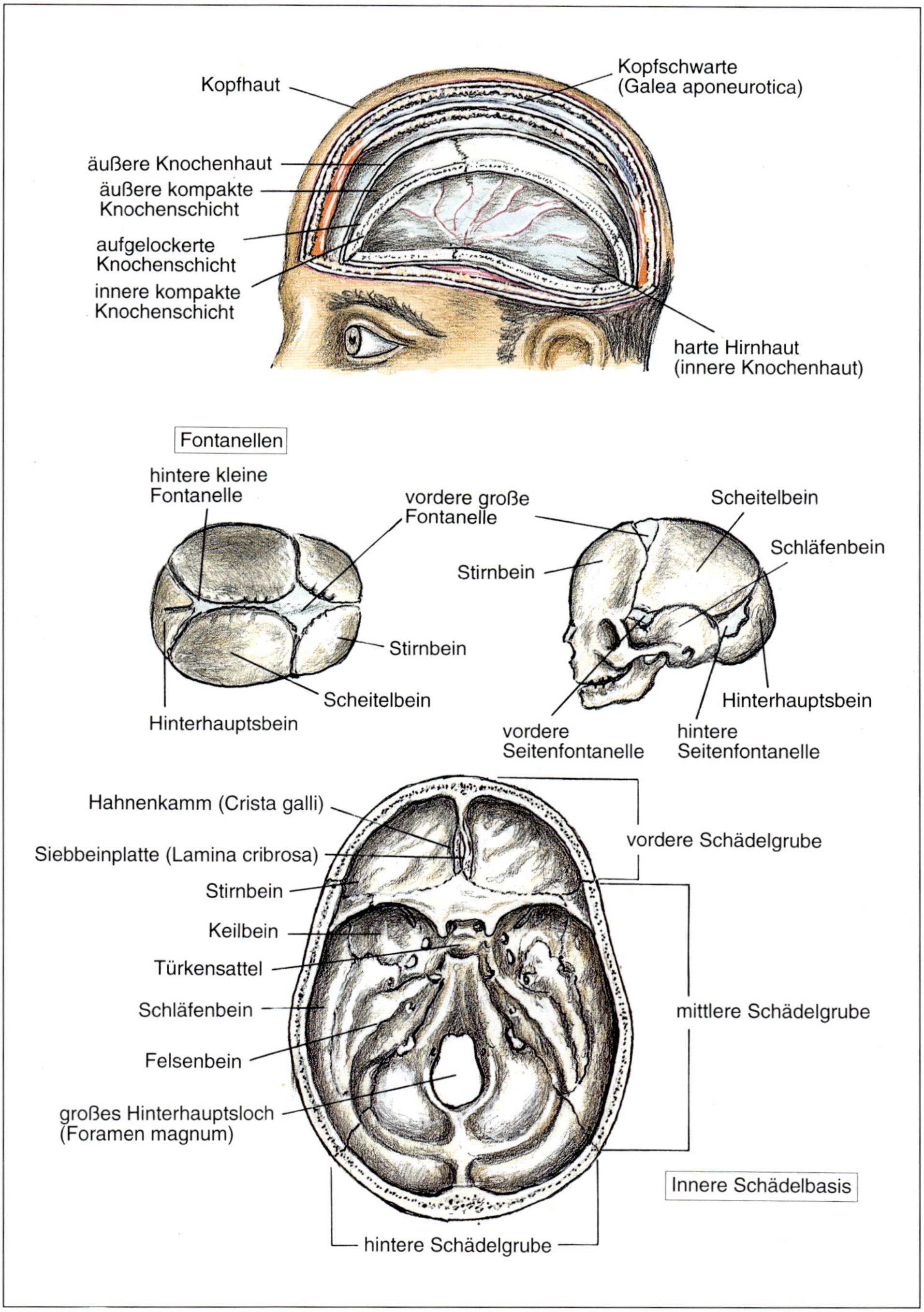

Abb. 91: Schädeldach und Schädelbasis.

Innenrelief
Die innere Schädelbasis weist eine Dreiteilung in Stockwerke auf:
- *Vordere Schädelgrube* wird hauptsächlich von Stirn- und Keilbein gebildet, liegt am höchsten, beinhaltet Stirnlappen des Großhirns.
- *Mittlere Schädelgrube* wird hauptsächlich vom Keilbein gebildet. Im Türkensattel des Keilbeins liegt die Hypophyse. Außerdem befinden sich im Bereich der mittleren Schädelgrube Durchtrittsstellen für Hirnnerven. Sie enthält seitliche Teile der Schläfenlappen des Großhirns und Teile des Mittelhirns.
- *Hintere Schädelgrube* wird hauptsächlich vom Hinterhauptbein gebildet; liegt am tiefsten, beinhaltet Hirnstamm und Kleinhirn.

Die Grenze zwischen vorderer und mittlerer Schädelgrube bilden die Hinterkanten der beiden kleinen Keilbeinflügel. Mittlere und hintere Schädelgrube werden durch das Felsenbein getrennt.

➤ Die Bruchlinien bei Schädelbasisfrakturen folgen den schwachen Stellen der Schädelbasis.

Gesichtsschädel (s. Abb. 90, S. 169)
Der Gesichtsschädel besteht aus 2 großen und 10 kleinen Knochen:

2 große Knochen: Oberkiefer (Maxilla), Unterkiefer (Mandibula).
Der *Oberkiefer* steht als größter Knochen des Gesichtsschädels über zahlreiche Fortsätze mit fast allen anderen Gesichtsschädelknochen in Verbindung. Außerdem ist er an der Bildung aller Schädelhöhlen beteiligt!
Der *Unterkiefer* besteht aus dem U-förmigen Körper, der an den Kieferwinkeln jeweils in einen Ast übergeht. Diese Äste enden mit zwei Fortsätzen, die als Muskelansatz dienen bzw. an der Bildung des Kiefergelenkes beteiligt sind.

Merke: Der Gesichtsschädel ist über Stirn-, Sieb- und Keilbein mit der Schädelbasis verbunden.

10 kleine Knochen: 2 Jochbeine (Ossa zygomatica), 2 Tränenbeine (Ossa lacrimalia), 2 Nasenbeine (Ossa nasalia), 1 Pflugscharbein (Vomer), 1 Gaumenbein, (Os palatinum), 2 untere Nasenmuscheln (die obere gehört zum Siebbein).

Schädelhöhlen:
- Nasenhöhle (Cavum nasi),
- Augenhöhlen (Orbitae),
- Mundhöhle (Cavum oris).

Nasennebenhöhlen (Sinus paranasales)
Als Nasennebenhöhlen bezeichnet man luftgefüllte Hohlräume in einigen Schädelknochen. Sie dienen der Masseverminderung, liegen in unmittelbarer Nähe der Nasenhöhle und stehen mit ihr in Verbindung:

Nasennebenhöhle	*Verbindung zur Nasenhöhle*
Stirnhöhle (Sinus frontalis)	mittlerer Nasengang
Kieferhöhle (Sinus maxillaris)	mittlerer Nasengang
Keilbeinhöhle (Sinus sphenoidalis)	über der oberen Nasenmuschel
Siebbeinzellen (Sinus ethmoidalis)	mittlerer und oberer Nasengang

➤ Mißbildungen des Gehirns führen auch zu Mißbildungen des Schädels.

Kopfmuskeln
Am Kopf unterscheidet man mehrere Muskelgruppen:
- Mimische Muskeln,
- obere Zungenbeinmuskeln,
- Kaumuskeln,
- Zungenmuskeln,
- äußere Augenmuskeln.

Mimische Muskeln
Die mimischen Muskeln sind mit einem Ende am Knochen und am anderen in der Haut befestigt. Sie befinden sich um Mundspalte, Lidspalte, Nasenöffnung, Ohröffnung.
Die mimischen Muskeln dienen primär dem Erweitern oder Verengen der genannten Körperöffnungen. Sekundär bewegen sie die Gesichtshaut, rufen Falten und Grübchen hervor und sind dadurch in den Dienst der Mimik getreten. Sie vermitteln also den *Gesichtsausdruck.* Alle mimischen Muskeln werden durch den Gesichtsnerv (N. facialis) innerviert.

➤ Das Minenspiel (= unwillkürliche Bewegungen der Gesichtsmuskeln) ist oft Ausdruck der Stimmungslage und Gemütsverfassung.
Bei zentraler und peripherer Lähmung der Gesichtsnerven treten charakteristische Ausfälle auf.

Tastbare Knochenpunkte

- Fontanellen (am Säuglings- und Kleinkindschädel),
- Rand der Augenhöhle,
- Jochbein (Os zygomaticum),
- Hinterhauptshöcker (Protuberantia occipitalis externa),
- Kiefergelenk (Art. temporomandibularis),
- Nasenrücken,
- Warzenfortsatz (Proc. mastoideus).

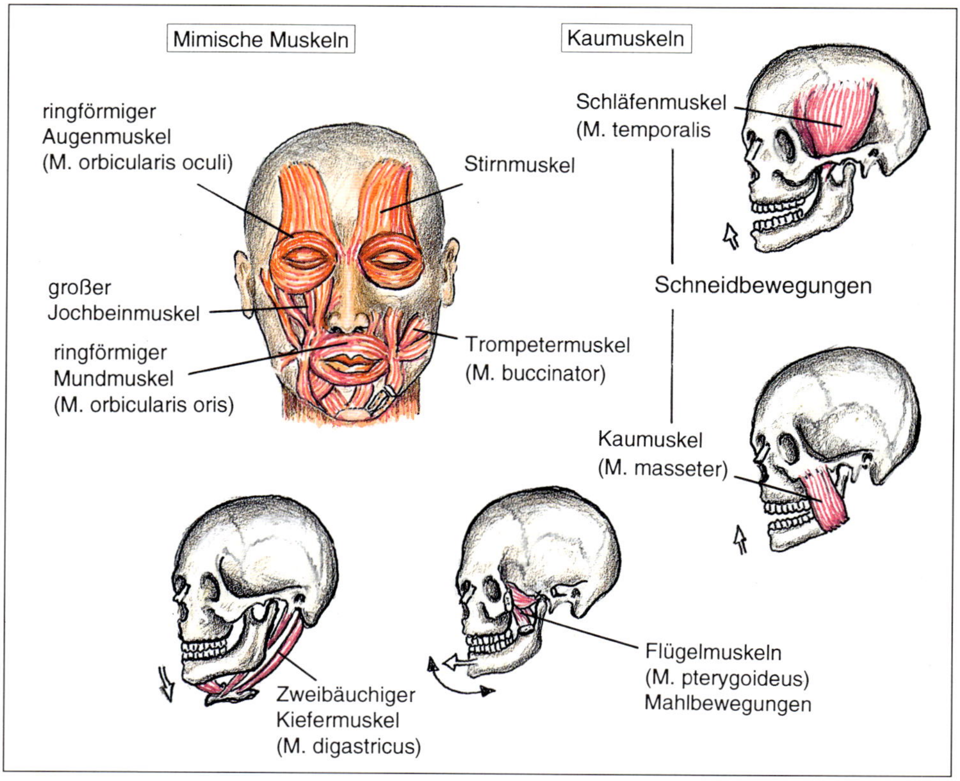

Abb. 92: Mimische Muskeln, Kaumuskeln.

Aufgaben zur Wiederholung

1. Unterscheiden Sie aktiven und passiven Bewegungsapparat!
2. Warum sind Knochen Organe?
3. Suchen Sie am Skelett ca. 15 Knochen auf und ordnen Sie diese den verschiedenen Knochentypen zu!
4. Beschreiben Sie den Feinbau eines Knochens!
5. Welche Aufgaben hat die Knochenhaut?
6. Wie erfolgt
   a) das Längenwachstum, b) das Dickenwachstum eines Knochens?
7. Charakterisieren Sie kurz die verschiedenen Knochenverbindungen! Gehen Sie dabei auf das synoviale Gelenk näher ein!
8. Erklären Sie folgende Begriffe:
   a) Discus, b) Gelenklippe,
   c) Meniscus, d) Muskelfaszie,
   e) Sehne, f) Sehnenscheide,
   g) Schleimbeutel, h) Sesambein.
9. Unterscheiden Sie quergestreifte und glatte Muskulatur!
10. Beschreiben Sie Kontraktion und Erschlaffung eines Muskels!
11. Wie kommt die Totenstarre zustande?
12. Unterscheiden Sie isotonische und isometrische Kontraktion!
13. Wie kommt eine Dauerkontraktion (Tetanus) zustande?
14. Was bedeutet, der Muskel geht eine "Sauerstoffschuld" ein?
15. Nennen Sie die Hauptaufgaben der Wirbelsäule!
16. Nehmen Sie eine Gliederung der menschlichen Wirbelsäule vor!
17. Beschreiben Sie die physiologischen Krümmungen der Wirbelsäule! Welche Bedeutung haben sie?
18. Fertigen Sie eine Skizze von einem Brust- oder Lendenwirbel an und beschriften Sie diese!
19. Wo liegen die Bandscheiben und welche Funktion erfüllen sie?
20. Welche Aufgaben hat der Brustkorb? Beschreiben Sie, wie er in seinem Bau diesen Aufgaben gerecht wird!
21. Beschreiben Sie den Aufbau des Schultergürtels!
22. Nehmen Sie eine Gliederung des Armes vor und ordnen Sie die entsprechenden Knochen zu!
23. Beschreiben Sie kurz
    a) Schultergelenk, b) Ellenbogengelenk,
    c) proximales Handgelenk!
24. Führen Sie mit Ihrem Arm folgende Bewegungen aus:
    a) Flexion und Extension! b) Abduktion und Adduktion!

25. Begründen Sie, warum das Schultergelenk relativ häufig auskugelt!
26. Welche Gebilde befinden sich
    a) in der Achselhöhle, b) in der Ellenbeuge?
27. Skizzieren Sie mit Hilfe von Strichen (= Knochen) und kleinen Kreisen (= Gelenke) ein Schema vom Handskelett!
28. Begründen Sie die Sonderstellung des Daumens!
29. Nennen Sie die Aufgaben des Beckengürtels!
30. Beschreiben Sie den Aufbau des Beckens als Ganzes!
    Unterscheiden Sie männliches und weibliches Becken!
31. Nehmen Sie eine Gliederung des Beines vor und ordnen Sie die entsprechenden Knochen zu!
32. Vergleichen Sie den Aufbau von Arm- und Beinskelett! Formulieren Sie eine Schlußfolgerung!
33. Beschreiben Sie kurz
    a) Hüftgelenk, b) Kniegelenk,
    c) oberes Sprunggelenk.
34. Suchen Sie am Skelett auf:
    a) Schenkelhals, b) Malleolengabel.
35. Erkunden Sie am eigenen Arm und Bein die Lage und die Funktion von:
    a) Flexoren und Extensoren, b) Abduktoren und Adduktoren.
36. Wo befindet sich die Achillessehne und welche Aufgabe hat sie?
37. Prägen Sie sich genau die Stellen für intramuskuläre Injektionen ein!
38. Unterscheiden Sie Kopf und Schädel!
39. Beschreiben Sie den Aufbau des Hirnschädels!
40. Unterscheiden Sie Nähte und Fontanellen!
    Nennen Sie deren Aufgaben!
41. Beschreiben Sie den Aufbau des Gesichtsschädels!
42. Welche Knochen beteiligen sich am Aufbau
    a) der Augenhöhle, b) der Nasenhöhle,
    c) der Mundhöhle.
43. In welchen Schädelknochen befinden sich Nasennebenhöhlen und wie heißen diese?
44. Suchen Sie einige mimische Muskeln im Atlas auf!
    Welche Bedeutung haben die mimischen Muskeln für die Krankenbeobachtung?
45. Suchen Sie an sich selbst die in diesem Kapitel genannten tastbaren Knochenpunkte auf!

7. Leibeswand und Beckenboden

Als Leibeswand wird die Begrenzung der Brust-, Bauch- und Beckenhöhle bezeichnet. Man unterscheidet Brust- und Bauchwand.

7. 1. Brustwand

- Skelettelemente: s. S. 147.
- Muskeln: Äußere Zwischenrippenmuskeln (Musculi intercostales externi), Innere Zwischenrippenmuskeln (Musculi intercostales interni).

Aufgaben der Zwischenrippenmuskeln:
Mitwirkung bei der Ein- und Ausatmung.

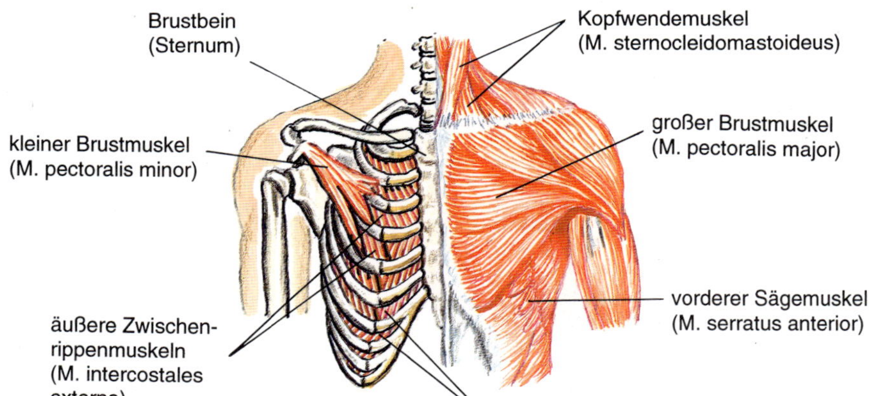

Abb. 93: Brustwand.

7. 2. Bauchwand

Die Bauchwand umschließt Bauch- und Beckenhöhle. Man unterscheidet vordere-seitliche, hintere, obere und untere Bauchwand.

Vordere-seitliche Bauchwand
Die vordere-seitliche Bauchwand wird in 9 Regionen unterteilt (s. Abb. 97, S. 187). Sie besteht aus drei Schichten:
- oberflächliche Schicht: Cutis und Subcutis,
- mittlere Schicht: 4 paarige Bauchmuskeln und ihre Aponeurosen,
- innere Schicht: Fascia transversalis und Bauchfell.

Zu den vier paarigen Bauchmuskeln zählen:
- gerader Bauchmuskel (M. rectus abdominis),
- äußerer schräger Bauchmuskel (M. obliquus externus abdominis),
- innerer schräger Bauchmuskel (M. obliquus internus abdominis),
- querer Bauchmuskel (M. transversus abdominis).

Rektusscheide
Die Aponeurosen der queren und schrägen Bauchmuskeln bilden für die geraden eine Führungs- und Gleithülle, die Rektusscheide genannt wird.

Aufgaben der Bauchmuskeln
- Begrenzung der Bauchhöhle und Anpassung an unterschiedliche Volumina der Bauchorgane,
- Bauchpresse zur Druckerhöhung bei Stuhlgang, Husten, Entbindung,
- Ausatemhilfsmuskel.
- Rumpfhaltung und -bewegung.

➤ Bauchdeckenreflexe sind wichtige Schutzreflexe.

Hintere Bauchwand
Die hintere Bauchwand wird gebildet von
- der Lendenwirbelsäule,
- dem großen Lendenmuskel (M. psoas major) und
- dem viereckigen Lendenmuskel (M. quadrates lumborum).

Obere Bauchwand = Zwerchfell.
Untere Bauchwand = Beckenboden (s. S. 183).

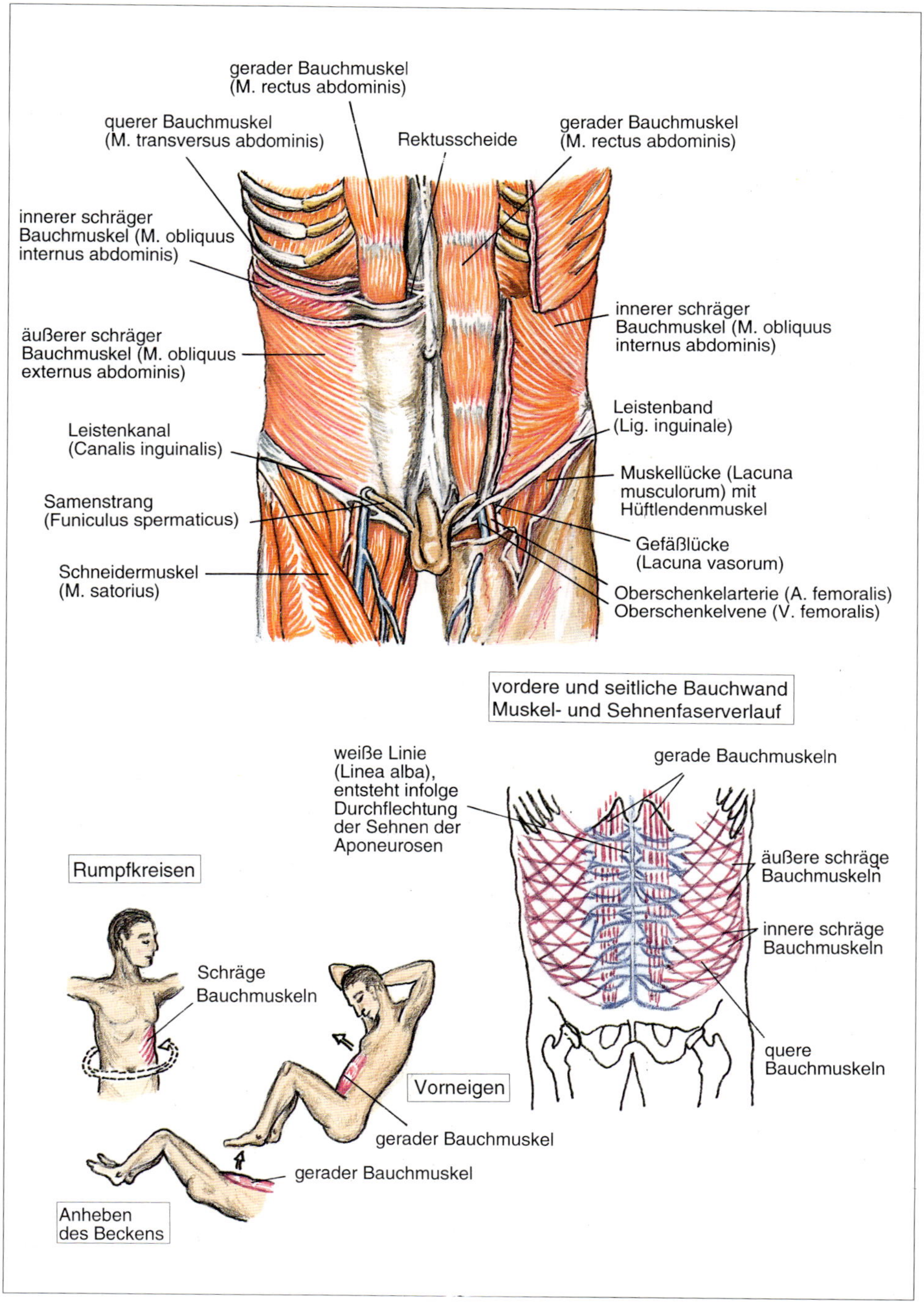

Abb. 94: Muskeln der vorderen und seitlichen Bauchwand und Leistenregion.

7. 3. Leistenregion (Regio inguinalis)

Die Leistenregion befindet sich im Winkel zwischen geradem Bauchmuskel und Leistenband.

Zur Leistenregion gehören:
- Leistenband (Lig. inguinale),
- Leistenkanal (Canalis inguinalis),
- und zwei Lücken in der Bauchwand (Lacuna vasorum und musculorum).

1. *Leistenband (Ligamentum inguinale)*
   Das Leistenband erstreckt sich vom vorderen oberen Darmbeinstachel (Spina iliaca anterior superior) zu einem Höcker des Schambeins (Tuberculum pubicum) neben der Symphyse. Es begrenzt somit die Leistengegend gegen den Oberschenkel.
   Das Leistenband bietet eine zusätzliche Ansatzstelle für die Bauchmuskeln.
2. *Leistenkanal (Canalis inguinalis)*
   Die beiden ca. 4 cm langen Leistenkanäle sind schräge Durchtrittsstellen in der Bauchwand.
3. *Lacuna vasorum und musculorum*
   Beide Lücken (oder Fächer) befinden sich unterhalb des Leistenbandes.
   Lacuna vasorum: liegt medial, Durchtritt von A. und V. femoralis, Lymphgefäßen und Nerven.
   Lacuna musculorum: liegt lateral, Durchtritt des Hüftlendenmuskels, M. iliopsoas, N. femoris und N. cutaneus femoris lateralis.

Aufgaben bzw. Inhalt
- Mann
  Kurz vor der Geburt verlagert sich der Hoden aus der Bauchhöhle durch den Leistenkanal in den Hodensack (Descensus testis). Eine geringere Temperatur außerhalb des Körpers ist für seine spätere Funktionsaufnahme eine unabdingbare Voraussetzung.
  Im männlichen Leistenkanal befindet sich der Samenstrang mit Samenleiter, Hodengefäßen und -nerven.
- Frau
  Der weibliche Leistenkanal enthält das runde Mutterband mit Gefäßen, welches vom Uterus kommend durch den Leistenkanal zu den großen Schamlippen zieht.

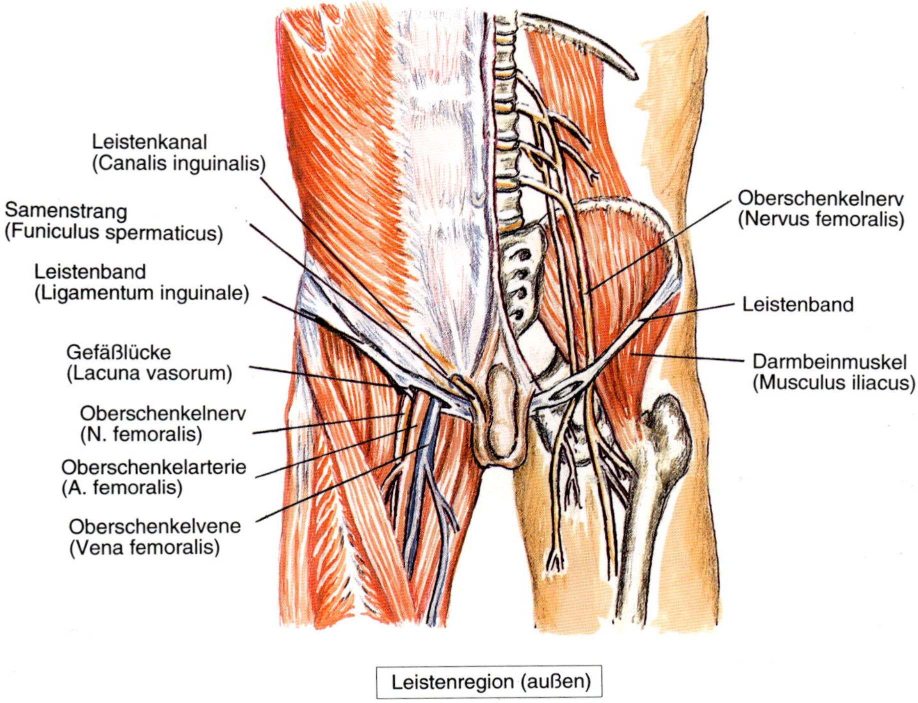

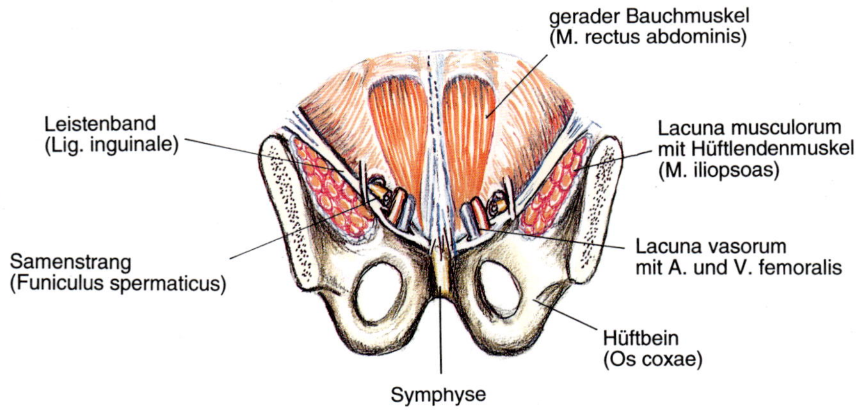

Abb. 95: Äußere und innere Leistenregionen.

➤ Die Hodenwanderung in den Hodensack muß medikamentös oder operativ im Vorschulalter nachgeholt werden.

Schwachstellen der Bauchwand
- Leistengegend oberhalb und unterhalb des Leistenbandes,
- Nabelregion,
- Zwerchfell.

➤ An den Schwachstellen der Bauchwand können Brüche (= Hernien) entstehen.

Unter einem Bruch versteht man den Vorfall von Eingeweideteilen, wie Darm, Harnblase, Netz, Ovarien (= Bruchinhalt) in eine Vorbuchtung des Peritoneum parietale (= Bruchsack) durch eine Lücke der Bauchwand (= Bruchpforte). Das Peritoneum wird noch von der Haut (= Bruchhülle) umgeben.
Hernien können angeboren oder erworben sein. Von den vielfältigen Formen der Hernien sind die Leistenhernien mit ca. 75% die häufigsten. Hier tritt der Bruchsack mit Bruchinhalt durch den Leistenkanal und kann bis zum Hoden reichen.
Die angeborene Leistenhernie tritt bei Jungen 8mal häufiger auf als bei Mädchen.

7. 4. Beckenboden

Während das Zwerchfell den Bauchraum nach oben begrenzt, geschieht dies nach unten durch den Beckenboden.
Dieser besteht aus den Dammuskeln (Mm. perinei) und den dazugehörigen Fascien, die zwei Muskelplatten bilden:

1. 1 cm dicke Bindegewebs-Muskel-Platte (Diaphragma urogenitale) zwischen den Schambeinästen,
2. innere nach unten gewölbte trichterförmige Muskelplatte (Diaphragma pelvis).

Merke: Durch den Beckenboden treten von vorn nach hinten folgende Organe:
- Harnröhre,
- Scheide,
- Mastdarm.

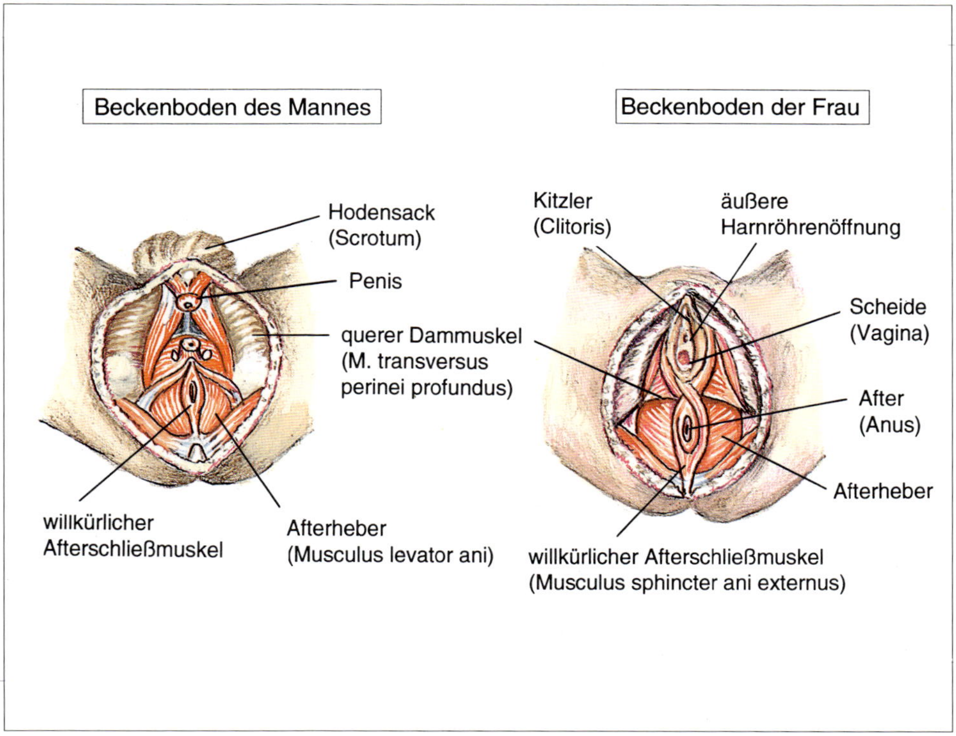

Abb. 96: Beckenboden des Mannes und der Frau.

Damm

Als Damm wird die Gegend zwischen den äußeren Genitalorganen und dem After (Anus) bezeichnet. Er liegt demnach bei der Frau als schmaler Hautbereich zwischen Scheide (Vagina) und Anus und beim Mann als viel breiterer Bereich zwischen dem dorsalen Ansatz des Hodensackes (Scrotum) und dem Anus.

➤ Auf den Damm wirken während der Geburt starke Kräfte, so daß es zu Verletzungen vor allem des Afterhebers (M. levator ani) kommen kann und später zu Beckenbodenschwäche mit den möglichen Folgen eines Gebärmutter- oder Mastdarmvorfalls (Prolapsus uteri, Prolapsus recti). Um all dem vorzubeugen, wird bei Erstgebärenden und Frühgeburten prophylaktisch ein Dammschnitt (= Episiotomie) durchgeführt.

Aufgaben der Beckenbodenmuskeln

1. Mitwirkung bei der Bauchpresse und beim Husten.
2. Teil des Geburtskanals.
3. Sicherung der Lage der Beckenorgane.
4. Mitwirkung beim Verschluß von Harnröhre und After.
   Teile der Beckenbodenmuskulatur bilden die äußeren willkürlichen Schließmuskeln von Harnröhre und After.
5. Mitwirkung bei der Verengung der Scheide.

8. Die großen Körperhöhlen

Der von der Leibeswand umschlossene Innenraum ist die Leibeshöhle. Diese wird durch das Zwerchfell scharf in Brust- und Bauchhöhle getrennt. Im allgemeinen ist es jedoch üblich, von 3 großen Körperhöhlen zu sprechen:
1. Brusthöhle,
2. Bauchhöhle,
3. Beckenhöhle (kleines Becken).

Zwischen Bauch- und Beckenhöhle gibt es keine scharfe Grenze. Letztere ist anatomisch gesehen ein Teil der Bauchhöhle.

Zwerchfell (Diaphragma)

Gliederung

Das Zwerchfell besteht aus:
- einem sehnigen Teil (Centrum tendineum) und
- drei muskulösen Teilen (Brustbein-, Rippen- und Lendenteil).

Der sehnige Teil liegt zentral und bildet die *rechte* etwas höher stehende und *linke Zwerchfellkuppel* mit dem dazwischenliegenden *Herzsattel.* All dies bildet den horizontalen Teil des Zwerchfells. Die Zwerchfellmuskeln entspringen peripher an der Innenfläche des Schwertfortsatzes und der 7. - 12. Rippe sowie am 1. - 3. Lendenwirbel und verlaufen nach oben zum Centrum tendineum.
Dadurch stülpt sich das Zwerchfell weit in den Brustraum ein und die ihm anliegenden Bauchorgane (Leber, Magen, Milz, Nebennieren, Nieren) müssen den Auf- und Abbewegungen bei der Atmung folgen.
Folgende Durchtrittstellen sind wichtig:
- *Hiatus aorticus* im Lendenteil für die Aorta,
- *Hiatus oesophageus* im Lendenteil für Speiseröhre und Vagusnerven,
- *Foramen venae cavae* im Centrum tendineum für die V. cava inferior.

8. 1. Brusthöhle

Äußere Begrenzung
- vorn: Brustbein, Rippen,
- seitlich: Rippen,
- hinten: Rippen und Brustwirbelsäule,
- unten: Zwerchfell,
- oben: obere Thoraxöffnung.

Gliederung und Organe
- seitlich: Pleurahöhlen mit Lungen
- Mediastinum (Raum der Brusthöhle zwischen den beiden Pleurahöhlen einerseits sowie zwischen Brustbein und Brustwirbelsäule andererseits).

Im Mediastinum liegen:
- Herz und Thymus als eigenständige Organe,
- Luftröhre, Bronchien, Speiseröhre, Aorta, Vagusnerven teilweise.

8. 2. Bauchhöhle

Äußere Begrenzung
- vorn: vordere Bauchwand, Rippenbögen,
- seitlich: seitliche Bauchwand, Rippenbögen, Darmbeinschaufeln,
- hinten: Lendenwirbelsäule, hintere Bauchwand,
- unten: Beckeneingangsebene (keine scharfe Grenze),
- oben: Zwerchfell.

Beachte: Die Bauchhöhle ragt in den knöchernen Thorax hinein.

Die *innere Begrenzung* der Bauchhöhle bildet das Bauchfell mit einer Gesamtoberfläche von etwa 1,6 m^2 (s. S. 188).

Retroperitonealraum
Entsprechend des Bauchfellverlaufes entsteht zwischen seinem hinteren Teil und der hinteren Bauchwand ein Bereich, der als Retroperitonealraum bezeichnet wird. Er ist wie das Mediastinum, die seitliche Halsgegend und die Achselhöhlen eine wichtige Durchgangs- und Verzweigungsregion für Gefäße und Nerven sowie der Raum, der die Nieren, Nebennieren und Harnleiter aufnimmt. Im Retroperitonealraum liegen die retroperitonealen Organe (s. S. 190).

➤ Unter einem akuten Bauch, wie er in der Klinik genannt wird, werden akute und oft lebensbedrohliche Erkrankungen der Bauchhöhle verstanden, die umgehend ärztliches Eingreifen erfordern. Als Ursachen kommen z. B. in Frage: Darmverschluß (Ileus), Blutungen, Organperforationen und Infektionen.
Typische Leitsymptome sind: Bretthharte Bauchdecke, starke Schmerzen, Erbrechen, Übelkeit, evtl. Fieber.

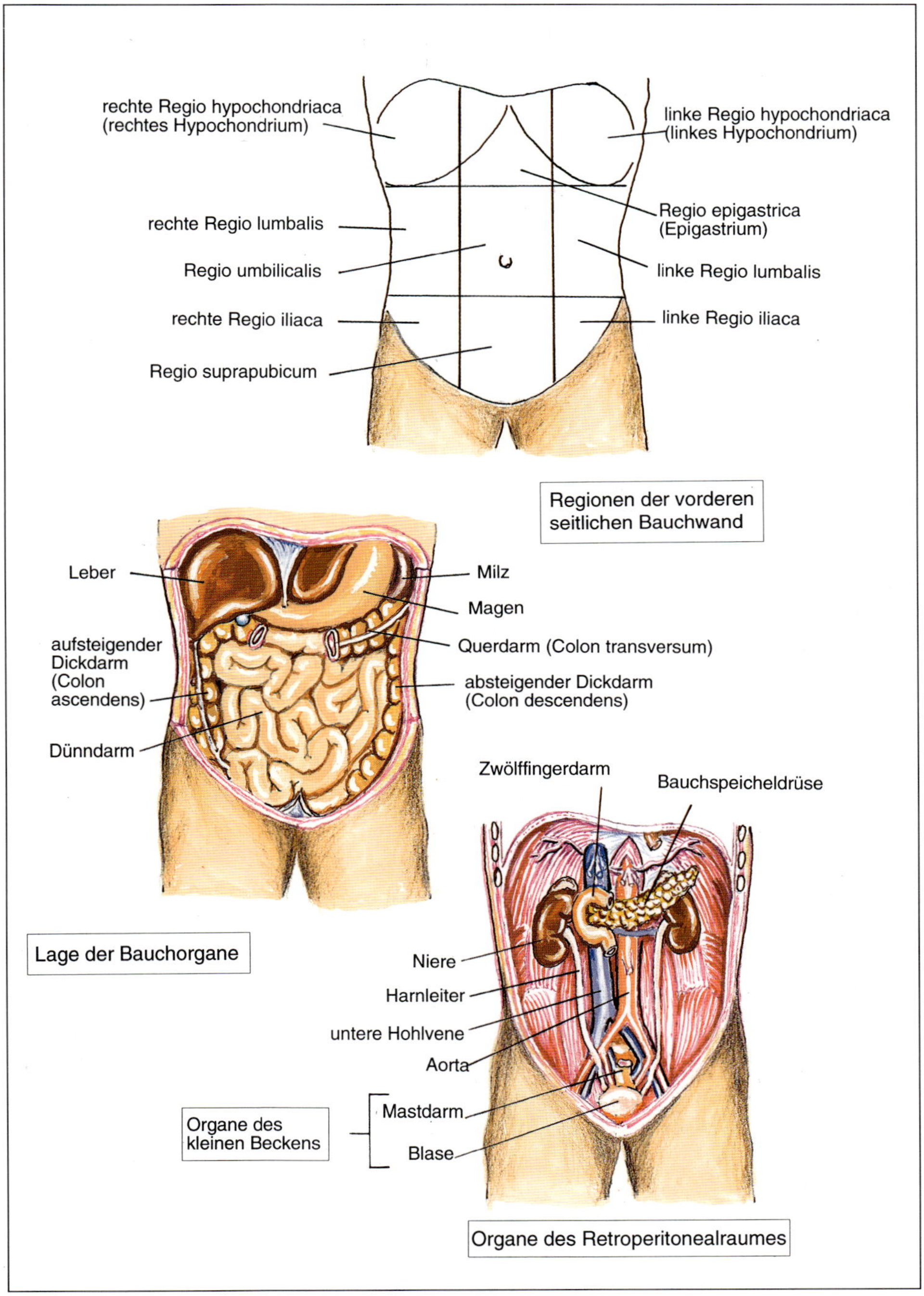

Abb 97: Regionen der Bauchwand, Bauch- und Retroperitonealraum-Organe.

8. 3. Bauchfell (Peritoneum)

Das Bauchfell als seröse Höhle (s. S. 119) gliedert sich in:
- wandständiges Bauchfell (Peritoneum parietale), welches Bauch- und Beckenwand sowie die Unterseite des Zwerchfells bedeckt;
- eingeweideseitiges Bauchfell (Peritoneum viscerale), welches einen großen Teil der Bauch- und Beckenorgane überzieht.

Zwischen den beiden Blättern können sich die Organe verschieben.

➤ Entzündungen (Peritonitis) sind schmerzhaft und heben die Gleitfunktion auf.

Im Unterschied zu den anderen serösen Höhlen weist das Peritoneum vielfältige Bildungen auf, so daß verschiedene Gebilde entstehen.

1. Bauchfellduplikaturen
(= dünne Bindegewebsplatten mit Blutgefäßen, die mit Bauchfell überzogen sind). Sie verbinden Leber, Magen, Milz und querverlaufenden Dickdarm untereinander und mit der Bauchwand.
- Das kleine Netz (Omentum minus) verbindet Magen, Duodenum und Leberpforte.
- Das große Netz (Omentum majus) ist am querverlaufenden Dickdarm und der großen Kurvatur des Magens befestigt und bedeckt schürzenartig die im Unterbauch liegenden Darmabschnitte.
  Es erfüllt Abwehr-, Resorptions- und Speicherfunktion.

2. Bauchfelltaschen
Hier handelt es sich um Blindsäcke, deren Kenntnis z.B. für das bessere Verstehen von Entzündungsausbreitungen, Eiteransammlungen, innere Eingeweidebrüche bedeutsam ist. Die wichtigsten sind:
- der Netzbeutel (Bursa omentalis) hinter Magen und kleinem Netz; Zugang von rechts (Foramen epiploicum),
- die Excavatio rectouterina (= Douglasscher Raum) zwischen Mastdarm und Gebärmutter (Frau),
- die Excavatio vesicouterina zwischen Gebärmutter und Harnblase (Frau),
- die Excavatio rectovesicalis zwischen Mastdarm und Harnblase (Mann).

➤ Der Douglassche Raum ist der tiefste Punkt des Bauchfells bei der Frau. Eiterungen und Blut sammeln sich dort bevorzugt an (Douglas-Abszesse).

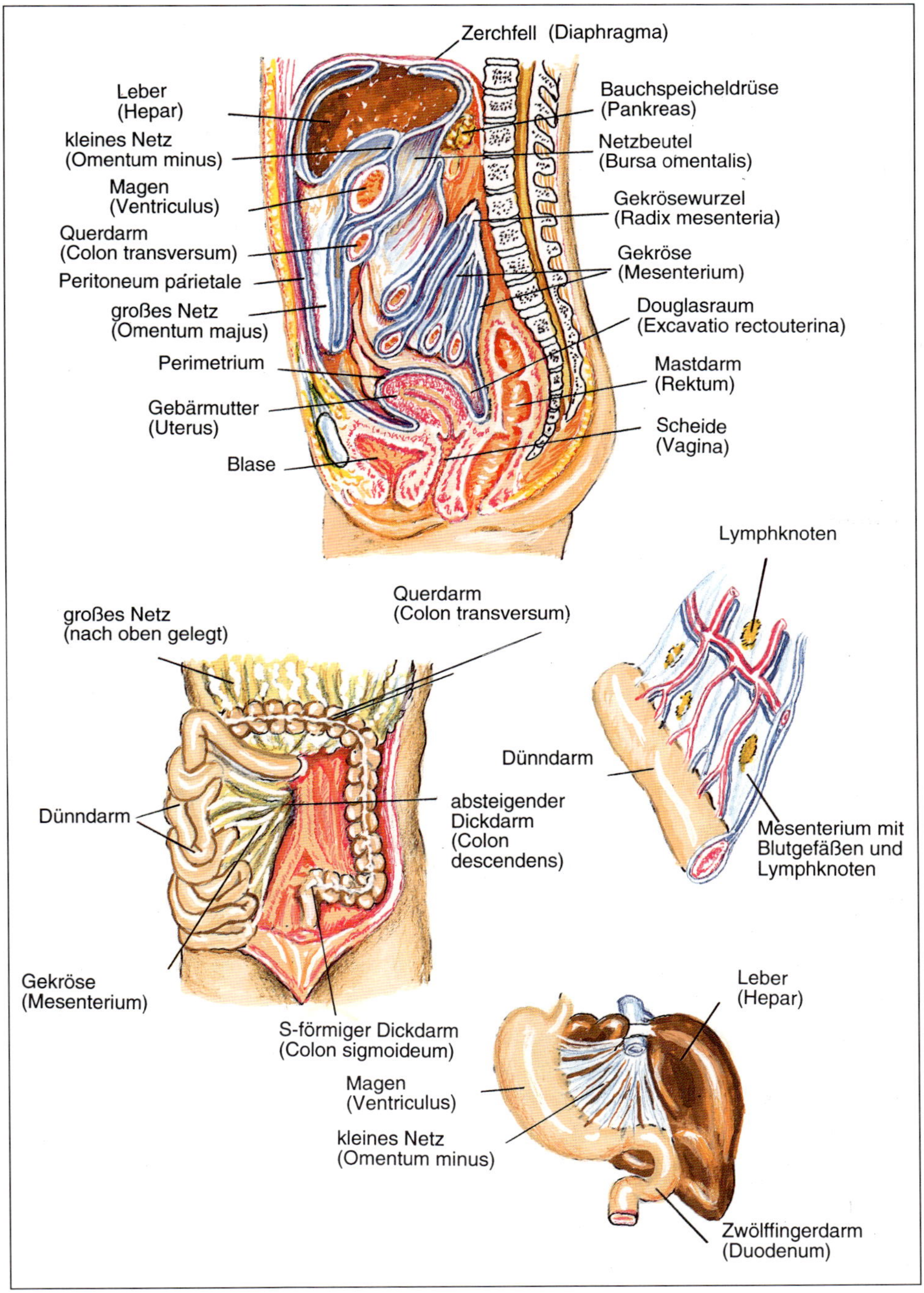

Abb. 97a: Verlauf und Bildungen des Bauchfells.

3. Aufhängebänder und Darmgekröse
Diese Bauchfellbildungen verbinden einzelne Darmabschnitte beweglich mit der hinteren Bauchwand. Sie enthalten Gefäße und Nerven.
Beispiel: Mesenterium (= Dünndarmgekröse).

Gliederung und Organe der Bauchhöhle
Intra- und retroperitoneale Organe
Nach ihrer Beziehung zum Peritoneum werden unterschieden:
- intraperitoneale (vom Bauchfell allseits umschlossene und an Duplikaturen aufgehängte) Organe, z. B. Magen, Milz, Leber, Dünndarm, Colon transversum und sigmoideum,
- retroperitoneale (hinter dem Bauchfell gelegene) Organe, z. B. Nieren, Nebennieren, Harnleiter, Bauchaorta, untere Hohlvene, Zwölffingerdarm, Bauchspeicheldrüse, Colon ascendens und descendens.

Organe des Oberbauchs (= Drüsenbauch)
Der querverlaufende Dickdarm (Colon transversum) teilt die Bauchhöhle in
- Oberbauch oder Drüsenbauch und
- Unterbauch oder Darmbauch.

Tab. 20: Lage der Bauchorgane

Oberbauchorgane	**Lage**
Magen (Ventriculus, Gaster)	3/4 linke Regio hypochondriaca unter Rippenbogen, 1/4 Regio epigastrica
Zwölffingerdarm (Duodenum)	oberhalb der Regio umbilicalis
Bauchspeicheldrüse (Pankreas)	zwischen Regio epigastrica und umbilicalis
Milz (Lien)	linke Regio hypochondriaca
Leber (Hepar)	rechte Regio hypochondriaca (rechter Lappen) Regio epigastrica (linker Lappen)

Organe des Unterbauchs (Darmbauch)
Die Organe des Unterbauches liegen unterhalb des querverlaufenden Dickdarms. Zu ihnen gehören:
- der Leerdarm (Jejunum),
- der Grimmdarm (Ileum),
- Dickdarmabschnitte.

8. 4. Retroperitonealraum

Der Retroperitonealraum liegt zwischen Peritoneum parietale und hinterer Bauchwand.

Begrenzung

vorn:	Peritoneum parietale,	hinten:	hintere Bauchwand,
oben:	Zwerchfell,	unten:	Becken.

Organe

- *Niere* (Ren) zwischen 12. Brust- und 3. Lendenwirbel beidseits der Lendenwirbelsäule;
- *Harnleiter* (Ureter) links und rechts der Lendenwirbelsäule;
- *Nebenniere* (Glandula suprarenalis) auf den oberen Nierenpolen;
- *Bauchaorta* (Aorta abdominalis) links der Lendenwirbelsäule;
- *untere Hohlvene* (V. cava inferior) rechts der Lendenwirbelsäule;
- *Lymphbahnen*;
- *Nervenbahnen* und ausgedehnte vegetative Nervengeflechte.

Merke: Retroperitonealraum und Mediastinum sind wichtige "Durchgangsstraßen" und Verzweigungsregionen für Gefäße und Nerven.

8. 5. Beckenhöhle (= kleines Becken)

Das kleine Becken liegt zwischen Beckeneingangsebene und Beckenboden.

Begrenzung

seitlich und vorn:	Hüftbeine,	hinten:	Kreuz- und Steißbein,
unten:	Beckenboden,	oben:	Beckeneingangsebene.

Organe (= Beckenorgane)

- Mann/Frau: Harnblase (hinter Symphyse), Mastdarm (vor Kreuz- und Steißbein),
- Frau: Eierstöcke, Eileiter, Gebärmutter, Scheide,
- Mann: Samenleiter, Samenblasen, Vorsteherdrüse.

Aufgaben zur Wiederholung

1. Beschreiben Sie den Aufbau der Brustwand!

2. Wie ist die Brusthöhle begrenzt?

3. Welche Bauchwandabschnitte sind zu unterscheiden, und woraus bestehen sie hauptsächlich?

4. Verschaffen Sie sich mit Hilfe einer Skizze einen Überblick über die Regionen der vorderen Bauchwand!

5. Charakterisieren Sie die Leistenregion!

6. Wie ist der Beckenboden gebaut? Welche Organe treten in welcher Reihenfolge hindurch?

7. Nennen Sie die vier Räume, die von der Leibeswand umschlossen werden und deren Begrenzung!

8. Nennen und vergleichen Sie die Funktionen von Zwischenrippen-, Bauch- und Beckenbodenmuskeln!

9. Nehmen Sie eine Gliederung der Brusthöhle vor und ordnen Sie die entsprechenden Organe zu!

10. Beschreiben Sie Bau und Aufgaben des Bauchfells!
    Nennen Sie wichtige Bildungen des Bauchfells und deren Bedeutung!

11. Unterscheiden Sie intra- und retroperitoneale Organe!

12. Unterteilen Sie die Organe des Bauches in Ober- und Unterbauchorgane!
    Auf welche Regionen der vorderen Bauchwand projizieren sie sich?

13. Welche Organe liegen im kleinen Becken?

9. Kreislaufsystem

Das Kreislaufsystem ist als Einheit aufzufassen von:
- Blutgefäßen,
- Herz und
- Blut.

Es hat 5 physiologische Hauptaufgaben zu erfüllen.

1. Transportfunktion
- Versorgung der Zellen mit lebensnotwendigen Stoffen (z.B. Kohlenhydrate, Fette, Eiweiße, Vitamine, Wasser, Mineralien, Sauerstoff).
- Entsorgung der Zellen von Stoffwechselendprodukten (z. B. CO_2, Harnstoff).

2. Koordinationsfunktion
- durch den Transport von Botenstoffen, z.B. Hormonen, vom Bildungs- zum Wirkungsort.

3. Temperaturregulation
- Wärmetransport von den stoffwechselaktiven Organen zur Haut, Steuerung durch Veränderung der Hautdurchblutung (s. S. 116).

4. Blutverteilung
- bedarfsgerechte Verteilung des vorhandenen Blutvolumens auf die einzelnen Kreislaufabschnitte.

5. *Vermittlung des Stoffaustausches* zwischen Zelle und Umwelt und der damit verbundenen Homöostase des inneren Milieus. (s. S. 32).

Durch das Kreislaufsystem werden alle Organe des Organismus miteinander verbunden.
Es besteht aus verschiedenen Abschnitten, die innerhalb des Blutkreislaufes unterschiedliche Aufgaben haben.

9.1 Das Blut

Der Erwachsene besitzt 4 bis 6 l Blut, das entspricht 6 bis 8% der Körpermasse. Das Blut ist ein flüssiges Gewebe und besteht aus:
- Blutkörperchen (45%) und
- Blutplasma (55%).

Blutkörperchen (Blutzellen)

1 l Blut enthält beim Mann 46% und bei der Frau 41% Blutkörperchen. Dieser Wert wird *Hämatokrit* genannt.
1 mm^3 Blut enthält:
- beim Mann 5 Mill.,
  bei der Frau 4,5 Mill. rote Blutkörperchen (Erythrozyten),
- 4 000 -10 000 weiße Blutkörperchen (Leukozyten).
  Davon sind:
  ca. 67% Granulozyten,
  ca. 27% Lymphozyten,
  ca. 6% Monozyten,
- 200 000 bis 500 000 Blutplättchen (Thrombozyten).

Die Blutzellen werden *im roten Knochenmark gebildet* (beim Fetus zunächst in Milz und Leber).
Aus den dort befindlichen Stammzellen entwickeln sich über verschiedene Zwischenstufen die reifen Zellen, wie wir sie im strömenden Blut vorfinden.
Der *Abbau* erfolgt vor allem in der *Leber* und *Milz*.

1. Rote Blutkörperchen (Erythrozyten)

Bau
- gut verformbare bikonkave Scheibe (d= 7,5 µm), die von der Zellmembran begrenzt wird,
- es fehlen Zellkern und Zellorganellen,
- ca. 1/3 besteht aus *Hämoglobin* (= roter Blutfarbstoff).

Wegen der fehlenden Zellorganellen können sich Erythrozyten nicht teilen und nur anaerob Energie freisetzen (s. S. 46).

Die *Lebensdauer* der Erythrozyten beträgt *100 bis 120 Tage.*
Mit zunehmendem Alter nimmt ihre Elastizität ab. Sie werden dann in Leber, Milz und Knochenmark abgebaut (Blutmauserung). Die Neubildung beträgt ca. 2400 pro Sek.

Hauptfunktion
Transport von O_2 und CO_2 zwischen Lunge und Gewebe, wozu das Hämoglobin dient.

➤ Anämie (= Blutarmut): Anzahl vermindert.
Erythrozytensenkungsgeschwindigkeit (= Blutsenkungsgeschwindigkeit):
Kinder: 6 bis 12 mm/Std.,
Frauen: 6 bis 11 mm/Std.,
Männer: 3 bis 8 mm/Std.:
Hämoglobingehalt des Blutes:
Frauen: 7,45 - 10,1 mmol/l ≙ 120 - 160 g/l,
Männer: 8,7 - 11,2 mmol/l ≙ 130 - 180 g/l.

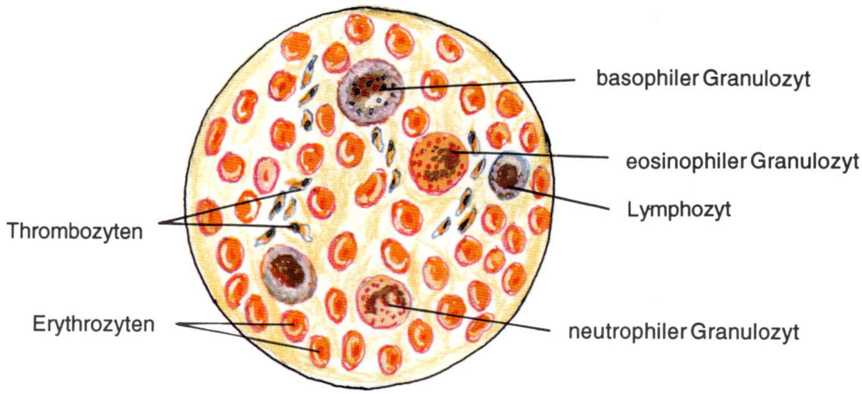

Abb. 98: Differentialblutbild unter dem Mikroskop.

2. Weiße Blutkörperchen (Leukozyten)

Die Leukozyten erfüllen hauptsächlich Abwehraufgaben (s. S. 202). Ihr Anteil im Blut beträgt weniger als 1%. Außerdem wechselt ihre Zahl im Blut in Abhängigkeit von der Tageszeit und dem Funktionszustand des Organismus.

➤ Bei bestimmten Erkrankungen kommt es zu einem deutlichen Anstieg (= Leukozytose) bzw. einer Verminderung (= Leukopenie).

Leukozyten finden wir außer im Blut:
- im Knochenmark und
- in den lymphatischen Organen (Lymphknoten, Milz, Tonsillen, Thymus).

Die kernhaltigen Leukozyten sind vielgestaltig.

Nach dem Vorhandensein von Granula (= Lysosomen) unterscheidet man:
- Granulozyten,
- Agranulozyten.

Nach der Färbbarkeit der Granula werden die Granulozyten in 3 Gruppen unterteilt:
- neutrophile Granulozyten,
- eosinophile Granulozyten,
- basophile Granulozyten.

Nach der Kernform werden die Reifungsstufen der neutrophilen Granulozyten unterteilt in:
- Myelozyten (= Vorläuferzellen im roten Knochenmark),
- Jugendliche,
- Stabkernige,
- Segmentkernige (häufigste Leukozytenart).

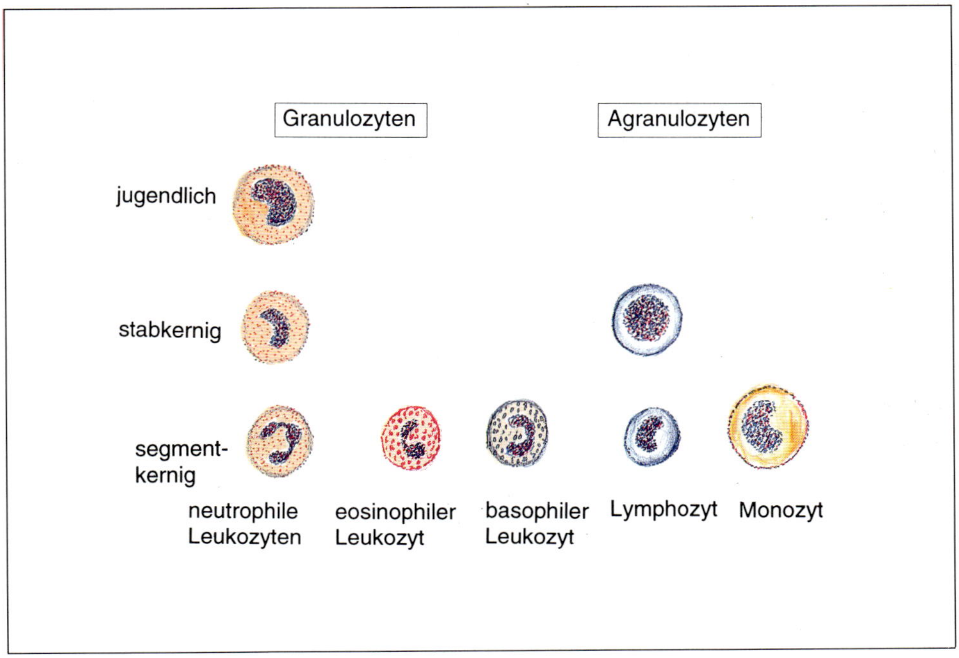

Abb. 99: Leukozyten.

➤ Das Differentialblutbild gibt die Häufigkeit der einzelnen Leukozytenformen an. Das Verteilungsmuster läßt Rückschlüsse auf Diagnose und Verlauf von Krankheiten zu.

3. Blutplättchen (Thrombozyten)

Die kernlosen Thrombozyten gehen aus dem Zytoplasma der Knochenmarkriesenzellen (Megakaryozyten) des roten Knochenmarks hervor. Sie verbleiben 7 bis 14 Tage im Blut und werden dann meist in der Milz abgebaut.
Die Thrombozyten enthalten Zellorganellen, z. B.
- Mitochondrien,
- endoplasmatisches Retikulum,
- Serotoninspeichergranula und Enzyme zur Blutstillung,
- Mikrotubuli zur Stabilisierung ihrer Form,
- Aktomyosinsystem zur Kontraktilität und damit Haftung am Endothel.

Aufgabe: Blutstillung (s. S. 199).

Blutplasma

Das Blutplasma erfüllt vor allem Transportaufgaben. Für die Zusammensetzung sind in erster Linie die Leber als Bildungsort der Plasmaeiweiße und die Niere als Effektorgan zur Regulation des inneren Milieus verantwortlich.

Zusammensetzung
- Wasser (90%)
- Plasmaproteine: Albumine, Fibrinogen, Immunglobuline, z.B. IGA, IGG, IGM.
- Plasmaelektrolyte: z. B. Na^+, K^+, Ca^{2+}, Mg^{2+}, Cl^-, HPO_4^{2-}.

> *Merke*: Plasmawasser, -eiweiße und -elektrolyte bilden eine funktionelle Einheit.

- Nährstoffe
  - Glukose als Transportform der Kohlenhydrate,
  - freie Fettsäuren als Transportform der Fette,
  - freie Aminosäuren als Transportform der Eiweiße.
- Stoffwechselprodukte, wie:
  Cholesterol, Bilirubin, Fruktose, Milchsäure, Pyruvat, Harnstoff, Harnsäure.
- Wirkstoffe, z. B. Hormone, Vitamine, Enzyme.

> *Merke*: Normalwerte
> - Glucose: 3,5 - 5,5 mmol/l
> - Cholesterol: 4,7 - 6,5 mmol/l
> - Eiweiß: 66 -87 g/l

➤ Die quantitative Bestimmung der einzelnen Komponenten des Blutplasmas ermöglicht wesentliche Einsichten bei vielen Krankheiten.

Tab. 21: Bestandteile des Blutes (Übersicht)

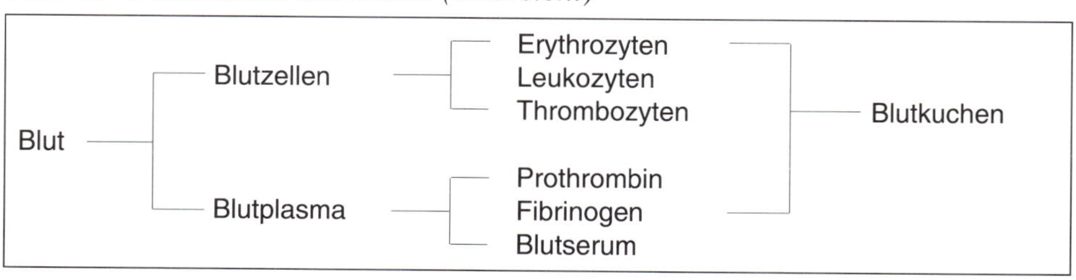

Physiologie des Blutes

Hauptaufgabe:
Vermittlung des Stoffaustausches zwischen Umwelt und Zelle zur Konstanthaltung des inneren Milieus (s. S. 32).

Aufgaben im einzelnen:
1. Transportmittel
- Transport von Glukose, Fett- und Aminosäuren, Vitaminen, Elektrolyten vom Darm in die einzelnen Organe,
- Transport von Sauerstoff von der Lunge zu den Zellen,
- Transport von Stoffwechselendprodukten (z.B. Kohlendioxid, Harnstoff, Harnsäure) zu den Ausscheidungsorganen Lunge und Niere,
- Transportmittel im Dienste der Wärmeregulation,
- Transport von Hormonen und anderen Wirkstoffen vom Bildungs- zum Wirkungsort zur chemischen Steuerung des Organismus.

2. Blutstillung
Die Blutstillung umfaßt alle Vorgänge, die zwischen dem Entstehen und dem Verschluß einer Wunde ablaufen. Sie erfolgt nur in mittleren und kleinen Gefäßen. In größeren Gefäßen wird der entstehende Thrombus (= Blutpfropf) immer wieder weggespült.

Merke: Die *Blutungszeit* beträgt *1 bis 3 Minuten*,
die *Gerinnungszeit 3 bis 5 Minuten.*

Die Blutstillung läuft demnach in 2 Phasen ab:
1. *Vorläufiger Wundverschluß*
   Nach Verletzung eines Gefäßes laufen folgende Vorgänge ab:
   - Thrombozyten lagern sich an der defekten Stelle an und verkleben miteinander.
     Sie bilden einen *Thrombozytenpfropf* (= weißer Thrombus).
   - Gleichzeitig setzen die Thrombozyten gefäßverengende Stoffe (z.B. Serotonin) frei.
   - Außerdem rollt sich die Innenschicht des verletzten Gefäßes ein.

   Die letzten beiden Vorgänge begünstigen die Verschlußfähigkeit.

2. *Endgültiger Wundverschluß (= eigentliche Blutgerinnung)*
   Die Blutgerinnung ist der wichtigste Prozeß bei der Blutstillung.

Vorphase: Gewebeverletzung und/oder Oberflächenkontakt führen zur Bildung von Thromboplastin (= Thrombokinase, Prothrombin-Umwandlungsfaktor).
1. Phase: Das in der Leber mit Hilfe von Vitamin K gebildete inaktive *Prothrombin* wird in wenigen Sekunden durch Thromboplastin, Ca^{2+} und weitere Faktoren in aktives *Thrombin* überführt.
2. Phase: Umwandlung des löslichen in der Leber gebildeten *Fibrinogens* in unlösliches *Fibrin* sowie die Vernetzung der Fibrinfäden.
Nachphase: Fibrinfäden ziehen sich zusammen (Retraktionen), so daß die Wundränder aneinandergelegt werden. Gleichzeitig entsteht aus allen geformten Bestandteilen der *Blutkuchen*. Dabei wird Serum abgepreßt.

Merke: Serum ist Plasma minus Fibrinogen.

Unter dem Schutz des Blutkuchens können sich die zerstörten Gewebe wieder regenerieren. Die Blutgerinnung erfolgt normalerweise nur im Wundbereich, weil im strömenden Blut
- die Konzentration der gerinnungsaktiven Stoffe zu niedrig ist und
- ein Antithrombin die Gerinnung stoppt.

➤ Heparin steigert die Antithrombinwirkung und wirkt deshalb gerinnungshemmend. Gerinnungshemmer sind weiterhin Kalziumionen ausfällende Oxalate und Zitrate, die z. B. bei Blutentnahmen verwendet werden.

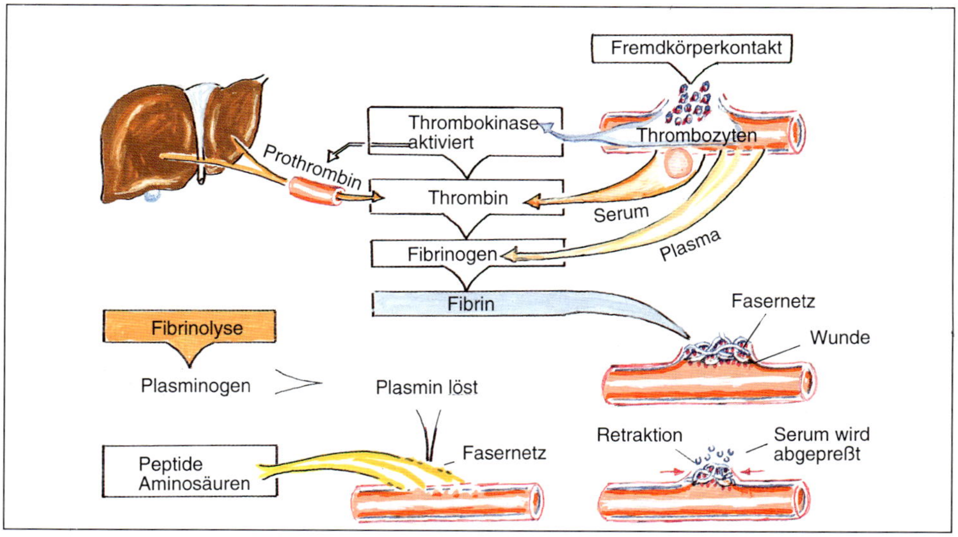

Abb. 100: Phasen der Blutgerinnung.

➤ Normalerweise gerinnt in unverletzten Gefäßen das Blut nicht. Nur unter bestimmten Bedingungen (z.B. Veränderungen der Intima, verminderte Strömungsgeschwindigkeit des Blutes, abnorme Blutzusammensetzung) bilden sich ausnahmsweise in den Gefäßen Gerinnsel.
Diese können bewirken:
- Thrombose,
- Embolie,
- Herzinfarkt,
- Schlaganfall.

Die häufigste Veränderung der Intima der Arterien ist die Arteriosklerose. Sie ist gekennzeichnet durch unphysiologische Fett- und Kalkeinlagerungen. Dies führt zu Elastizitätsverlust und Einengungen, im Extremfall bis zum völligen Gefäßverschluß (arterielle Verschlußkrankheit). Trotz der weiten Verbreitung sind die Ursachen bis heute nicht genau bekannt. Risikofaktoren sind: Rauchen, hoher Blutdruck und Diabetes mellitus.

Fibrinolyse

Unter Fibrinolyse versteht man die enzymatische Auflösung eines Thrombus. Unter Einwirkung von Blut- und Gewebsaktivatoren entsteht aus *inaktivem Plasminogen aktives Plasmin*. Das Fibrin wird durch Plasmin zu löslichen Peptiden und Aminosäuren abgebaut.

Tab. 22: Fibrinolyse

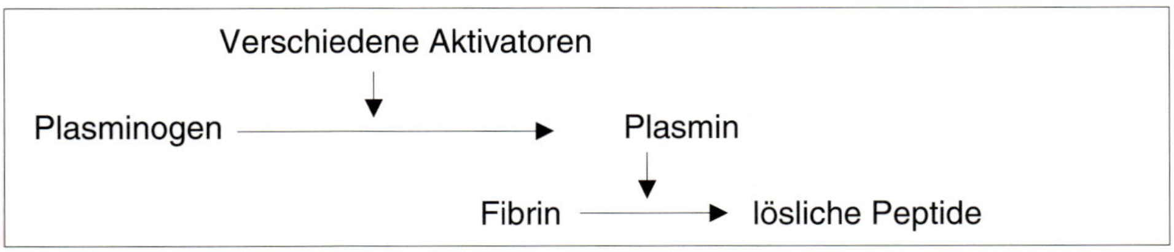

Merke: Blutgerinnung und Fibrinolyse stehen normalerweise im Gleichgewicht.

➤ Im Uterus sorgt eine hohe Konzentration an Gewebsaktivatoren für Verflüssigung des Menstrualblutes.
Blutungsneigung entsteht bei verminderter Gerinnung und/oder gesteigerter Fibrinolyse.
Thromboseneigung bei umgekehrten Verhältnissen.

9. 1. 1. Blut und Immunsystem

Jeder Organismus ist in der Lage, mit Hilfe seines Immunsystems körperfremde Stoffe, z.B. Bakterien oder Viren, zu erkennen. Zur Abwehr von Fremdstoffen (= Antigenen) besitzt der Organismus 2 Abwehrsysteme:

- *unspezifisches Abwehrsystem,* welches vor allem die neutrophilen Granulozyten und die aus Monozyten hervorgehenden Makrophagen umfaßt.
- *spezifisches Abwehrsystem,* bei dem Lymphozyten, Makrophagen und humorale Antikörper (Immunglobuline) kooperieren.

1. Unspezifische (allgemeine, angeborene) Abwehr
Die unspezifische Abwehr von Fremdstoffen erfolgt hauptsächlich durch unspezifische *Phagozytose* der Granulozyten und Monozyten, wobei letztere am lebhaftesten phagozytieren.

2. Spezifische (erlernbare) Abwehr
Gegen eine ganze Reihe von Erregern (z. B. bestimmte Streptokokken, Staphylokokken, Viren) ist das Phagozytensystem unwirksam. Diese können nur durch spezifische Immunabwehrsysteme bekämpft werden.
Die spezifische Abwehr beginnt mit der *Phagozytose der Erreger* durch Makrophagen, z.B. in der Milz oder in den Lymphknoten.
Im Ergebnis der Auseinandersetzung des Makrophagen mit dem Erreger gelangen *Antigene* an seine Zelloberfläche und werden den B- bzw. T-Lymphozyten *präsentiert.*

Beide Lymphozytenarten gehen aus sog. Vorläuferzellen hervor, die in der fetalen und frühkindlichen Entwicklung aus dem roten Knochenmark in den Thymus bzw. in das lymphatische Gewebe des Darmtraktes wandern. Dort erhalten sie ihre sog. Immunkompetenz, d.h.:

- im Thymus werden sie zu T-Lymphozyten und im
- lymphatischen Gewebe des Darmtraktes zu B-Lymphozyten geprägt.

Später werden die B- und T- Lymphozyten vor allem in der Milz und in den Lymphknoten gebildet und gelangen von da aus in Blut und Lymphe.

Die Antigenpräsentation kann bewirken:

- *Stimulation der B-Lymphozyten.*

Die B-Lymphozyten werden aktiviert und teilen sich in

- Plasmazellen und
- Gedächtniszellen.

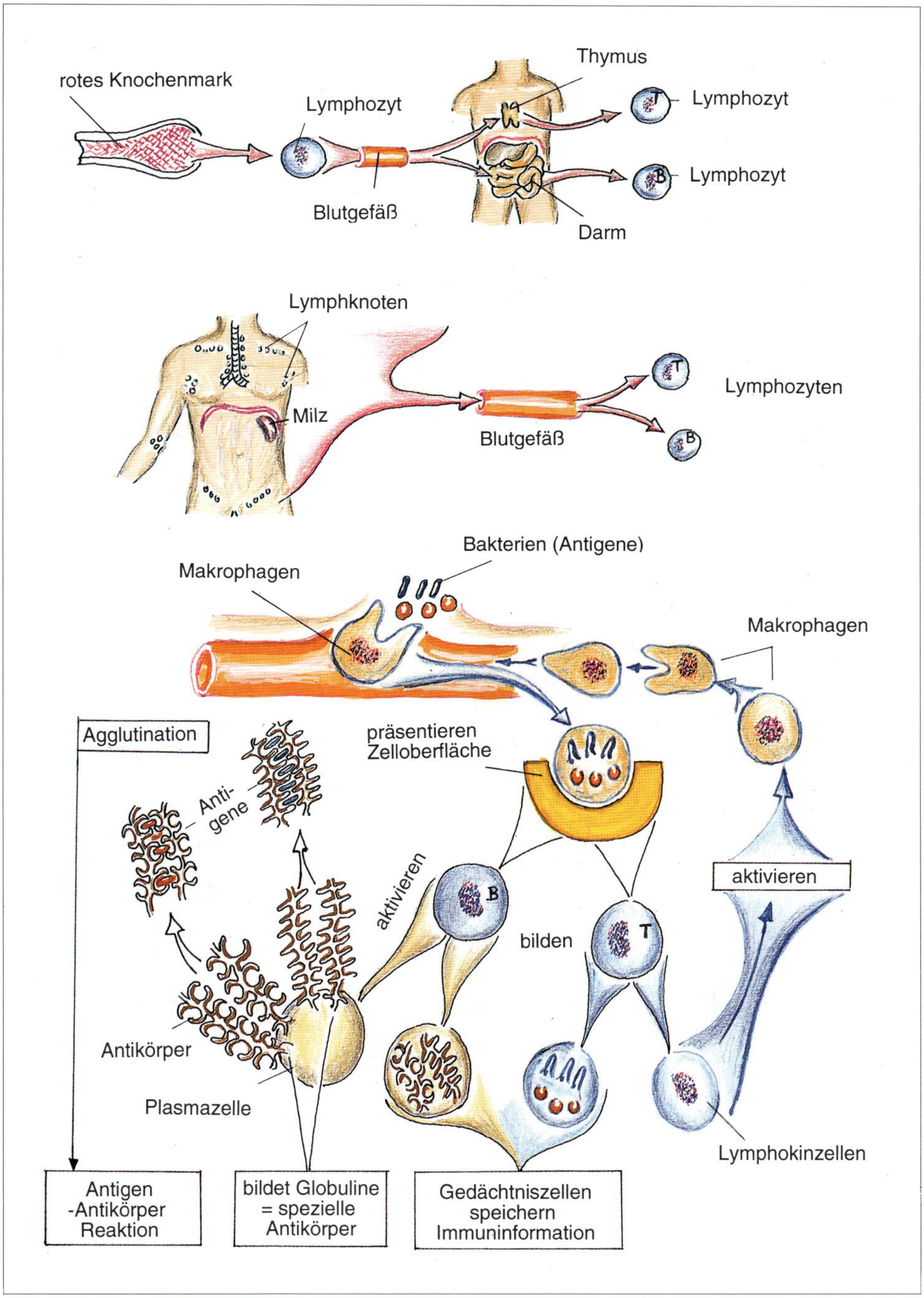

Abb. 101: Blut- und Immunsystem.

Die Plasmazellen produzieren antigenspezifische *Antikörper,* die Immunglobuline. Es kommt zur *Antigen-Antikörper-Reaktion,* in der die Antigene vernichtet werden, z. B. durch Agglutination (=Verklumpung antigentragender Partikel) oder Lyse (= Auflösung der Antigene).

- *Stimulation der T-Lymphozyten.*

Die T-Lymphozyten werden aktiviert und teilen sich in
- Gedächtniszellen und
- Lymphokin (= biologisch aktive Substanz) produzierende Zellen.

Das Lymphokinin aktiviert die Makrophagen, so daß sie jetzt die Erreger abtöten können.
Die bei den spezifischen Abwehrvorgängen entstehenden Gedächtniszellen führen nach erneutem Antigenkontakt zu einer schnelleren Immunantwort.

➤ Bei der *aktiven Immunisierung* nimmt man die Primärreaktion vorweg, indem man dem Organismus vermehrungsfähige Krankheitserreger mit abgeschwächter Giftigkeit (Virulenz) zuführt.
Bei der *passiven Immunisierung* werden dem Organismus spezifische Antikörper zugeführt.

Von einer Allergie (Überempfindlichkeit) spricht man, wenn nach Rekontakt mit einem bestimmten Antigen abnorm starke Immunreaktionen auftreten.
Daneben gibt es auch die Möglichkeit, daß der Organismus nach Antigenkontakt immunologisch reaktionslos bleibt. Dies bezeichnet man als *immunologische Toleranz* (z. B. immunologische Toleranz der Mutter gegenüber dem Feten).

Wirkungen von Antigenen können also sein:

Antigen → Immunreaktion
Antigen → keine Reaktion
Antigen → Allergie

9. 1. 2. Blutgruppen des Menschen

Vermischt man Blut von 2 Menschen auf einem Objektträger, so beobachtet man entweder
- eine Zusammenballung (Agglutination) der Erythrozyten, möglicherweise mit ihrer nachfolgenden Auflösung (Hämolyse) oder
- keine Reaktion.

Das erste Phänomen würde bei einer Bluttransfusion zur Verstopfung der Kapillaren führen.

Ursache der Agglutination ist eine Antigen-Antikörper-Reaktion (s. S. 204):
- Die Erythrozytenmembranen tragen spezifische Stoffe, die Agglutinogene (= agglutinable Substanzen), die als Antigene wirken.
- Im Blutplasma sind spezifische Antikörper (Agglutinine) gelöst, die mit den Antigenen reagieren.

➤ Man kennt heute ca. 400 Merkmale der Erythrozytenmembran, von denen glücklicherweise die meisten bei Bluttransfusionen bedeutungslos sind.

Eine besondere Bedeutung für die Medizin besitzen:
- das AB0-System und
- das Rh-System.

Blutgruppen des AB0-Systems

Mit der Entdeckung der AB0-Blutgruppen durch LANDSTEINER 1901 begannen die systematischen Untersuchungen der Blutgruppeneigenschaften.

Entscheidend für das AB0-System sind:
- 2 verschiedene Agglutinogene (= Antigene) der Erythrozytenmembran: *A* und *B*.
- 2 spezifische *Antikörper* im Serum: *Anti A* und *Anti B*.

Die Antikörper werden im Laufe des 1. Lebensjahres gegen diejenigen Antigene gebildet, die die eigenen Erythrozyten nicht besitzen.

Aus dieser Konstellation ergeben sich 4 Blutgruppen des AB0-Systems (siehe Abb. 103).

Rhesussystem (= Rh-System)

Das Rhesussystem beruht auf dem Vorhandensein oder Nichtvorhandensein von Rh-Agglutinogenen auf der Erythrozytenmembran.
Die wichtigsten sind: C, D, E, c und e, wobei D die größte antigene Wirksamkeit besitzt.

Merke: Menschen, deren Blut D-Erythrozyten enthält, sind Rh-positiv (D).
Menschen, deren Erythrozyten die D-Eigenschaft fehlt, sind Rh-negativ (d).

➤ In Europa sind 85% der Menschen Rh-positiv.

Im Rh-System treten im Unterschied zum AB0-System erst nach Sensibilisierung Antikörper auf.

Das bedeutet:
Die Bildung von Rh-Antikörpern wird nur bei Rh-negativen Menschen ausgelöst. Dies kann geschehen bei
- Bluttransfusionen: Empfänger d, Spender D.
- Schwangerschaft: Mutter d, Fetus D.

Bei ca. 10% der Schwangerschaften wird eine Unverträglichkeit hinsichtlich des Rhesusfaktors beobachtet. Die Agglutinogene (D) gelangen meist unter der Geburt vom kindlichen Kreislauf in den mütterlichen. Dort bewirken sie die Bildung von Antikörpern (Anti D), die bei nachfolgenden Schwangerschaften zu Schädigungen des Kindes führen können.

➤ Eine Serodiagnostik sollte deshalb ab der 16. Schwangerschaftswoche klären, ob eine Blutgruppenunverträglichkeit vorliegt. Ist dies der Fall, muß unmittelbar nach der Geburt eine Immunisierung mit Human-Immunglobulin Anti D durchgeführt werden. Dieses Immunglobulin zerstört die fetalen Erythrozyten mit dem D-Agglutinogen, die in den mütterlichen Kreislauf übergetreten sind. Somit kommt es auch nicht zur Bildung von Anti D. Durch diese mögliche Immunisierung der Frauen nach der 1. Schwangerschaft, aber auch nach Schwangerschaftsunterbrechung (Interruptio) und Fehlgeburt (Abort) spielen heute derartige Störungen keine nennenswerte Rolle mehr.

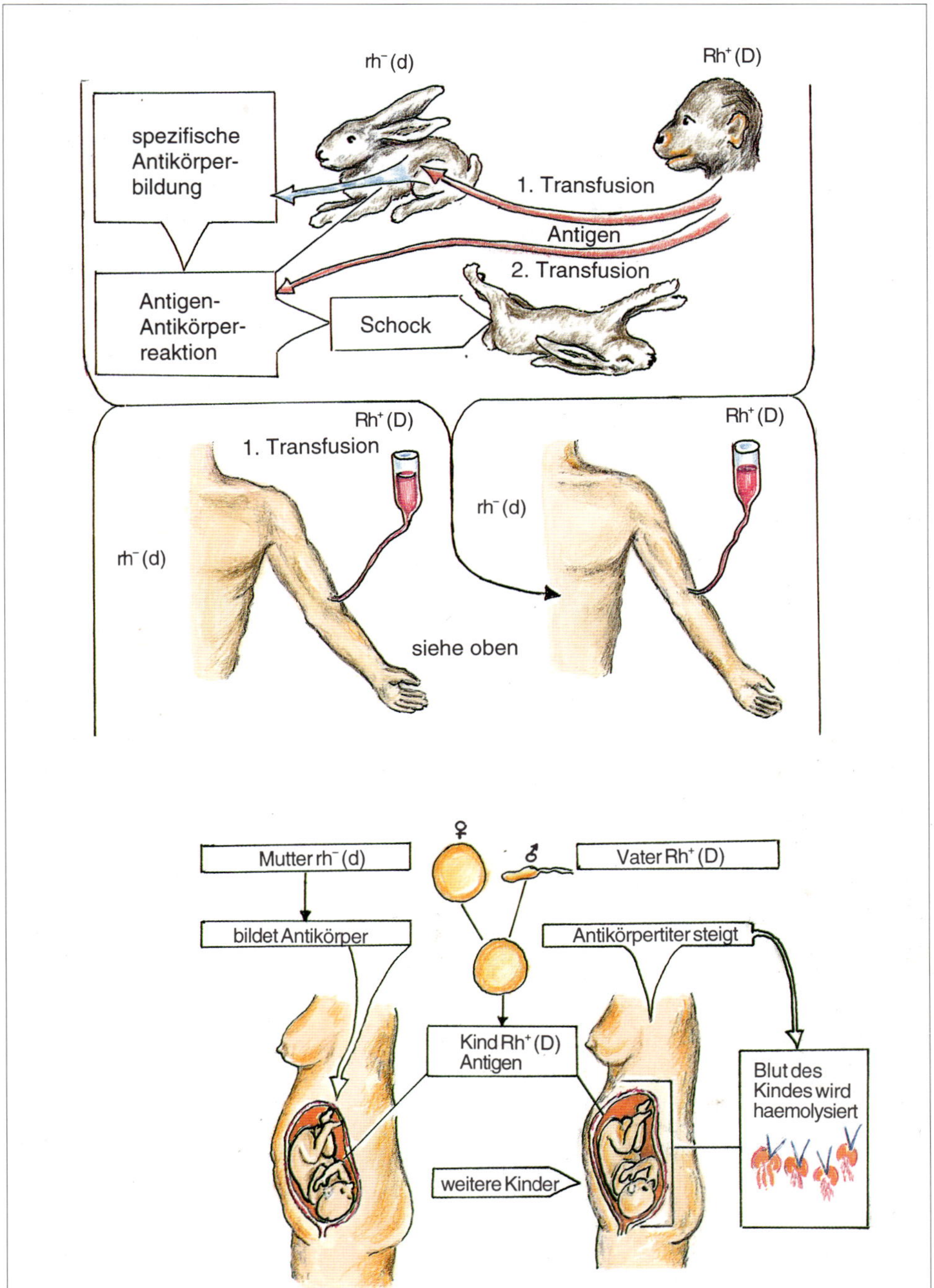

Abb. 102: Rhesussystem.

Merke: Die 1. Schwangerschaft führt trotz ungünstiger Rh-Konstellation nicht zu fetalen Schädigungen. Unbedenklich sind auch Schwangerschaften mit Rh-negativen Feten.

Bei Bluttransfusionen verwendet man praktisch immer AB0-gruppengleiches Blut. Betreffs Rh-System wird in der Regel nur das D-Antigen berücksichtigt.

➤ Um Verwechslungen, Fehlbestimmungen und Unverträglichkeiten auszuschließen, werden vor jeder Blutübertragung durchgeführt:

1. die sogenannte *Kreuzprobe* im Labor.
   - Spendererythrozyten plus Empfängerserum (Majortest),
   - Spenderserum plus Empfängererythrozyten (Minortest).

   Bei Übereinstimmung der Blutgruppen kommt es in beiden Fällen nicht zu einer Agglutination;
2. der *bed-side-Test* am Patientenbett.

   Unmittelbar vor der eigentlichen Transfusion wird am Patientenbett nochmals die Verträglichkeit von Empfänger- und Spenderblut festgestellt. Erst dann darf transfundiert werden.

Trotz übereinstimmender Blutgruppen besteht bei jeder Bluttransfusion für den Empfänger ein Restrisiko. Das Blut jedes Menschen enthält ein individuell einmaliges Gemisch verschiedener Eiweiße. Und da prinzipiell jedes körperfremde Eiweiß als Antigen wirken kann, ist eine allergische Reaktion nie ausgeschlossen. Außerdem können Krankheitserreger übertragen werden.

Die Antikörperbildung nach einer Infektion dauert einige Zeit, manchmal Wochen bis Monate, so daß bei einer kurz nach Infektion entnommenen Blutkonserve die Antikörperbildung noch nicht nachgewiesen werden kann, sie aber dennoch infektiös ist.

Aus diesen Gründen wird die Indikation für eine Vollblutkonserve sehr streng gestellt.

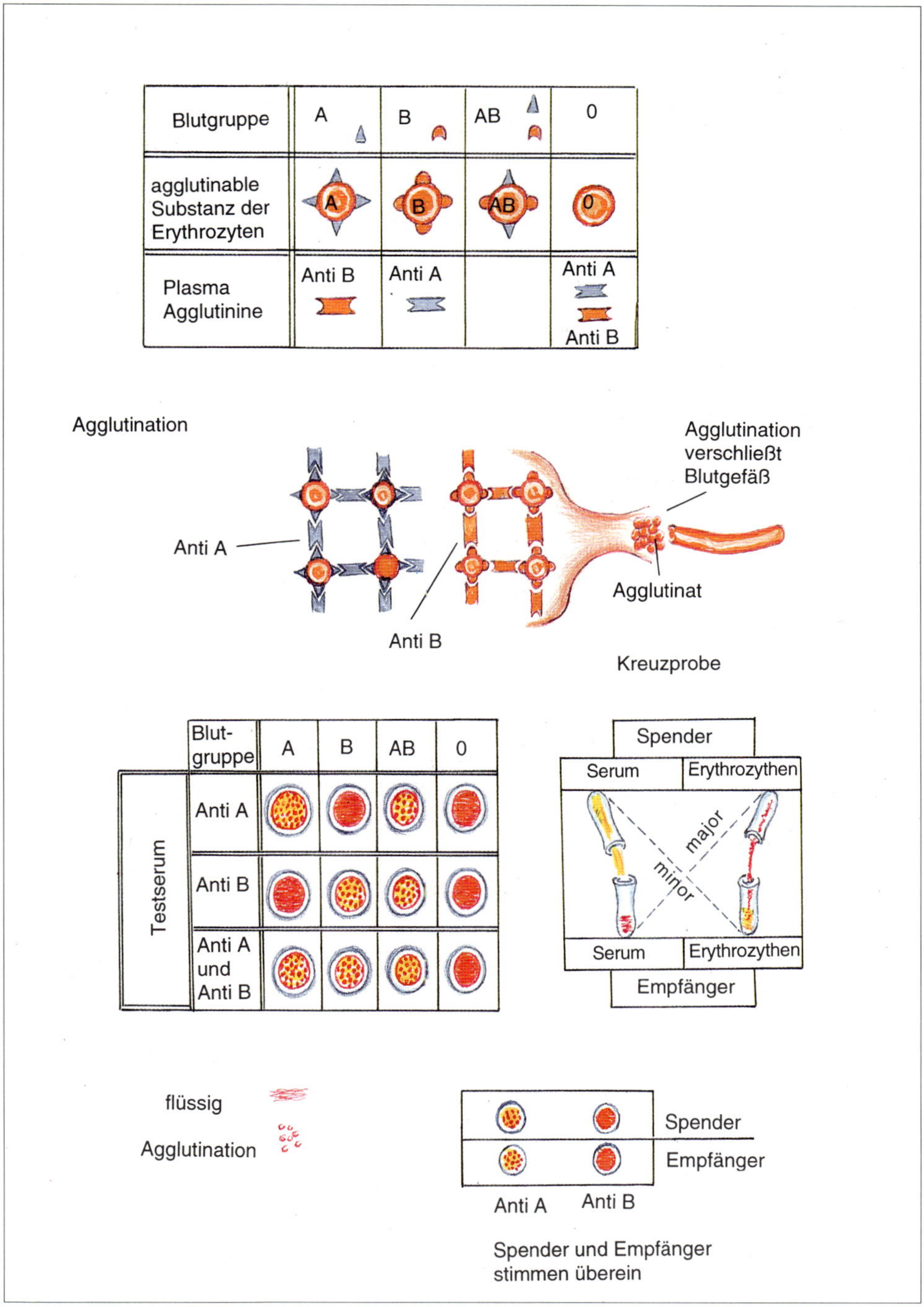

Abb. 103: Blutgruppen.

9. 2. Das Herz (Cor)

Das Herz hat im Kreislauf Pumpfunktion zu erfüllen. Es ist mit einer Saug-Druck-Pumpe vergleichbar.

Bau
Das Herz wird durch die Herzscheidewand (Septum) in eine rechte und linke Herzhälfte geteilt.

Es besitzt *4 Innenräume*:
- rechter Vorhof (Atrium dextrum),
- linker Vorhof (Atrium sinistrum),
- rechte Herzkammer (Ventriculus dexter),
- linke Herzkammer (Ventriculus sinister).

Vorhöfe und Kammern werden durch das bindegewebige *Herzskelett* getrennt. Es besteht im Prinzip aus 4 Faserringen als Ansatzstelle für die Herzklappen (= Herzventile). Man bezeichnet die Ebene, in der das Herzskelett mit den Herzventilen liegt, deshalb auch als *Ventilebene*.

Anschluß der Herzräume an das Gefäßsystem
1. Einflußbahnen (= Venen, die an den Vorhöfen münden)

Rechter Vorhof:	obere Hohlvene (V. cava superior),
	untere Hohlvene (V. cava inferior),
	Herzvene (Sinus coronarius).
Linker Vorhof:	4 Lungenvenen (Vv. pulmonales).

2. Ausflußbahnen (= Arterien, die an den Ventrikeln beginnen)

Rechte Herzkammer:	Stamm der Lungenarterien (Truncus pulmonalis),
Linke Herzkammer:	Große Körperschlagader (Aorta).

Form
Das Herz ist kegelförmig. An der Oberfläche kann man folgende Einzelheiten erkennen:
- Herzspitze,
- Herzbasis,
- Herzkranzfurche und Zwischenkammerfurchen mit Herzkranzgefäßen,
- Herzohren.

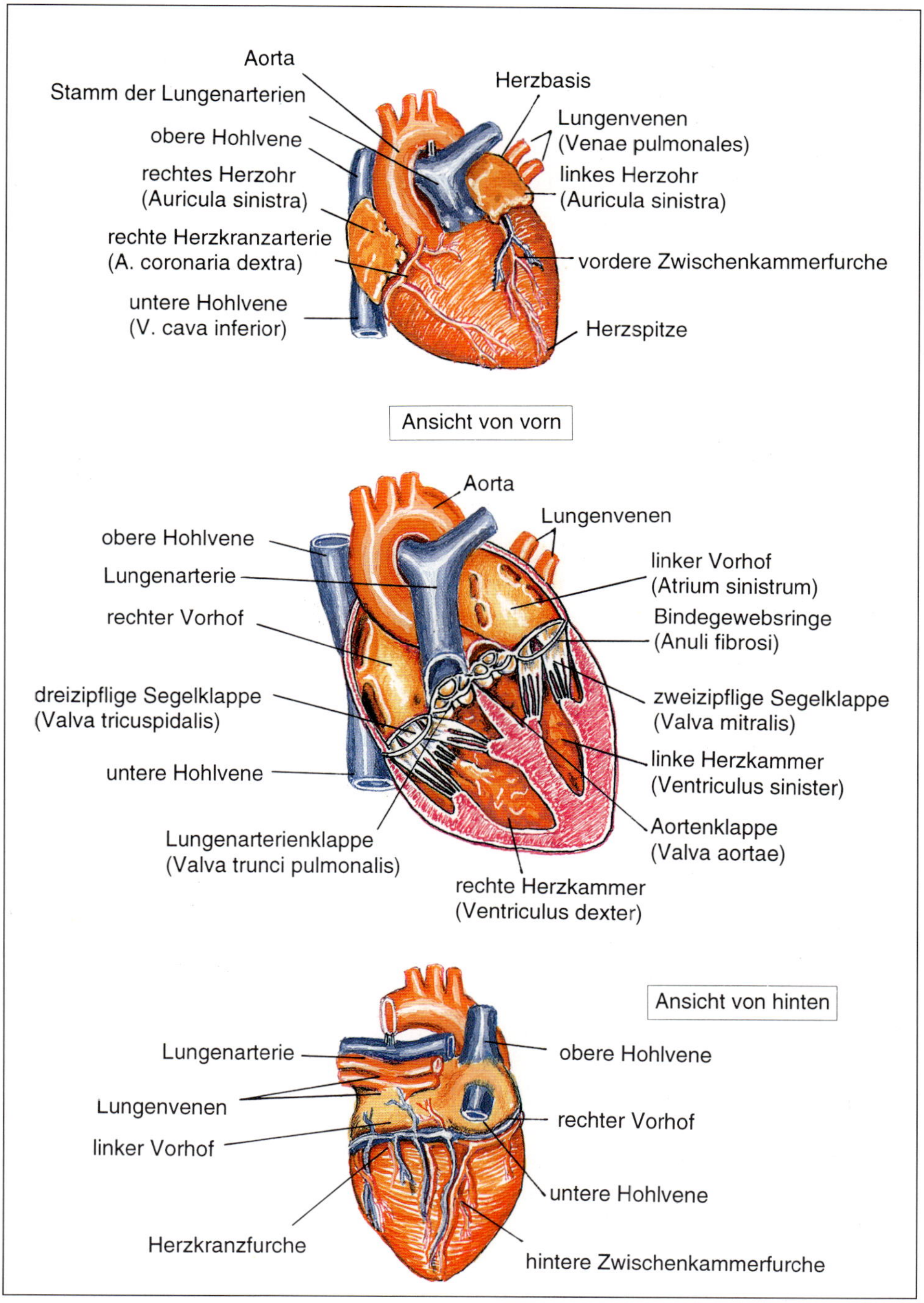

Abb. 104: Bau des Herzens.

Größe: entspricht etwa der Faust des Trägers.

Masse: Mann: ca. 300 g
Frau: ca. 220 g.

➤ Kinder haben ein relativ größeres Herz. Bei Leistungssportlern ist das Herz ebenfalls vergrößert.

Lage:
Das Herz liegt im vorderen unteren Mediastinum, $^{2}/_{3}$ links und $^{1}/_{3}$ rechts der Medianebene. Die Längsachse verläuft von rechts hinten oben nach links vorne unten.

Nachbarschaftsbeziehungen:
Abgesehen vom Herzbeutel sind den 4 Herzinnenräumen benachbart:
- rechter Vorhof: rechte Lunge,
- rechte Herzkammer: Sternum, Diaphragma, darunter Leber,
- linker Vorhof: Speiseröhre, Brustaorta,
- linke Herzkammer: linke Lunge.

Herzwand
Der Wandaufbau des Herzens ist wie bei den meisten Hohlorganen *dreischichtig*.
- Herzinnenhaut (Endokard),
- Muskelschicht (Myokard),
- Herzaußenhaut (Epikard).

Das Myokard ist ein kräftiger Hohlmuskel aus Herzmuskelgewebe (s. S. 96). Seine Dicke ist der Leistung angepaßt.
- Vorhöfe einschließlich Vorhofseptum: dünn
- Kammern, einschließlich Kammerseptum: linke Kammerwand wesentlich stärker als rechte.

Herzklappen (Herzventile)
Die Herzklappen sind Duplikaturen des Endokards. Sie besitzen wie Ventile eine *Durchlaß-* und eine *Sperrichtung*. Das Öffnen und Schließen wird also durch die Druckverhältnisse beiderseits der Klappe bestimmt.

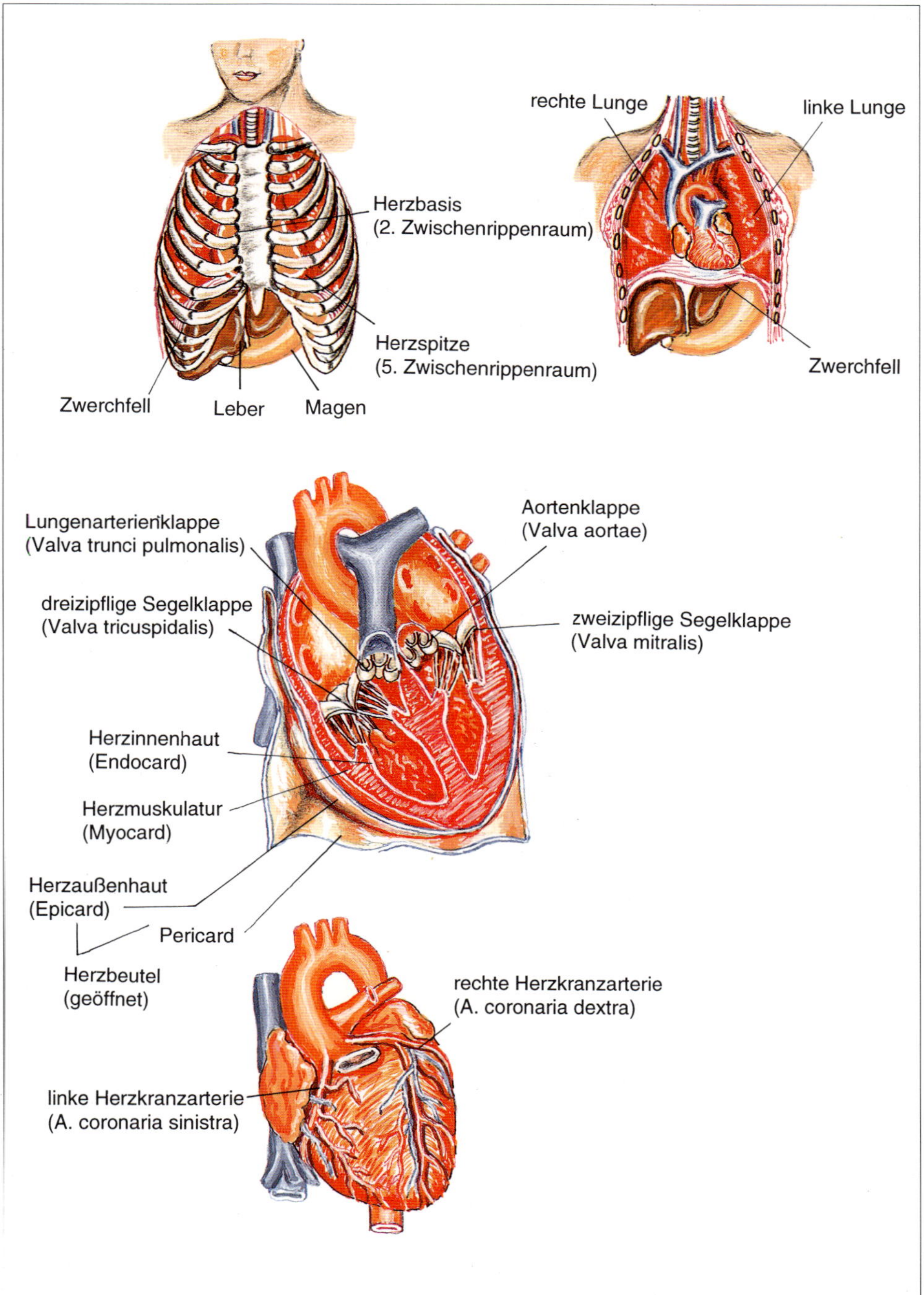
Herzbasis
(2. Zwischenrippenraum)
Herzspitze
(5. Zwischenrippenraum)
Zwerchfell
Leber
Magen
rechte Lunge
linke Lunge
Zwerchfell
Lungenarterienklappe
(Valva trunci pulmonalis)
Aortenklappe
(Valva aortae)
dreizipflige Segelklappe
(Valva tricuspidalis)
zweizipflige Segelklappe
(Valva mitralis)
Herzinnenhaut
(Endocard)
Herzmuskulatur
(Myocard)
Herzaußenhaut
(Epicard)
Pericard
Herzbeutel
(geöffnet)
rechte Herzkranzarterie
(A. coronaria dextra)
linke Herzkranzarterie
(A. coronaria sinistra)

Abb. 105: Herz.

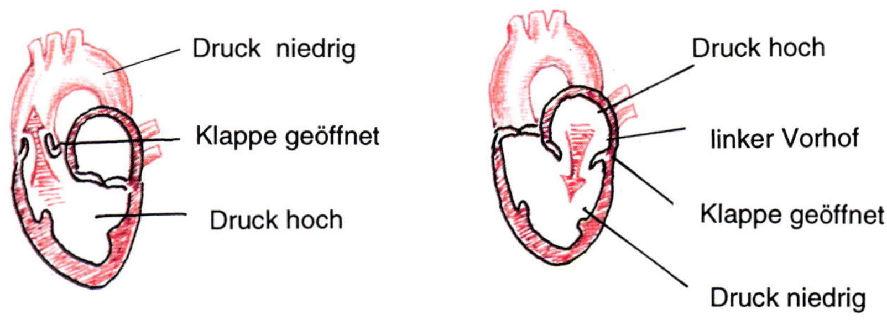

Abb. 106: Ventilfunktion der Herzklappen (linke Herzhälfte).

Jede Herzkammer wird von 2 Herzklappen begrenzt:
- 1 Segelklappe zwischen Kammer und Vorhof,
- 1 Taschenklappe zwischen Kammer und Ausflußbahn.

Segelklappen (Atrioventrikularklappen)
Die Segelklappen bestehen aus dünnen Häutchen (Membranen). Durch feine Sehnenfäden sind sie mit den Papillarmuskeln verbunden. Steigt der Kammerdruck über den Vorhofdruck, kontrahieren diese Muskeln, so daß die Klappen nicht (wie eine Pendeltür) in den Vorhof zurückschlagen können.
Es sind zu unterscheiden:
- Tricuspitalklappe (Valva tricuspitalis - 3 "Segel") zwischen rechtem Vorhof und rechter Herzkammer.
- Mitralklappe (Valva mitralis - 2 "Segel") zwischen linkem Vorhof und linker Herzkammer.

Taschenklappen (Semilunarklappen)
Die dünnen Membranen der Taschenklappen haben die Form von Schwalbennestern oder Halbmonden. Sie sind so angeordnet, daß sie vom zurückströmenden Blut gefüllt werden, sich dadurch aufblähen und so die Öffnung verschließen. Jede Klappe besteht aus 3 Taschen.

Es sind zu unterscheiden:
- Pulmonalklappe (Valva trunci pulmonalis) zwischen rechter Herzkammer und Truncus pulmonalis,
- Aortenklappe (Valva aortae) zwischen linker Herzkammer und Aorta.

➤ Entzündungen des Endokards (Endokarditis) zeigen sich insbesondere an den Klappen. Als Folge können Herzklappenfehler entstehen.

Blutversorgung
Die Blutversorgung des Herzens erfolgt durch die Herzkranzgefäße (Koronargefäße).
Zwei *Herzkranzarterien* entspringen aus der Aorta ascendens dicht hinter der Aortenklappe:
- Rechte Herzkranzarterie (A. coronaria dextra): sie verläuft in der rechten Kranzfurche nach hinten. Ihr Endast, der hintere Zwischenkammerast (Ramus interventricularis posterior), steigt in der hinteren Zwischenkammerfurche ab.
- Linke Herzkranzarterie (A. coronaria sinistra): sie teilt sich nach 1 cm in 2 Endäste:
  - den vorderen Zwischenkammerast (Ramus interventricularis anterior), der in der vorderen Zwischenkammerfurche spitzenwärts verläuft und
  - den umbiegenden Ast (Ramus circumflexus), der in der linken Herzkranzfurche nach hinten verläuft.

➤ Durchblutungsstörungen des Herzens sind relativ häufig.
Begründung: Das Herz wird nur durch zwei Arterien versorgt,
- beide sind funktionelle Endarterien, die kaum über Anastomosen in Verbindung stehen;
- durch die ständige energieverbrauchende Pumptätigkeit hat das Herz einen großen Durchblutungsbedarf.

Bei unvollständigem oder kurzzeitigem Verschluß kleinerer Gefäße kommt es zu heftigem Thoraxschmerz, der oft in den linken Arm ausstrahlt (Angina pectoris). Einige Tropfen Nitrangin (über die Mundschleimhaut resorbiert) lindern die Beschwerden durch Erweiterung der Herzkranzgefäße prompt.
Der vollständige Verschluß eines Gefäßes (meist durch einen Thrombus) verursacht vernichtenden Brustschmerz (Herzinfarkt). Das Überleben des Patienten hängt hauptsächlich davon ab, wie schnell er die Klinik erreicht. Dort wird versucht, durch künstliche Fibrinolyse mit Medikamenten (z. B. Streptokinase, Urokinase), den Thrombus aufzulösen.

Trotzdem sterben auch heute noch viele Menschen am Herzinfarkt, da bei einem größeren Gefäßverschluß das dahinter liegende Herzmuskelgewebe irreversibel geschädigt wird und der Pumpvorgang nicht aufrecht erhalten werden kann.

Nervenversorgung
Das Herz wird vom vegetativen Nervensystem (sympathische und parasymphatische Herznerven) versorgt. Bei sympathischer Erregung steigen Herzfrequenz und Schlagkraft, der Parasympathikus hemmt beides.

➤ Viele Herzmedikamente wirken über die Beeinflussung des vegetativen Nervensystems (z. B. Betablocker).

Perikardhöhle (Herzbeutel) (s. S. 119)
Der Herzbeutel ermöglicht die Beweglichkeit des Herzens während seiner Pumptätigkeit.
Das innere viscerale Blatt wird vom Epikard, das äußere parietale Blatt vom Perikard gebildet. Die Umschlagseite befindet sich an den Ein- und Ausflußbahnen der Herzbasis.

➤ Plötzliche Herzbeutelergüsse sind lebensgefährlich, weil der Herzbeutel nicht schnell erweiterungsfähig ist, das Herz wird somit von außen "abgedrückt".

9. 3. Gefäßsystem

Die Gefäße bilden in Verbindung mit dem Herzen ein Transportsystem, in dem das Transportmittel 'Blut' in einem geschlossenen Kreislauf bewegt wird.

9. 3. 1. Gefäßarten

1. Arterien: Gefäße, die das Blut *vom Herzen weg* transportieren. Die kleinsten Arterien heißen *Arteriolen*.

2. Venen: Gefäße, die das Blut *zum Herzen hin* transportieren. Die kleinsten Venen heißen *Venolen* (oder Venulen).

3. Kapillaren: Kleinste Haargefäße zwischen Arteriolen und Venolen, die dem Stoffaustausch zwischen Blut und Zelle dienen.

Beachte: Die Ver- und Entsorgung der Zellen erfolgt indirekt über die interstitielle Flüssigkeit.

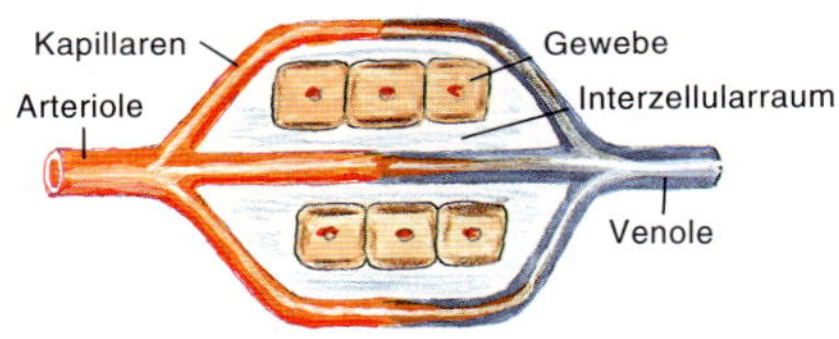

Abb. 107: Kapillaren.

Arteriovenöse Anastomosen sind Gefäßverbindungen zur Umgehung der Kapillaren, so daß eine Durchblutungsregulation erfolgen kann.

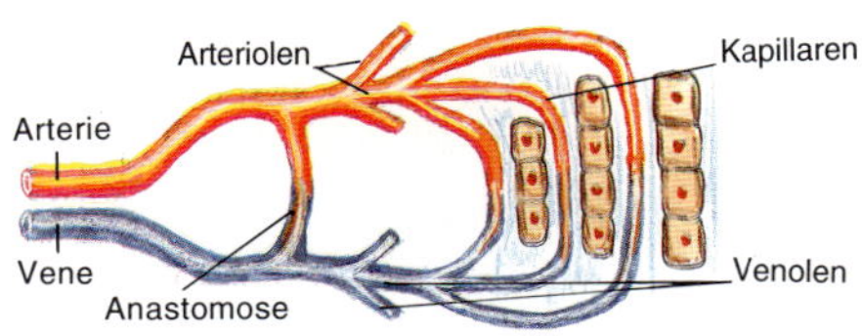

Abb. 108: Anastomosen.

➤ Anastomosen gibt es ebenfalls zwischen Arterien, Venen und Nerven. Sie können auch operativ hergestellt werden.

Bau der Gefäße

Alle Hohlorgane haben ein gemeinsames Bauprinzip: die *Wände* bestehen meist aus drei Hauptschichten.

Bei den Gefäßen werden folgende Schichten unterschieden:
Intima (Innenschicht), Media (Mittelschicht), Adventitia (Außenschicht).

1. *Intima.* Sie wird gebildet aus
   - dem Endothel und einem
   - bindegewebigen Anteil.
2. *Media.* Sie ist die stärkste Schicht und besteht aus
   - elastischen und kollagenen Fasern sowie
   - glatten Muskelzellen.
3. *Adventitia.* Sie setzt sich aus
   - kollagenen und elastischen Fasernetzen zusammen, die mit der Umgebung in Verbindung stehen.

Arterien

Arterien zeigen den klassischen Dreischichtenaufbau. Man unterscheidet:
- Arterien *elastischen Typs*, bei denen die elastischen Elemente in der Media überwiegen. Dazu gehören die *Aorta* und ihre *Äste* (herznahe Arterien). Sie ermöglichen die sogenannte Windkesselfunktion (s. S. 241).
- Arterien *muskulären Typs*, die in der Media reichlich glatte Muskelzellen besitzen. Dazu gehören die herzfernen *kleineren Arterien* und *Arteriolen*, die eine Rolle bei der Regulation der Organdurchblutung spielen.

Endarterien haben keine Anastomosen, so daß bei Verschluß keine Umgehung (= Kollateralkreislauf) möglich ist und das nicht mehr versorgte Gewebe abstirbt. Endarterien besitzen z.B.: Herz, Lunge, Niere, Leber, Milz, Gehirn.

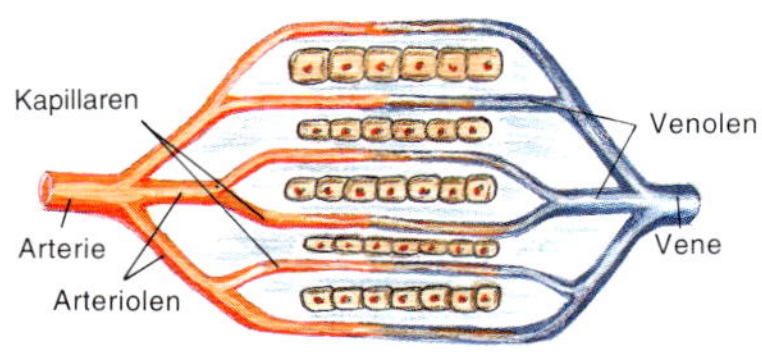

Abb. 109: Kollateralkreislauf.

➤ Häufige Erkrankungen der Arterien:
- Arteriosklerose (Arterienverkalkung),
- Arterielle Verschlußkrankheit (zunehmende Verengung der Lichtung).

Venen

Der Bau der Venenwand entspricht im Prinzip dem der muskulären Arterien. Im Unterschied zu diesen ist aber die Venenwand dünner. Relativ stark sind die Wände (Media) der Beinvenen.

Eine besondere Einrichtung der Venen sind die *Venenklappen* (= Taschenklappen) zur Verhinderung des Blutrückstroms.

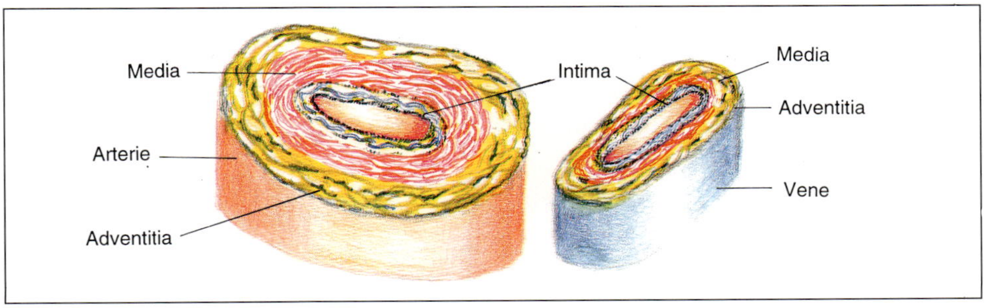

Abb. 110: Bau von Arterie und Vene.

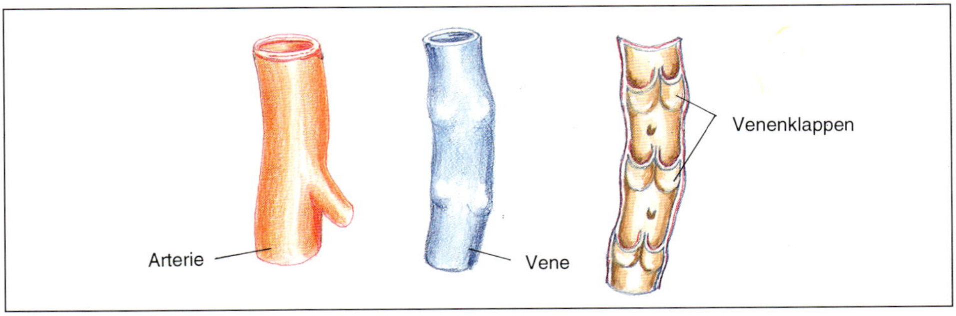

Abb. 111: Venenklappen.

➤ Häufige Erkrankungen der Venen: Krampfadern (Varizen) als Folge schwacher Venenwände, so daß die Klappen nur noch unvollkommen schließen.

Kapillaren

Die Kapillarwand ist einschichtig und besteht nur aus der Intima, die von einem Gitterfaserhäutchen umhüllt wird. Der Durchmesser der kleinsten Kapillare ist geringer als der eines Erythrozyten, so daß diese sich nur aufgrund ihrer Flexibilität hindurch bewegen können.

9. 3. 2. Blutkreislauf

Die wichtigste Aufgabe des Blutkreislaufes ist die Ver- und Entsorgung der Zellen.

Beim Menschen strömt das Blut in einer doppelt kreisförmigen Bahn. Der Blutkreislauf besteht aus 2 hintereinander (in Reihe) geschalteten Abschnitten:

1. Kleiner oder Lungenkreislauf: Weg des O_2-armen und CO_2-reichen Blutes aus dem rechten Ventrikel durch die Pulmonalklappe über die Lungenarterien in die Kapillaren der Lunge.
Nach erfolgtem Gasaustausch wird das O_2-reiche und CO_2-arme Blut über die Lungenvenen in den linken Vorhof transportiert.
Vom linken Vorhof fließt das Blut durch die Mitralis in den linken Ventrikel.

2. Großer oder Körperkreislauf: Weg des O_2-reichen und CO_2-armen Blutes aus dem linken Ventrikel durch die Aortenklappe über die Aorta und ihre Äste in die Kapillaren der parallel geschalteten Organ- bzw. Teilkreisläufe (Herz, Milz, Magen, Muskulatur, Niere usw.).
Nach erfolgtem Stoffaustausch sammelt sich das O_2-arme u. CO_2-reiche Blut in den Venen, die schließlich als V. cava superior und inferior in den rechten Vorhof münden.
Vom rechten Vorhof fließt das Blut durch die Tricuspitalis in den rechten Ventrikel.

Die einzelnen Organkreisläufe (z. B. Nierenkreislauf) des Körperkreislaufes sind parallel geschaltet, d. h. jedes Organ erhält einen bestimmten Teil des Gesamtblutvolumens. Eine Sonderstellung nimmt der Pfortaderkreislauf ein (s. S. 226). Die Organdurchblutung kann vom vegetativen Nervensystem und durch Hormone dem jeweiligen Funktionszustand angepaßt werden.

Merke: Das Blut gelangt über Venen immer zuerst in die Vorhöfe. Im Herzen fließt das Blut immer vom rechten Vorhof in die rechte und vom linken Vorhof in linke Herzkammer.

In der rechten Herzhälfte befindet sich O_2-armes (venöses), in der linken Herzhälfte O_2-reiches (arterialisiertes) Blut.

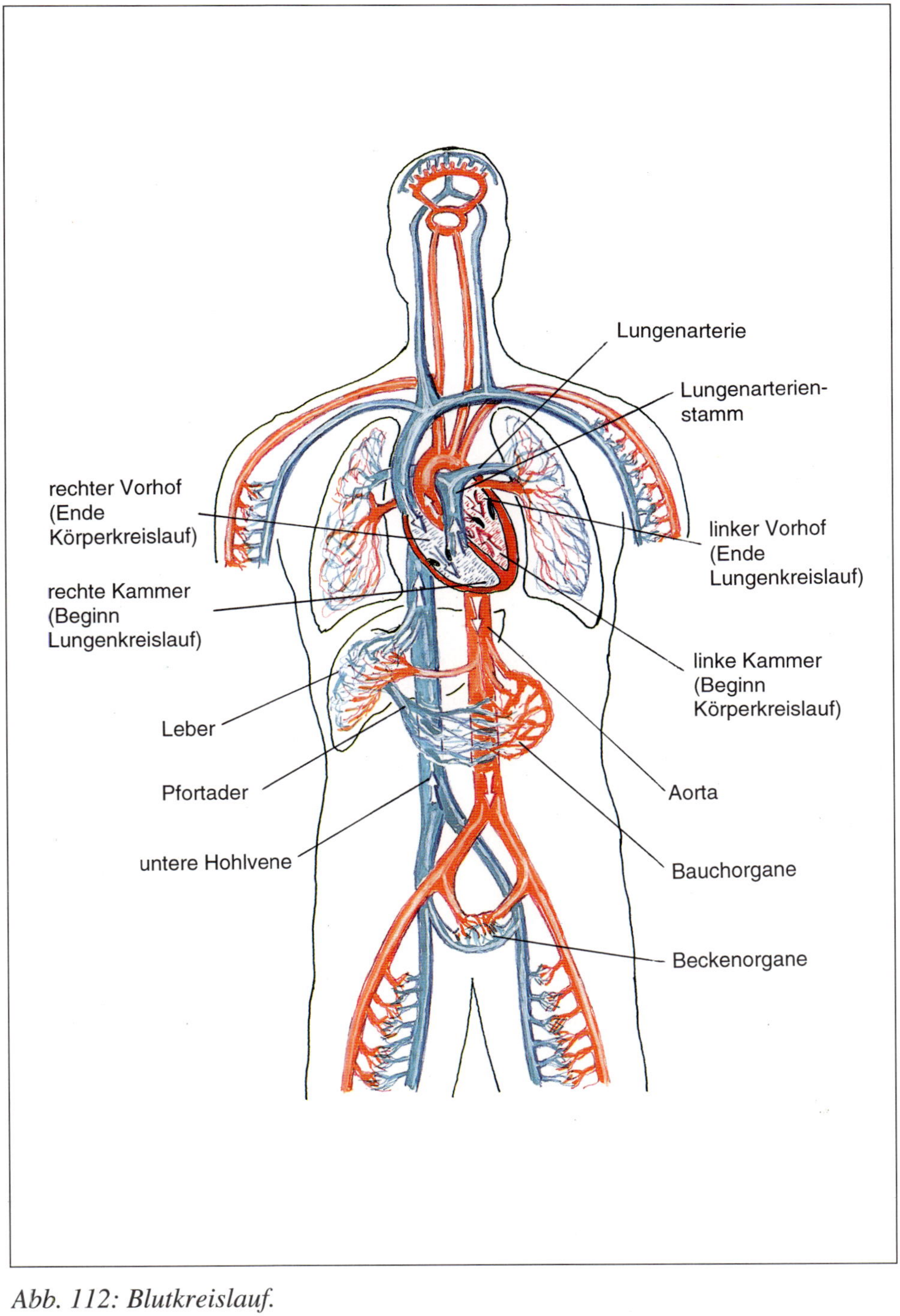

Abb. 112: Blutkreislauf.

Arterien des Körperkreislaufs und ihre Versorgungsgebiete
Alle großen Arterien des Körperkreislaufs entspringen aus der Aorta.
Die Aorta beginnt im linken Ventrikel und wird ihrem Verlauf entsprechend in folgende Abschnitte gegliedert:

1. Aufsteigende Aorta (Aorta ascendens) im vorderen oberen Mediastinum.
2. Aortenbogen (Arcus aortae) verläuft in das obere hintere Mediastinum.
3. Absteigende Aorta (Aorta descendens) mit
   - Brustaorta (Aorta thoracica) im hinteren Mediastinum,
   - Bauchaorta (Aorta abdominalis) im Retroperitonealraum.

Die Aorta endet mit der Aufgabelung (Bifurcatio aortae) in die beiden gemeinsamen Hüftarterien.

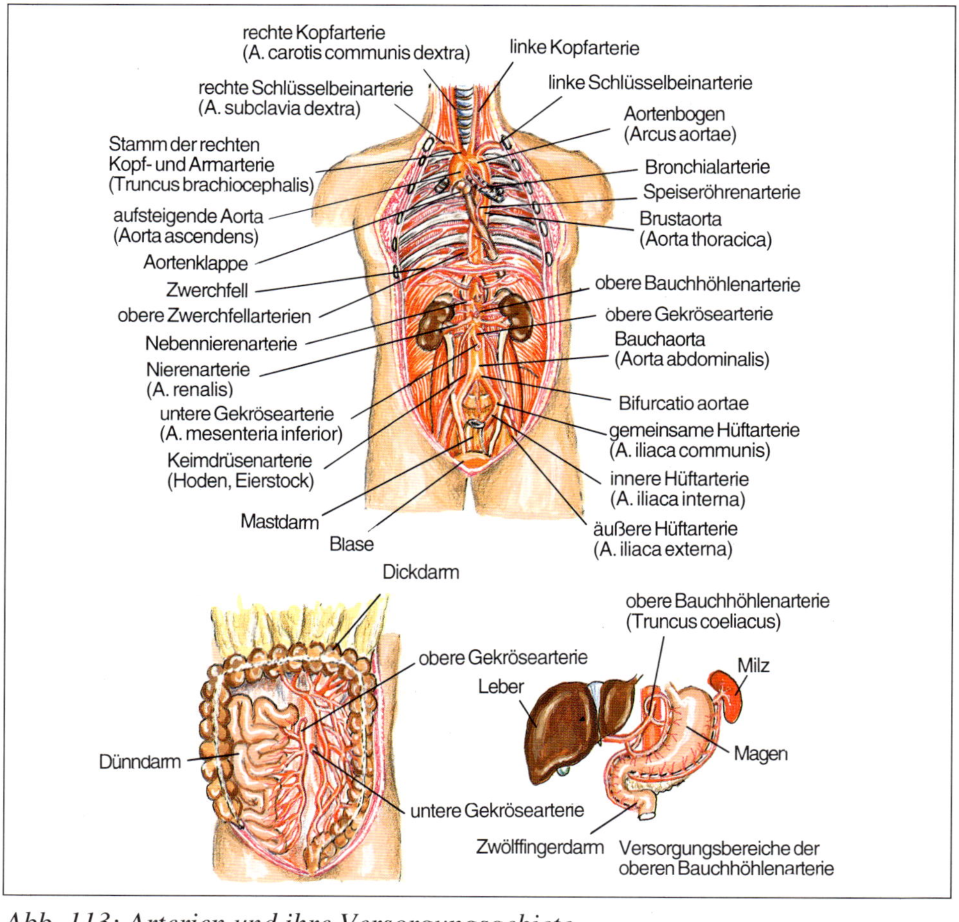

Abb. 113: Arterien und ihre Versorgungsgebiete.

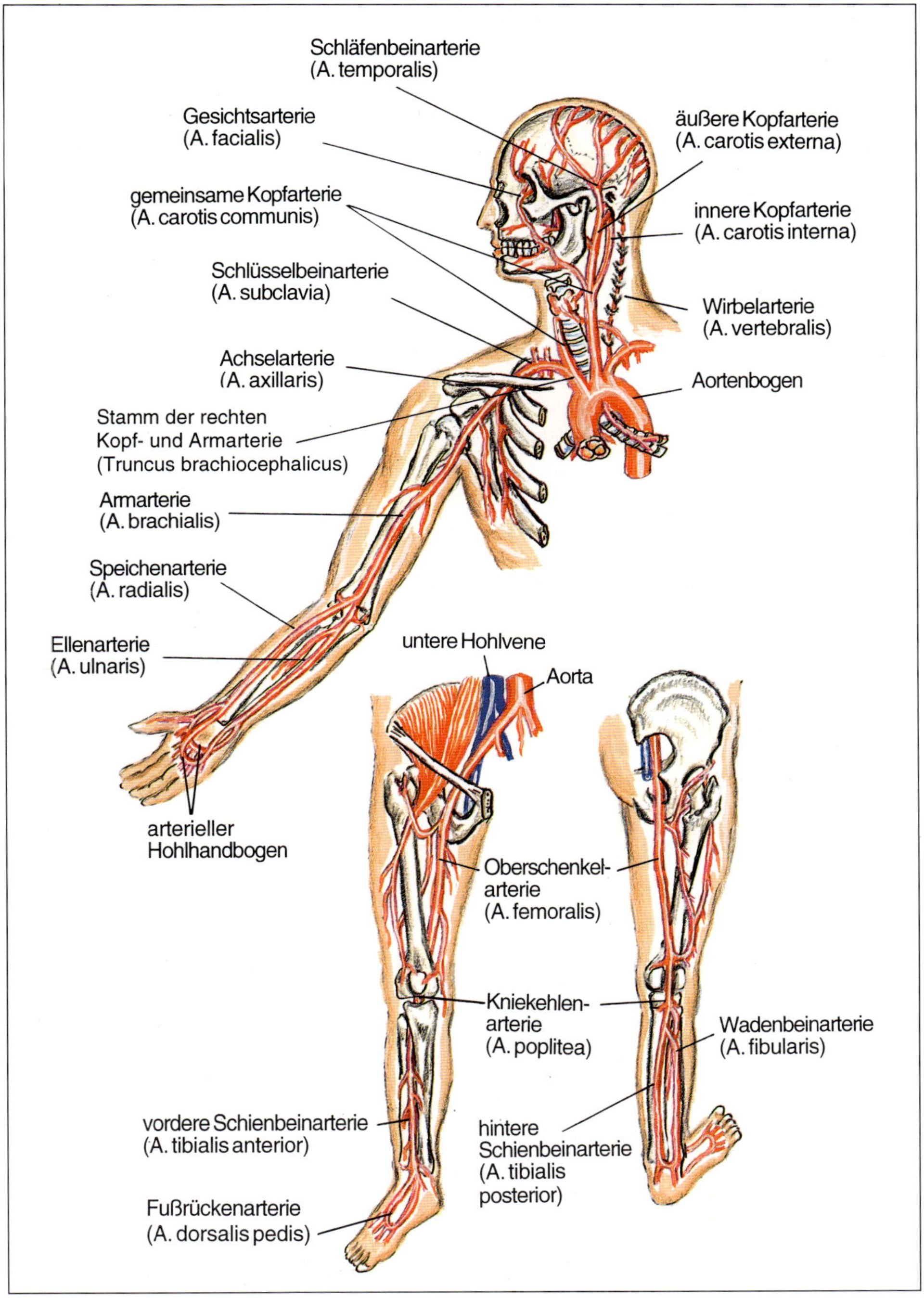

Abb. 114: Arterielle Versorgung von Kopf, Arm und Bein.

Tab. 23

Aortenabschnitt	abgehende Äste	Versorgungsgebiete
Aufsteigende Aorta	rechte und linke Herzkranzarterie (A. coronaria dextra und sinistra)	Herzwand
Aortenbogen	Truncus brachiocephalicus mit rechter gemeinsamer Halsschlagader (A. carotis communis dextra) und rechter Schlüsselbeinschlagader (A. subclavia dextra) linke gemeinsame Halsschlagader (A. carotis communis sinistra) linke Schlüsselbeinschlagader (A. subclavia sinistra)	Hals, Kopf, Arm
Brustaorta	Bronchialarterien und Speiseröhrenarterien	Brusteingeweide
	obere Zwerchfellarterien	Zwerchfelloberseite
	Zwischenrippenarterien	Brustwand
Bauchaorta	Unpaarige Äste	
	- Truncus coeliacus mit - linker Magenarterie - gemeinsamer Leberarterie - Milzarterie	Magen, Duodenum, Leber, Milz, Bauchspeicheldrüse
	- Obere Gekröseschlagader (A. mesenterica superior)	Darm ab Jejunum bis Quercolon (2. Drittel)
	- Untere Gekröseschlagader (A. mesenterica inferior)	letztes Drittel Quer- colon bis zum oberen Teil des Mastdarms
Paarige Äste	- Nebennierenarterien	Nebennieren
	- Nierenarterien	Nieren
	- Hoden- bzw. Eierstockarterien	Hoden bzw. Eierstöcke
	- Zwerchfellarterien	Zwerchfellunterseite
	- Lendenarterien	Bauchwand
	Gemeinsame Beckenschlagader (A. iliaca communis) mit	
	- innerer Beckenschlagader (A. iliaca interna)	Beckenorgane
	- äußerer Beckenschlagader (A. iliaca externa)	Bein

Nähere Informationen über wichtige Arterien des Körpers entnehmen Sie den Abbildungen 113, S. 222 und 114, S. 223.

Arterien des Lungenkreislaufs
Aus dem rechten Ventrikel entspringt der Lungenarterienstamm (Truncus pulmonalis), der sich aufteilt in:
- rechte Lungenarterie (A. pulmonalis dextra) und
- linke Lungenarterie (A. pulmonalis sinistra).

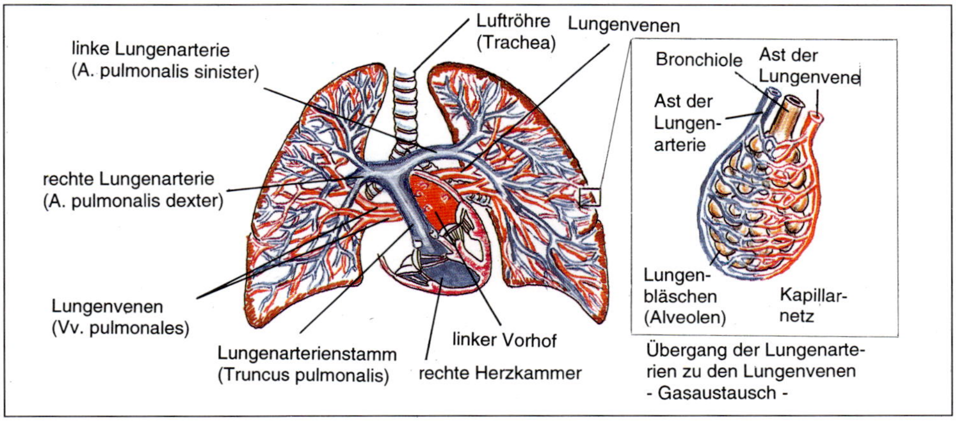

Abb. 115: Arterien des Lungenkreislaufs.

Beide Arterien treten am Lungenhilum in die Lunge ein und zweigen sich dort weiter auf.

Venen des Körperkreislaufs und ihre Einzugsgebiete
Bei den Venen des Körperkreislaufs unterscheidet man:
- *tiefe Venen*, die in der Regel als Begleitvenen der Arterien verlaufen und auch die gleiche Bezeichnung haben.
  Beispiel: A. radialis und V. radialis,
  A. renalis und V. renalis.

- *Oberflächliche oder Hautvenen*, die als blaue Stränge besonders gut an Hand- und Fußrücken sowie in der Ellenbeuge zu sehen sind (Abb. 116, S. 226 und Abb. 117, S. 227).

Merke: Oberflächliche und tiefe Venen stehen durch Anastomosen miteinander in Verbindung.

Alle Venen sammeln sich in 2 großen Venenstämmen:

1. Einzugsgebiet der oberen Hohlvene (V. cava superior)
Die V. cava superior sammelt das Blut aus der oberen Körperhälfte (oberhalb des Zwerchfells). Sie liegt im oberen Mediastinum.

2. Einzugsgebiet der unteren Hohlvene (V. cava inferior) und Pfortaderkreislauf
Die V. cava inferior sammelt das Blut aus der unteren Körperhälfte (unterhalb des Zwerchfells). Sie liegt im Retroperitonealraum rechts der Bauchaorta und beginnt mit der Vereinigung der beiden gemeinsamen Hüftvenen.

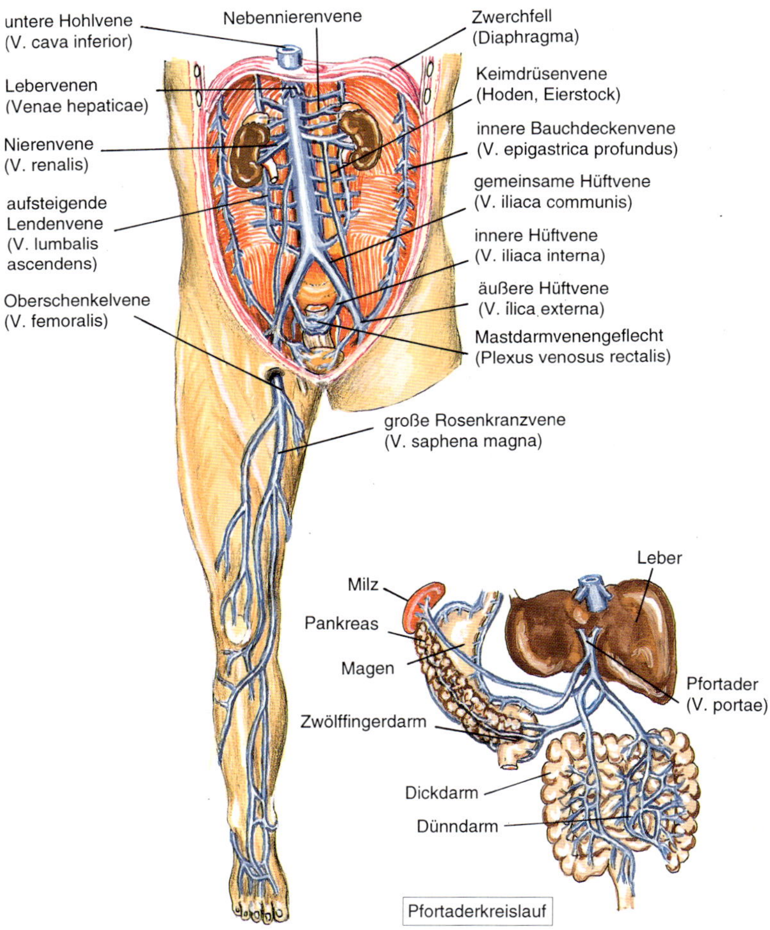

Abb. 116: Einzugsgebiet der V. cava inferior und Pfortaderkreislauf.

Merke:	Die Pfortader (V. portae) sammelt das Blut aus den unpaaren Bauchorganen und führt dieses mit Nahrungsstoffen angereicherte Blut der Leber zu (= Pfortaderkreislauf).

➤ Bei Verlegung der Pfortader nimmt das Blut einen Umweg (Kollateralkreislauf) über Anastomosen, die zu Venen der vorderen Bauchwand führen. Deren Erweiterung führt zum sog. Medusenhaupt.

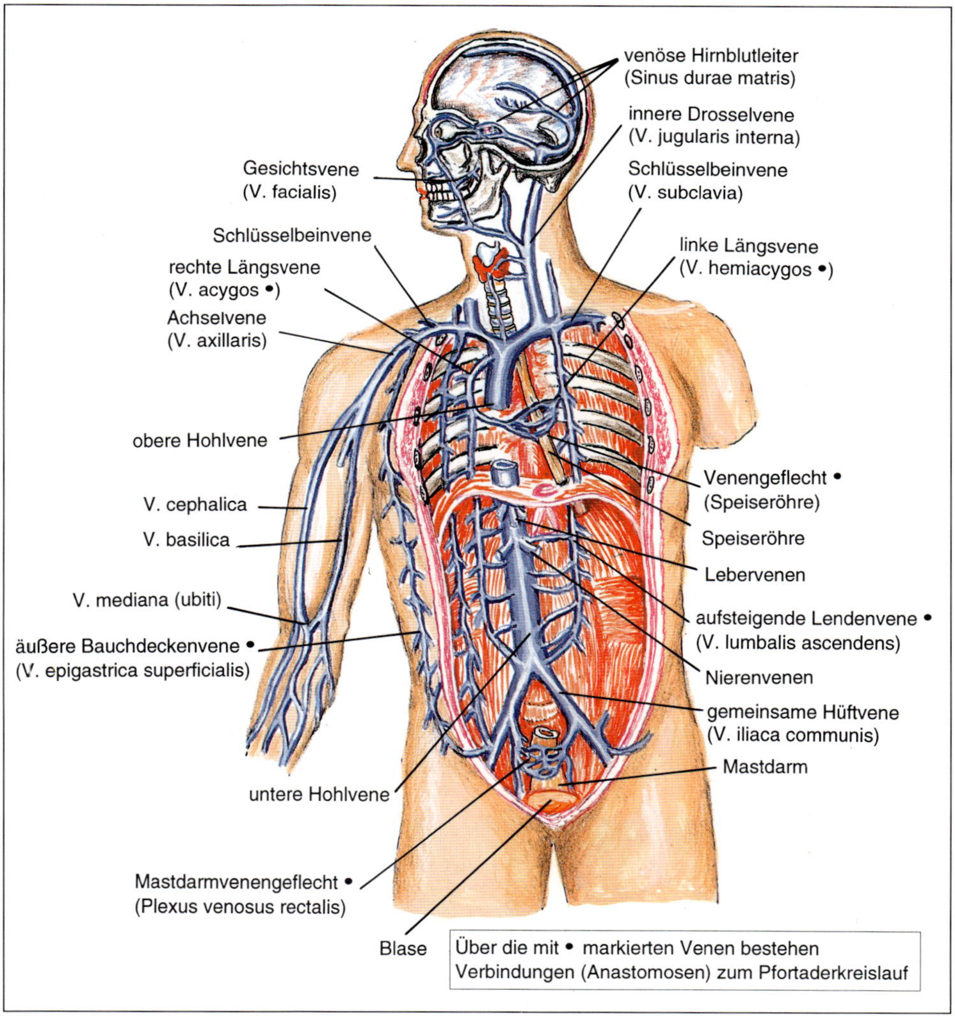

Abb. 117: Venen und ihre Einzugsgebiete.

9. 3. 3. Lymphgefäßsystem

Neben dem geschlossenen Blutgefäßsystem stellt das offene Lymphgefäßsystem ein zusätzliches Abflußsystem dar, durch das die überschüssige interstitielle Flüssigkeit wieder in das Blutgefäßsystem zurückgeführt wird. An den Extremitäten verlaufen die mittleren Lymphgefäße häufig in unmittelbarer Nachbarschaft der größeren Hautvenen.
Das Lymphgefäßsystem beginnt mit zahlreichen Lymphkapillaren in den Geweben. Diese sind ähnlich den Blutkapillaren gebaut, aber an einem Ende blind verschlossen.
Die Lymphkapillaren vereinigen sich zu ableitenden, oft mit Klappen ausgestatteten Lymphgefäßen, die über den Milchbrustgang *Ductus thoracicus* und den *Ductus lymphaticus dexter* in das Venensystem einmünden.
Der Ductus thoracicus ist der größte Lymphstamm. Er entsteht in Höhe des Zwerchfells, verläuft danach im hinteren Mediastinum und mündet in den linken Venenwinkel (= Vereinigung von V. subclavia sinistra und V. jugularis interna).

Der Ductus thoracicus sammelt die Lymphe aus:
- allen Körperteilen unterhalb des Zwerchfells,
- dem linken Arm,
- der linken Brust-, Hals- und Kopfseite.

Der nur ca. 1 cm lange Ductus lymphaticus dexter mündet in den rechten Venenwinkel (Vereinigung von V. subclavia dextra und V. jugularis interna) und sammelt die Lymphe aus:
- dem rechten Arm und
- der rechten Hals- und Kopfseite.

Bevor die Lymphe in die großen Lymphgefäße gelangt, passiert sie zahlreiche zwischengeschaltete Lymphknoten. Diese kommen an bestimmten Stellen gehäuft vor (regionäre Lymphknoten) und besitzen Filter- und Abwehrfunktion.

Merke: Die gesamte Lymphe wird in das Einzugsgebiet der oberen Hohlvene geleitet.

➤ Entzündete Hautlymphgefäße schimmern als rote Streifen durch die Haut (Lymphangiitis). Dies wird oft fälschlicherweise als "Blutvergiftung" bezeichnet.

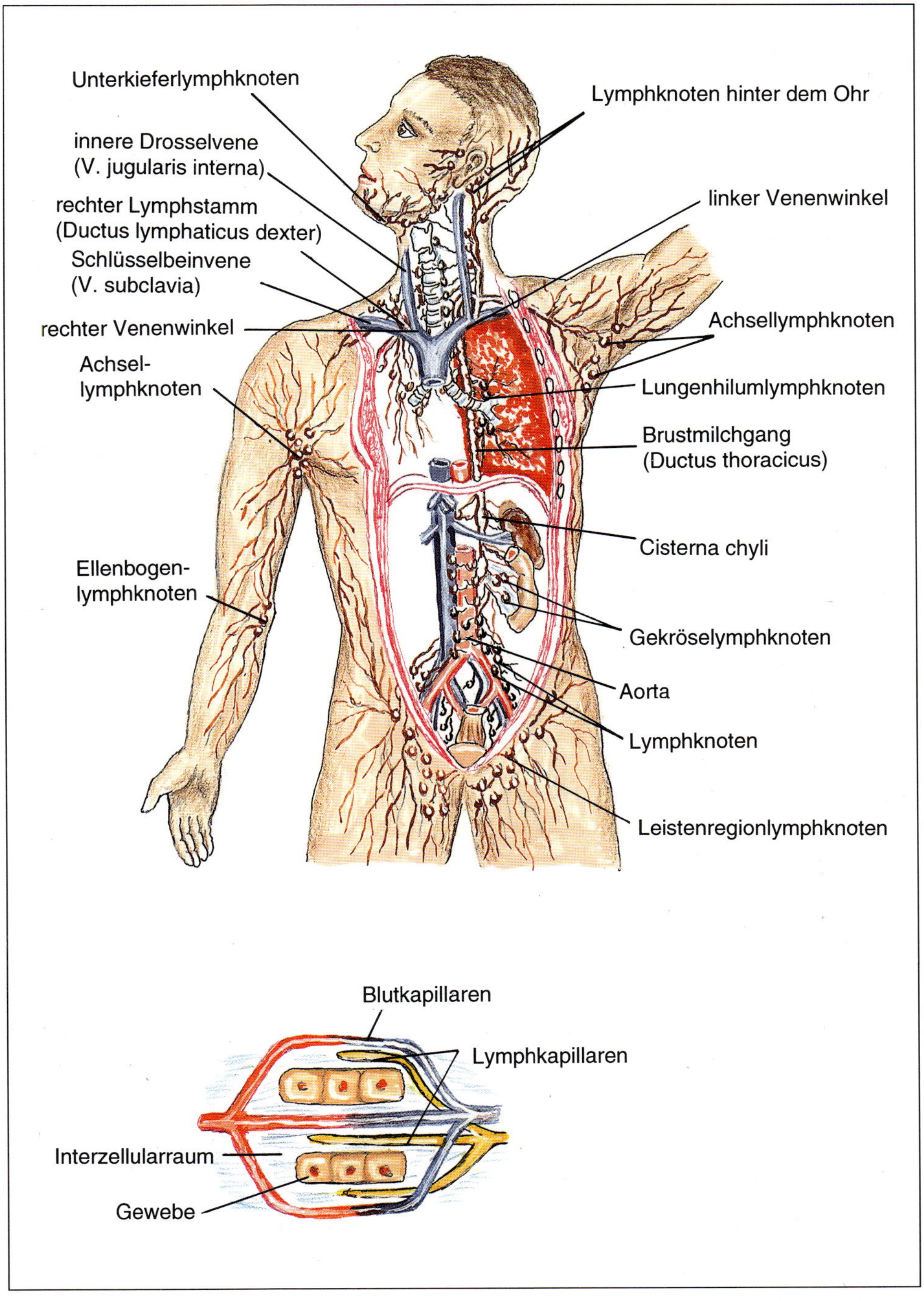

Abb. 118: Lymphgefäßsystem.

Zusammensetzung der Lymphe
Die Lymphe besteht aus interstitieller Flüssigkeit und ist ähnlich dem Blutplasma zusammengesetzt.

Wichtige Unterschiede:
- höherer Wasseranteil,
- geringerer Eiweißanteil (Ø 20 g/l, es gibt aber erhebliche regionale Unterschiede),
- geringerer Glucoseanteil,
- keine Erythrozyten.

> *Merke*: Die Darmlymphe heißt *Chylus* und ist vor allem für den Abtransport von Fetten verantwortlich (Ursache für das milchige Aussehen).

Lymphmenge
Ca. 2 l/d unter normalen Bedingungen (= 1/10 des kapillären Filtrats) (s. S. 245).

Lymphtransport
Der Transport der Lymphe erfolgt durch:
- Kontraktion der glatten Gefäßmuskulatur und
- vorübergehende Drucksteigerung in der Umgebung der Lymphgefäße.

Die *mittlere Strömungsgeschwindigkeit* ist dementsprechend *sehr langsam.*

➤ Verschluß von Lymphgefäßen führt zu *Lymphödemen.* Entzündungen der Hautlymphgefäße (z. B. nach Insektenstich) erkennt man an deren roter Verfärbung ("roter Strich" - im Volksmund fälschlich als "Blutvergiftung" bekannt).

Aufgabe
Das Lymphgefäßsystem dient dem Stofftransport, wobei gleichzeitig Kontroll- und Abwehraufgaben erfüllt werden.
Transportiert werden solche Stoffe, die die Wand der Blutkapillaren nicht passieren können und erst "gefiltert" werden müssen.
Beispiel: Bakterien, Ruß, Krebszellen
Fettstoffe (werden im Dünndarm resorbiert).

9. 4. Physiologie des Kreislaufsystems

Funktion des Herzens

Die Pumptätigkeit des Herzens gewährleistet die stetige Strömung des Blutes durch das Gefäßsystem. Aussetzen der Herztätigkeit bedeutet den Tod nach wenigen Minuten. Um weitestgehend selbständig zu sein, bildet das Herz die Erregungen für seine Tätigkeit selbst.

Bei der Tätigkeit des Herzens sind demnach zu unterscheiden:

- das elektrische Geschehen (Erregung),
- das mechanische Geschehen (Pumptätigkeit).

9. 4. 1. Erregung des Herzens

Das Myokard besteht aus 2 Typen von Herzmuskelzellen:

- Zellen, die selbst elektrische Impulse bilden und weiterleiten. Sie bilden das Erregungsbildungs- und -leitungssystem, das aus folgenden Teilen besteht.

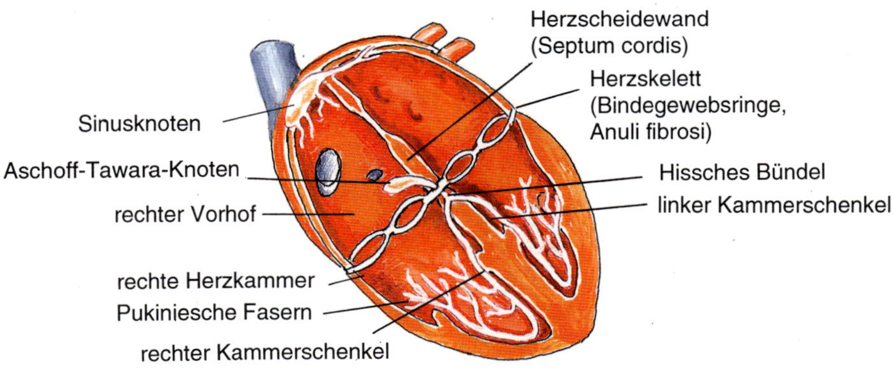

Abb. 119: Erregungsbildungs- und Leitungssystem des Herzens.

1. Sinusknoten (liegt im rechten Vorhofmyokard zwischen der Einmündung der V. cava sup. und dem rechten Herzohr)
Der Sinusknoten *bildet* rhythmisch *Erregungen* (in Ruhe ca. 70 pro Min.) unabhängig vom Nervensystem. Da jeder Sinuserregung eine Erregung des ganzen Herzens folgt, er also auf diese Weise die Tätigkeit des Herzens bestimmt, wird er *Schrittmacher des Herzens* genannt.

2. Vorhofmyokard
Vom Sinusknoten aus breitet sich die Erregung gleichmäßig über das Myokard beider Vorhöfe aus, so daß diese gleichzeitig kontrahieren. Dann wird der AV-Knoten erregt. Wegen der Isolationseigenschaft des Herzskelettes kann die Erregung nicht unmittelbar vom Vorhof- auf das Kammermyokard übergehen.

3. Atrioventrikularknoten, AV-Knoten, Aschoff-Tawara-Knoten (liegt in der Vorhofscheidewand unter dem Endokard zwischen der Mündung des Sinus coronarius und der Tricuspitalis)
Der AV-Knoten bildet die Überleitungsstelle zwischen Vorhöfen und Ventrikeln. Er verzögert die Erregungsleitung etwas.

4. Hissches Bündel (liegt in einer Lücke des Herzskeletts)
Vom AV-Knoten läuft die Erregung auf einer vorgeschriebenen Bahn in Richtung Herzspitze weiter. Unmittelbar an den AV-Knoten schließt sich das Hissche Bündel an und zieht zur Kammerscheidewand.

5. Kammerschenkel (liegen links und rechts des Kammerseptums)
Das Hissche Bündel teilt sich in die beiden Kammerschenkel, die zur Herzspitze ziehen und sich dabei aufzweigen.

6. Purkinjesche Fasern
Als Purkinjesche Fasern bezeichnet man die Aufzweigungen der beiden Kammerschenkel, die die Erregung auf die Kammer- und die Papillarmuskulatur übertragen. Dies geschieht ebenfalls gleichmäßig, so daß auch beide Kammern zur gleichen Zeit kontrahieren.

Merke:
- Der Sinusknoten bildet die Erregungen für das Herz automatisch. Die Sinusfrequenz beträgt in Ruhe ca. 70 Impulse pro Minute.
- Zuerst werden beide Vorhöfe gleichmäßig erregt, so daß sie auch gleichzeitig kontrahieren.
- Etwas später werden beide Kammern gleichmäßig erregt, so daß sie gleichzeitig kontrahieren.
- Diese geordnete Erregungsbildung und -ausbreitung ist Voraussetzung für die Bewegung des Blutes in einem vorgegebenen Richtungssinn.
- Grundsätzlich kann die automatische Erregungsbildung im gesamten Herzen erfolgen, so daß ein Ausfall des Sinusknotens nicht zum Herzstillstand führt. Aber die Impulsfrequenz anderer Teile ist immer niedriger, z.B. AV-Rhythmus: 30-40 Impulse/min.
- Beim gesunden Herzen bildet der Sinusknoten die Erregungen am schnellsten und unterdrückt dadurch die anderen Teile (Sinusknoten als Schrittmacher).

➤ Das Erregungsgeschehen kann durch verschiedene Schädigungen gestört werden.

Beispiele: Herzblock: Störung der Überleitung von den Vorhöfen auf die Kammern.
Rhythmusstörungen (= Arythmien), z.B. Extrasystolen, die außerhalb des Rhythmus auftreten,
Sinustachykardie: Sinusfrequenz > 100/min.
Sinusbradykardie: Sinusfrequenz < 60/min.

Das Elektrokardiogramm (EKG)

Das EKG registriert die mit dem Erregungsgeschehen des Herzens verbundenen Spannungsschwankungen.

Es kann Auskunft geben über:

- Herzfrequenz,
- Erregungsrhythmus und -ursprung,
- Impulsausbreitung,
- Erregungsrückbildung,
- Herzlage.

Hauptsächlich leistet das EKG einen Beitrag zur Diagnosefindung von Herzrhythmusstörungen und Herzdurchblutungsstörungen (Angina pectoris, Herzinfarkt). Das EKG hat nur eine bedingte Aussage zur Herzleistung.

Die gebräuchlichsten Ableitungen sind standardisiert, um vergleichbare Aufzeichnungen zu erhalten. Dazu gehören:

- die 3 Extremitätenableitungen nach Einthoven,
- die 6 Brustwandableitungen nach Wilson.

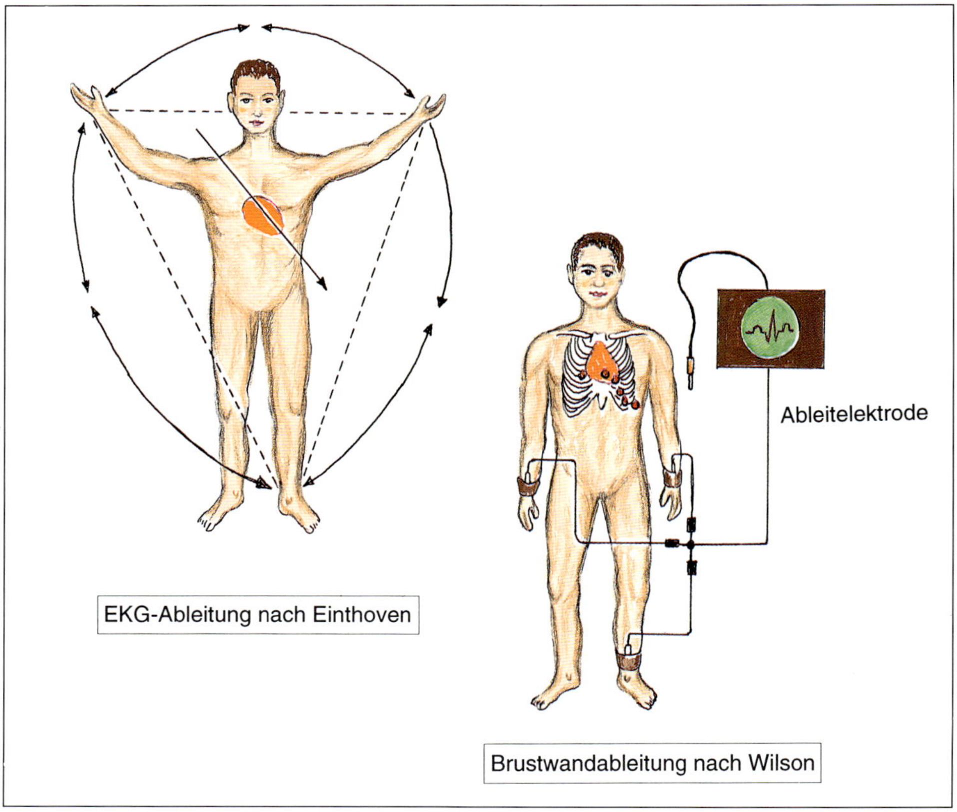

Abb. 120: EKG-Ableitungen.

9. 4. 2. Mechanik der Herztätigkeit

Die Herztätigkeit läuft in Form einer Pumparbeit ab, die sich in einem dauernden Wechsel von

- Systole (Kontraktion) und
- Diastole (Erschlaffung) vollzieht.

Der Herzzyklus erzeugt fortlaufende Druck- und Volumenveränderungen, die ein entsprechendes Spiel der Herzklappen und damit die Blutströmung gewährleisten.

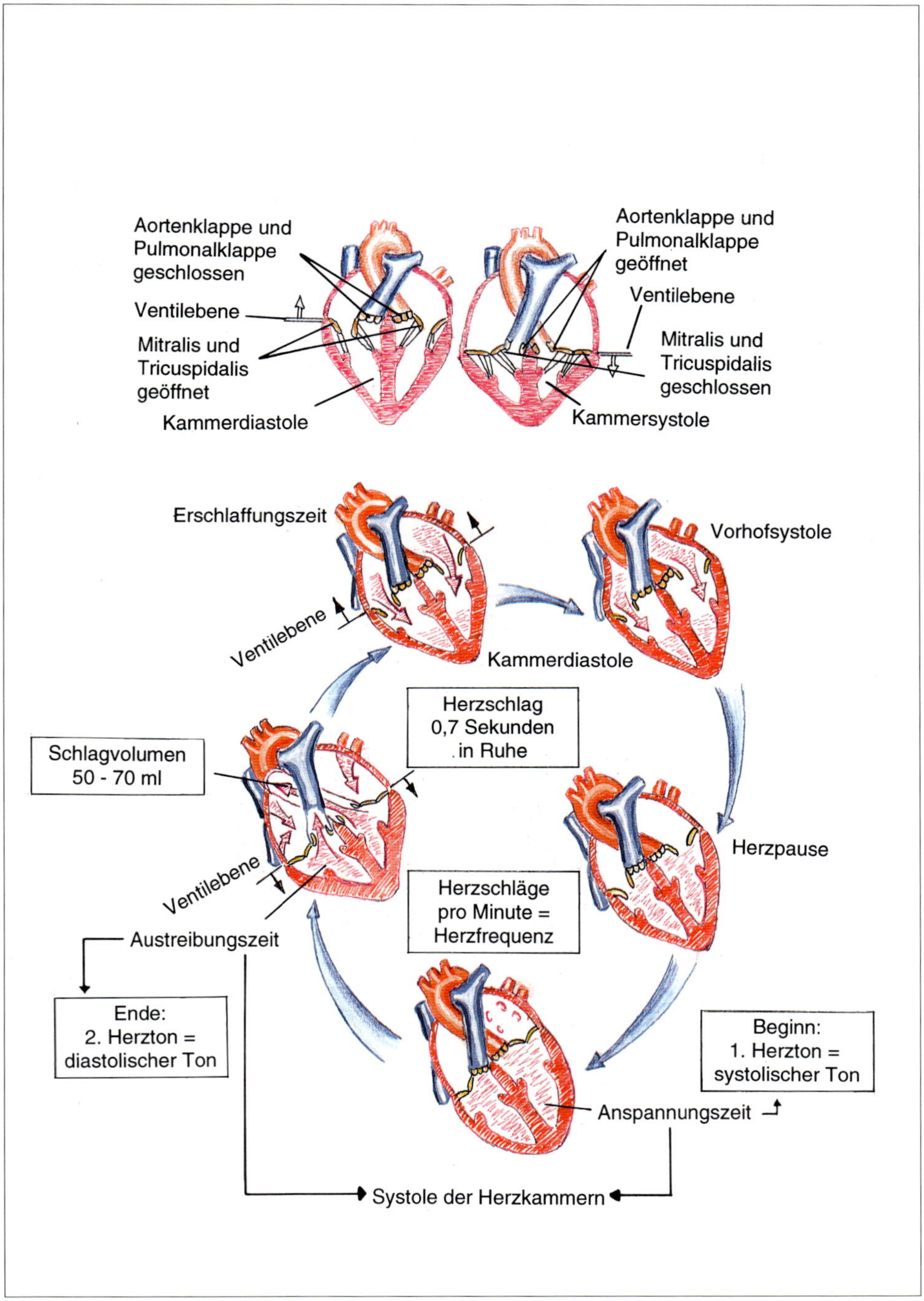

Abb. 121: Ablauf eines Herzschlags.

Merke: Nur während der Diastole fließt das Blut von der Aorta in die Herzkranzgefäße, so daß der hohe Blutbedarf des Herzmuskels gedeckt wird. Während der Systole werden die Herzkranzgefäße durch die Muskelkontraktionen "abgedrückt".

Ablauf eines Herzschlages:
Folgende ursächliche Zusammenhänge sind zu beachten:

Elektrischer Impuls
↓
Muskeltätigkeit
↓
Druckverhältnisse
↓
Klappenstellung
↓
Blutbewegung

Sinusknotenimpuls breitet sich im Vorhofmyokard aus
↓
Kontraktion des Vorhofmyokard
(Vorhöfe sind zu diesem Zeitpunkt gefüllt;
Segelklappen offen und Taschenklappen geschlossen)
↓
geringer Anstieg des Vorhofdruckes
↓
wenig Blut strömt von den Vorhöfen in die Ventrikel
↓
Erregungsüberleitung auf die Ventrikel
↓
Kontraktionsbeginn des Kammermyokards
= *Anspannungsphase der Kammersystole*
↓
Ventrikeldruck steigt über Vorhofdruck
↓
Segelklappen werden geschlossen

Kammermyokard kontrahiert weiter
= *Austreibungsphase der Kammersystole*
↓
Ventrikeldruck steigt über den Arteriendruck
↓
Taschenklappen werden geöffnet
↓
Schlagvolumen von ca. 70 ml wird aus jedem Ventrikel
in die Ausflußbahnen gedrückt;
Restvolumen von ca. 70 ml verbleibt in den Ventrikeln
(Schlagvolumen + Restvolumen = enddiastolisches Ventrikelvolumen).
Gleichzeitig verlagert sich die Ventrikelebene herzspitzenwärts
↓
Entstehung eines Soges (Unterdruckes) in den Vorhöfen
↓
Füllung der Vorhöfe
↓
Erregungsrückbildung = Beginn der Kammerdiastole
↓
Erschlaffung des Kammermyokards
↓
Ventrikeldruck fällt

- unter Arteriendruck

Taschenklappen werden geschlossen,
so daß der Rückfluß des Blutes in die Ventrikel verhindert wird

- unter Vorhofdruck

Segelklappen werden geöffnet
↓
Ventilebene verlagert sich wieder zur Herzbasis
↓
Blut fließt von den Vorhöfen in die Ventrikel
und gleichzeitig über die Einflußbahnen in die Vorhöfe

Begleiterscheinungen der Herzaktion

Durch den Klappenschluß erzeugte Schwingungen führen zu diagnostisch verwertbaren Schallerscheinungen.

Man unterscheidet:

- den *1. Herzton,* der beim Schluß der Segelklappen am Systolenbeginn auftritt,
- den *2. Herzton,* der beim Schluß der Taschenklappen am Diastolenbeginn auftritt.

➤ Störungen der Klappenfunktion (Klappenfehler), z.B. eine Stenose (Klappen können sich nicht mehr richtig öffnen), oder eine Insuffizienz (Klappen schließen sich nicht mehr vollständig) beeinträchtigen die Pumpfunktion. Funktionsuntüchtige Herzklappen können durch künstliche Klappen ersetzt werden.

Stenosen und Insuffizienzen verursachen Herzgeräusche. Die Schallerscheinungen (Töne = physiologisch, Geräusche = meist pathologisch) des Herzens können vom Arzt mit dem Stethoskop abgehört werden, wobei der Schall jeder Klappe an bestimmten Stellen der Brustwand am besten zu hören und damit meist einer bestimmten Klappe zuzuordnen ist. Objektiviert werden können die Schallereignisse mittels der Phonokardiographie.

Herzleistung

Die Förderleistung des Herzens wird als Herzminutenvolumen (= Herzzeitvolumen) berechnet.

Herzminutenvolumen = Herzfrequenz x Schlagvolumen.

Beispiel: Herzfrequenz: 72 min^{-1}
Schlagvolumen: 70 ml
Herzminutenvolumen = $72 \text{ min}^{-1} \times 70 \text{ ml} = 5 \text{ l} \times \text{min}^{-1}$

Merke: Das Herzminutenvolumen gibt an, welche Blutmenge pro Minute in das Gefäßsystem gepumpt wird.

➤ Bei stärkster körperlicher Arbeit kann das Herzminutenvolumen bis auf 20 l min^{-1} ansteigen.

Regelung der Herzleistung
Die Eigenrhythmik (Autonomie) des Herzens kann vom vegetativen Nervensystem (s. S. 463) modifiziert werden. Dadurch erfolgt die funktionsgerechte Einstellung der Herztätigkeit entsprechend der Belastungssituation.

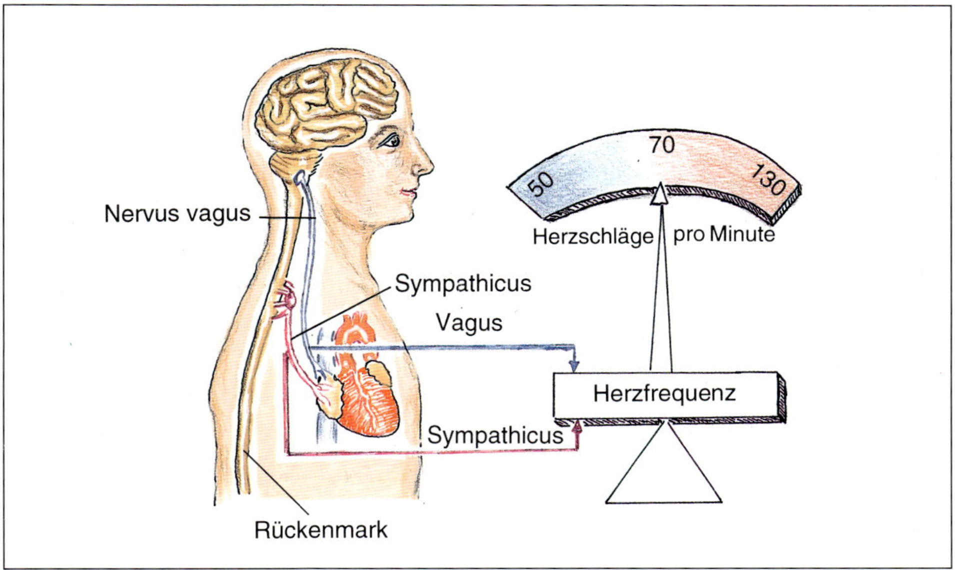

Abb. 122: Regelung der Herzleistung.

9. 4. 3. Funktion der Gefäße

Der Transport des Blutes unterliegt bestimmten physikalischen Gesetzmäßigkeiten, von denen einige genannt werden sollen:
- Das Blut strömt entlang des herrschenden Druckgefälles im Kreislaufsystem.
- Die Durchflußmenge ist um so größer, je größer die Druckdifferenz und je geringer der Strömungswiderstand ist.
- Der Strömungswiderstand ist um so geringer, je kürzer und je weiter die Gefäße sind (durch Parallelschaltung der vielen Kapillaren ist der Strömungswiderstand trotz des geringen Durchmessers der einzelnen Kapillare geringer als in den Arteriolen).
- Die Strömungsgeschwindigkeit ist in den Kapillaren am geringsten und in der Aorta am höchsten.

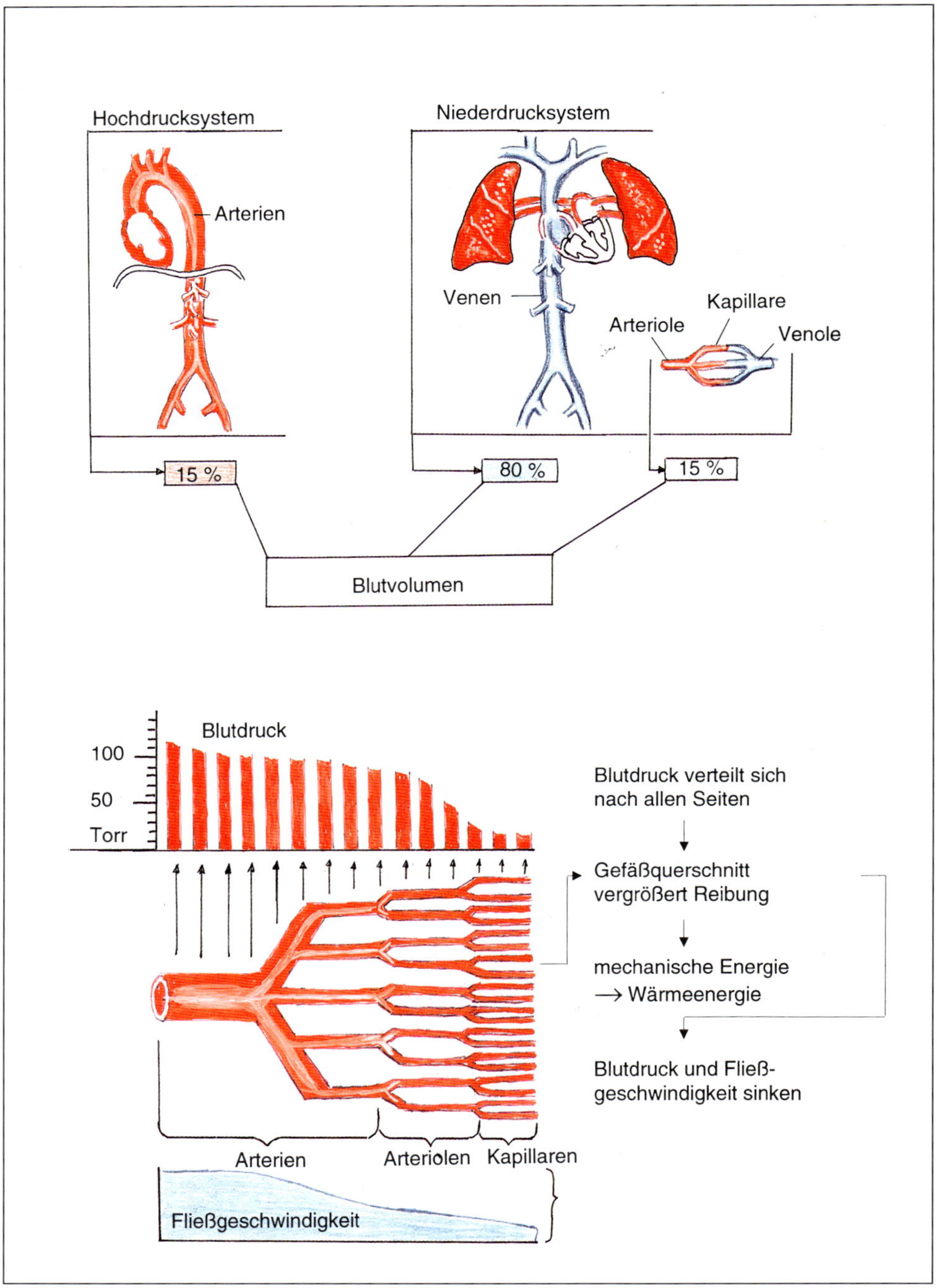

Abb. 123: Hoch- und Niederdrucksystem (Blutdruck, Querschnitt; Strömungswiderstand, Strömungsgeschwindigkeit).

Arteriensystem

Die Arterien erfüllen 2 Aufgaben:

- sie verteilen das Blut auf die Körperperipherie und
- verwandeln die stoßweise Blutströmung am Aortenanfang in eine annähernd kontinuierliche Strömung (Windkesselfunktion).

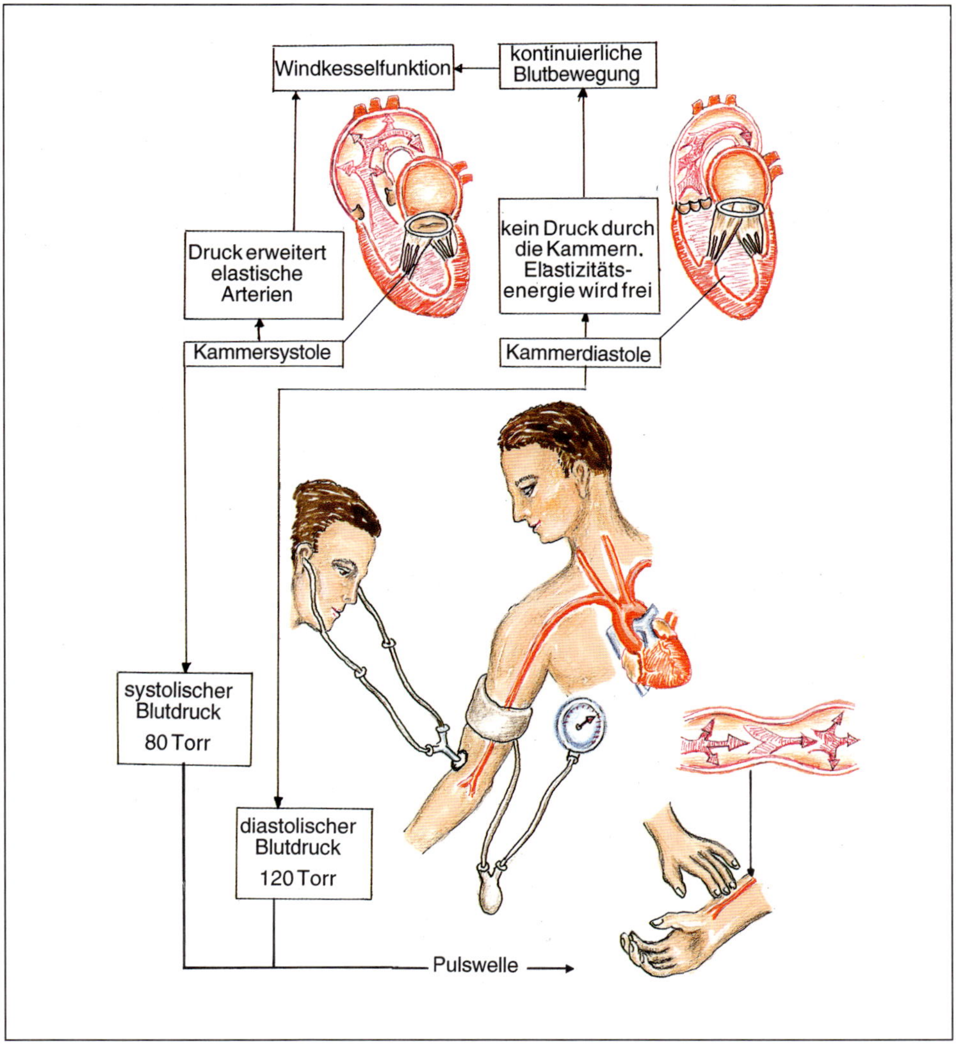

Abb. 124: Windkesselfunktion.

Merke: *Austreibungsphase der Kammersystole: Ein Teil des Schlagvolumens fließt als systolisches Abflußvolumen sofort weiter, ein weiterer Teil wird kurzfristig in dem sich dehnenden Aortenabschnitt gespeichert. Es entsteht der systolische arterielle Blutdruckwert. Diastole: In der Phase des Druckabfalls zieht sich die gedehnte Wand elastisch zusammen und bewirkt das Weiterfließen des Blutes in Richtung Kapillaren. Es entsteht der diastolische arterielle Blutdruckwert.*

Blutdruck (in den Blutgefäßen und Herzkammern herrschender Druck)
In der Aorta ascendens eines jungen Erwachsenen herrschen folgende Drücke: - systolischer Druck: 120 Torr, - diastolischer Druck: 80 Torr.
Der mittlere arterielle Druck beträgt mithin 100 Torr. *Die Blutdruckamplitude* (Differenz zwischen systolischem und diastolischem Druck) beträgt im angegebenen Beispiel 40 Torr. Die Blutdruckmessung erfolgt meist unblutig nach Riva Rocci (Manschettenmethode).

➤ Systolische Werte über 160 und diastolische Werte über 95 Torr kennzeichnen den Bluthochdruck (Hypertonie).

Puls

Als Puls bezeichnet man den in der Austreibungsphase der Systole in den elastischen Arterien entstehenden Druckstoß, der sich als Druckwelle fortpflanzt.

Der Puls ist an oberflächlich liegenden Arterien, z.B. A. radialis, A. carotis communis, A. temporalis, A. dorsalis pedis tastbar (s. S. 223, Abb. 114).

Merke: In der Regel gilt: Pulsfrequenz = Herzfrequenz = Sinusfrequenz.

➤ Durch Palpation der Pulswelle können wichtige Informationen über den Funktionszustand des kardiovaskulären Systems gewonnen werden (z.B. Frequenz, Rhythmus).

Verteilungsfunktion

Die Verteilung des Herzminutenvolumens auf die einzelnen parallel geschalteten Organkreisläufe geschieht durch die Arteriolen.
Unter dem Einfluß des vegetativen Nervensystems bzw. von bestimmten Hormonen werden diese Gefäße verengt oder erweitert.

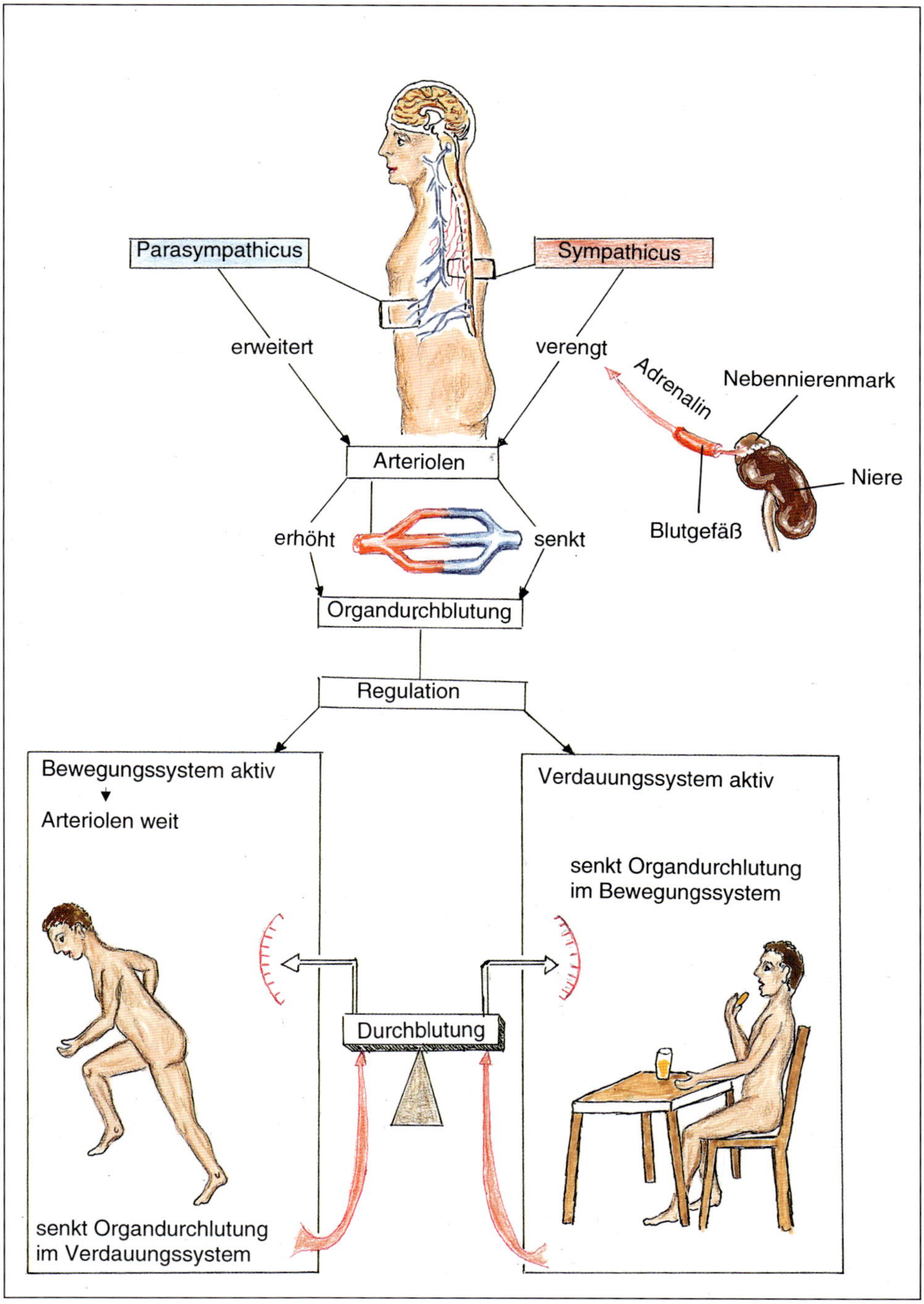

Abb. 125: Regulation der Organdurchblutung.

Kapillarsystem

In den Kapillargebieten findet der Austausch aller transportierten Stoffe zwischen dem Transportmittel Blut und dem Gewebe statt.

Beachte: Zwischen Kapillar- und Zellmembran befindet sich die interstitielle Flüssigkeit.

Im Bereich der Kapillargebiete erfolgt:
- die Versorgung der Zellen,
- die Entsorgung der Zellen,
- die hormonelle Informationsübertragung,
- die ausgeglichene Wasser- und Elektrolytbilanz.

Die Kapillargebiete sind durch folgende Eigenschaften diesen Funktionen bestens angepaßt:

- großer Querschnitt → langsame Strömung
- Oberflächenvergrößerung infolge starker Gefäßverzweigung → große Austauschfläche
- sehr dünne durchlässige Gefäßwände → kurze Transportwege
- kleine Versorgungsgebiete, kleiner Radius → ausreichender Druck

Der Flüssigkeitsaustausch wird durch folgende Mechanismen gewährleistet:

1. *Diffusion* (s. S. 33): Die Diffusion erfolgt entsprechend dem Konzentrationsgefälle für kleinmolekulare Stoffe wie O_2, CO_2 u. Wasser in beide Richtungen. Sie spielt die größte Rolle.

2. *Filtration* (s. S. 36): Die treibende Kraft der Filtration ist der *effektive Filtrationsdruck*. Er gewährleistet *rasche Flüssigkeitsverschiebungen* zwischen Blutplasma und Interstitium und steht damit im Dienste des Wasserbestandes des Organismus. Der effektive Filtrationsdruck resultiert aus im Blut und Gewebe herrschenden Drücken, von denen in der folgenden Abbildung Blutdruck und kolloidosmotischer Druck berücksichtigt sind.

Merke: Normalerweise herrscht zwischen der auswärts strömenden und der einwärts strömenden Flüssigkeitsmenge einschließlich Lymphstrom ein Gleichgewicht. Störungen dieses Gleichgewichtes können zu Flüssigkeitsverschiebungen zwischen den drei großen Flüssigkeitsräumen führen (s. S. 30), so z.B. auch zu Ödemen.

3. *Pinozytose* (s. S. 37): Aktiver Transport von Eiweißen.

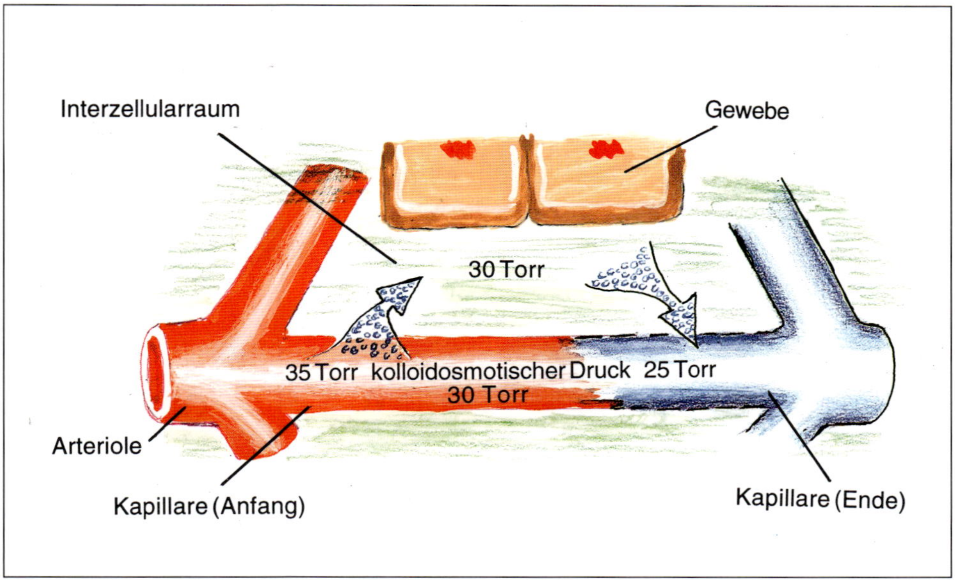

Abb. 126: Filtration.

Venensystem

Das Venensystem erfüllt im Kreislaufsystem 2 Aufgaben:

1. Rücktransport des Blutes zum Herzen nach erfolgtem Stoffaustausch in den Kapillaren (= venöser Rückstrom),
2. Blutspeicher (ca. 80% des Blutvolumens befinden sich im Venensystem).

Transportfunktion

Der *venöse Rückstrom* des Blutes in den rechten Vorhof wird durch folgende Mechanismen gesichert (s. Abb. 127, S. 246):

- *Restblutdruck*, der von der Herzarbeit im Venensystem noch wirkt.
- Schwerkraft oberhalb des Herzens.
- *Sogwirkung des Herzens* durch die Verlagerung der Ventilebene herzspitzenwärts (s. S. 235).
- *Sogwirkung des Thorax* während der Inspiration (s. S. 288).
- *Muskelpumpe*: Durch die Kontraktion der Muskeln werden die Venen zusammengedrückt. Die Wirksamkeit der Muskelpumpe wird durch die *Venenklappen* unterstützt, die als Ventile ein Rückströmen verhindern.
- *Arterien-Venen-Kopplung*: Die Pulsation der Arterie überträgt sich auf die Vene und wirkt wie eine Muskelpumpe.

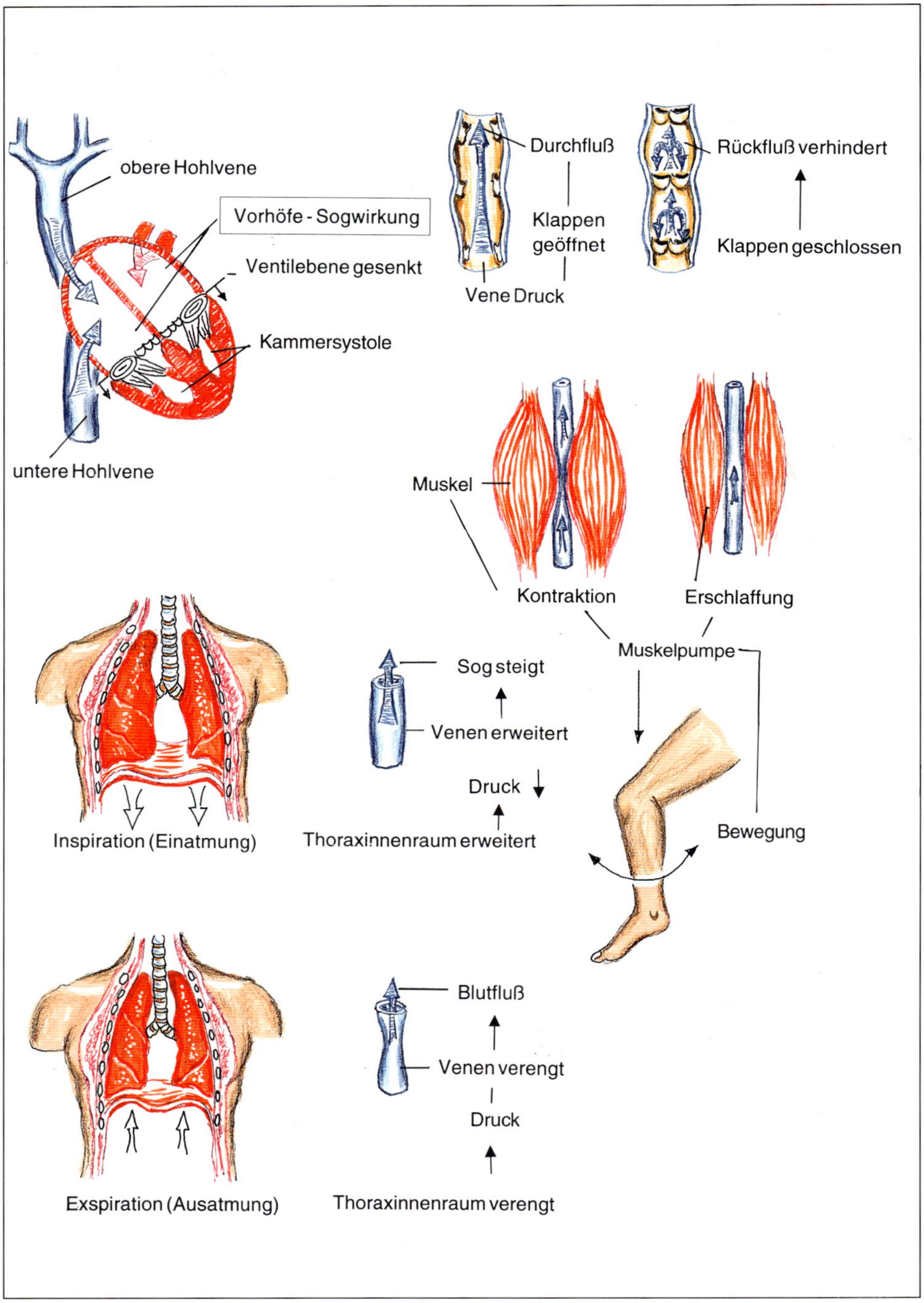

Abb. 127: Venöser Rückstrom.

Speicherfunktion
Im Venensystem befinden sich aufgrund seiner Dehnbarkeit ca. 80% des Blutvolumens. Je nach zu erbringender Körperleistung wird, ohne daß sich der zentrale Venendruck verändert, das Blut mobilisiert. Dadurch trägt das Venensystem entscheidend zur Stabilisierung des Kreislaufs bei und eignet sich besonders gut für:
- Punktionen, - Infusionen, - Transfusionen.

Tab. 24

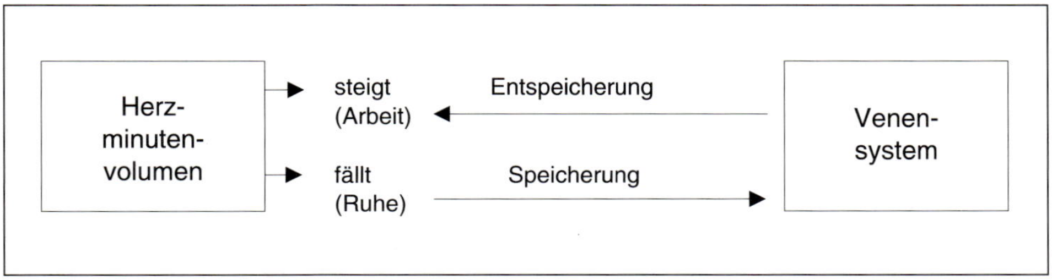

> *Merke:* Beim Wechsel vom Liegen zum Stehen (Orthostase) kann ein Teil des Blutes vor allem aus dem Lungenkreislauf in den Beinvenen "versacken" und unter Umständen zum orthostatischen Kollaps führen.

9. 4. 4. Regulation des Blutkreislaufes

Aufgabe der Kreislaufregulation ist:
- das Herzminutenvolumen (HMV) ständig an die augenblicklichen Bedürfnisse des Organismus bzw. bestimmter Organe anzupassen.

Diese Anpassung geschieht in Kombination von
- lokalen (regionalen) Regulationsmechanismen und
- zentralen (überregionalen) Regulationsmechanismen.

Regionale Regulation

Die Verteilung des Herzminutenvolumens ist den unterschiedlichen Bedingungen angepaßt.

- Organe mit gleichbleibend hohen Anforderungen (z.B. Gehirn) werden konstant gut durchblutet.
- Organe mit wechselnden funktionellen Anforderungen (z.B. Leber, Muskulatur, Gastrointestinaltrakt) werden unterschiedlich stark durchblutet.

Die Regulation der Organdurchblutung erfolgt durch die Änderung des Strömungswiderstandes infolge Gefäßverengung (Vasokonstriktion) bzw. Gefäßerweiterung (Vasodilatation).

Tab. 25

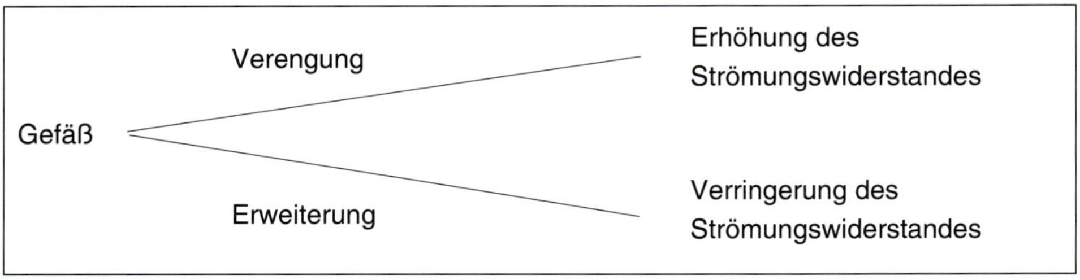

Die Veränderung des Gefäßquerschnittes zum Zweck der Leistungsanpassung wird erreicht durch:

- lokale Durchblutungsregulation,
- nervale Durchblutungsregulation,
- humoral-hormonelle Durchblutungsregulation.

Lokale Durchblutungsregulation

Wichtige Mechanismen sind:

1. Die Eigenschaft vieler Gefäße bei Blutdruckanstieg mit Kontraktion und bei Blutdruckabfall mit Erschlaffung zu reagieren.
   Auf diese Weise bleibt trotz Blutdruckschwankungen die Durchblutung der lebenswichtigen Organe weitgehend konstant.
2. Die Wirkung von Stoffen, die für den Stoffwechsel wichtig sind oder als Stoffwechselprodukte entstehen. Folgende Stoffe bedingen bei Konzentrationsanstieg vasodilatatorische Effekte:
   - CO_2,
   - Adenosin,
   - ATP, ADP,
   - Pyruvat.

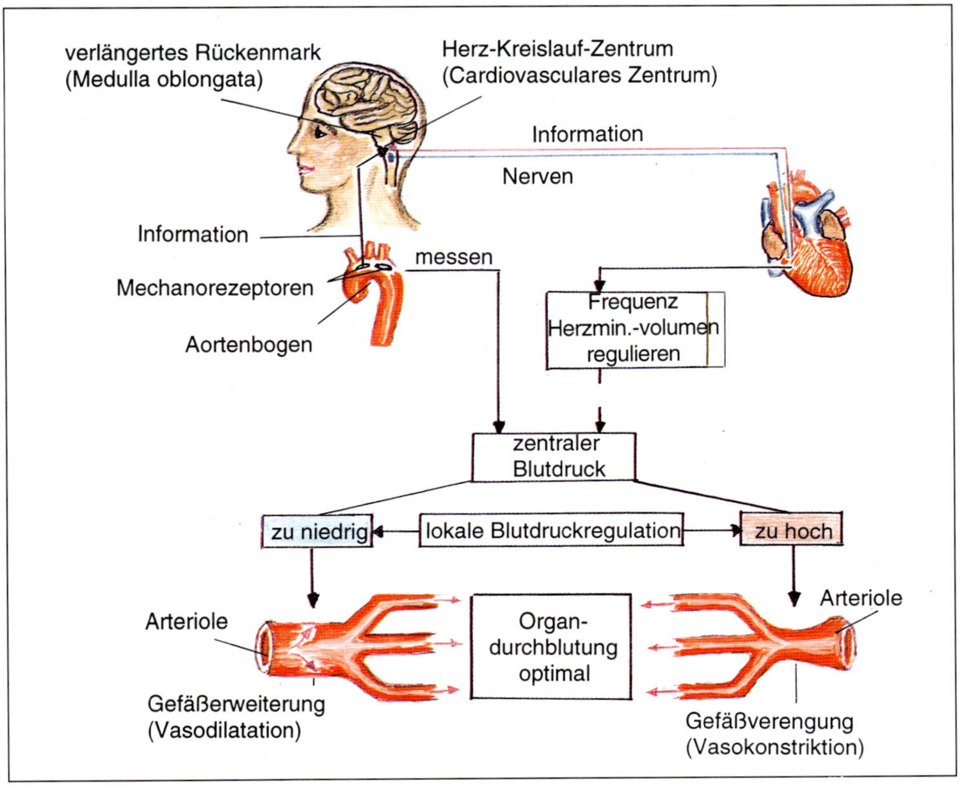

Abb. 128: Blutdruckregulation.

Nervale Durchblutungsregulation

Die nervale Steuerung der lokalen Durchblutung erfolgt überwiegend durch den *Sympathicus*. Das an den sympathischen Nervenendigungen freigesetzte Noradrenalin bewirkt je nach Quantum eine mehr oder weniger starke *Gefäßwandkontraktion*.

➤ Die Erregung parasympathischer Nervenfasern bewirken eine Erweiterung der Blutgefäße in den Genitalorganen bei sexueller Erregung.

Humoral-hormonelle Durchblutungsregulation

- Gefäßaktive Substanzen wie Kallidin, Bradykinin und Histamin wirken vasodilatatorisch, Angiotensin II (s. S. 250) vasokonstriktorisch.
- Adrenalin und Noradrenalin wirken in unterschiedlichen Gefäßabschnitten gegensinnig.

> *Merke:* Durch lokale Regulation ist der Organismus in der Lage, die Organdurchblutung schnell, aber nur bis zu einem gewissen Grade zu verändern.

Renin-Angiotensin-Mechanismus

Dieser Regulationsmechanismus setzt bei einer Verminderung der Nierendurchblutung ein und führt letztendlich durch die Bildung von Angiotensin II zu einer starken Vasokonstriktion (s. Schema). Angiotensin II ist eine der am stärksten vasokonstriktorisch wirkenden Stoffe.

Tab. 26

Blutdrucksenkung
↓
Reninausschüttung ↑
↓
Angiotensinogen → Angiotensin I
Enzyme der Lunge →↓
Angiotensin II
↓
Vasokonstriktion
↓
Blutdrucksteigerung

Zentrale Kreislaufregulation (stark vereinfacht)

Für die richtige Durchblutung der einzelnen Organe ist vor allem die Aufrechterhaltung eines bestimmten Blutdruckes notwendig.

Blutdruck und Herzminutenvolumen hängen ab
- von der treibenden Kraft, die durch das Herz verursacht wird, und
- dem Strömungswiderstand im Gefäßsystem.

Neben den lokalen Regulationsmöglichkeiten erfolgt unter Kontrolle des Kreislaufzentrums in der Medulla oblongata über das vegetative Nervensystem eine zentrale Regulation des Kreislaufes nach dem Prinzip eines biologischen Regelkreises.

Tab. 27

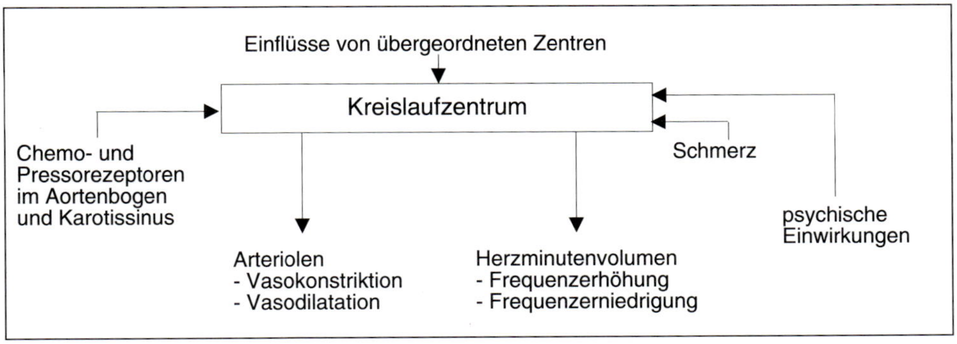

Bei den beschriebenen Regulationsmöglichkeiten sind zu unterscheiden:
- schnelle Regelung über das vegetative Nervensystem,
- langsame Regelung mit Hilfe von Hormonen und anderen Wirkstoffen.

Tab. 28

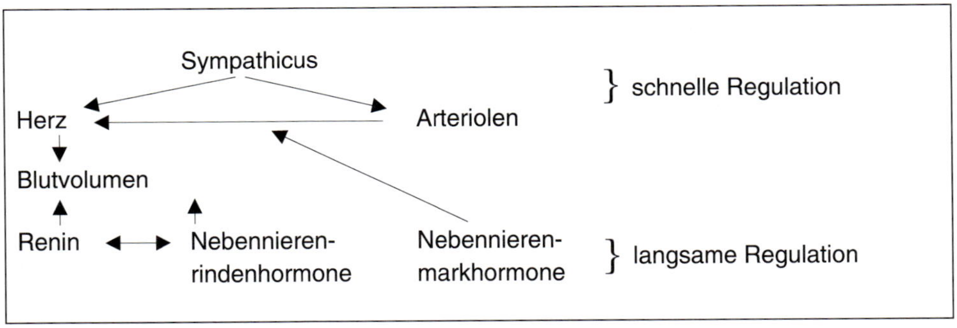

Merke: Kreislauf- und Atemregulationen sind immer gekoppelt, weil mit dem veränderten Herzminutenvolumen auch veränderte O_2- und CO_2-Mengen transportiert werden müssen, um der veränderten biologischen Oxydation gerecht zu werden.

➤ Versagen der Kreislaufregulation bedeutet, daß lebenswichtige Organe zu wenig durchblutet werden. Dies kann nach Blutverlust und bei orthostatischem Kreislaufversagen auftreten.

9. 5. Der Blutkreislauf des Keimlings (Fetalkreislauf)

In der 2. Schwangerschaftshälfte bildet sich der Kreislauf des Fetus heraus. Seine Besonderheit besteht darin, daß mit Ausnahme der Nabelschnurvene alle anderen Gefäße Mischblut führen. Der Stoffaustausch erfolgt in der Plazenta, in der aber mütterlicher und fetaler Kreislauf völlig getrennt sind. Das Blut des Keimlings wird durch die Arbeit seines Herzens fortbewegt.

Merke: Die Nabelschnur enthält 3 Gefäße:
- 1 Nabelschnurvene, die das sauerstoff- und nährstoffreiche Blut von der Plazenta in den Keimling leitet.
- 2 Nabelschnurarterien, die das verbrauchte Blut aus dem Keimling in die Plazenta zurückführen.

Der fetale Kreislauf ist gekennzeichnet durch drei physiologische Shunts (Kurzschlußverbindungen):
- Umgehung der Leber: Ductus venosus (Avantii);
- Umgehung der Lunge: Foramen ovale (im Vorhofseptum);
- Umgehung der Lunge: Ductus arteriosus Botalli (zwischen Truncus pulmonalis und Aorta).

Damit gelangt in Lunge und Leber relativ wenig Blut. Dies ist aber ausreichend, da durch die fehlende äußere Atmung und die von der Mutter fertig aufbereiteten Nährstoffe beide Organe ihre volle Funktion noch nicht erfüllen müssen. Kurz nach der Geburt müssen die Shunts geschlossen werden.

Umbildungen im Kreislauf nach der Geburt

Beim ersten Atemzug des Neugeborenen vollziehen sich folgende Umbildungen:
- Durch Entfaltung der Lungen wird das Blut aus dem Truncus pulmonalis angesaugt, durchströmt die Lungen und fließt über die Lungenvenen in den linken Vorhof.
- Der im linken Vorhof entstehende Druck schließt das Foramen ovale.
- Nabelschnurgefäße, Ductus arteriosus und Ductus venosus veröden in den ersten Lebensmonaten zu bindegewebigen Strängen.

➤ Nicht selten wird das Foramen ovale, also die Öffnung im Vorhofseptum, nicht vollständig geschlossen. Bei nur geringer Restöffnung ergeben sich kaum nachteilige Folgen, bei vollständig persistierender Öffnung muß diese operativ geschlossen werden.

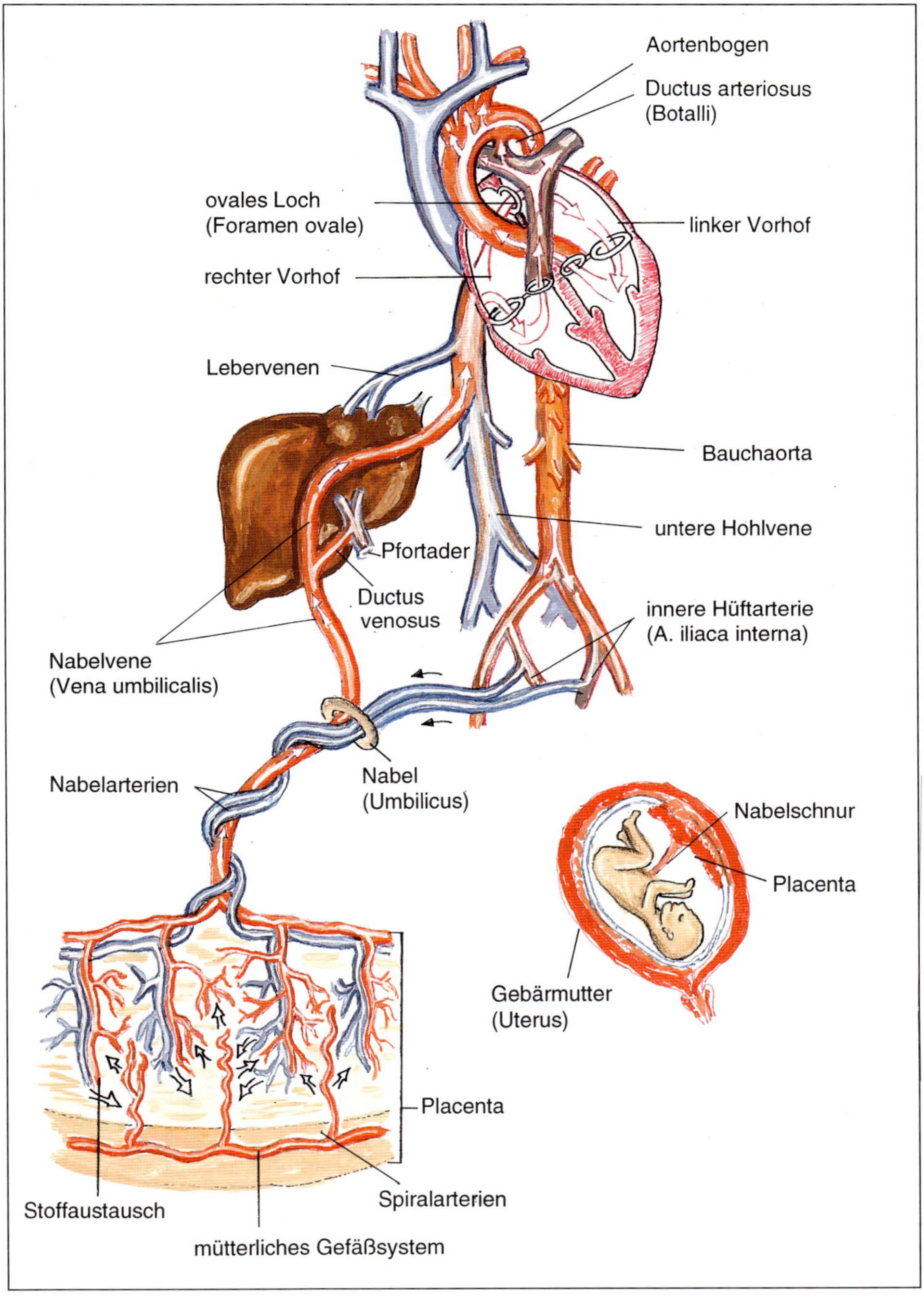

Abb. 129: Der Blutkreislauf des Keimlings (Fetalkreislauf).

Aufgaben zur Wiederholung

1. Definieren Sie den Begriff Kreislaufsystem und geben Sie einen Überblick über dessen Funktionen!
2. Geben Sie einen Überblick über die Zusammensetzung des menschlichen Blutes!
3. Beschreiben Sie den Bau eines Erythrozyten und nennen Sie die Hauptfunktion! Was ist der Hämatokrit?
4. Welche Arten von Leukozyten kennen Sie?
5. Wie ist ein Thrombozyt gebaut?
6. Wo werden die Blutzellen gebildet bzw. abgebaut?
7. Geben Sie die Normalwerte der Blutzellen an!
8. Nennen Sie die Bestandteile des Blutplasmas und erläutern Sie deren Funktion!
9. Welche Funktionen hat das Blut?
10. Beschreiben Sie die Vorgänge, die zum Verschluß eines verletzten kleineren Blutgefäßes führen!
11. Welche Ursachen könnten zu einer OP-Verschiebung wegen einer Gerinnungsstörung führen?
12. Wie kann man die Blutgerinnung bei Blutentnahmen am günstigsten verhindern?
13. Was versteht man unter der Fibrinolyse und wie läuft sie ab?
14. Welche Abwehrfunktionen nimmt das Blut wahr und wie verlaufen diese?
15. Charakterisieren Sie
    a) das AB0-System, b) das Rhesussystem.
16. Erläutern Sie die Problematik von Organtransplantationen!
17. Beschreiben Sie Lage und Bau des Herzens!
18. Welche Gefäßarten bilden das Gefäßsystem?
19. Beschreiben Sie den Wandaufbau der Gefäßarten!

20. Was sind Anastomosen und welche Bedeutung haben sie?

21. Erläutern Sie den Blutstrom durch das Herz!

22. Beschreiben Sie Lungen- und Körperkreislauf!

23. Wie erfolgt die Blutversorgung
    a) des Kopfes,
    b) der Arme,
    c) der Bauchorgane,
    d) der Beckenorgane,
    e) der Beine?

24. Suchen Sie am eigenen Körper folgende Arterien auf:
    - A. radialis,
    - A. carotis communis,
    - A. temporalis,
    - A. dorsalis pedis.

25. Nennen Sie die Einzugsgebiete
    a) der V. cava superior,
    b) der V. cava inferior.

26. Erläutern Sie den Pfortaderkreislauf!

27. Beschreiben Sie den Weg des Blutes mit Hilfe folgender Beispiele:
    a) Nährstofftransport vom Darm zur Leber,
    b) Arzneimitteltransport von der Armvene zum Herzmuskel,
    c) Harnstofftransport von der Leber zur Niere,
    d) Arzneimitteltransport vom M. gluteus medius zum Herzmuskel.

28. Beschreiben Sie den Aufbau und die Funktion des Lymphgefäßsystems!

29. Wie entsteht die Lymphe?

30. Beschreiben Sie den Erregungsablauf im Herzen!

31. Erkunden Sie in der Praxis die EKG-Abnahme und erbitten Sie die Befunderklärung durch einen Arzt!

32. Beschreiben Sie den Ablauf eines Herzschlages! Beginnen Sie mit dem Sinusknotenimpuls!

33. Definieren Sie: Sinusfrequenz, Herzfrequenz, Schlagvolumen, Restvolumen, Herzminutenvolumen, Phonokardiogramm.

34. Warum herrschen im linken Herzen höhere Drücke als im rechten?

35. Wie erfolgt die Anpassung der Herzleistung an unterschiedliche Belastungen?

36. Was verstehen Sie unter der Windkesselfunktion und welche Bedeutung hat sie?

37. Definieren Sie:
    a) Puls (wodurch kann die Pulsqualität verändert werden?),
    b) arterieller Blutdruck,
    c) Hoch- und Niederdrucksystem.
38. Erläutern Sie die Aufgaben der Arteriolen!
39. Erklären Sie die Mechanismen des Stoffaustausches!
40. Erläutern Sie die Mechanismen, die den venösen Rückstrom bewirken!
41. Worin liegt die Bedeutung des venösen Systems als Blutspeicher?
42. Begründen Sie die Eignung des Venensystems für Blutentnahmen, Injektionen, Infusionen und Transfusionen!
43. Begründen Sie, warum man nach einer reichlichen Mahlzeit nicht gleich schwimmen soll!
44. Begründen Sie die Notwendigkeit der Kreislaufregulation und was sind die grundsätzlichen Ziele?
45. Wie erfolgt die lokale Durchblutungsregulation der Organe?
46. Beschreiben Sie den Renin-Angiotensin-Mechanismus und seine Bedeutung!
47. Erläutern Sie das Prinzip der zentralen Kreislaufregulation!
    Unterscheiden Sie zwischen schnellen und langsamen Regulationsmechanismen!
48. Begründen Sie, warum Kreislauf- und Atmungsregulation gekoppelt sein müssen!
49. Welche Besonderheiten kennzeichnen den fetalen Kreislauf und welche Umstellungen vollziehen sich nach der Geburt?
50. Überlegen Sie, welche Folgen ein sich nicht schließendes Foramen ovale für den Organismus hat!

10. Das lymphatische System

Im Kapitel 9.1.1., S. 202, wurden die 2 Stufen der Abwehr von Krankheitserregern im Rahmen der Blutfunktion dargestellt.
Schwerpunkt dieses Kapitels ist die Beschreibung des Baus und der Abwehraufgaben der lymphatischen Organe. Zunächst wird ein Überblick über das Abwehrsystem gegeben.

Unspezifische (allgemeine) Abwehr
Die unspezifische Abwehr wird getragen von:
- intakten Körperoberflächen,
- intakten Sekreten,
- intakten Zellen.

Äußere Haut: Besonders ihr *Epithel* und die Sekrete der *Talg-* und *Schweißdrüsen* (s. S. 116) stellen eine wirksame Barriere für Bakterien und Viren dar.

Schleimhäute: Bakterien kleben am Schleim fest und werden für Verdauungsenzyme zugänglich (Verdauungstrakt) oder mit Hilfe des *Flimmerepithels* aus dem Körper geschleust (Atmungstrakt).

Magensäure tötet mit der Nahrung aufgenommene Bakterien.

Lysozym: Ein Enzym, das in den Körpersekreten und vielen Zellen enthalten ist, löst die Zellwände von Bakterien auf.

Phagozyten (Freßzellen) nehmen Fremdstoffe in sich auf und bauen sie mit Hilfe ihrer Enzyme ab. Zu den Phagozyten gehören
- Mikrophagen: neutrophile Granulozyten
- Makrophagen: Monozyten und alle phagozytierende Zellen, die sich aus ihnen rekrutieren.

  Beispiel: Histiozyten,
  Uferzellen in Lymphknoten, Milz, Knochenmark,
  Sternzellen der Lebersinus,
  Osteoklasten,
  Langerhans-Zellen der Haut,
  Mesangiumzellen der Niere,
  Alveolarmakrophagen der Lunge.

Spezifische (erlernte) Abwehr

Die spezifische Abwehr wird hauptsächlich vom lymphatischen System getragen.

Das lymphatische System wird gebildet:
- vom Lymphgefäßsystem (s. S. 228),
- und den lymphatischen Organen.

Zu den lymphatischen Organen gehören:
- Thymus,
- Milz,
- Lymphknoten,
- Mandeln (s. lymphatischer Rachenring S. 263),
- Lymphknötchenansammlungen im Darm,
- Lymphatisches Gewebe in den Bronchien,
- Lymphozytenansammlungen in den Schleimhäuten.

Thymus

Bau

Der Thymus besteht aus 2 Lappen (jeweils 2x5 cm), die wiederum in Läppchen gegliedert sind. Er wird von einer bindegewebigen Kapsel begrenzt. Der Thymus ist bei Kindern relativ am größten (Masse 30 bis 40 g). Nach der Pubertät bildet er sich zum thymischen Fettkörper zurück. Der mikroskopische Bau ist aus der Abbildung 130 ersichtlich.

Lage

Der Thymus liegt im vorderen oberen Mediastinum direkt hinter dem Brustbein. Nachbarorgane: vorn: Brustbein, seitlich: Pleura mediastinalis, hinten: V. cava superior, V. brachiocephalica, Aortenbogen.

Aufgaben

Der Thymus ist das *primäre lymphatische* Organ. In der Fetalzeit und frühen Kindheit wandern aus dem roten Knochenmark sog. *Nullzellen* od. Vorläuferzellen in die *Thymusrinde*. Dort teilen sie sich mitotisch und gelangen allmählich in das *Mark*. Dabei werden sie verändert (z.B. bezüglich Enzymausstattung); das bedeutet, sie erhalten ihre *Immunkompetenz*. Die so geprägten reifen Thymus-Lymphozyten (= *T-Lymphozyten*) verlassen auf dem Blutweg den Thymus und siedeln sich sekundär in den T-Lymphozyten-Regionen der anderen lymphatischen Organe an.

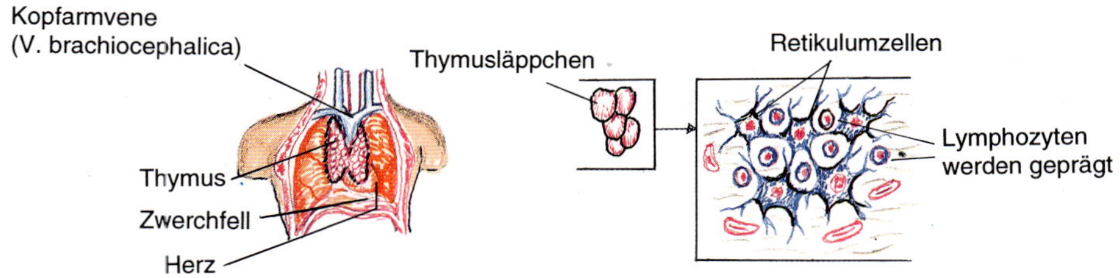

Abb. 130: Thymus.

➤ Wird der Thymus frühzeitig entfernt, ist keine Lebensfähigkeit möglich.
In dem Umfang, wie sich der Thymus zurückbildet, werden die Prägungen von Nullzellen in T-Lymphozyten von den sekundären lymphatischen Organen (1. Milz, 2. Lymphknoten) übernommen.

Milz (Lien, Splen)

Bau

Die Milz ist von einer derben bindegewebigen Kapsel umgeben, von der aus ein - ebenfalls aus straffem Bindegewebe bestehendes - Balkenwerk das Organ durchzieht.
Das zwischen den Balken liegende Milzgewebe heißt Pulpa.
Man unterscheidet:
1. Weiße Pulpa (ca. 15%): Sie wird gebildet aus retikulärem Bindegewebe (s. S. 87) mit reichlich Lymphozyten (= *lymphatisches Gewebe*). Letzteres finden wir in Gestalt
- der lymphatischen Begleitscheide um die Zentralarterie mit hauptsächlich T-Lymphozyten und
- der Milzknötchen (= Lymphknötchen) mit B-Lymphozyten. Es handelt sich hier um rundliche Ansammlungen der Lymphozyten.

2. Rote Pulpa: Sie wird gebildet von erweiterten Blutkapillaren, den sog. Milzsinus, mit reichlich Erythrozyten.

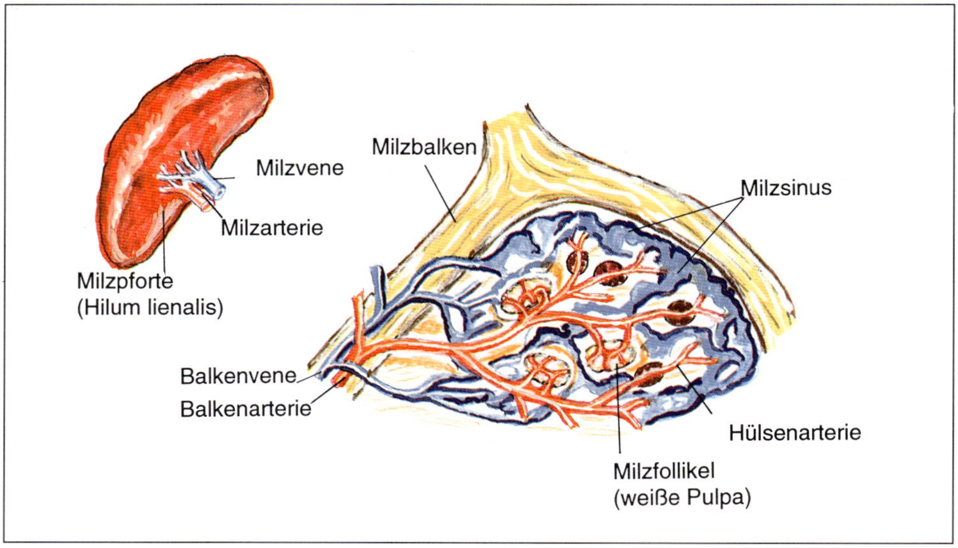

Abb. 131: Milz.

Form, Größe, Masse
Die Milz hat die Gestalt einer großen Kaffeebohne. Sie ist etwa 12 cm lang, 7 cm breit und 4 cm dick. Ihre Masse beträgt 150 bis 200 g.

➤ Bei Erkrankungen des lymphatischen Systems kann sich die Masse der Milz auf mehrere Kilogramm erhöhen und sie kann unter dem linken Rippenbogen getastet werden. Eine normal große Milz ist in der Regel nicht palpabel.

Lage
Die Milz liegt intraperitoneal im linken Oberbauch eingeschmiegt in die Zwerchfellwölbung. Die Längsachse verläuft parallel zur 10. Rippe.

Nachbarorgane:
Magen, Bauchspeicheldrüse, linke Niere.

Aufgaben
Als lymphatisches Organ (weiße Pulpa) hat die Milz folgende Aufgaben:
- sie bildet Lymphozyten und Abwehrstoffe (prägt in hohem Maße T-Lymphozyten),
- sie ist wichtigstes Speicherorgan für Lymphozyten,
- sie ist essentielles Immunorgan für Pneumokokken.

> *Merke*: Die Milz ist in ihrer Abwehrtätigkeit für die gesamte Blutbahn zuständig.

Die *rote Pulpa* steht im Dienst des Blutkreislaufes. In ihr werden gealterte unelastische Erythrozyten und Thrombozyten von Makrophagen abgebaut (= Blutmauserung). Das dabei frei werdende Hämoglobin gelangt über die Pfortader in die Leber. Dort wird es zu Gallenfarbstoffen umgebaut.
Weiterhin werden von den Uferzellen in den Milzsinus Bakterien und andere Schadstoffe phagozytiert.

> *Merke*: Die Aufgaben der roten Pulpa können bei Ausfall der Milz von der Leber und vom Knochenmark übernommen werden.

Lymphknoten

Bau

Die rundlich bis bohnenförmigen Lymphknoten haben einen Durchmesser von 1 mm bis 2,5 cm. Sie werden wie die Milz außen von einer aus straffem Bindegewebe bestehenden Kapsel begrenzt. Von dieser Kapsel verlaufen Bindegewebsstränge in das Innere und bilden ein grobes Gerüstwerk.
Mehrere zuführende Lymphgefäße treten in den Lymphknoten ein. Über sie gelangt die Lymphe in die lymphatischen Sinus. Ein abführendes Lymphgefäß am Hilum leitet die Lymphe wieder heraus. Im Lymphknoten befinden sich zwischen den Sinus zahlreiche B- und T-Lymphozyten.

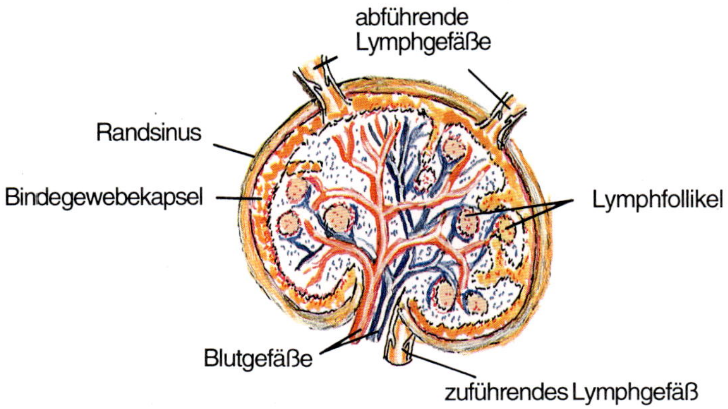

Abb. 132: Lymphknoten.

Lage

Die Lymphknoten sind in das Lymphgefäßsystem eingeschaltet. Sie liegen in Gruppen. Jede Lymphknotengruppe wird von der Lymphe aus ganz bestimmten Körperregionen durchströmt.

Klinisch bedeutungsvoll sind vor allem die *regionären Lymphknoten*, weil sie die *1. Filterstation* der Lymphe aus einer bestimmten Körperregion sind.

Wichtige regionäre Lymphknoten sind
- Achsellymphknoten: für Arm, Brustwand, Rücken,
- Leistenlymphknoten: für Bein, Bauchwand, Gesäß,
- Halslymphknoten: für Kopf.

Meistens durchströmt die Lymphe auf ihrem Weg zum Blut nach den regionären Lymphknoten noch ein oder mehrere Gruppen von *Sammellymphknoten.*

Wichtige Sammellymphknoten liegen
- im Hals: für Kopf, Hals, Arme, Brustwand, Rücken.
- an der hinteren Bauchwand: für Beine, Bauchwand, Gesäß, Becken- und Bauchorgane.

➤ Die Kenntnis der Abflußgebiete zu bestimmten regionalen Lymphknoten hat klinische Bedeutung für die Diagnostik und Therapiekontrolle von Tumoren und Entzündungen. Aus den entsprechenden Gebieten gelangen Entzündungszellen bzw. Tumorzellen in die Lymphbahnen und werden in den Lymphknoten zurückgehalten. Die infiltrierten Lymphknoten sind vergrößert und oft tastbar. Als Lymphografie bezeichnet man die röntgenologische Darstellung der Lymphgefäße und Lymphknoten mittels Kontrastmittel.

Aufgaben

1. Lymphknoten als "Filterstation" für die Lymphe: Im Lymphsinus ist die Strömungsgeschwindigkeit der Lymphe vermindert. Dadurch haben die dort vorhandenen Uferzellen ausgiebigen Kontakt und können zusammen mit den Retikulumzellen Zelltrümmer, Bakterien, Staub- und Rußteilchen phagozytieren. Auch Krebszellen werden zurückgehalten, so entstehen Lymphknotenmetastasen.
2. Prägung von B- und vor allem T-Lymphozyten für die spezifische Immunabwehr (s. S. 202).
3. Speicherung von Lymphozyten: Die Lymphozyten halten sich in der Regel mehrere Stunden in einem lymphatischen Organ auf. Danach begeben sie sich für 30 bis 45 Minuten ins strömende Blut und gelangen dann erneut in ein lymphatisches Organ zurück.

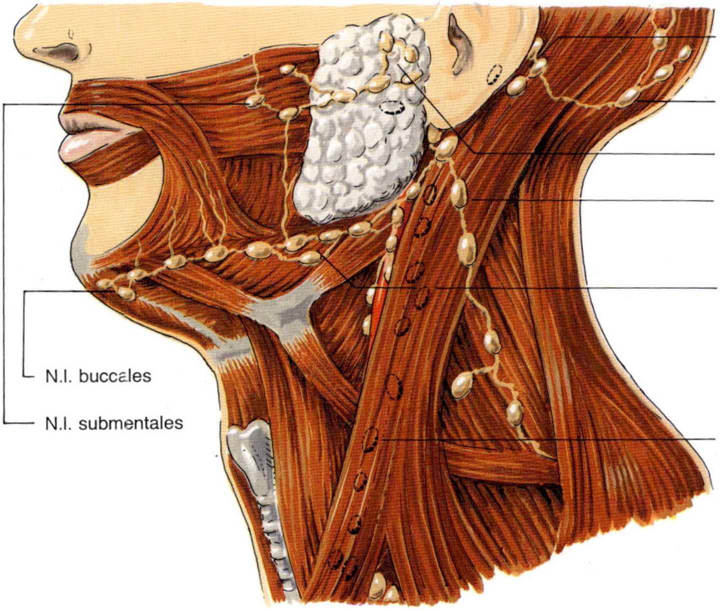

Abb. 133: Schema der regionären Halslymphknoten.

Tonsillen (Mandeln)

Der Waldeyersche lymphatische Rachenring ist ein vorgeschalteter Immunapparat, der das Abwehrsystem gewissermaßen ökonomisiert. Er besteht aus den paarigen Gaumenmandeln (Tonsilla palatina - zwischen den Gaumenbögen) und Seitensträngen (Tonsilla tubaria - ziehen zur Tuba auditiva) sowie der unpaaren Rachenmandel (Tonsilla pharyngea) und Zungenmandel (Tonsilla lingualis - am Zungengrund).
In der Schleimhaut sitzen Makrophagen und fangen die Antigene. Anschließend wandern sie in das Innere der Tonsille zu den dort vorwiegend vorhandenen B-Lymphozyten.

➤ Der lymphatische Rachenring befindet sich am Eingang der Luft- und Verdauungswege und wird daher mit Antigenen überladen. Bei Kindern sind die Tonsillen oft vergrößert (hypertrophiert), da gegen viele Antigene erst eine Abwehr aufgebaut werden muß, die bei Erwachsenen schon vorhanden ist. Häufig sind die Tonsillen entzündet (Angina).

Aufgaben zur Wiederholung

1. Was gehört zum lymphatischen System, und welche Aufgabe hat es zu erfüllen?

2. Beschreiben Sie Bau, Lage und Aufgaben von
   a) Thymus,
   b) Milz,
   c) Lymphknoten.

3. Kann der Mensch ohne Milz leben?
   Begründen Sie Ihre Antwort!

4. Was sind regionäre Lymphknoten und welche Bedeutung haben sie?

5. Was versteht man unter dem Waldeyerschen lymphatischen Rachenring?

11. Hals (Collum)

Der Hals verbindet den Kopf mit dem Rumpf. Er gewährleistet die relativ freie Beweglichkeit des Kopfes als eine wichtige Voraussetzung für die Orientierung im Raum.

Bau

Der Hals besteht aus:

- der dorsal gelegenen, sehr gut beweglichen Halswirbelsäule,
- den Halsmuskeln,
- den Halseingeweiden: Luftröhre (s. S. 278), Speiseröhre (s. S. 306), Rachen (s. S. 274), Kehlkopf (s. S. 276), Schilddrüse und Nebenschilddrüsen und
- den Leitungsbahnen.

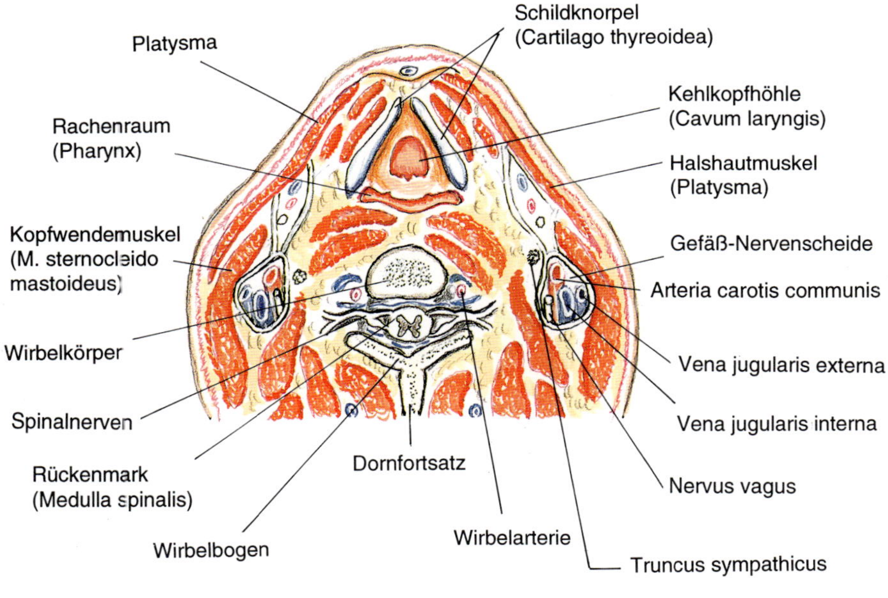

Abb. 134: Hals (Querschnitt).

Am Hals sind folgende Teile äußerlich zu erkennen bzw. zu tasten:
• *Vordere Halsgegend*
- Zungenbein (Os hyoideum),
- Schildknorpel ("Adamsapfel"),
- Ringknorpel,
- Schilddrüse,
- Drosselgrube (über dem Manubrium sterni),
- Hautmuskel (Platysma): breite, dünne Muskelplatte; verbindet Gesichtshaut mit oberer Brusthaut. Aufgabe: Spannt die Haut des Halses.

• *Seitliche Halsgegend*
- Kopfschlagader-Dreieck (Trigonum caroticum) → Puls der A. carotis,
- Kopfwender (M. sternokleidomastoideus): Seitneigen und Drehen des Kopfes,
- äußere Drosselvene (V. jugularis externa): geeignet für intravenöse Injektionen.

➤ Alle Hautvenen stehen unter dem Sog des Brustraumes, so daß bei ihrer Eröffnung die Gefahr der Luftembolie besteht.

• *Hintere Halsgegend (= Nackengegend)*
- Trapezmuskel (M. trapezius),
- Dornfortsätze der Halswirbel, besonders C_7: Zählwirbel (Vertebra prominens).

Neben den oberflächlichen gibt es noch eine Reihe tiefer Halsmuskeln, die teilweise auf den Kopf bzw. Rumpf übergehen.

Aufgaben der Halsmuskeln (Überblick)
1. Hautbewegungen: Platysma,
2. Hals- und Kopfbewegungen: Kopfwender, Treppenmuskeln,
3. Kauen und Schlucken,
4. Kehlkopfbewegungen.

Leitungsbahnen

1. Arterien

Rechts und links verlaufen
- *Schlüsselbeinarterie* (A. subclavia): zur Versorgung des Armes (s. S. 223).

➤ Die Wirbelarterie (A. vertebralis) ist ein Ast der A. subclavia und verläuft durch die Querfortsatzlöcher der Halswirbel. Bei degenerativen Veränderungen der Halswirbelsäule mit Einengung dieser Löcher kann es infolge Minderdurchblutung des Innenohres zu Gleichgewichts- (Schwindel) und Hörstörungen kommen.

- *Gemeinsame Kopfarterie* (A. carotis communis): zur Versorgung des Kopfes (s. S. 223).

➤ Bei Schlag gegen den Hals oder überempfindlichem Karotissinus kann es durch Reizung der Pressorezeptoren zu plötzlichem Blutdruckabfall mit Ohnmachtsanfall (Synkopen) kommen.

Merke: In der Wand der A. carotis communis befinden sich 2 Stellen mit Sinneszellen.
- *Sinus caroticus* mit Pressorezeptoren zur Blutdruckmessung (= kleine Erweiterung nahe der Teilungsstelle in A. carotis interna und externa).
- *Glomus caroticum* mit Chemorezeptoren zur Messung von pO_2, pCO_2, pH-Wert (Körperchen im Teilungswinkel der A. carotis communis).

2. Venen

Außer den Hautvenen durchziehen den Hals als Begleitvenen der großen Arterien:
- V. subclavia,
- V. jugularis interna (gehört zu den stärksten Venen des Menschen).

Beide Venen bilden die sog. Venenwinkel, in die die Lymphstämme einmünden (s. S. 228)

➤ V. subclavia und V. jugularis interna eignen sich aus folgenden Gründen sehr gut für intravenöse Infusionen (zentraler Venenkatheter):
- kaum Strömungshindernisse,
- kurzer Weg zum Herzen,
- Katheter gut verschiebbar.

3. Lymphgefäße

Der Hals ist neben Achselhöhle und Leistengegend eine weitere wichtige Lymphknotenstation (s. auch S. 262).

Im Hals treffen zusammen:

- Lymphbahnen des Kopfes,
- Lymphbahnen des Halses,
- Lymphbahnen der Brustwand.

> *Merke*: Auf ihrem Weg durch den Hals ver- bzw. entsorgen die Gefäße diesen mit.

4. Nerven

Für Nerven ist der Hals ebenfalls Durchgangs- und Verteilerregion. Sie bilden mit den Gefäßen den *Gefäß-Nerven-Strang*.

1. Vier Hirnnervenpaare (Hirnnerven IX bis XII) gelangen vom Gehirn in den Halsbereich, u.a. also der N. vagus (s. S. 449),
2. Halsnervengeflecht (s. S. 454),
3. Armnervengeflecht (s. S. 454),
4. Halssympathicus (liegt hinter dem Gefäß-Nerven-Strang) (s. S. 463).

> *Merke*: Fast alle Bauteile des Halses haben übergreifende Aufgaben.

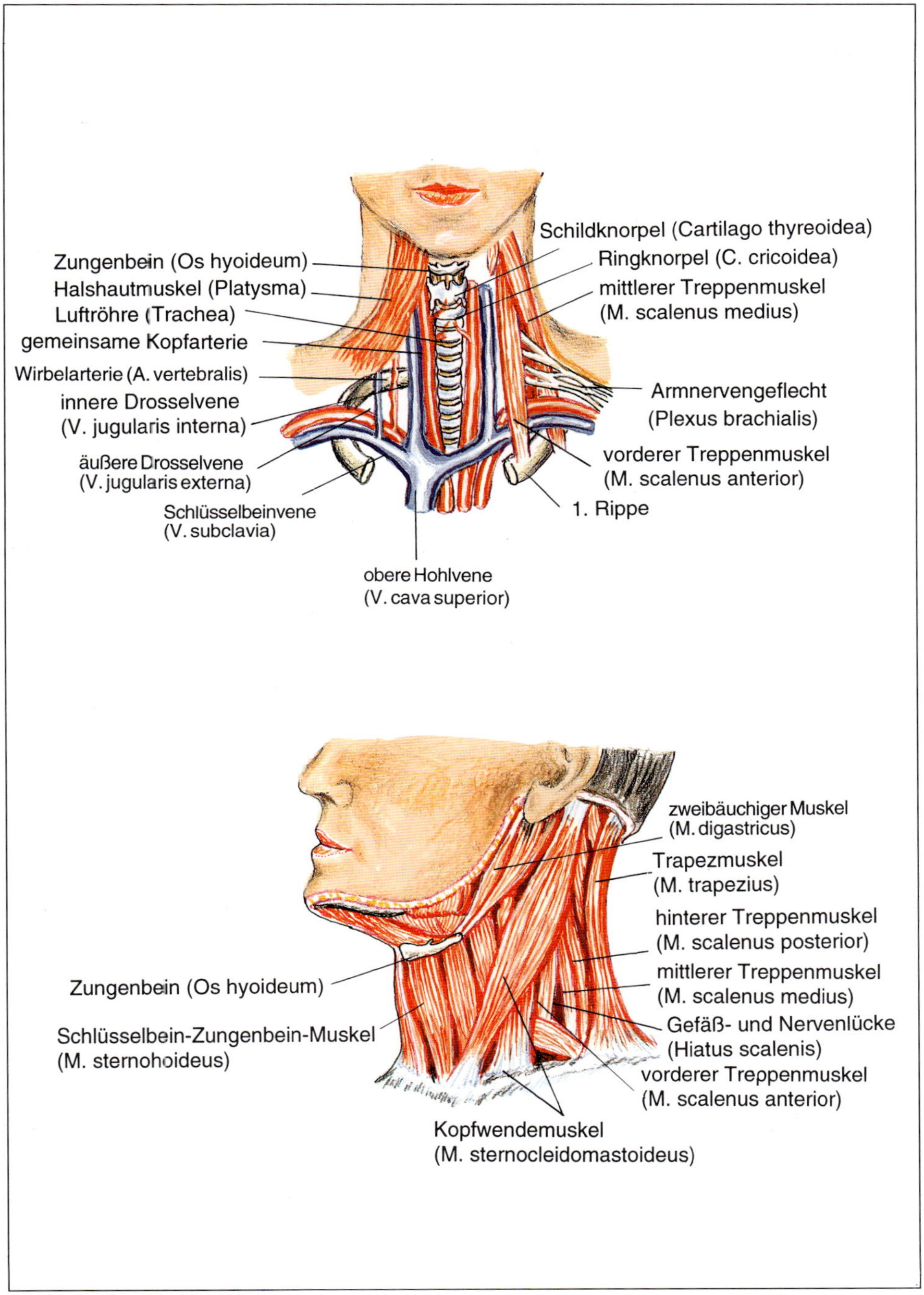

Abb. 135: Hals (Muskeln, Gefäße, Nerven).

Aufgaben zur Wiederholung

1. Welche Teile sind am Hals äußerlich zu erkennen? Ertasten Sie diese an sich selbst!

2. Was gehört zur Gefäß-Nerven-Straße des Halses?

3. Welche praktische Bedeutung haben V. jugularis externa und V. subclavia?

4. Was versteht man unter den Venenwinkeln?

5. Begründen Sie, warum viele Bestandteile des Halses übergreifende Aufgaben haben!

12. Atmungssystem

Über das Atmungssystem vollzieht sich der Gasaustausch:
- Transport von O_2 aus der Luft in das Blut,
- Transport von CO_2 aus dem Blut in die Luft.

12. 1. Gliederung

- Nase
- Rachen

} obere Luftwege

- Kehlkopf
- Luftröhre
- Lungen

} untere Luftwege

12. 2. Bau

12. 2. 1. Nase

Aufgaben
In der Nase wird die Luft für die unteren Luftwege vorbereitet, d.h. die Luft wird
- angewärmt,
- angefeuchtet,
- von Staubteilchen und Bakterien gereinigt,
- auf ihre chemische Beschaffenheit geprüft.

Bei der äußeren Betrachtung der Nase erkennt man:
- Nasenwurzel,
- Nasenrücken,
- Nasenspitze,
- Nasenflügel,
- Nasenlöcher.

Der Naseninnenraum wird durch die *Nasenscheidewand* (Septum nasi) in einen rechten und linken Abschnitt geteilt.
Sie ist im Bereich des *Nasenvorhofes* (= unmittelbar an die Nasenlöcher grenzender Raum) knorpelig, dahinter im Bereich der *eigentlichen Nasenhöhle knöchern*.

Begrenzung der Nasenhöhle
- oben: Siebbeinplatte
- seitlich: weitere Teile des Siebbeins mit oberer und mittlerer Nasenmuschel;
  untere Nasenmuschel (= selbständiger Knochen);
  Die Nasenmuscheln dienen der Oberflächenvergrößerung.
- Boden: Gaumen (Palatum).

Unter jeder Nasenmuschel befindet sich ein *Nasengang*. Die Grenze zwischen Nasenhöhle und Rachen bilden die beiden *Choanen* (hintere Öffnung der Nase).
Durch feine Kanäle ist die Nasenhöhle mit den *Nasennebenhöhlen* (Sinus paranasales) verbunden (s. S. 173). Die Belüftung dieser Höhlen erfolgt mit der Atmung. Eine weitere Verbindung besteht vom unteren Nasengang zur Augenhöhle durch den *Tränennasengang* (Ductus nasolacrimalis). Auf diesem Weg wird die Tränenflüssigkeit in die Nasenhöhle abgeleitet.

Nasenschleimhaut
Die die Nasenhöhle auskleidende Schleimhaut teilt sich in 2 Bereiche:

1. Respiratorische Schleimhaut (Regio respiratoria)
- größter Teil der Nasenhöhle,
- gekennzeichnet durch
  - mehrreihiges Flimmerepithel }
  - zahlreiche schleimbildende Drüsen } → Reinigung }
  - Venengeflechte → Erwärmung } → Anfeuchtung

2. Riechschleimhaut (Regio olfactoria)
- oberhalb der oberen Nasenmuscheln,
- gekennzeichnet durch
  - Riechzellen, von denen fadenförmige Nerven durch die Siebbeinplatte zum Gehirn ziehen (N. olfactorius = I. Hirnnerv).

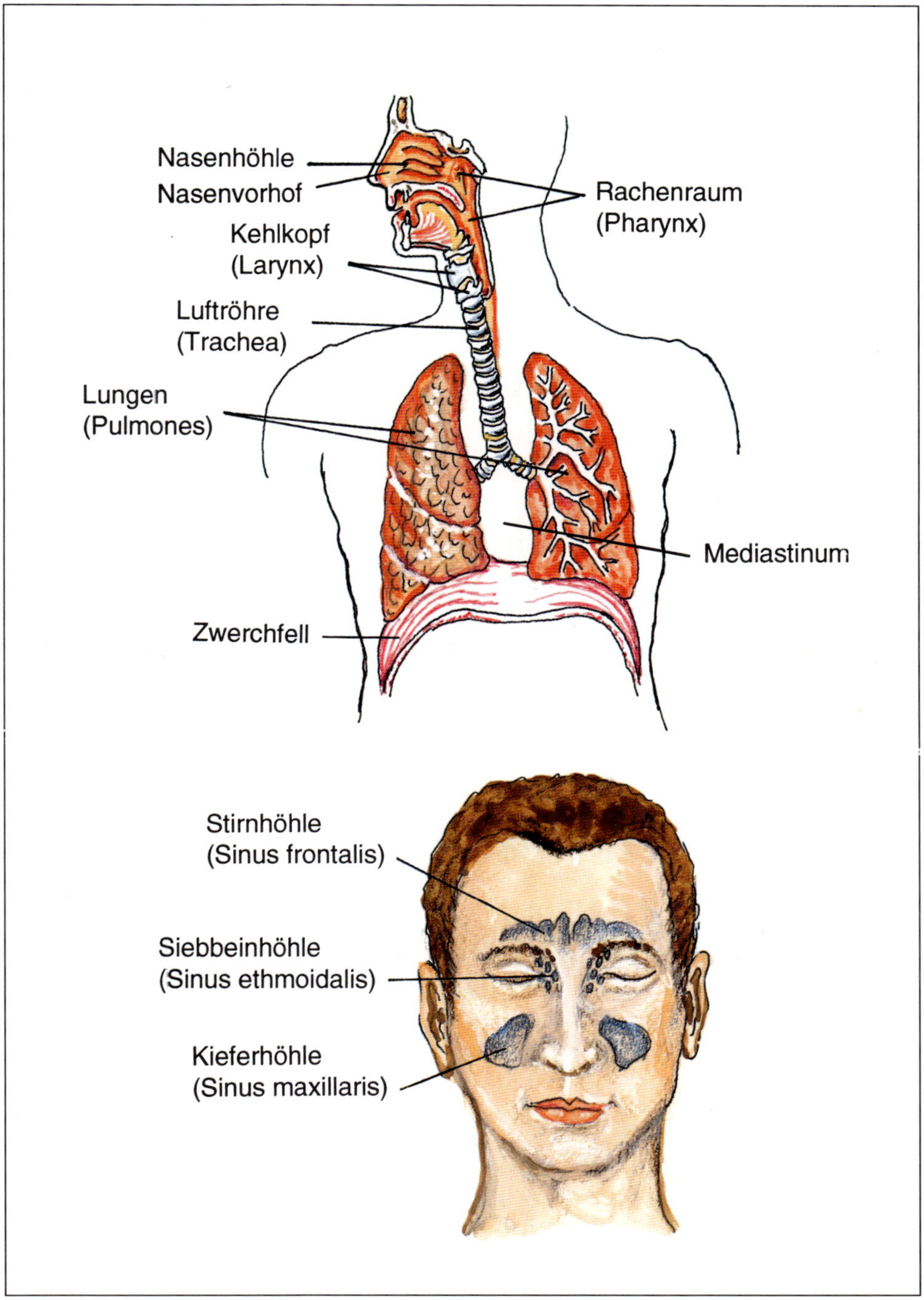

Abb. 136: Atmungssystem, Lage der Nasennebenhöhlen (Sinus paranasales).

12. 2. 2. Rachen (Pharynx)

Der schlauchförmige Rachenraum *verbindet* die *Nasenhöhle* mit dem *Kehlkopf* und die *Mundhöhle* mit der *Speiseröhre*. Damit kreuzen sich in ihm Luft- und Speiseweg.
Der Rachenraum wird ohne scharfe Grenzen in 3 übereinanderliegende Abschnitte gegliedert (s. Tab. 29).

Tab. 29

Abschnitt	**Merkmale**
Nasenabschnitt, Epipharynx (hinter den Choanen)	- Rachenmandel (Tonsilla pharyngea) am Rachendach der Schädelbasis ➤ Bei Kindern ist diese Tonsille häufig vergrößert und behindert dadurch die Nasenatmung. - Öffnungen der Ohrtrompeten oder Eustachischen Röhren (Tuba auditiva) an den Seitenwänden. Um die Tubenöffnung und von dort nach unten befinden sich die Tubenmandeln (Seitenstränge). ➤ Die Tuben verbinden die Paukenhöhle des Mittelohres mit dem Rachen zum Zwecke des Luftdruckausgleiches.
Mundabschnitt Mesopharynx (hinter der Mundhöhle)	- Kreuzung von Luft- und Speiseweg - Ringförmige Muskeln (Schlundschnürer) befördern die Nahrung in die Speiseröhre.
Kehlkopfabschnitt, Hypopharynx (seitlich und hinter dem Kehlkopf)	- Kehldeckel ragt wie ein Wellenbrecher in den Speiseweg und leitet den Speisebrei rechts und links in die hinten liegende Speiseröhre.

Merke: Der Rachen hat 7 Öffnungen:
- 2 Choanen → Nasenhöhle,
- 2 Öffnungen der Ohrtrompeten → Mittelohr,
- Schlundenge → Mundhöhle,
- Kehlkopfeingang → Kehlkopf,
- Speiseröhrenöffnung → Speiseröhre.

Rachenschleimhaut
Entsprechend der unterschiedlichen Beanspruchung enthält sie

- *Flimmerepithel* mit Becherzellen im Nasenabschnitt,
- *Mehrschichtiges unverhorntes Plattenepithel* im Mund- und Kehlkopfabschnitt.

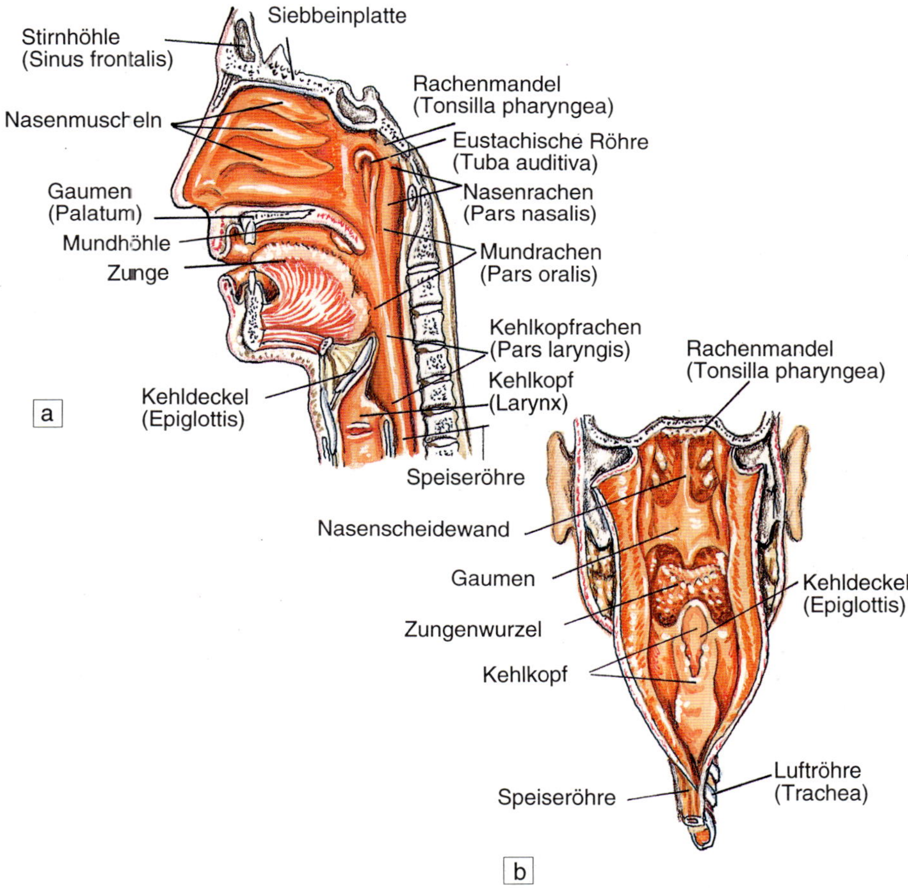

Abb. 137: a) Medianschnitt durch Nasenhöhle, Rachen und Mundhöhle;
b) Rachenraum von dorsal eröffnet.

12. 2. 3. Kehlkopf (Larynx)

Der Kehlkopf dient primär dem Verschluß des Luftweges beim Schlucken, Husten und bei der Bauchpresse. Weiterhin wird in ihm die Stimme erzeugt.

Lage

Der Kehlkopf liegt im vorderen, oberen Halsbereich. (Neugeborenes: in Höhe des 3./4. Halswirbels; Erwachsener: in Höhe des 5./6. Halswirbels).
Seitlich verlaufen die Gefäß-Nerven-Straßen des Halses.

Bau

Das Grundgerüst des Kehlkopfes wird aus 5 hyalinen Knorpeln gebildet (s. Abb. 139).

- *Ringknorpel*: Basis.
- *Schildknorpel*: Liegt über dem Ringknorpel und ist durch je eine Membran mit dem Ringknorpel und dem Zungenbein befestigt.
- *2 Stellknorpel*: Sie sind auf der hinteren Platte des Ringknorpels drehbar gelagert.
- *Kehldeckel* (Epiglottis): Dieser rennsattelförmige Knorpel erstreckt sich bis unter die Zungenwurzel. Er ist durch ein Band an der Innenseite des Schildknorpels befestigt.

Merke: Beim Schlucken wird der Kehlkopf durch Muskeln gehoben. Dabei wird der Kehldeckel unter die Zungenwurzel gedrückt und der Eingang zum Kehlkopf verschlossen.

Die Kehlkopfhöhle wird beiderseits durch 2 Falten

- Taschenfalten
- Stimmfalten

eingeengt. Sie erhält dadurch die Form einer Sanduhr.
Durch die beiden Engstellen wird die Kehlkopfhöhle wie der Rachen in 3 übereinanderliegende Stockwerke eingeteilt.

Stimmritze

Von jedem Stellknorpel zieht ein Stimmband zur Innenseite des Schildknorpels. Zwischen diesen Bändern liegt als Öffnung die Stimmritze.
Die Stellknorpel werden durch Muskeln bewegt. Dadurch werden Stimmritze und Stimmbandspannung verändert. Im Zusammenwirken mit der Luftströmung werden auf diese Weise Töne unterschiedlicher Höhe und Stärke erzeugt.

Kehlkopfschleimhaut

- mehrschichtiges unverhorntes Plattenepithel im Kehlkopfeingang und an den Stimmbändern,
- mehrreihiges Flimmerepithel in den übrigen Bereichen.

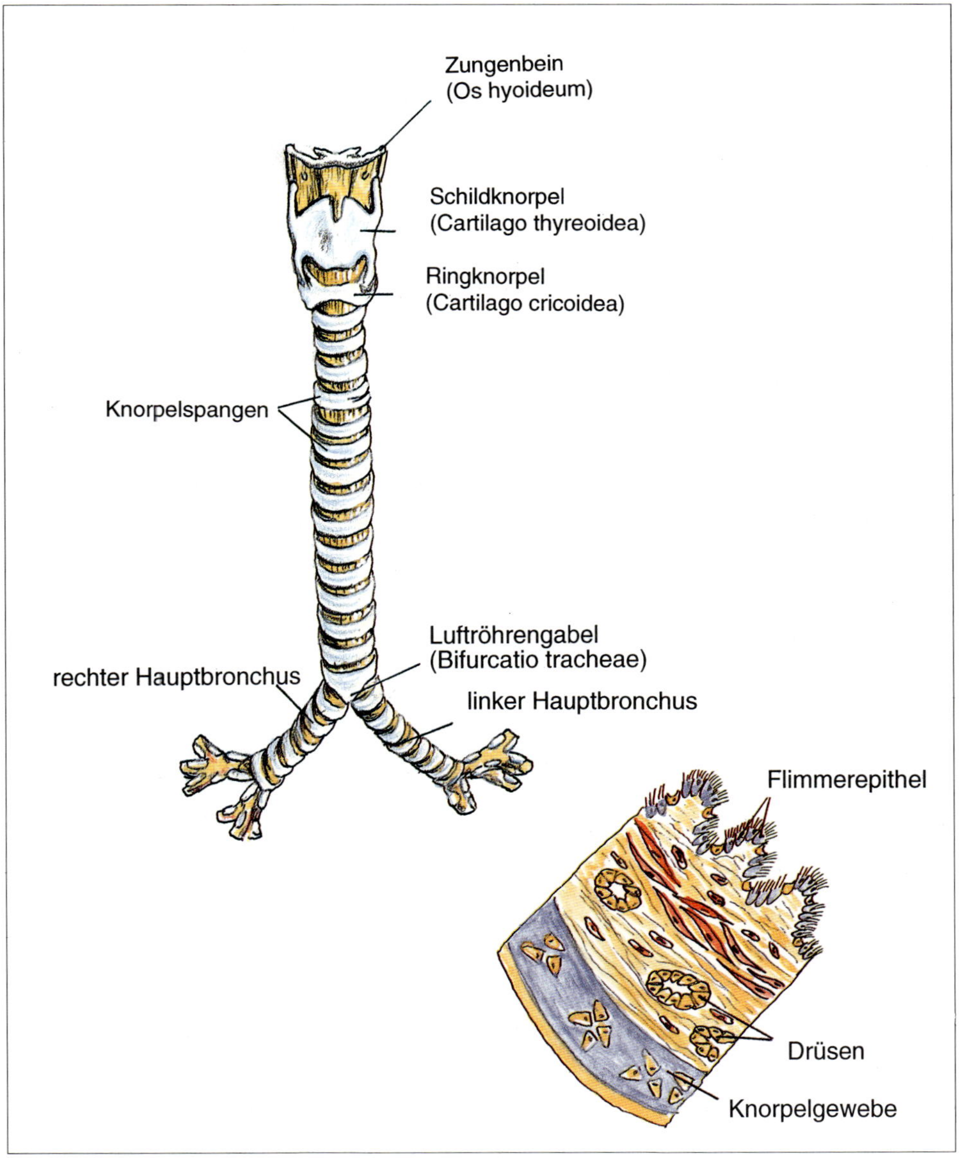

Abb. 138: Luftröhre.

12. 2. 4. Luftröhre (Trachea)

Lage und Nachbarschaftsbeziehungen
Die Trachea verbindet den Kehlkopf mit dem Bronchialbaum. Sie schließt sich dem Ringknorpel des Kehlkopfes an und endet in Höhe des 4. Brustwirbels mit der Teilung in die beiden Hauptbronchien.
Die Teilungsstelle ist die Luftröhrengabel (Bifurcatio tracheae). Nach der Lage unterscheiden wir 2 Hauptabschnitte:

1. Halsteil
Vor der Speiseröhre, vorn und seitlich Schildrüse.

2. Brustteil
Im oberen Mediastinum zwischen den großen Blutgefäßen und der Speiseröhre.

Bau
Die Wände der luftleitenden Wege müssen versteift sein, damit sie durch den bei der Einatmung entstehenden Sog nicht zusammengepreßt werden.
Die *Trachea* wird durch 16 bis 20 hufeisenförmige *Knorpelspangen* stabilisiert. An der Hinterwand wird sie durch eine *bindegewebig-muskuläre Membran* verschlossen.

➤ Beim Transport des Bissens kann sich die Speiseröhre so ausdehnen, daß die Luftröhre eingedrückt wird.

Ringförmige Bänder verbinden die Knorpelspangen elastisch miteinander.

Die *Schleimhaut* enthält mehrreihiges Flimmerepithel und im tieferen Bereich (Submucosa) zahlreiche Drüsen.

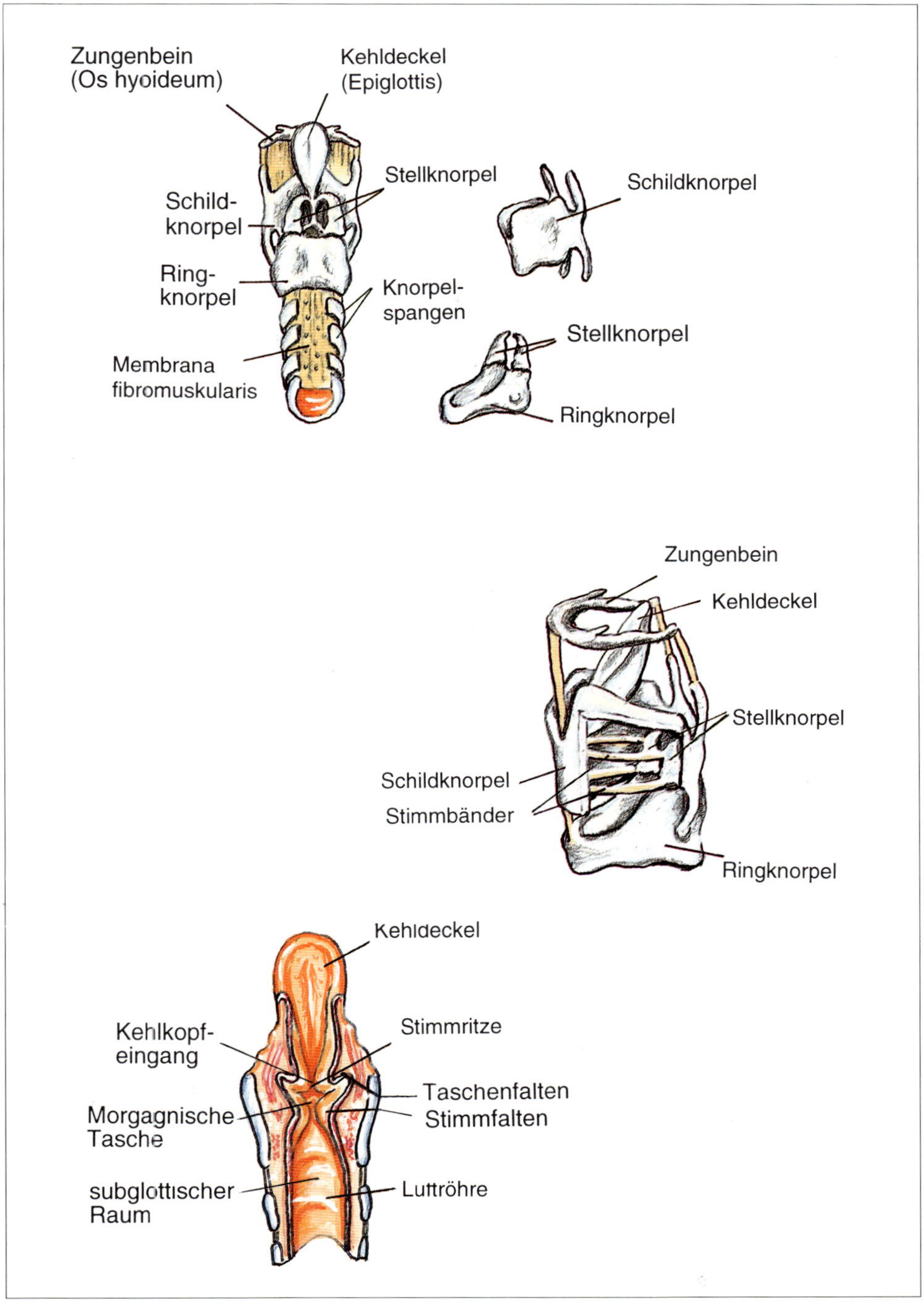

Abb. 139: Kehlkopf.

12. 2. 5. Lungen (Pulmones)

Das muskelfreie *Gewebe* der rechten und linken Lunge ist *weich, elastisch* und *schwammig*. Die Lungen sind die relativ leichtesten Organe. Die *Farbe* der Lungenoberfläche ist beim Neugeborenen rosa, später wird sie durch die Ablagerung von Rußteilchen zunehmend fleckig (rötlich, grau bis schwarz).
Die Lungen erhalten ihre *Form* durch die Anlagerung über die Pleura an die Innenwände des Thorax und das Zwerchfell.
An jeder Lunge erkennt man:

- *Lungenbasis* - liegt auf der Zwerchfellkuppel (= Zwerchfellseite)
- *Lungenspitze* - überragt die 1. Rippe
- *Lungenhilum* - an der medialen Seite zum Mediastinum hin gelegen: Eintritts- bzw. Austrittsstelle von
  - Hauptbronchus,
  - Lungenarterie,
  - Lungenvenen,
  - Lymphgefäße,
  - Nerven.

Im Bereich des Hilum liegen die *Hilumlymphknoten*:
- *Rippenseite* - liegt den Rippen an.

Gliederung der Lungen
Entsprechend der Gliederung des Bronchialbaumes (s. S. 283 und Abb. 141) ergibt sich auch die Gliederung der Lungen in Lappen, Segmente und Läppchen.

Tab. 30

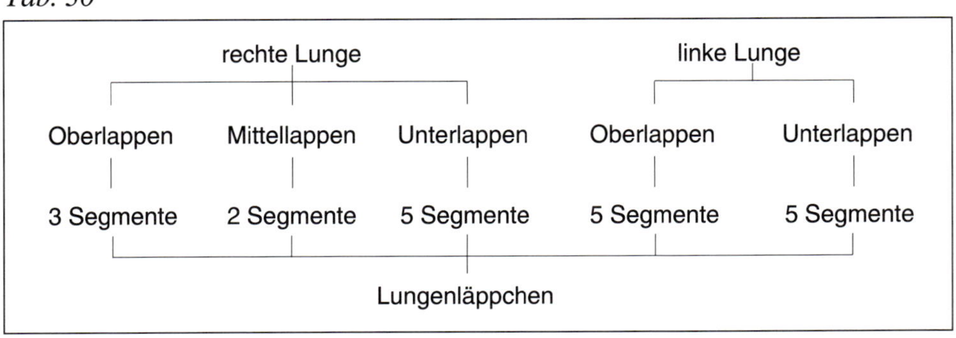

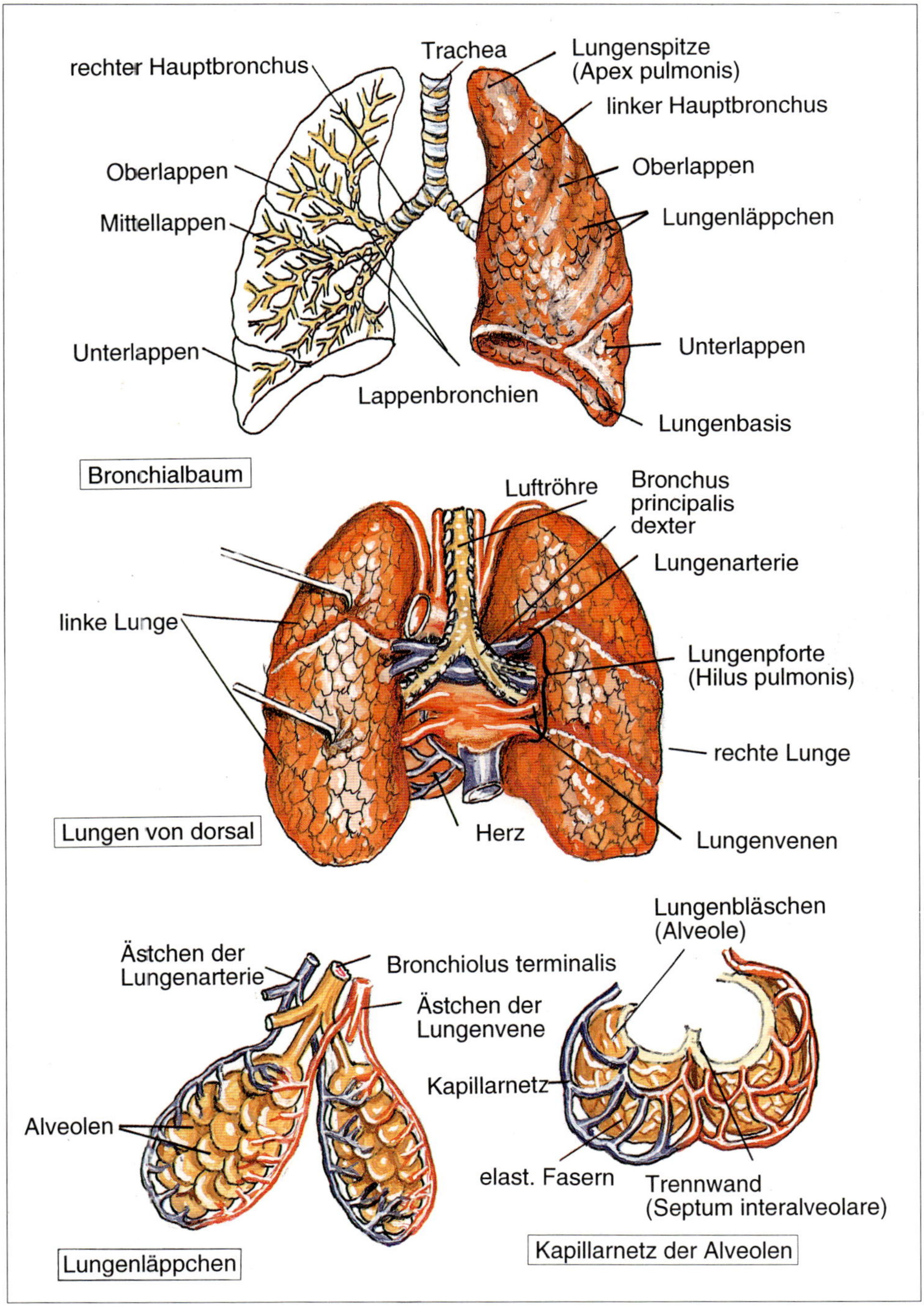

Abb. 140: Lunge.

Bronchialbaum (= Gesamtheit der Bronchien und Bronchiolen)
Als Bronchialbaum bezeichnet man die Gesamtheit der Bronchien und Bronchiolen. Im einzelnen sind folgende Abschnitte zu unterscheiden:

- *linker und rechter Stamm- oder Hauptbronchus* (Bronchus principalis sinister und dexter): als Aufzweigung der Trachea.
- *Lappenbronchien*: Der rechte Stammbronchus zweigt sich in 3 und der linke in 2 Lappenbronchien auf.
- *Segmentbronchien*: Jeder Lappenbronchus zweigt sich in mehrere Segmentbronchien auf.
- *Bronchiolen*: Die Segmentbronchien verästeln sich zunehmend. Ab einem Durchmesser von 1 mm spricht man von Bronchiolen.

Die Endverzweigungen der Bronchialbaumes sind die Lungenläppchen, von denen jedes mit einer Endbronchiole (Bronchiolus terminalis) verbunden ist. Der Bronchiolus terminalis zweigt sich in mehrere Bronchioli respiratorii (weisen bereits vereinzelt Lungenbläschen auf), die jeweils in einen blindgeschlossenen Alveolargang übergehen. Um jeden Alveolargang sind zahlreiche Lungenbläschen (Alveolen) angeordnet, zwischen denen sich Trennwände, die Alveolarsepten, befinden.

➤ Der rechte Hauptbronchus verläuft steiler nach unten und ist weiter als der linke. Daher befinden sich aspirierte Fremdkörper meistens rechts.

Feinbau
Die Bronchien werden mit zunehmender Aufzweigung immer kleiner und enger.

- *größere Bronchien*: Sie sind im Prinzip wie die Trachea gebaut. Der Knorpel trifft jedoch in Form von unregelmäßig geformten zusammenhängenden Knorpelplatten auf.

- *kleinere Bronchien*: Knorpeleinlagerungen werden immer spärlicher, Epithel wird fortschreitend flacher. Es ist eine ringförmig angeordnete glatte Muskulatur zur Regulation der Belüftung vorhanden.
- *Bronchiolen*: sind knorpelfrei, besitzen kräftige Spiralmuskeln.

- *Lungenbläschen (Alveolen)*: Die Alveolarwand besteht aus einem sehr dünnen Alveolarendothel und korbgeflechtartig eingelagerten elastischen Fasern. Die kleinen Äste der Lungenarterie bilden filzartige Kapillarnetze an der Außenfläche der Alveolen. Diese schließen sich wieder zusammen zu Lungenvenen.

ca. 300 Millionen

Merke: In der Lunge werden auf kleinstem Raum größte Oberflächen (= Austauschflächen für O_2 und CO_2) geschaffen. Mit den Alveolen vergrößert sich die Oberfläche für den Gasaustausch auf ca. 100 m^2.

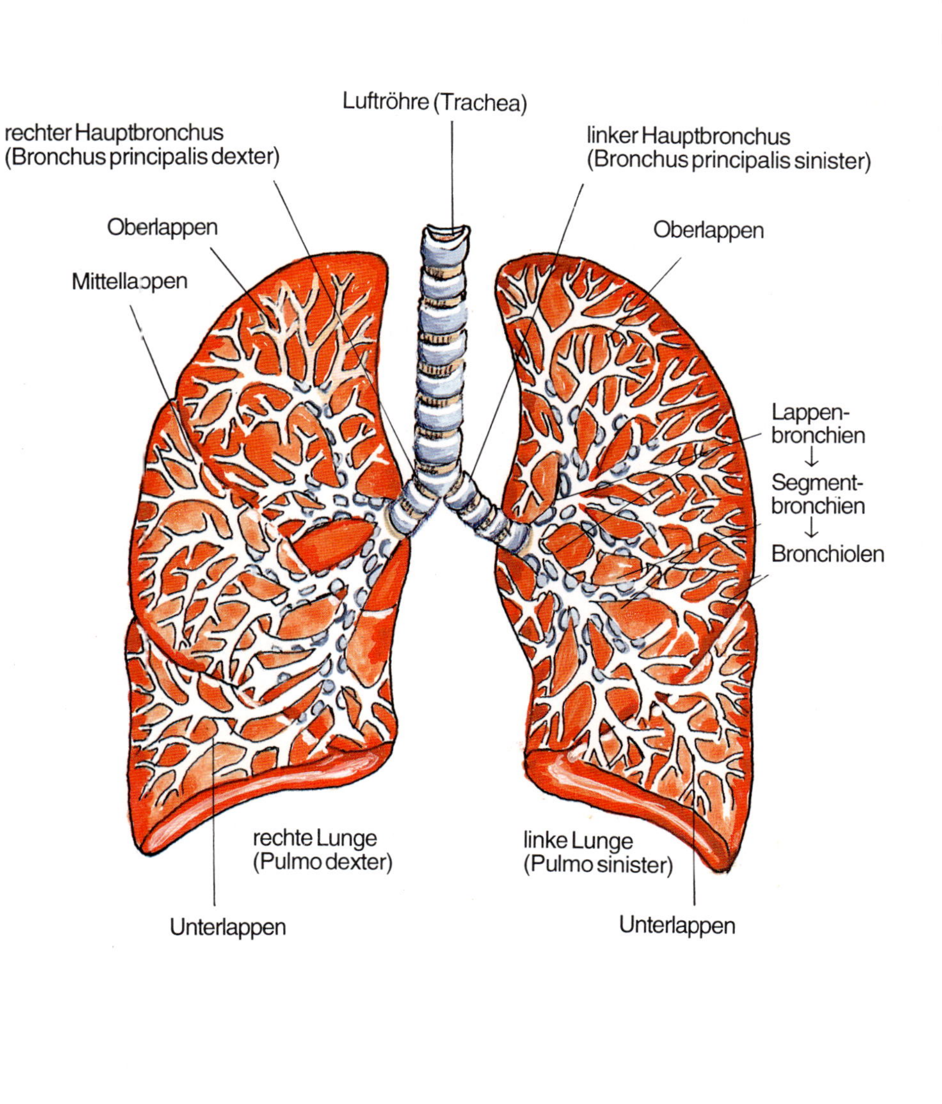

Abb. 141: Bronchialbaum.

12. 2. 6. Pleura (Brustfell)

Die Pleura als seröser Spalt (s. S. 119) ermöglicht
- die Verschieblichkeit der Lunge bei den Atembewegungen und
- die Kopplung der Lunge an die Brustinnenwand sowie das Zwerchfell.

Ihre Form entspricht etwa der der Lungen.

Pleura visceralis (Lungenfell)
Das Lungenfell bedeckt die Lungenoberfläche und ist mit ihr verwachsen. Am Lungenhilum schlägt dieses innere Blatt zum äußeren Blatt des Brustfells um.

Pleura parietalis
Die Pleura parietalis ist mit ihrer Umgebung verwachsen und wird je nach Lage in 3 Abschnitte gegliedert:
- Pleura costalis (= Rippenfell) an der Innenseite der Brustwand,
- Pleura diaphragmatica als Überzug der Zwerchfelloberfläche,
- Pleura mediastinalis an den Seitenflächen des Mediastinums.

Pleuraspalt
Der kapilläre Spalt zwischen den beiden Pleurablättern heißt Pleuraspalt. In ihm befindet sich etwas seröse Flüssigkeit und es herrscht ein geringer Unterdruck. Unterdruck, Kohäsions- und Adhäsionskräfte halten die beiden Pleurablätter und damit die Lungen fest an der Innenwand der Brusthöhle und der Oberfläche des Zwerchfells. Somit folgen die Lungen den Bewegungen von Thorax und Zwerchfell und gleiten fast reibungslos im Brustraum.

Reserveräume (Recessus pleuralis)
Damit sich die Lungen erweitern können, befinden sich im Bereich der Lungenbasis Erweiterungsbereiche. Sie werden je nach Einatmungstiefe mehr oder weniger entfaltet.

➤ Im Gegensatz zum Alveolargewebe der Lungen enthält die Pleura zahlreiche sensible Nervenfasern.
Bei einer trockenen Rippenfellentzündung (Pleuritis sicca) bereiten aufgrund von Reibung zwischen den beiden Pleurablättern die Atembewegungen starke Schmerzen.

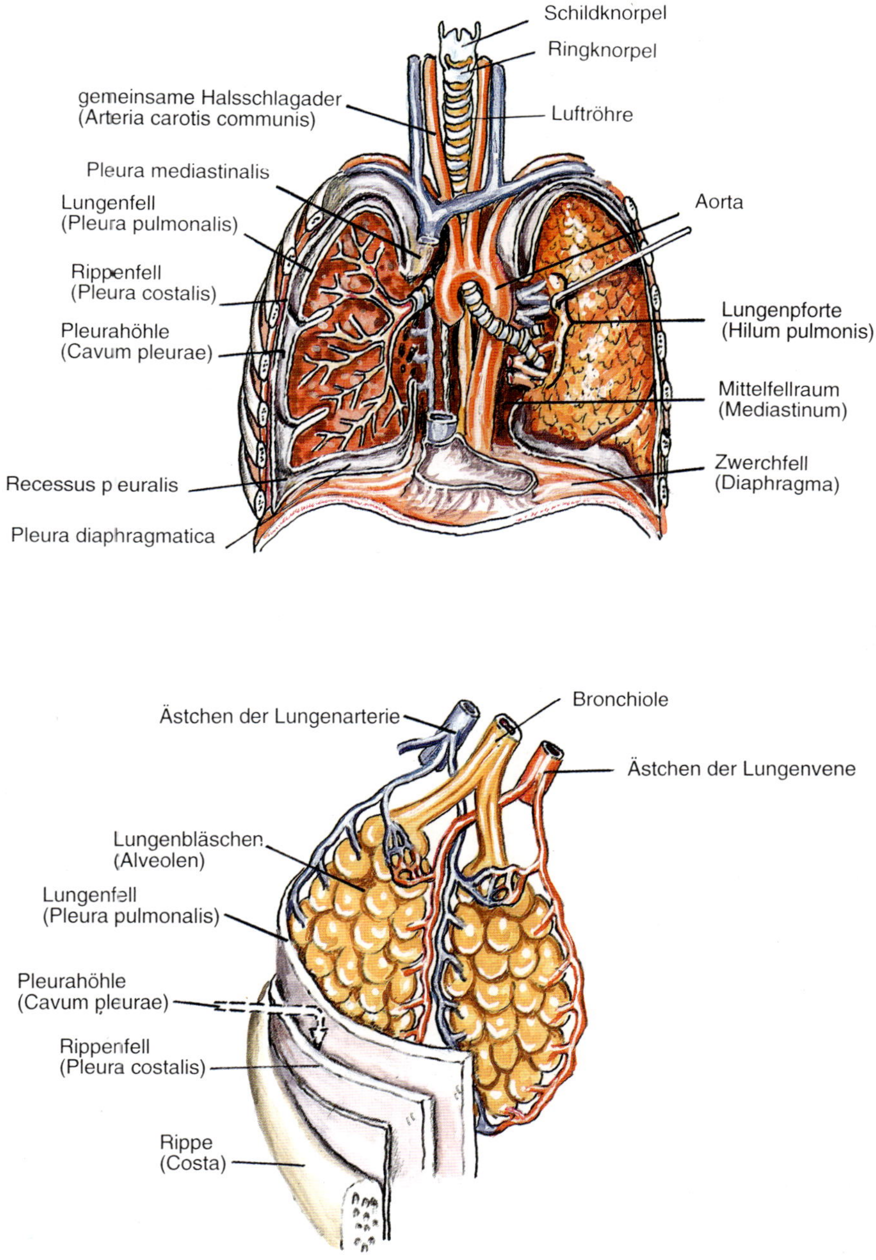

Abb. 142: Teile des Brustfelles und Lagebezeichnungen.

12. 3. Physiologie der Atmung

Über das Atmungssystem nehmen wir mit der Luft aus unserer Umwelt Sauerstoff auf. Dieser wird in der Zelle bei der Energiefreisetzung benötigt. Das dabei entstehende Kohlendioxid wird über die Atemwege an die Umwelt abgegeben. Der gesamte Prozeß der Atmung läßt sich wie folgt untergliedern:
1. Atembewegungen,
2. Gasaustausch,
3. Atemgastransport,
4. Atemregulation.

12. 3. 1. Atembewegungen

Der Luftwechsel in den Lungen wird durch den rhythmischen Wechsel von
- Einatmung (Inspiration) und
- Ausatmung (Exspiration) bewirkt.

Inspiration
Das *Zwerchfell* (= Haupteinatmungsmuskel) kontrahiert und bewegt sich nach unten. Dabei erhöht sich der Druck auf die Bauchorgane, die Bauchdecke wird vorgewölbt. Man spricht vom *abdominalen Atemtyp*.
Durch die gleichzeitige Kontraktion der äußeren Zwischenrippenmuskeln (Musculi intercostales externi) wird der Brustkorb erweitert. Man spricht vom *thorakalen Atemtyp* (Abb. 143 in der Mitte).
Beide Atemtypen bewirken eine Vergrößerung des Thoraxinnenraumes und Dehnung der Lungen. Damit entsteht gleichzeitig ein Unterdruck (Sog). Es strömt nun so lange Luft in die Lungen, bis Druckausgleich erreicht ist.

Einatemhilfsmuskeln
Bei erhöhtem Sauerstoffbedarf (Arbeit) oder Atembehinderungen (z.B. Asthma bronchiale) werden zusätzlich Atemhilfsmuskeln eingesetzt. Dazu gehören alle Muskeln, deren Zugwirkung den Thorax heben:

Beispiel:	Kopfwender	- M. sternokleidomastoideus,
	kleiner Brustmuskel	- M. pectoralis minor,
	vorderer Sägemuskel	- M. serratus anterior.

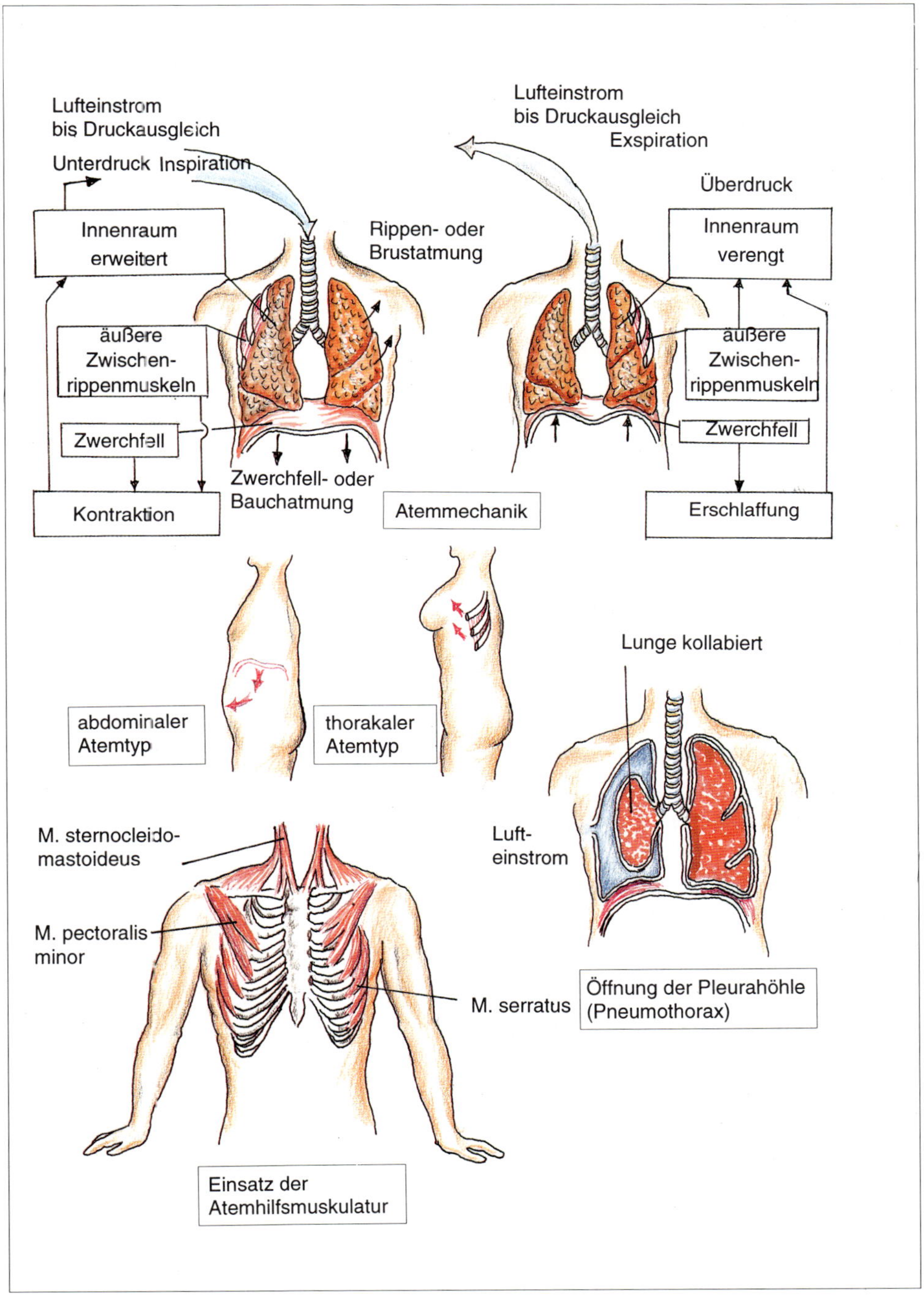

Abb. 143: Atemmechanik, Einsatz der Atemhilfsmuskulatur.

➤ Tritt Atemnot ein, werden die Arme gestreckt aufgestützt. Dadurch wird der Schultergürtel fixiert und die Zugwirkung der Atemhilfsmuskeln erhöht.

Vorgänge bei der Einatmung (Inspiration):
1. Kontraktion der Einatmungsmuskeln.
↓
2. Vergrößerung des Thoraxinnenraumes und der Lunge gegen die elastischen Rückstellkräfte von Lunge, Thorax, Baucheingeweiden und die Schwerkraft.
↓
3. Entstehung eines Unterdruckes im Thoraxraum und der Lunge.
↓
4. Lufteinstrom in die Lunge bis zum Druckausgleich.

Exspiration
Die Ausatmung ist in Ruhe ein weitestgehend passiver Vorgang.

Folgendes spielt sich dabei ab:
1. Erschlaffung der Einatmungsmuskeln.
↓
2. Verkleinerung des Thoraxinnenraumes und der Lunge, bewirkt durch die elastischen Rückstellkräfte von Lunge, Thorax und Baucheingeweiden sowie die Schwerkraft.
↓
3. Entstehung eines Überdruckes im Thoraxinnenraum und der Lunge.
↓
4. Luftausstrom aus der Lunge bis zum Druckausgleich.

Auch die Ausatmung kann durch Ausatmungshilfsmuskeln unterstützt werden. Hier kommen vor allem die Bauchmuskeln in Frage.

Aufgabe der Pleura
Das Bauprinzip der Pleura (s. S. 284) gewährleistet, daß die Lungen passiv den Atembewegungen des Thorax und des Zwerchfells folgen.
Diese mechanische Kopplung kann man sich einfach veranschaulichen. Bringt man zwischen 2 Objektträger einige Tropfen Wasser, so sind sie fast reibungslos gegeneinander verschiebbar, jedoch nur sehr schwer voneinander abzuheben.

➤ Wird durch Verletzung oder Krankheit die Pleurahöhle eröffnet, zieht sich die Lunge infolge eigener Elastizität zusammen. Es entsteht ein Pneumothorax (Abb. 143, S. 287).

*Lungenbelüftung (*Ventilation)

Lungenvolumina und -kapazitäten
Das Luftvolumen in der Lunge wird bei den Atembewegungen je nach Anforderung verändert. Daraus resultieren die Atemvolumina (Werte für Erwachsene).

1. *Atemruhevolumen (ca. 500 ml)*: Luftmenge, die in Ruhe ein- bzw. ausgeatmet wird.
2. *Inspiratorisches Reservevolumen (ca. 2000 ml)*: Luftmenge, die bei maximaler Einatmung noch zusätzlich aufgenommen werden kann.
3. *Exspiratorisches Reservevolumen (ca. 1500 ml)*: Luftmenge, die bei maximaler Ausatmung noch abgegeben werden kann.
4. *Residualvolumen (ca. 1500 ml)*: Luftmenge, die nach maximaler Ausatmung noch in der Lunge verbleibt.

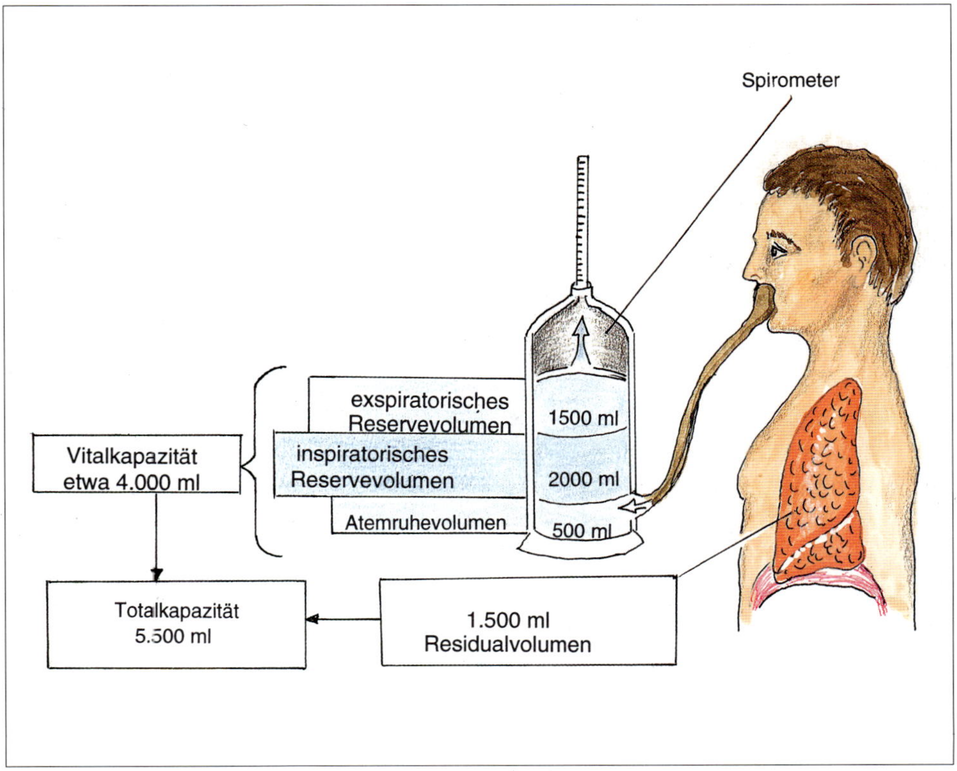

Abb. 144: Atemvolumina und -kapazitäten.

Wie bereits bekannt, kollabieren bei Eröffnung des Pleuraspaltes die Lungen. Geschieht dies, entweicht die sog. Kollapsluft (ca. 700 ml).

Vitalkapazität

Unter der Vitalkapazität versteht man die Summe von:

- Ruheatemvolumen:	500 ml
- inspiratorischem Reservevolumen:	2000 ml
- exspiratorischem Reservevolumen :	1500 ml
	4000 ml

Fordert man einen Menschen auf, nach maximaler Einatmung maximal auszuatmen, würde er also das Gesamtvolumen der Vitalkapazität ausatmen.

➤ Mit einem Spirometer kann man die Vitalkapazität messen. (Abb. 144).

Die Vitalkapazität ist abhängig von:
- Alter,
- Konstitution,
- Geschlecht,
- Trainingszustand.

➤ Mit Hilfe des Atemstoßtestes können obstruktive Lungenfunktionsstörungen (Einengung der zuleitenden Luftwege, z.B. beim Asthma bronchiale) erfaßt werden.

Funktion des Totraumes

Die luftleitenden Wege (von der Nase bis zu den Bronchiolen) bilden den Totraum.

Er übt folgende Funktionen aus:
1. Erwärmung,
2. Reinigung,
3. Befeuchtung der Einatmungsluft,
4. Ventilationsförderung durch Erweiterung (bei Einatmung) bzw. Verengung (bei Ausatmung) der Bronchiolen.

Atemminutenvolumen

Die Ventilation wird bestimmt von:
- Atemfrequenz,
- Atemzugvolumen (= Atemtiefe).

Das Produkt aus beiden Größen heißt Atemminutenvolumen.

Beispiel: 16 Atemzüge pro Minute x 700 ml Atemzugvolumen ergeben 11,2 l · min^{-1} als Atemminutenvolumen.

Merke: Die Belüftung des Totraumes ist eine konstante Größe. Eine Verminderung der Gesamtventilation bedeutet also immer eine Verringerung der alvolären Ventilation.

12. 3. 2. Gasaustausch

Die Lungenbläschen (Alveolen) sind umgeben von netzartig angeordneten Blutkapillaren.
Nur in diesem Bereich der Lunge werden die Atemgase Sauerstoff und Kohlendioxid durch Diffusion ausgetauscht. Das heißt: Sauerstoff gelangt aus der Luft in den Alveolen in das Blut der Lungenkapillaren und das Kohlendioxid aus dem Lungenkapillarblut in die Alveolarluft.

Die Zusammensetzung von Ein- und Ausatmungsluft sowie der Luft in den Lungenbläschen ist demnach unterschiedlich.
Die treibende Kraft ist das jeweilige Partialdruckgefälle des Gases.
Der Umfang des Gasaustausches pro Zeiteinheit ist umso intensiver,
- je größer die Austauschfläche ist,
- je kürzer die Wege sind,
- je besser die Durchblutung ist.

Nach dem gleichen Prinzip wie in der Lunge (= alveolärer Gasaustausch) findet der Gasaustausch im Gewebe statt: O_2 gelangt entsprechend seines Partialdruckgefälles aus dem Kapillarblut des Gewebes über das Interstitium in die Zellen und CO_2 aus den Zellen über das Interstitium in das Gewebskapillarblut.

Merke: Ohne Durchblutung kann weder in der Lunge noch im Gewebe der Gasaustausch stattfinden. Das Belüftungs-Durchblutungsverhältnis beträgt 4 l Luft · min^{-1} zu 5 l Blut · min^{-1}, also 0,9.
Eine Tracheotomie kann den Totraum verkleinern.

➤ Krankheitsbedingte Einschränkungen der Austauschfläche z.B. beim Lungenemphysem, Verlängerung der Diffusionswege, z.B. bei Lungenentzündung oder verminderte Durchblutung, z.B. bei Lungenembolie, vermindern den Gasaustausch.

12. 3. 3. Gastransport

Wie aus dem Abschnitt 12.3.2. ersichtlich, werden die Atemgase zwischen Lunge und Zellen durch das Transportmittel Blut transportiert. Die treibende Kraft wird hier also vom Herzen erzeugt.

Sauerstofftransport (Lunge → Körperzellen)
Der Sauerstoff wird im Lungenkapillarblut nach physikalischer Lösung an das desoxigenierte Hämoglobin (Hb) gebunden. Es entsteht oxigeniertes Hb. Dieser Vorgang heißt Oxigenierung.

HHb	+	O_2	→	HbO_2
desoxigeniert				oxigeniert
stärkere Säure				schwächere Säure
dunkelrot				hellrot

➤ 1g Hb bindet 1,34 ml O_2. 100 ml Blut enthalten 16g Hb.
Also: 16g Hb x 1,34 ml O_2 = 21 ml O_2.
Demnach können 100 ml Blut 21 ml O_2 binden.

Im Gewebe wird der Sauerstoff wieder vom Hb gelöst (= *Desoxigenierung*). Nach erneuter physikalischer Lösung diffundiert er in die Zellen.

➤ Eine bedeutend größere Affinität zum Hb als das Kohlendioxid hat das Kohlenmonoxid (CO). Bereits in geringen Konzentrationen verdrängt es den Sauerstoff aus der Hb-Bindung (Giftigkeit). Eine starke CO-Vergiftung erkennt man an der kirschroten Farbe der Haut.

Kohlendioxidtransport
Das von den Zellen abgegebene Kohlendioxid (CO_2) wird hauptsächlich in Form von Bikarbonat (= Hydrogenkarbonat, HCO_3^-) im Blut zur Lunge transportiert. Nach physikalischer Lösung wird im Gewebskapillarblut unter Vermittlung von Enzymen CO_2 in HCO_3^- überführt:

1. Kohlendioxid verbindet sich mit Wasser zu Kohlensäure:
   $CO_2 + H_2O \rightarrow H_2CO_3$
2. Ein Teil der Kohlensäure dissoziert in Wasserstoff und Bikarbonationen:
   $H_2CO_3 \rightarrow H^+ + HCO_3^-$

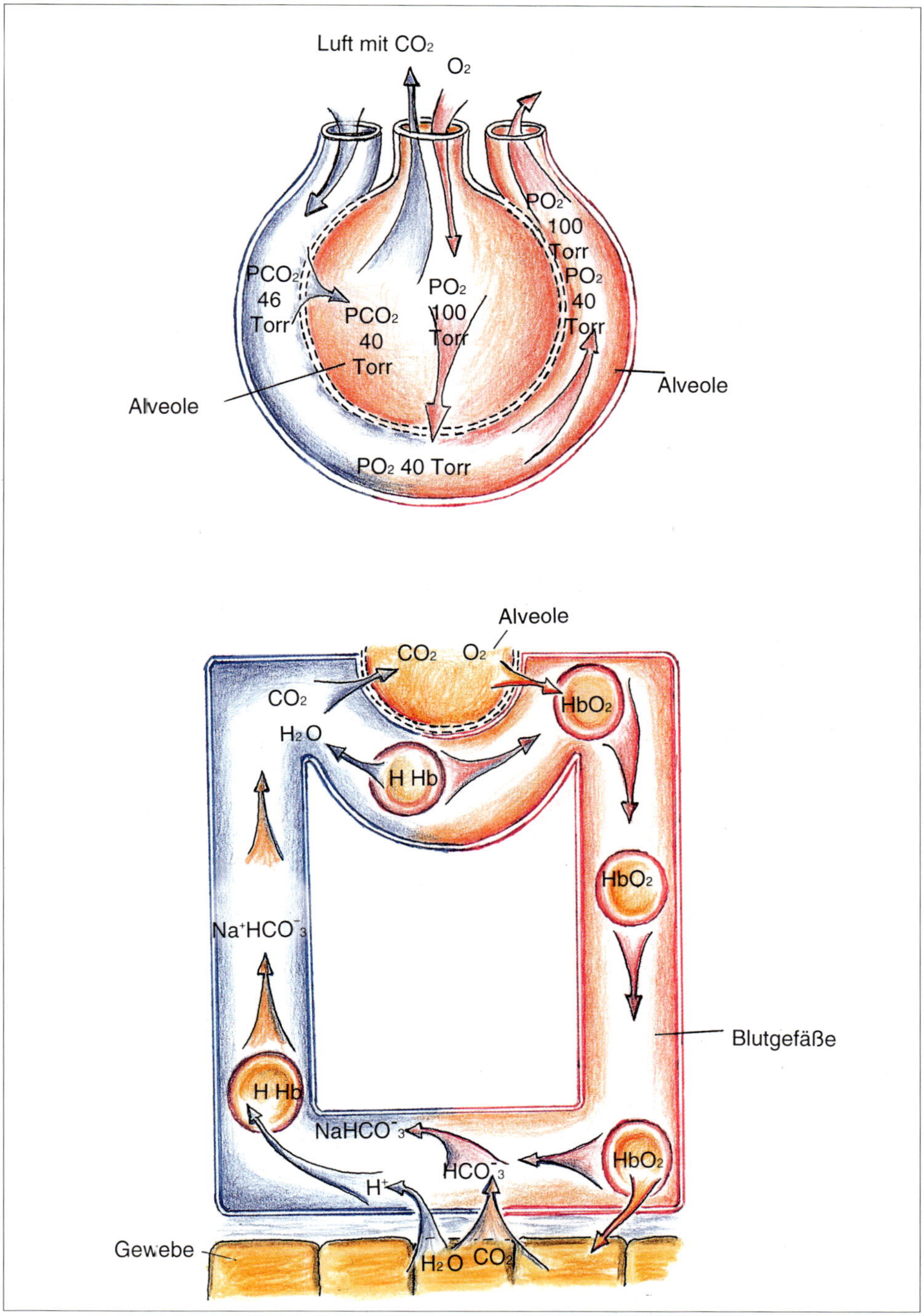

Abb. 145: Gasaustausch in der Lunge und Transport der Atemgase durch das Blut.

Die freien Wasserstoffionen werden an das desoxigenierte Hb gebunden (= Pufferung) (s. S. 56).
In der Lunge wird das HCO_3^- unter Vermittlung von Enzymen wieder in CO_2 umgewandelt.

1. Das Bikarbonation verbindet sich mit Wasserstoff (wird vom oxigenierten Hb zur Verfügung gestellt) zu Kohlensäure:
   $HCO_3^- + H^+ \rightarrow H_2CO_3$
2. Die Kohlensäure zerfällt in Wasser und CO_2. Letzteres löst sich physikalisch und diffundiert aus dem Blut in die Alveolarluft

$$H_2CO_3 \rightarrow CO_2 + H_2O$$

➤ Bei Atemstillstand erhöht sich die Wasserstoffionenkonzentration. Es entsteht eine Übersäuerung des Blutes, der pH-Wert (normal 7,37-7,43) sinkt. Man spricht von einer respiratorischen Acidose.

12. 3. 4. Atmungsregulation

Durch die Atmungsregulation werden die Aufnahme von Sauerstoff sowie die Abgabe von Kohlendioxid den Erfordernissen unseres Körpers angepaßt.

Das geschieht durch die *Veränderung* von
- *Atemfrequenz* und
- *Atemtiefe*.

In Ruhe beträgt die *Atemfrequenz 16 bis 20 Atemzüge pro Minute*. Bei körperlicher Belastung erhöht sie sich um das 3- bis 4-fache. Gleichzeitig nimmt auch die Atemtiefe zu.

Die Regulation der Atmung erfolgt auf 2 Wegen:
1. durch die Anpassung der Diffusion der Atemgase.
Bei Arbeit steigen O_2-Verbrauch und CO_2-Produktion im Körper. Das bedeutet für das venöse Blut:
- pO_2-Abfall und
- pCO_2-Anstieg.

Damit werden die Partialdruckgefälle als treibende Kraft der Diffusion vergrößert. Die diffundierenden Gasmengen nehmen zu.

2. durch das Atemzentrum in der Medulla oblongata.

Hier handelt es sich um eine chemische Atmungsregulation.

- Chemorezeptoren im Glomus caroticum (s. S. 267) messen ständig im arteriellen Blut die Konzentrationen von CO_2, O_2 und H^+.

Merke: Der größte Atemreiz entsteht durch Anreicherung des Blutes mit CO_2, z.B. beim Luftanhalten.

- Die Informationen werden an das Atemzentrum gegeben und mit weiteren Informationen (z.B. von Dehnungsrezeptoren in der Lunge, Kälterezeptoren der Haut) verarbeitet.
- Im Ergebnis der Informationsverarbeitung wird z.B. über den Zwerchfellnerv (N. phrenicus) die Tätigkeit der Atemmuskeln entsprechend gesteuert.
  Eine weitere Möglichkeit der Steuerung erfolgt über die Bronchialmuskulatur (Verengung, Erweiterung).

➤ Im Gegensatz zur Herztätigkeit sind Atemfrequenz und Atemtiefe über die Großhirnrinde willkürlich beeinflußbar. Atmet der Mensch ohne körperliche Belastung - vielleicht aus Angst - sehr schnell und tief, sinkt die Wasserstoffionenkonzentration im Blut. Es entsteht eine respiratorische Hyperventilations-Alkalose mit Krampferscheinungen und vorübergehendem Atemstillstand.

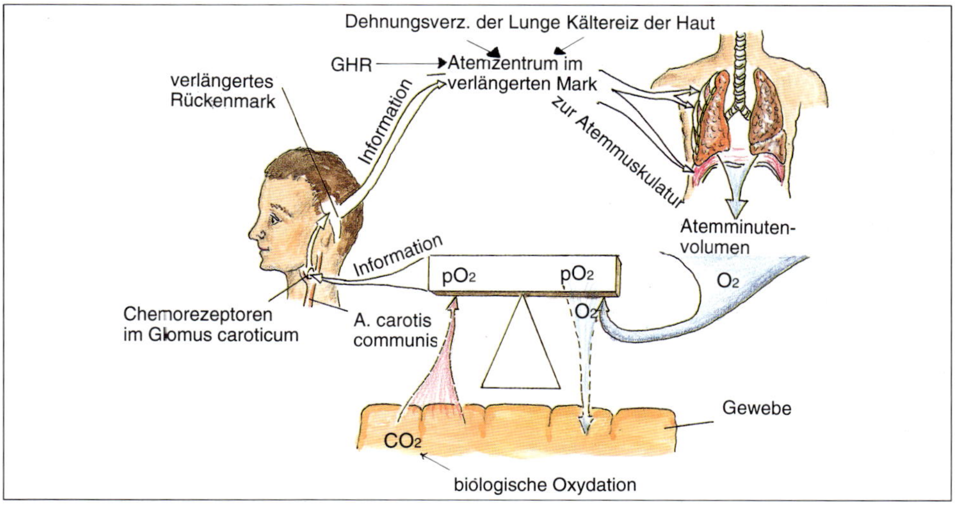

Abb. 146: Atmungsregulation.

Aufgaben zur Wiederholung

1. Nehmen Sie eine Gliederung des Atmungssystems vor!
2. Beschreiben Sie Bau und Funktion der Nase!
3. Beschreiben Sie den Rachen als Teil des Atmungs- und Verdauungstraktes!
4. Beschreiben Sie den Kehlkopf als luftleitendes und stimmbildendes Organ!
5. Beschreiben Sie Lage, makroskopischen und mikroskopischen Bau der Trachea!
6. Vergleichen Sie die Schleimhautepithelien von Nase, Rachen, Kehlkopf und Luftröhre! Ziehen Sie eine Schlußfolgerung!
7. Warum steigt bei Mundatmung die Infektionsgefahr?
8. Beschreiben Sie den Bronchialbaum!
9. Beschreiben Sie Lage und Aufbau der Lungen!
10. Stellen Sie den Aufbau eines Lungenläppchens unter Berücksichtigung seiner Funktion dar!
11. Beschreiben Sie Bau und Funktion der Pleura!
12. Erklären Sie die Vorgänge
    a) bei der Einatmung,
    b) bei der Ausatmung.
13. Erläutern Sie die Belüftung der Lunge einschließlich wichtiger Lungenvolumina und -kapazitäten!
14. Was ist der Totraum und welche Funktionen hat er? Unterscheiden Sie alveoläre und Totraumventilation!
15. Vergleichen Sie die Zusammensetzung von Einatmungsluft, Ausatmungsluft und Alveolarluft hinsichtlich des Sauerstoff- und Kohlendioxidgehaltes!
16. Beschreiben Sie den Gasaustausch!
17. Vergleichen Sie die Partialdrücke von O_2 und CO_2 im arteriellen und venösem Blut sowie in der Alveolarluft! Begründen Sie die Unterschiede!
18. Begründen Sie, warum Belüftung und Durchblutung der Lunge gleich wichtig sind!
19. Erklären Sie den Gastransport zwischen Lunge und Gewebe!
20. Wodurch wird der Gastransport maßgeblich beeinflußt?
21. Begründen Sie die Notwendigkeit der Atmungsregulation!
22. Wie erfolgt die Regulation der Atmung?
23. Welcher Zusammenhang besteht zwischen Atmung und pH-Wert der Körperflüssigkeiten?

13. Verdauungssystem

Im Verdauungssystem wird die Nahrung so aufgespalten, daß die in ihr enthaltenen lebensnotwendigen Stoffe in Blut und Lymphe gelangen können.

Zum Verdauungssystem gehören folgende Organe:

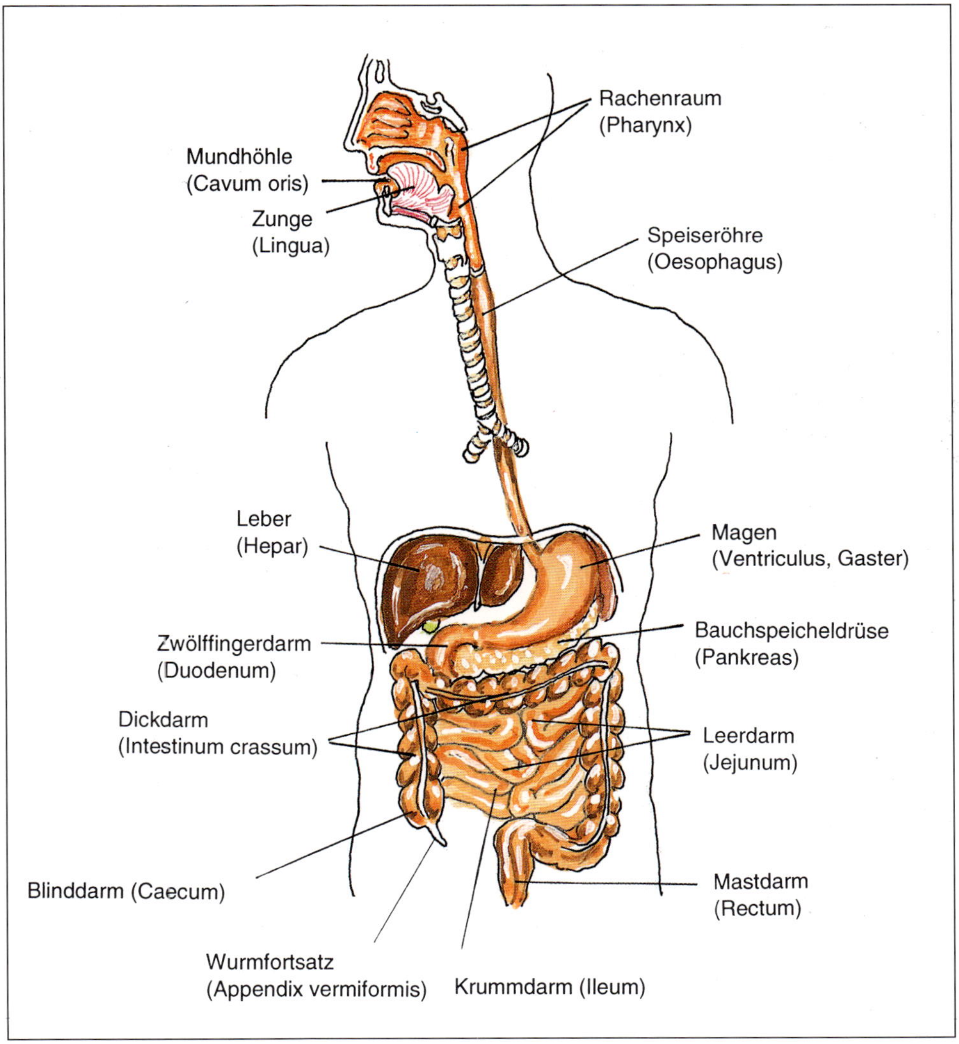

Abb. 147: Verdauungssystem - Übersicht.

13. 1. Mundhöhle

Die Mundhöhle wird gegliedert in:
- eigentliche Mundhöhle und
- Mundvorhof.

Die *Mundhöhle* (Cavum oris) ist der Raum innerhalb der Zahnbögen zwischen Gaumen, muskulösem Mundboden einschließlich Zunge und Schlundenge (Isthmus faucium).

Der *Mundvorhof* (Vestibulum oris) liegt zwischen der Außenseite der Zahnbögen, den Wangen und den Lippen (Abb. 148).

Die *Mundschleimhaut* besitzt ein mehrschichtiges unverhorntes Plattenepithel und zahlreiche kleine Speicheldrüsen. Diese sind an der Lippeninnenseite tastbar.

Zum Mundhöhlenbereich gehören:
- die Lippen (Labia),
- die Wangen (Buccae),
- die Zähne (Dentes),
- der Gaumen (Palatum),
- die Zunge (Glossa, Lingua) und
- 3 Paar große Mundspeicheldrüsen.

Lippen und Wangen

Der Lippenringmuskel (M. orbicularis oris) ist die Basis der Lippen und schließt den Mund. In der Wand der Wangen liegt ein flacher Wangenmuskel (M. buccinator).
Zwischen diesem und dem darunterliegenden Kaumuskel (M. masseter) liegt ein Fettkörper unterschiedlicher Größe.

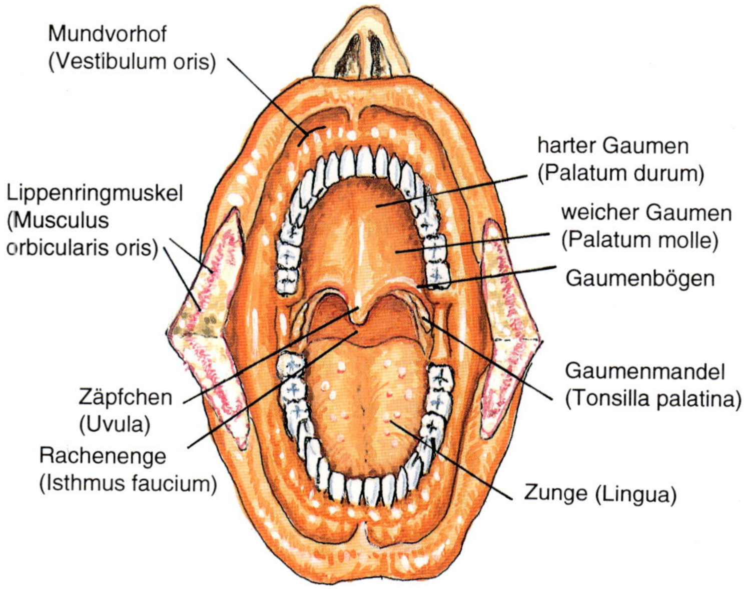

Abb. 148: Bereiche der Mundhöhle.

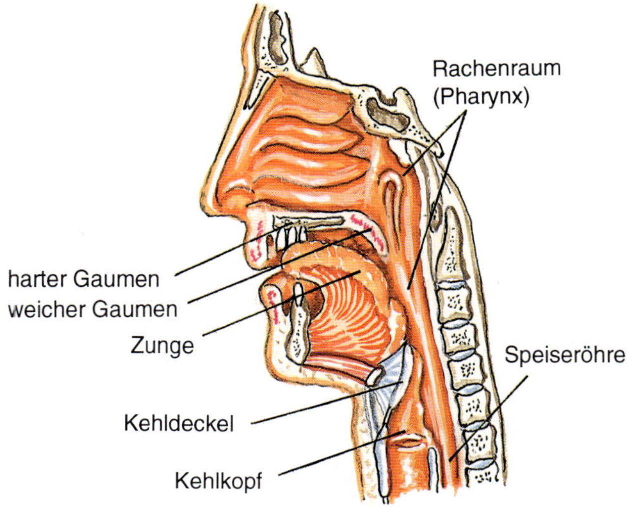

Abb. 149: Medianschnitt durch Nasenhöhle, Mundhöhle und Rachenraum.

Zähne, Gebiß

Im Verlauf des menschlichen Lebens entwickeln sich
- das Milchgebiß, bestehend aus 20 Zähnen und danach
- das bleibende Gebiß, bestehend aus 32 Zähnen.

Zahnarten

Entsprechend ihrer Funktion, Form und Stellung im Gebiß werden die Zähne bezeichnet:
- Schneidezahn (Dens incisivus),
- Eckzahn (Dens caninus),
- Vormahlzahn (Dens praemolaris),
- Mahlzahn (Dens molaris).

Zahnformel

Die Zahnformel dient der genauen Bestimmung jedes Zahnes im Gebiß.
Zu diesem Zweck erhalten die 4 Kieferhälften und die Zahnarten Nummern:

- rechte Oberkieferhälfte:	1
- linke Oberkieferhälfte:	2
- linke Unterkieferhälfte:	3
- rechte Unterkieferhälfte:	4

- Schneidezähne:	1 und 2
- Eckzahn:	3
- Vormahlzähne:	4 und 5
- Mahlzähne:	6, 7 und 8

Beispiel: 11 bis 18 (sprich: eins-eins bis eins-acht) sind die Zähne der rechten Oberkieferhälfte usw..

Zahnformel

rechte Oberkieferhälfte								linke Oberkieferhälfte							
18	17	16	15	14	13	12	11	21	22	23	24	25	26	27	28
48	47	46	45	44	43	42	41	31	32	33	34	35	36	37	38
rechte Unterkieferhälfte								linke Unterkieferhälfte							

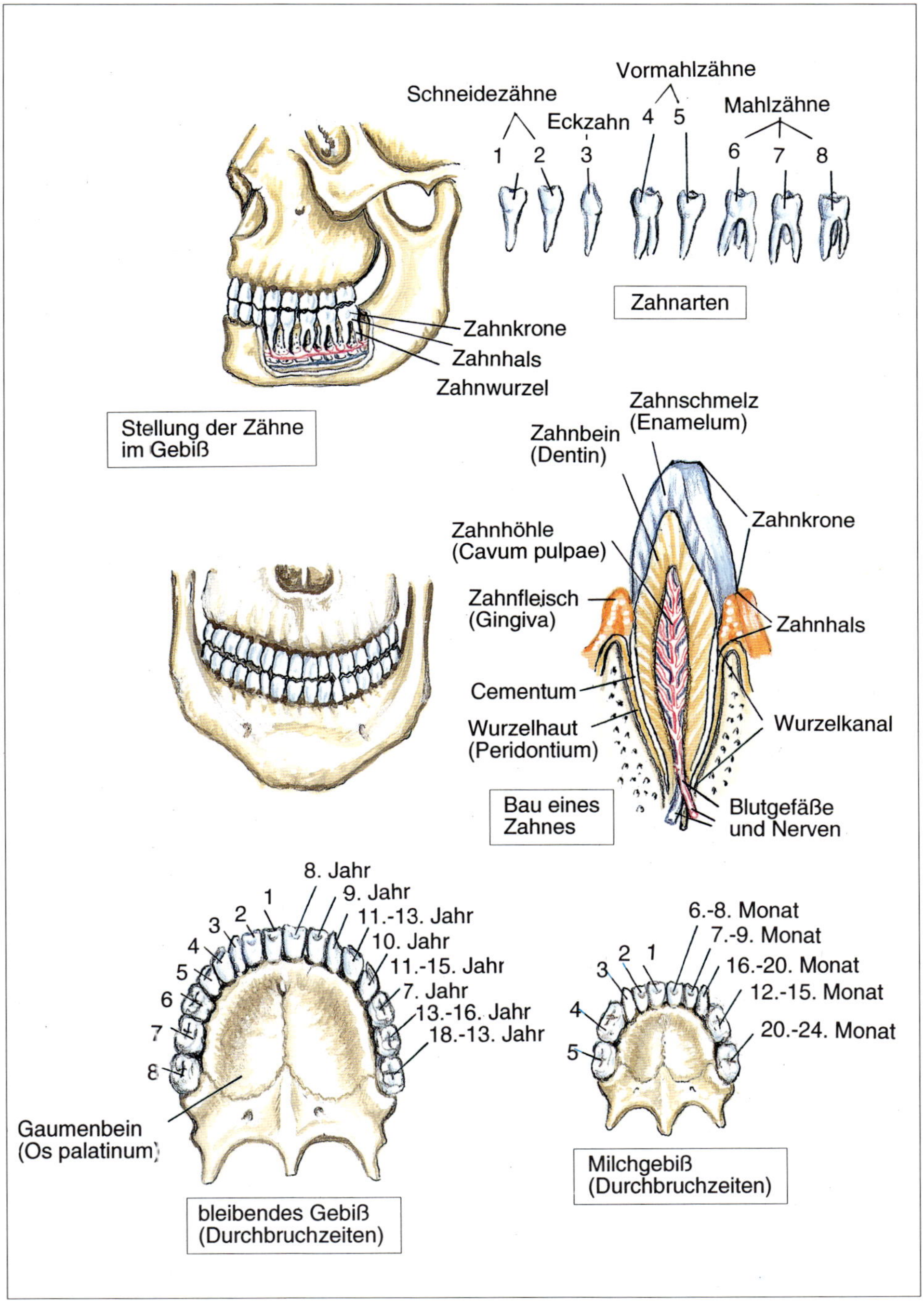

Abb. 150: Gebiß.

Bau eines Zahnes
Bei der Betrachtung eines Zahnes lassen sich 3 Teile unterscheiden:

1. Zahnkrone: Sie liegt frei und ist vom Zahnschmelz (Enamelum) überzogen. Der Zahnschmelz ist die härteste Substanz unseres Körpers. Nach relativ kurzer Zeit werden die zahnschmelzbildenden Zellen (Enameloblasten) abgekaut, so daß kein Zahnschmelz mehr nachgebildet werden kann.

➤ Bestimmte Bakterien bauen Nahrungsbestandteile in der Mundhöhle zu organischen Säuren ab. Diese lösen bei längerer Einwirkung den Zahnschmelz auf. Es entsteht Karies. Durch sachgerechte Mundpflege kann dieser Prozeß weitgehend verhindert werden.

2. Zahnhals: Er stellt den Übergang zwischen Krone und Zahnwurzel dar und ist vom Zahnfleisch umschlossen.

➤ Bei Entzündungen des Zahnhalteapparates (Paradontose) können durch Rückgang des Zahnfleisches die Zahnhälse frei liegen. Oft sind sie dabei schmerzempfindlich, da sie nicht vom Schmelz überzogen sind.

3. Zahnwurzel: Sie liegt im knöchernen Zahnfach (Alveole) und ist vom Zement (Cementum) überzogen.

In allen 3 Abschnitten des Zahnes liegt das *Zahnbein* (Dentin) als Stützgerüst. In seinem Inneren befindet sich die *Zahnhöhle* (Pulpahöhle) als durchgehender Hohlraum von der Wurzelspitze bis in die Zahnkrone. Im Bereich der Wurzel heißt sie *Wurzelkanal*.
Die Zahnhöhle beinhaltet das Zahnmark (Pulpa), bestehend aus lockerem Bindegewebe und über den Wurzelkanal eintretende Gefäße und Nerven.

Zahnhalteapparat
Er wird gebildet von:
- Zahnfleisch (Gingiva),
- Zahnfach (Alveole),
- Zement (Cementum),
- Wurzelhaut (Periodontium), liegt zwischen Zement und Zahnfach.

Zugfeste Fasern der Wurzelhaut sind einerseits im Zement und andererseits im Kieferknochen verankert und halten den Zahn federnd im Zahnfach.

Zunge (Lingua, Glossa)

Die Zunge erfüllt als muskulöses Organ unterschiedliche Funktionen. Anordnung und Wirkungsrichtung der Zungenmuskulatur ermöglichen differenzierte Bewegungen beim

- Sprechen,
- Kauen und
- Schlucken.

Bei Betrachtung der Zunge im Spiegel erkennt man:

- den Zungenrücken mit
  - der Zungenspitze,
  - den Zungenrändern und
  - der Zungenwurzel = Zungengrund (nicht sichtbar).
- die Zungenunterseite mit
  - dem median gelegenen Zungenbändchen.

Zungenpapillen

Auf dem Zungenrücken liegen zahlreiche Papillen zur Vergrößerung der Schleimhautoberfläche.

Es sind zu unterscheiden:

- die *Wallpapillen* (Papillae circumvallatae). Sie liegen V-förmig angeordnet am Beginn der Zungenwurzel;
- die *blattförmigen Papillen* (Papillae foliatae). Sie liegen an den Zungenrändern.

Geschmacksorgan

Auf und um die Zungenpapillen sind die sog. *Geschmacksknospen* angeordnet, welche die *Chemorezeptoren des Geschmacksinns* enthalten.

Zungentonsille (Tonsilla lingualis)

Die höckrige Oberfläche der Zungenwurzel entsteht durch zahlreiche Lymphfollikel, welche die Zungenmandel bilden. Die *Blutversorgung* der Zunge erfolgt über die Zungenarterie (A. lingualis), die bis zur Zungenspitze reicht.

➤ Die A. lingualis ist ein kräftiger Endast der A. carotis ext., so daß bei ihrer Verletzung (z.B. Biß, bei epileptischen Krampfanfällen) akute Verblutungsgefahr besteht.

Gaumen (Palatum)
Der Gaumen bildet einerseits das Mundhöhlendach und andererseits den Boden der Nasenhöhle. Man unterscheidet zwei Abschnitte:
- den *harten Gaumen*: Kaudruckbereich,
- den *weichen Gaumen* = Gaumensegel: Er schließt sich nach hinten dem harten Gaumen an. In der Mitte befindet sich das *Gaumenzäpfchen* (Uvula), von dessen Basis links und rechts zwei Schleimhautfalten bogenförmig nach seitlich unten verlaufen. Es handelt sich um die *vorderen* und *hinteren Gaumenbögen*. Rechts und links liegt in einer Nische zwischen vorderem und hinterem Gaumenbogen jeweils eine *Gaumenmandel* (Tonsilla palatina).

Aufgaben des weichen Gaumens
- Die muskuläre Grundlage ermöglicht das Verschließen des Rachenraumes hin zur Nasenhöhle während des Schluckens.
- Muskelzüge öffnen beim Schlucken die Ohrtrompete, so daß ein Druckausgleich im Mittelohr erfolgen kann.

➤ Schleimhautschwellungen der Ohrtrompete bei Erkältungen behindern dies. Es kommt zu Hörbeeinträchtigungen.

Rachenenge (Isthmus faucium)
Die Rachenenge liegt zwischen der Zungenwurzel und dem weichen Gaumen und ist der Übergang von der Mundhöhle in den Rachenraum.

Große Mundspeicheldrüsen
Die großen Mundspeicheldrüsen sind paarig angeordnet:
- die *Ohrspeicheldrüse* (Glandula parotis) ist mit einer Masse von 20 - 30 g die größte. Sie liegt außerhalb der Mundhöhle. Ihr Ausführgang mündet im Mundvorhof gegenüber dem 2. oberen Mahlzahn.

➤ Bei Entzündung der Ohrspeicheldrüse (Mumps) steht in der Regel das Ohrläppchen ab.

- die *Unterkieferdrüse* (Glandula submandibularis) liegt an der Innenseite des Unterkiefers (ist tastbar).
- die *Unterzungendrüse* (Glandula sublingualis) liegt im Mundhöhlenboden.

Die Ausführgänge von Unterkiefer- und Unterzungendrüse münden unter der Zunge neben dem Zungenbändchen.

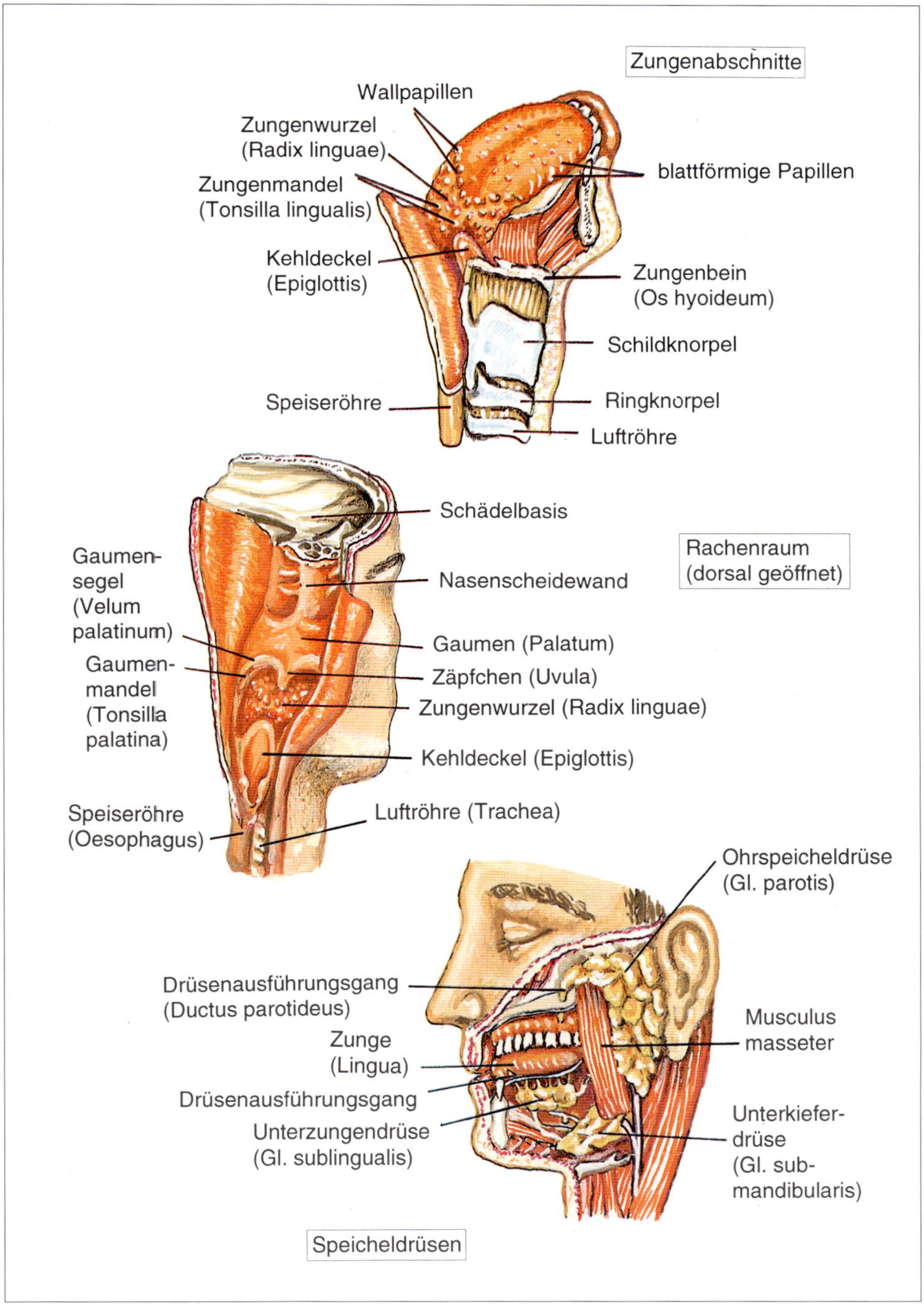

Abb. 151: Mundhöhle.

13. 2. Speiseröhre (Oesophagus)

Die ca. 24 cm lange Speiseröhre verbindet den Rachenraum mit dem Magen.

➤ Von den Schneidezähnen bis zum Beginn der Speiseröhre sind es 15 cm. Diese Strecke ist bei der Magensondierung zu beachten.

Verlauf und Lagebeziehungen
Nach ihrem Verlauf vom Hals über die Brust- in die Bauchhöhle unterscheidet man drei Abschnitte:

1. *Halsteil:* Er liegt *hinter* der *Trachea.* Seitlich befinden sich Teile der Schilddrüse sowie die Gefäß-Nerven-Stränge des Halses, dahinter die Halswirbelsäule.

2. *Brustteil:* Er verläuft vor der Brustwirbelsäule neben der Aorta thoracica zwischen den beiden Lungen. Diagnostisch wichtig ist die Anlagerung an den linken Vorhof.

3. *Bauchteil:* Nach dem Durchtritt durch das Zwerchfell sind es noch 0-3 cm bis zum Mageneingang.

Engen
In ihrem Verlauf hat die Speiseröhre drei Engen:
1. *Ringknorpelenge*, in Höhe des Ringknorpels vom Kehlkopf,
2. *Aortenenge*, in Höhe des Aortenbogens,
3. *Zwerchfellenge*, Zwerchfelldurchtritt.

➤ Die Speiseröhre ist relativ locker in das Zwerchfell eingebaut, so daß Zwerchfellbrüche begünstigt werden.

Wandschichten
Die Wände der meisten Hohlorgane sind aus 3 Hauptschichten aufgebaut:
1. *Bindegewebige Hülle:* zum Einbau und zur Verschiebung in der Umgebung.
2. *Muskelwand:* zum Transport, zur Durchmischung und Speicherung des Inhaltes.
3. *Schleimhaut:* als glatte Gleitfläche, zur Sekretion und Resorption (s. S. 118).

Wandschichten der Speiseröhre

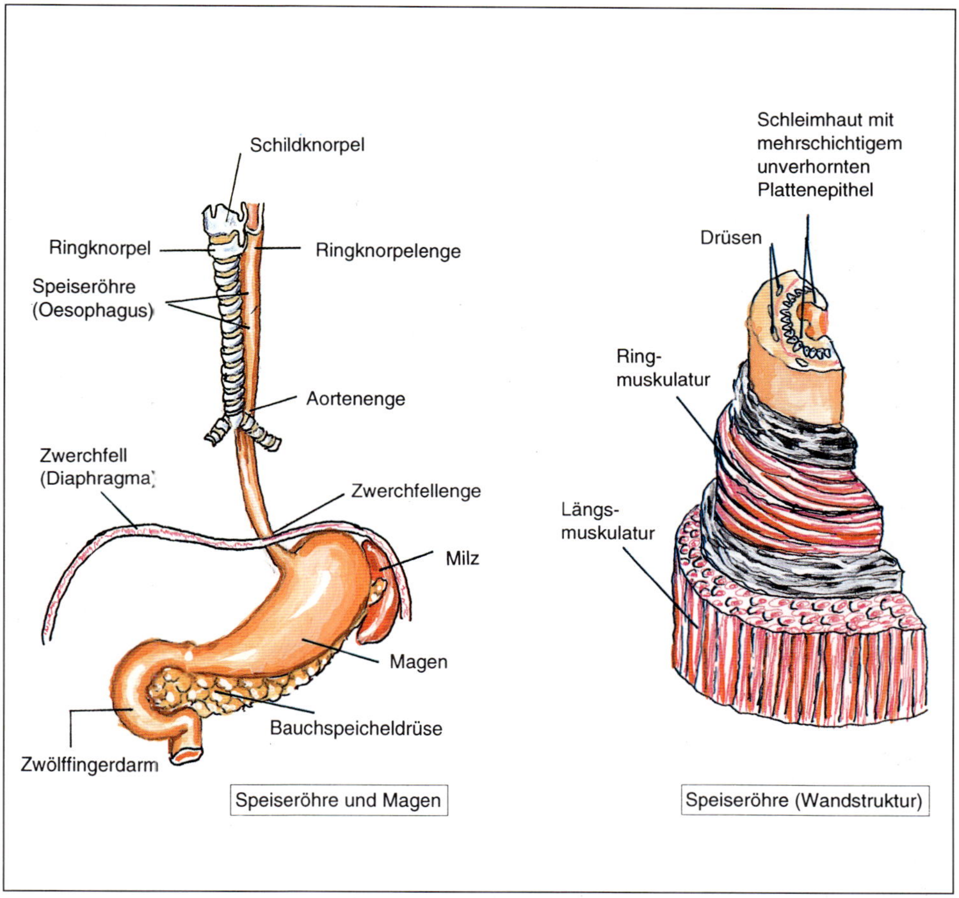

Abb. 152: Speiseröhre.

Durch das Zusammenwirken von Ringmuskulatur und Längsmuskulatur entsteht die Peristaltik, durch die die Speise in den Magen befördert wird.

➤ Bei Blutstauung im Pfortaderkreislauf (z.B. bei Leberzirrhose) wird ein Teil des Blutes über Venen des Oesophagus zur V. Cava superior geleitet. Es entstehen Oesophagusvarizen, die zu massiven Blutungen führen können.

13. 3. Magen (Ventriculus, Gaster)

Der Magen speichert die Nahrung vorübergehend, um sie in kleinen Mengen an den Zwölffingerdarm abzugeben. Die Verdauung der Eiweiße wird eingeleitet.

Form

Der gebogenen Form entsprechend liegt rechts die *kleine Magenkurve* (Curvatura ventriculi minor) und links die *große Magenkurve* (Curvatura ventriculi major).

Im übrigen ist die *Form* des Magens *abhängig* von:

- der Füllung: Der im leeren Zustand darmähnliche Magen weitet sich mit zunehmender Füllung nach links zur großen Magenkurve hin aus. An der kleinen Magenkurve bleibt die Magenstraße für den Durchlauf von Getränken frei;
- der Körperhaltung: Im Stehen "hängt" der Magen weiter nach unten.

Der *Mageneingang* (Cardia) liegt auf der linken Seite, der Ausgang - *Pförtner* (Pylorus) - befindet sich von der Leber bedeckt rechts. Unter die linke Zwerchfellkuppel wölbt sich die *Magenblase* (Fundus ventriculi).

Zwischen dieser und dem Pylorus liegen *Magenkörper* (Corpus ventriculi) und *Pförtnervorraum* (Pars pylorica oder Antrum).

Lage

Der Magen liegt intraperitoneal zu $^3/_4$ im linken Oberbauch (unter linker Zwerchfellkuppel und linkem Rippenbogen) und $^1/_4$ im rechten Oberbauch (s. Abb. 97, S. 187).

Wandschichten (s. S. 306 unten)

Die *Magenschleimhaut* zeigt ein ausgeprägtes *Längsfaltenrelief* (besonders im Bereich der Magenstraße). Sie besitzt einschichtiges *Zylinderepithel.*

Die Schleimhautoberfläche ist durch 1-6 mm große *Magenfelder* gekennzeichnet. In jedem Feld befinden sich zahlreiche kleine *Magengrübchen*, in denen die Mündungen der Magendrüsen liegen.

Die Magendrüsen bestehen aus folgenden Zellformen:

- Hauptzellen: bilden das Pepsinogen,
- Belegzellen: bilden Salzsäure,
- Nebenzellen: bilden Schleim.

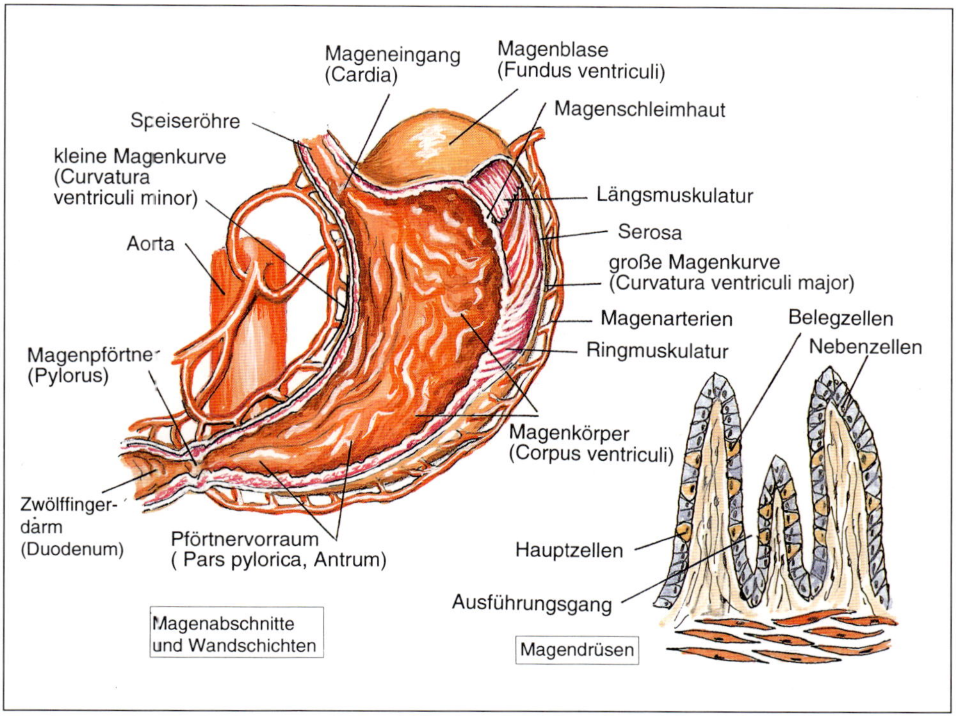

Abb. 153: Magen.

Blutversorgung

Arterien: Alle 3 Äste des Truncus coeliacus (s. S. 222).

Venen: Das Blut des Magens fließt über 4 große Magenvenen zur V. portae ab (s. S. 226).

Nervenversorgung

Die Innervation der Magentätigkeit erfolgt über den *N. vagus*, der auch die Säureproduktion stimuliert.

➤ Bei Störungen des Gleichgewichts zwischen schützenden (Schleim, gute Durchblutung) und schädigenden (Säure, Streß, Gallenreflux, Stase) Faktoren kommt es zu Entzündungen der Magenschleimhaut (Gastritis) bis hin zum Magengeschwür (Ulcus ventriculi).

Zur Behandlung von Magengeschwüren können u.a. bestimmte Fasern des N. vagus durchtrennt werden (= Vagotomie).

13. 4. Dünndarm (Intestinum tenue)

Im Anschluß an den Magenausgang folgt der Dünndarm mit einer Länge von 2,5-3,5 m (bei der Leiche erreicht er aufgrund der Muskelerschlaffung ca. 5 m).

Gliederung
Der Dünndarm wird in drei Abschnitte gegliedert.
1. Zwölffingerdarm (Duodenum): Der ca. 30 cm lange c-förmige Zwölffingerdarm beginnt am Magenpförtner und endet an der Zwölffingerdarm-Leerdarmkrümmung (Flexura duodeno-jejunalis). Er liegt im Oberbauch retroperitoneal.
2. Leerdarm (Jejunum) und
3. Krummdarm (Ileum) liegen intraperitoneal im Unterbauch, eingegrenzt vom Dickdarm. Die Grenzen zwischen diesen beiden Darmabschnitten sind fließend.

Wandschichten (s. S. 306 unten)
Die *Dünndarmschleimhaut* ist gekennzeichnet durch
- feststehende *Ringfalten* (Kerckring-Falten, Plicae circulares).
- *Zotten* (Villi intestinales): Das sind kleine Fortsätze der Ringfalten. Innerhalb dieser Zotten befinden sich Blutkapillaren und ein zentral gelegenes Lymphgefäß. Längs angeordnete glatte Muskelzellen verkürzen die Zotte, wodurch Blut und Lymphflüssigkeit mit den resorbierten Nahrungsstoffen ausgepreßt werden. Die Anzahl der Kerkringschen Falten und der Zotten nimmt im Verlaufe des Dünndarms ab. Im letzten Teil des Ileums fehlen sie völlig.

Merke: Die sezernierende und resorbierende Oberfläche des Dünndarmes (ca. 100 m^2) wird 3-fach vergrößert:
1. durch die Ringfalten,
2. durch die Zotten an den Ringfalten,
3. durch die Mikrovilli (= Bürstensaum) der einschichtig angeordneten Zylinderepithelzellen.

- *Lieberkühnsche Krypten:* Das sind Vertiefungen zwischen den Zotten, in denen sich die Ausführgänge der Drüsen der Dünndarmschleimhaut befinden.
- *Lymphfollikel:* Sie liegen in den tieferen Bereichen der Schleimhaut und erfüllen Abwehraufgaben.
- *Große Zwölffingerdarmpapille* (Papilla duodeni major): Sie liegt im absteigenden Teil des Duodenums. Hier befinden sich die Mündungen
- des Hauptgallenganges (Ductus choledochus) und
- des Bauchspeicheldrüsenganges (Ductus pancreaticus).

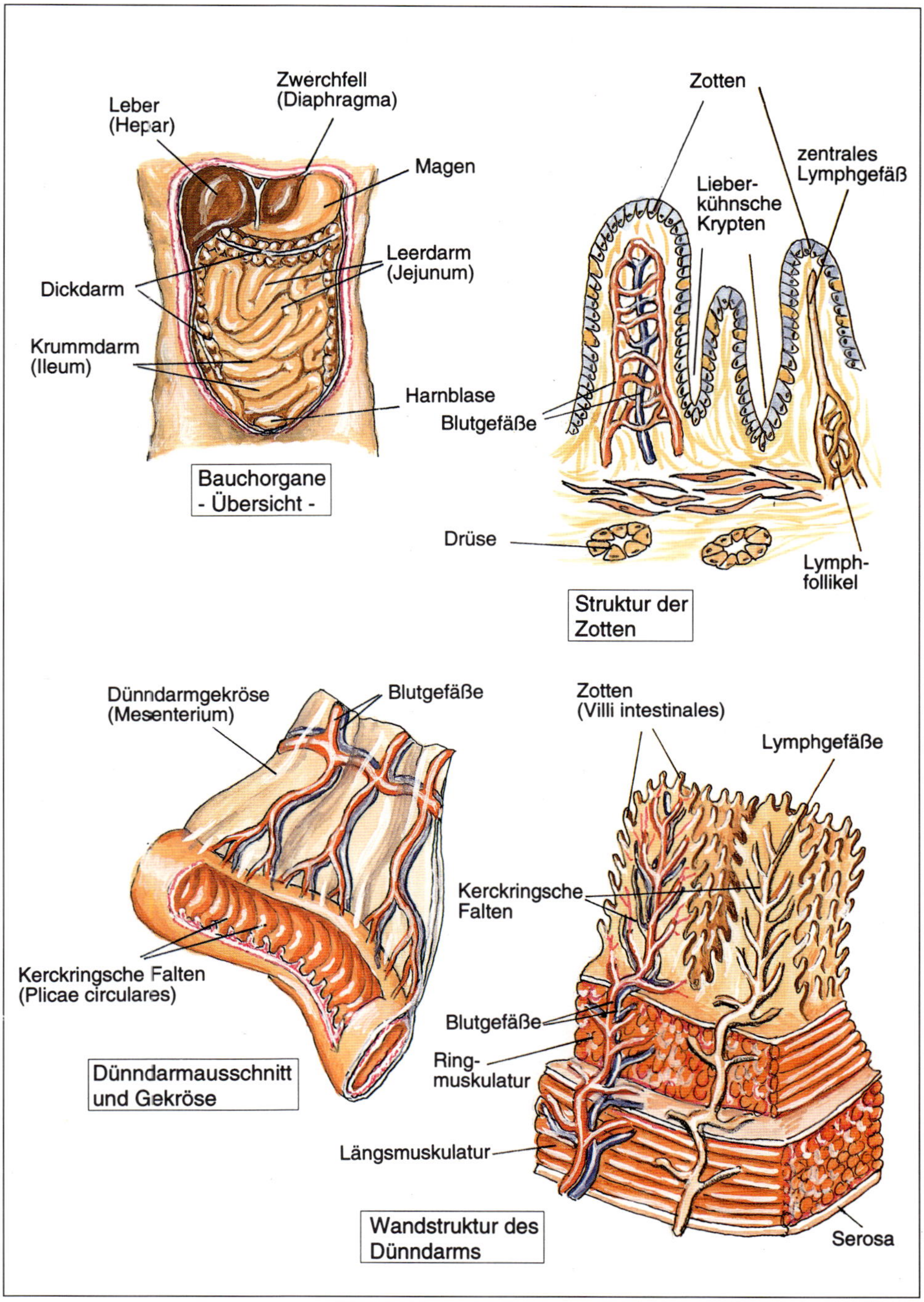

Abb. 154: Dünndarm.

Gefäßversorgung
Arterien: Obere und untere Gekröseärterie/A. mesenterica superior und inferior (s. S. 222).
Venen: Mesenterialvenen leiten das Blut in die Pfortader.

Nervenversorgung
Die Funktionen des Dünndarms werden hauptsächlich von 2 Geflechten des Parasympathicus (= Teil des vegetativen Nervensystems), die in der Darmwand liegen, reguliert:
- Plexus submucosus (Meissnerscher Plexus),
- Plexus myentericus (Auerbachscher Plexus).

Wie bereits auf S. 190 beschrieben, ist der Dünndarm mittels Mesenterium an der hinteren Bauchwand befestigt, über dessen Wurzel sämtliche Versorgungsbahnen laufen.

13. 5. Dickdarm (Intestinum crassum)

An den Dünndarm schließt sich der Dickdarm an. Wie der Dünndarm gliedert man auch den Dickdarm in verschiedene Abschnitte.

Gliederung
1. Blinddarm (Caecum)
Das blind endigende Caecum ist der ca. 7 cm lange 1. Hauptabschnitt des Dickdarms. Er liegt im rechten Unterbauch unterhalb der Einmündung des Ileums.

Krummdarm-Blinddarm-Klappe, Valva ileocaecalis, Bauhinsche Klappe
Dieses "Ventil" liegt an der Einmündungsstelle des Ileums in den Dickdarm und verhindert einerseits den Rückfluß des Nahrungsbreis und andererseits den Übertritt von Bakterien in den Dünndarm.

Wurmfortsatz (Appendix vermiformis)
Der Wurmfortsatz ist ein Anhang des Blinddarms. Er ist ca. 8 cm lang und hat keinerlei Verdauungsfunktion mehr, sondern gehört zu den lymphatischen Organen (s. S. 258).

➤ Bei Entzündung des Wurmfortsatzes (Appendicitis) entstehen starke Druckschmerzen. Einen typischen Druckschmerzpunkt entnehmen Sie der Abb. 155 oben.

2. Colon
Das Colon ist mit ca. 1 m der längste Abschnitt zwischen Blinddarm und Mastdarm. Es umgibt den intraperitonealen Teil des Dünndarms rahmenförmig. Das Colon ist in vier Abschnitte gegliedert (s. Abb. 155 unten links), aus denen sich auch Lage und Nachbarschaftsbeziehungen ergeben. Das Colon erkennt man äußerlich:
- an den Taenien (Taeniae coli): Das sind 3 ca. 1 cm breite deutlich sichtbare Längsmuskelbündel,
- an den Haustra: Das sind die zwischen den Taenien liegenden Ausbuchtungen ("Schöpfeimer"),
- an den Fettanhängseln.

3. Mastdarm (Rectum)
Lage:
Der 10 bis 15 cm lange Mastdarm folgt in seinem Verlauf der Kreuzbein-Steißbein-Krümmung. Er liegt also im dorsalen Beckenbereich.

Man unterscheidet zwei Abschnitte:
- *oberer Abschnitt* (Ampulla recti): Ist als Speicherorgan des Kotes stark erweiterungsfähig,
- *Afterkanal* (Canalis analis): Er dient dem gasdichten Verschluß und wird kurz als After oder Anus bezeichnet.

In beiden Abschnitten befinden sich halbkreisförmige Querfalten, deren größte, die Kohlrausch-Falte, ca. 6 cm vom Anus entfernt liegt.

Afterverschluß

Der Verschluß des Afters geschieht:

1. durch Muskeln
- Innerer unwillkürlicher Afterschließmuskel (M. sphincter ani internus) aus glatter Muskulatur,
- Äußerer willkürlicher Afterschließmuskel (M. sphincter ani externus) aus quergestreifter Muskulatur.

2. durch Schwellkörper

Im oberen Afterbereich bildet die Schleimhaut 8 bis 10 Längsfalten (Columnae anales), in denen sich Gefäßgeflechte befinden. Bei Kontraktion der Schließmuskeln wird der Blutabfluß in den darin befindlichen Venen behindert. Dadurch legen sich die Längsfalten aneinander.

➤ Hämorrhoiden sind knotige Vergrößerungen bestimmter Schwellkörperabschnitte.

Wandschichten

Der Wandaufbau entspricht grundsätzlich dem des Dünndarms. Als Unterschiede sind vor allem zu nennen:
- der Schleimhaut fehlen die Ringfalten und Zotten als Oberflächenvergrößerungen, nur Krypten für Schleimdrüsen sind vorhanden,
- im Bereich des Colons sind die Längsmuskeln gerafft (= Taenien).

➤ Über die Mastdarmschleimhaut können Wirkstoffe resorbiert werden, z.B. Narkotika, Nährklistiere, Analgetika. Diese gelangen über das Blut ohne Leberpassage (möglicher Abbau) direkt zu den Wirkorten.

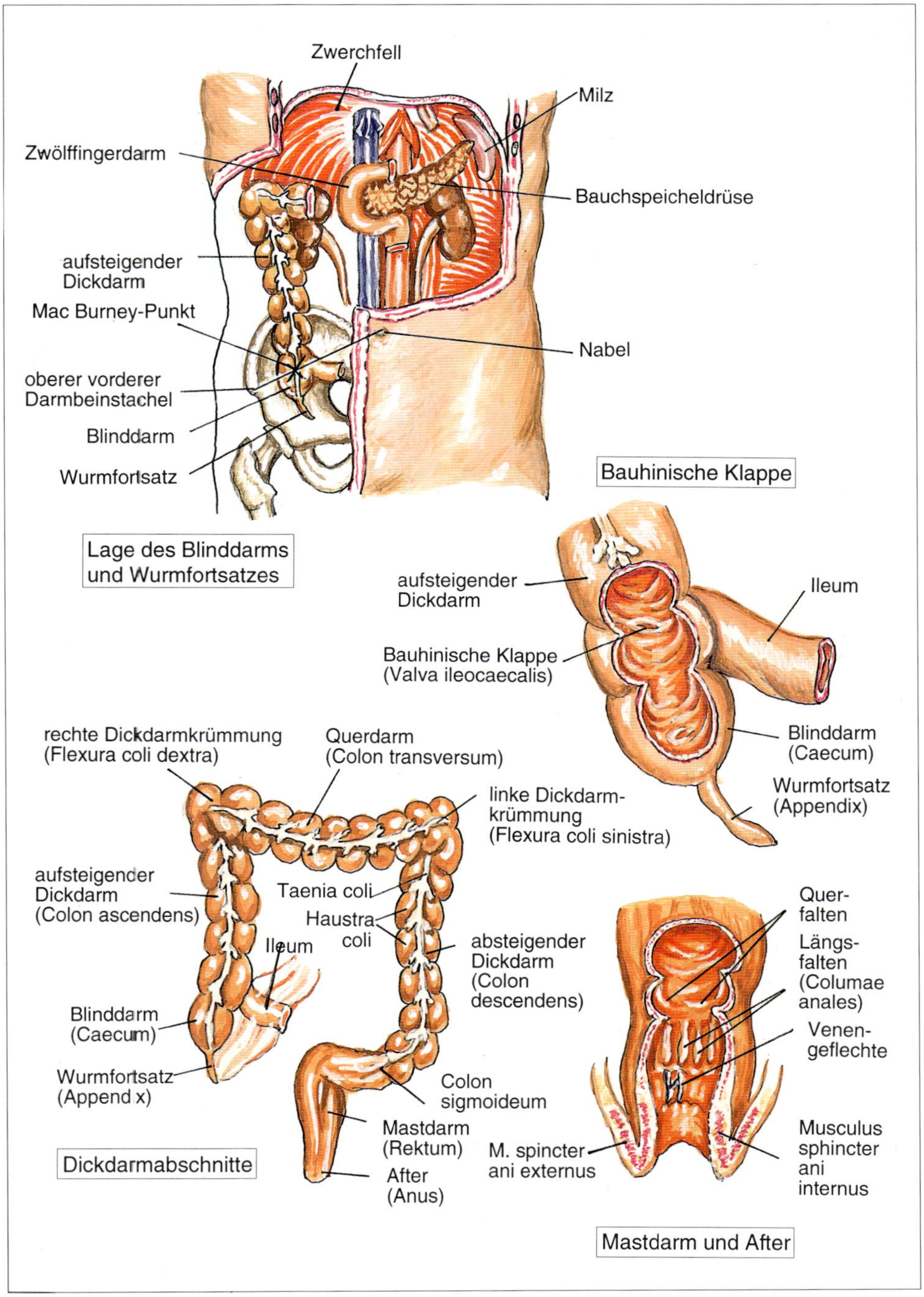

Abb. 155: Dickdarm.

13. 6. Leber (Hepar)

Form, Größe
Die *braunrote* Leber ist mit einer Masse von ca. *1,5 kg* nicht nur die *größte Drüse*, sondern überhaupt das größte innere Organ des menschlichen Körpers.
Ihre Form wird im wesentlichen von den Nachbarorganen bestimmt. Deutlich zu unterscheiden sind *zwei Hauptflächen:*
- *Zwerchfellfläche* (Facies diaphragmatica): Sie liegt in der Rundung der rechten Zwerchfellkuppel,
- *Eingeweidefläche* (Facies visceralis): Sie liegt auf Teilen des Magens, Duodenums und Dickdarms.

Im vorderen Bereich sind beide Flächen durch eine spitzwinklige Kante (= *Leberunterrand*) getrennt.

Lage und Nachbarorgane
Die Leber liegt im rechten Oberbauch unter dem rechten Rippenbogen (im rechten Hypochondrium) und reicht nach links bis in die Magengrube (Epigastrium). Wichtige Nachbarorgane sind: Rechte Niere, Colon transversum, Magen und Duodenum (s. Abb. 97, S. 187).

Oberflächliche Gliederung
Der *rechte Leberlappen* (Lobus dexter) wird durch ein Band vom *linken Leberlappen* (Lobus sinister) getrennt.
An der Eingeweidefläche liegen:
- die *Leberpforte* (Porta hepatis) mit:
  - *Leberarterie* (A. hepatica); bringt sauerstoffreiches Blut,
  - *Pfortader* (V. portae): Sie führt sauerstoffarmes, mit Nahrungsstoffen aus dem Darm angereichertes Blut in die Leber.

> *Merke:* Die Leber erhält Blut aus 2 Quellen.

- *gemeinsamer Lebergallengang* (Ductus hepaticus communis): Er transportiert die Gallenflüssigkeit aus der Leber heraus,
- Gallenblase (Vesica fellea).

Blutabfluß

Im oberen hinteren Bereich der Leber unmittelbar unter dem Zwerchfell münden 3 Lebervenen in die V. cava inferior (die V. cava inferior ist in diesem Bereich mit der Leber verwachsen, so daß die Lebervenen äußerlich nicht sichtbar sind).

Mikroskopische Struktur der Leber

Die relativ großen und sehr gut mit Zellorganellen ausgestatteten Leberzellen bilden die 1 bis 2 mm großen *Leberläppchen* als die eigentlichen *Bau-* und *Funktionseinheiten* der Leber.

Im Zentrum des Leberläppchens befindet sich die Zentralvene als *abführendes Blutgefäß*.

Die *zuführenden Blutgefäße* und *abführenden Gallengänge* liegen *zwischen* den Leberläppchen in den *Glissonschen Dreiecken*.

> *Merke:* In den Glissonschen Dreiecken befinden sich 3 Gebilde:
> - Zwischenläppchenarterie (= Ästchen der Leberarterie),
> - Zwischenläppchenvene (= Ästchen der Pfortader),
> - Zwischenläppchengallengang.

Die Zwischenläppchenarterien und -venen vereinigen sich zu den *Lebersinus* (= Leberkapillaren) zwischen den Leberzellen. Bei den Lebersinus gibt es besondere Endothelzellen, die zur Phagozyse fähig sind, also Abwehrfunktionen ausführen. Sie heißen Kupffersche Sternzellen (s. S. 258).

Bedeutungsvoll für die Stofftransporte ist, daß zwischen den Leberendothelzellen und Leberzellen ein schmaler Spalt, der *Perisinusoidealraum* (früher Disse-Raum) liegt.

> *Merke:* Leberkreislauf.
>
> V. portae → Zwischenläppchenvene → Lebersinus
> A. hepatica → Zwischenläppchenarterie → Lebersinus
> Lebersinus → Zentralvene → Lebervenen → V. cava inferior

Intra- und extrahepatische Gallenwege

Eine wichtige Aufgabe der Leberzellen ist die Bildung der Gallenflüssigkeit, (1 l pro Tag), die von da aus in das Duodenum geleitet wird.
Die dafür zuständigen Gallenwege beginnen mit den *Gallenkapillaren*. Sie liegen jeweils zwischen 2 Leberzellen, haben also keine eigene Wand.
Von den Gallenkapillaren gelangt die Gallenflüssigkeit innerhalb des Leberläppchen zunächst in winzig kleine Gallengänge, um von diesen dann die *Zwischenläppchengallengänge* zu erreichen. Letztere vereinigen sich zu immer größeren intrahepatischen Gallengängen, die schließlich an der Leberpforte in die *extrahepatischen Gallengänge* übergehen:

- *rechter* und *linker Lebergang* (Ductus hepaticus dexter und sinister): beginnen an der Leberpforte;
- *gemeinsamer Lebergang* (Ductus hepaticus communis): als Vereinigung von rechtem und linkem Lebergang;
- *Gallenblasengang* (Ductus cysticus) und *Gallenblase* (Vesica fellea): Vom Ductus hepaticus communis zweigt der Ductus cysticus ab, so daß bei mangelndem Bedarf die Lebergalle in die Gallenblase geleitet und vorübergehend gespeichert werden kann. Während dieser Zeit wird durch Wasserentzug die hellgelbe Lebergalle zur grünlichen Blasengalle eingedickt. Die birnenförmige Gallenblase faßt 40 bis 100 ml.
- *Hauptgallengang* (Ductus choledochus): Er beginnt am Abzweig des ductus cysticus und mündet auf der Papilla duodeni major in das Duodenum.

Merke: Die extrahepatischen Gallenwege sind mit Ausnahme des Ductus cysticus "Einbahnstraßen".

➤ Häufige Erkrankungen der Gallenblase sind Entzündungen und Steinleiden. Sind die Nachbarorgane mit der Gallenblase verwachsen, können bei Perforation Steine in den Darm gelangen und zum Darmverschluß (Ileus) führen. Gallenkoliken entstehen, wenn sich ein Stein im Ductus cysticus oder choledochus einklemmt.

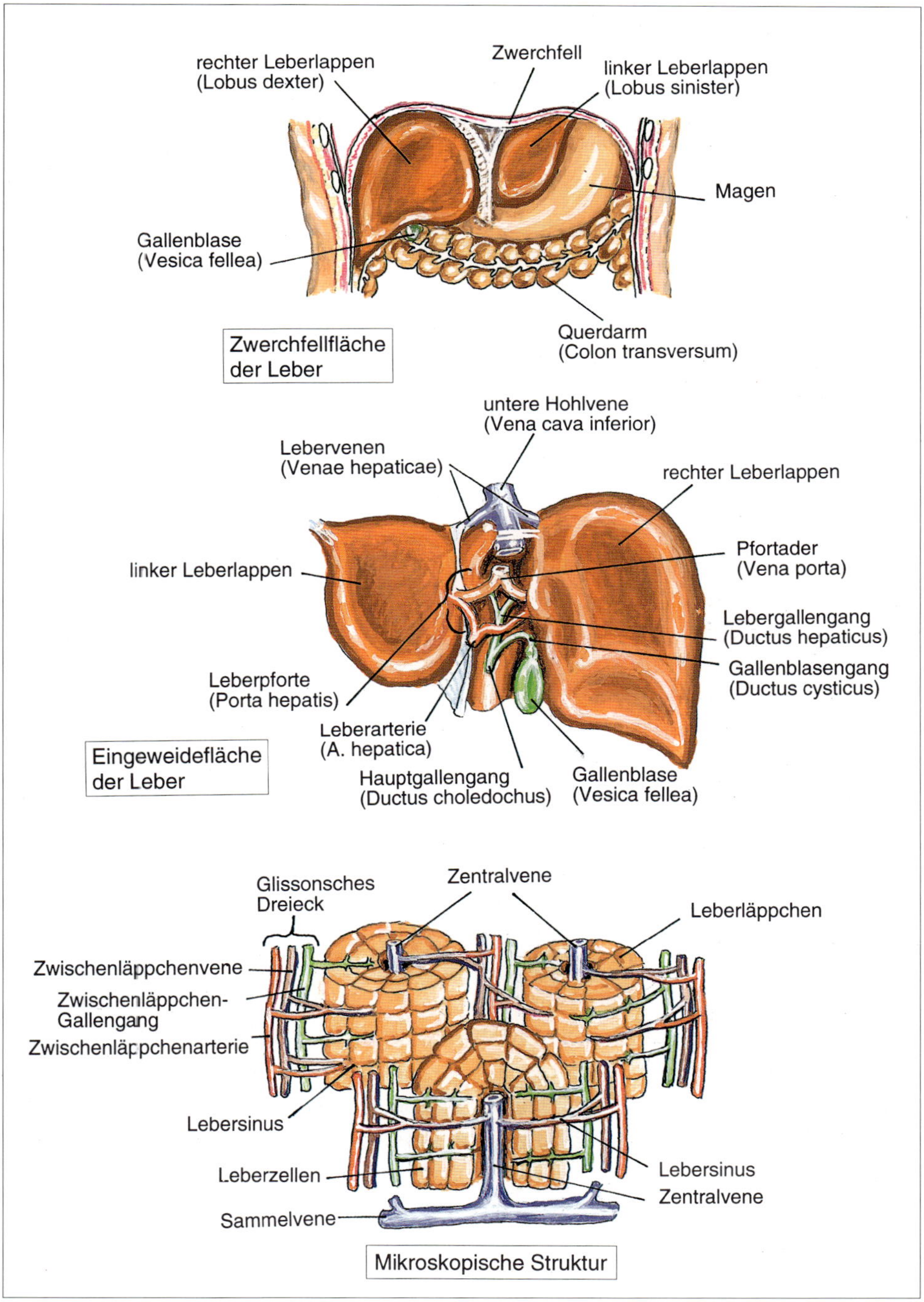

Abb. 156: Leber.

13. 7. Bauchspeicheldrüse (Pankreas)

Form und Größe
Das Pankreas ist eine ca. 15 cm lange, 3-4 cm breite und 1 bis 2 cm dicke Drüse mit einer Masse von ca. 85 g. Die Läppchenstruktur ist deutlich an der Oberfläche zu erkennen.

Gliederung und Lage

- Kopf (Caput pancreatis):	Liegt in der inneren Krümmung des Duodenums.
- Körper (Corpus pancreatis):	} Diese Teile liegen dorsal des Magens.
- Schwanz (Cauda pancreatis):	} Der Schwanz endet am Milzhilum.

Das Pankreas liegt retroperitoneal auf der linken Seite der hinteren Bauchwand.

Mikroskopische Struktur
Die Bauchspeicheldrüse besteht aus *zwei unterschiedlichen Anteilen:*
1. Exokriner Anteil: Er ist der größte Lieferant von Verdauungsenzymen. Hier werden pro Tag ca. 1 bis 2 l Bauchspeichel (= Verdauungssekret) gebildet, welcher über den Bauchspeicheldrüsengang (Ductus pancreaticus) auf der Papilla duodeni major in das Duodenum gelangt.

➤ Die Verdauungsenzyme des Bauchspeichels können bei akuter Pankreatitis wegen fehlender Selbstschutzmechanismen die Drüse zerstören.

2. Endrokriner Teil (= Langerhanssche Inseln): Das sind Zellanhäufungen, besonders im Schwanzteil aber auch im Pankreaskörper, die Hormone produzieren. Man unterscheidet:
- *A-Zellen:* Sie produzieren das blutzuckerspiegelhebende *Glukagon*,
- *B-Zellen:* Sie produzieren das blutzuckerspiegelsenkende *Insulin*.

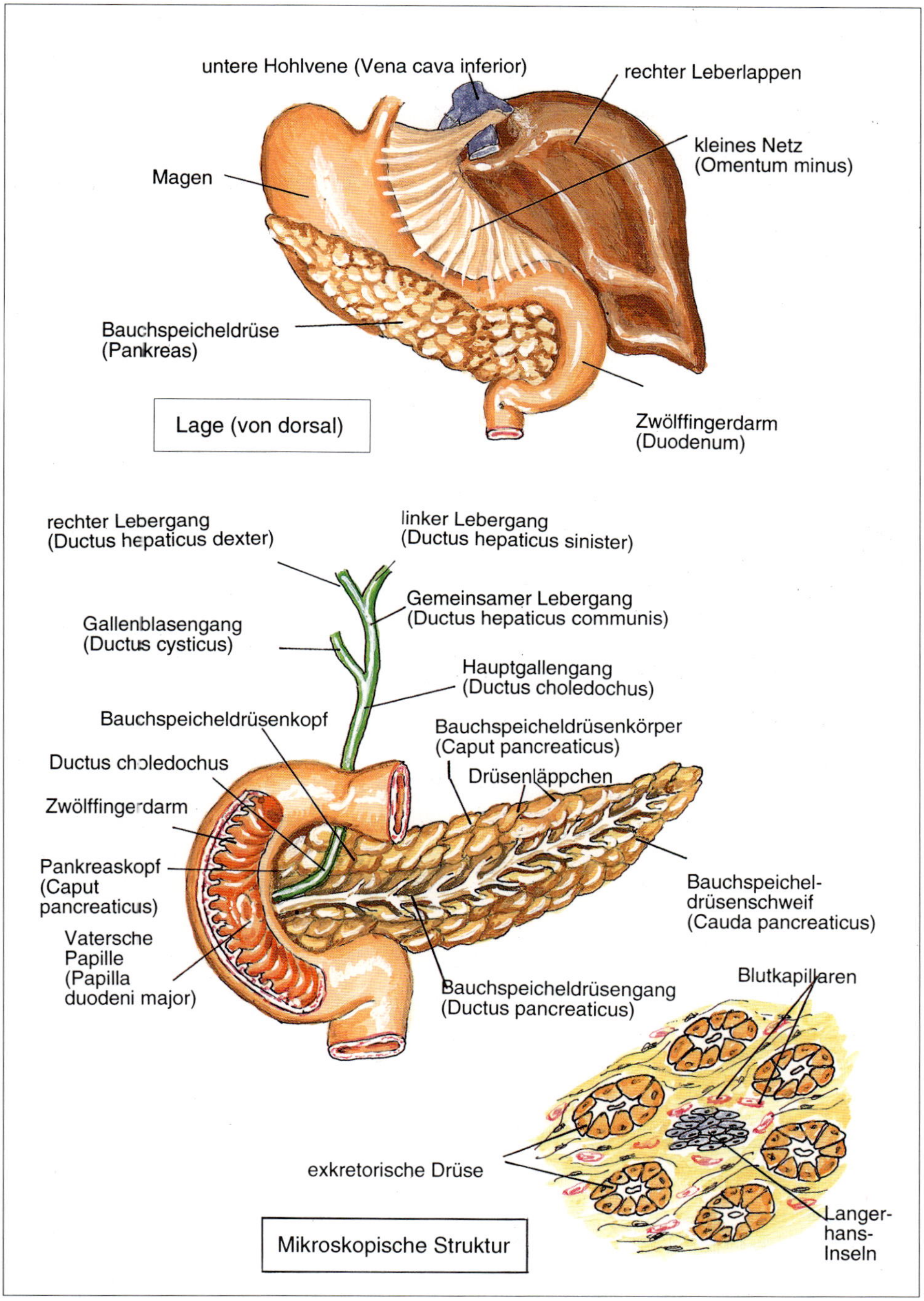

Abb. 157: Bauchspeicheldrüse.

13. 8. Physiologie der Verdauung

Verdauung ist die mechanische und chemische Aufbereitung der Nahrung, so daß die lebensnotwendigen Stoffe in Blut und Lymphe aufgenommen (resorbiert) werden können.

Mechanische Verdauungsvorgänge (Motorik) sind:
- Zerkleinern, Mischen und Transportieren der Nahrung,
- Füllen, Speichern und Entleeren des Magens bzw. Darmes.

Chemische Verdauungsvorgänge (Sekretorik) sind:
- Chemische Vorgänge, bei denen große Teilchen durch sog. Aufschlußmittel (Salzsäure, Gallensäuren) und Verdauungsenzyme in resorbierbare kleinere Teilchen zerlegt werden.

Tab. 31

Nicht resorbierbar	**resorbierbar**
Kohlenhydrate (Di-, Polysaccharide)	Monosaccharide
Eiweiße	Aminosäuren
Fette	Glycerol und Fettsäuren
	Vitamine
	anorganische Ionen (Mineralien)
	Wasser

Verdauungssekrete und Wirkungsorte
Verdauungssekrete setzen sich zusammen aus:
- Wasser als Lösungsmittel,
- Schleim als Gleit- und Schutzmittel,
- Verdauungsenzymen als Spaltmittel,
- Aufschlußmittel.

Die Verdauungsvorgänge werden gesteuert durch
- das vegetative Nervensystem,
- Gewebshormone.

Merke: Alle Verdauungsenzyme gehören zu den Hydrolasen. Bei den chemischen Reaktionen wird also immer Wasser angelagert (= Hydrolyse).

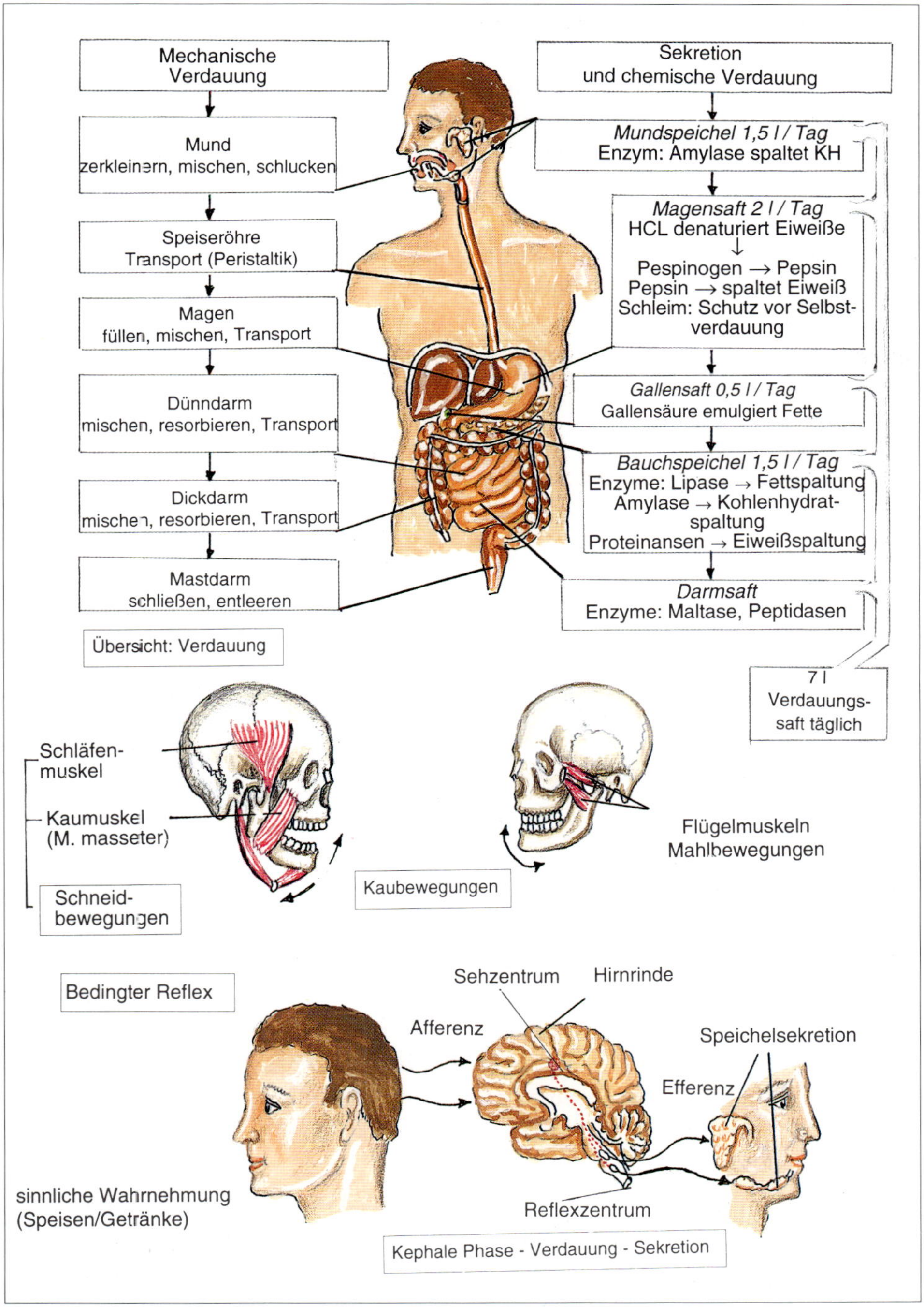

Abb. 158: Verdauung.

13. 8. 1. Verdauungsvorgänge in der Mundhöhle

Motorik: Durch Schneid- und Mahlbewegungen der Zähne und mit Hilfe der Zunge wird die feste Nahrung zerkleinert und mit Mundspeichel vermischt. Danach schiebt die Zunge den Bissen (Bolus) am Gaumen hin zur Rachenenge und der Schluckreflex wird ausgelöst.

➤ Ungenügendes Kauen, z.B. durch ein schadhaftes Gebiß, ist nicht selten Ursache für Verdauungsstörungen.

Sekretorik: Durch das im Mundspeichel enthaltene Enzym Ptyalin wird die Kohlenhydratverdauung eingeleitet:

Tab. 32

$$\text{Stärke} \xrightarrow[\uparrow\ H_2O]{\text{Ptyalin}\ \downarrow} \text{Maltase}$$

➤ Trockene Speisen u. Mundatmung erfordern größere Speichelmengen. Bei psychischer Erregung (z.B. Angst, Ärger) kann die Speichelsekretion herabgesetzt werden.

Schluckreflex

Der Schluckvorgang ist ein angeborener lebenswichtiger Reflex.
Im Bereich des weichen Gaumens und an der Zungenwurzel befinden sich Druckrezeptoren. Werden diese durch Speisen, Speichel - aber auch durch ein Spatel - berührt, wird der Schluckreflex ausgelöst.
Durch Muskelzug verschließt der weiche Gaumen den Weg zum Nasenrachenraum. Andere Muskeln ziehen den Kehlkopf nach oben, dabei wird der Kehldeckel unter die Zungenwurzel gedrückt (diesen Vorgang kann man beobachten!). Speisen und Getränke werden nun in die Speiseröhre befördert.

➤ Im Zustand der Bewußtlosigkeit erlischt der Schluckreflex und es besteht die Gefahr, daß Erbrochenes in die Atemwege gelangt (Aspiration). Deshalb sollen Bewußtlose in die stabile Seitenlagerung gebracht werden.

Über die *Speiseröhre* wird die Nahrung aktiv durch peristaltische Wellen ihrer Ring- und Längsmuskulatur in den Magen befördert.

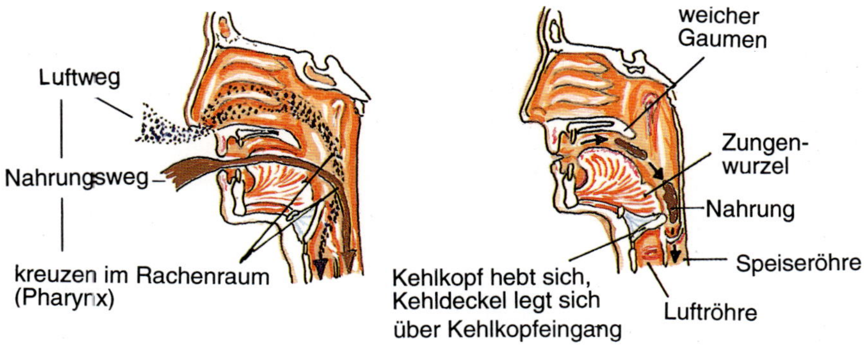

Abb. 159: Schluckvorgang.

13. 8. 2. Verdauungsvorgänge im Magen

Motorik: Der Magen nimmt die geschluckte Speise auf (Füllung), durchmischt sie mit Magensaft und leitet sie portionsweise in das Duodenum. Dabei findet wohl auch eine weitere Zerkleinerung und damit Oberflächenvergrößerung statt.

➤ Die Verweildauer der Speisen im Magen hängt von deren Zusammensetzung ab. Getränke gelangen nach wenigen Minuten entlang der Magenstraße in das Duodenum. Kohlenhydrate verbleiben 1 bis 2, Eiweiße 2 und Fette 4 bis 5 Stunden im Magen.

Sekretorik: Im Magen beginnt die Eiweißverdauung. Durch die Salzsäure werden die Eiweiße denaturiert (Denaturierung bedeutet vollständiger Verlust der Struktur) und das inaktive Pepsinogen zu Pepsin aktiviert. Letzteres spaltet ca. 10% der Eiweiße in kleinere Polypeptidketten.

Tab. 33

HCL ↓ Proteinase des Magensaftes (Pepsin) ↓

Eiweiße ⟶ Peptidbruchstücke

↑ H_2O

Die Salzsäure wirkt außerdem bakterizid, d.h. die meisten mit der Nahrung aufgenommene Bakterien werden abgetötet. Der von den Nebenzellen gebildete Schleim schützt die Magenschleimhaut vor Selbstverdauung durch HCL und Pepsin.

Merke: Die Salzsäure hat im Magen vier Aufgaben:
1. Aufschlußmittel für Eiweiße, 2. Aktivierung des Pepsinogens,
3. Desinfektion, 4. pH-Einstellung von 1 bis 2.
Das *Pepsin* leitet die Eiweißverdauung ein.
Der *Schleim* schützt den Magen vor Selbstverdauung.

Intrinsic-Factor
Dieses Glykoproteid wird wie der Magenschleim in den Nebenzellen synthetisiert. Der Intrinsic-Faktor ist für die Resorption von Vitamin B_{12} (Cyanocobalamin) unbedingt erforderlich.

➤ Fehlt der Intrinsic-Faktor, entsteht die perniziöse Anämie.

13. 8. 3. Verdauungsvorgänge im Dünndarm

Motorik: Die Dünndarmmotorik bewirkt:
- *Mischung* des Speisebreis (Chymus) durch Segmentier- und Pendelbewegungen.
- *Weitertransport* durch Peristaltik über die Bauhinsche Klappe in den Dickdarm.
- *"Pumpen" der Zotten* zum besseren Transport von Blut und Lymphe.

Sekretorik: Im Dünndarm findet die endgültige Zerlegung der Kohlenhydrate, Eiweiße und Fette in ihre Grundmoleküle und ihre Resorption statt.

1. Verdauung und Resorption der Kohlenhydrate
Die Kohlenhydratverdauung in der Mundhöhle hat wenig Bedeutung, weil die Amylasemenge im Mundspeichel nur gering ist.
Das bedeutsamste Nahrungskohlenhydrat Stärke wird im Dünndarm zunächst durch die *Amylase des Bauchspeichels* in das *Disaccharid Maltose* zerlegt.
Letztere gelangt in die Darmzellen und wird dort durch das *Enzym Maltase* in das *Monosaccharid Glukose* gespalten.

Merke:

Amylase des Bauchspeichels ↓ / Maltase der Darmzellen ↓

$$\text{Polysaccharide (Stärke)} \xrightarrow[\uparrow H_2O]{\text{Amylase des Bauchspeichels}} \text{Disaccharide (Maltase)} \xrightarrow[\uparrow H_2O]{\text{Maltase der Darmzellen}} \text{Monosaccharide (Glukose)}$$

Die Glukose wird aktiv in das Blut transportiert.

➤ In der Enzymdiagnostik hat die Amylase insofern Bedeutung, weil ihre Konzentration bei Pankreasentzündungen ansteigt.

Verdauung und Resorption der Eiweiße

Nach der Denaturierung durch die Magensalzsäure oder die Zubereitung der Nahrung werden die Eiweiße durch mehrere Enzyme über Peptidbruchstücke bis zu den einzelnen Aminosäuren aufgespalten.
Im Dünndarm spalten die Proteinasen (z.B. Trypsin und Chymotrypsin) des Bauchspeichels die Peptidketten mehr oder weniger spezifisch in Peptidbruchstücke.
Diese werden von Peptidasen des Pankreas- und Darmsaftes in kleinste Peptide aufgespalten, welche von den Darmzellen resorbiert werden.
In den Darmzellen erfolgt durch die reichlich vorhandenen Peptidasen die weitere Spaltung bis zu den Aminosäuren.

Merke:

$$\text{Eiweiße} \xrightarrow[\uparrow H_2O]{\text{Proteinasen des Pankreassaftes (z.B. Trypsin und Chymotrypsin)}} \text{Peptidbruchstücke} \xrightarrow[\uparrow H_2O]{\text{Peptidasen des Pankreas- und Darmsaftes sowie der Darmzellen}} \text{Aminosäuren}$$

Resorptionen: Die Aminosäuren werden aktiv in das Blut transportiert.

Verdauung und Resorption der Fette

Die hydrolytische Spaltung der Nahrungsglyceride geschieht komplett im Dünndarm durch das Enzym Lipase.

Zunächst sorgen die *Gallensäuren* dafür, daß die wasserunlöslichen Triglyceride in feinste Tröpfchen zerlegt werden (= *Emulgierung*). Ein Vergleich mit der Wirkung von Geschirrspülmitteln ist angebracht, die großen Fettaugen verschwinden.

Erst jetzt kann die Lipase, die von den Gallensäuren aktiviert wird, mit dem Substrat in Kontakt treten.

Die Triglyceride werden durch Lipase zerlegt in:

- Glycerol und
- Fettsäuren.

Die Spaltprodukte gelangen in die Darmzellen, können aber - bis auf einige kurzkettige Fettsäuren - nicht vom Blut aufgenommen werden, da sie wasserunlöslich sind. In den Darmzellen erfolgt deshalb schrittweise eine Resynthese von Triglyceriden und deren Kopplung an bestimmte Proteine. Es entstehen wasserlösliche Komplexe, die Lipoproteine. Die in den Darmzellen gebildeten resorbierbaren Lipoproteine heißen Chylomikronen und werden mit der Lymphe abtransportiert.

Merke: Fettverdauung:

$$\text{Triglyceride} \xrightarrow[\uparrow H_2O \quad \uparrow \text{Gallensäuren}]{\text{Lipase des Bauchspeichels}} \text{Glycerol} + \text{Fettsäuren}$$

Resorptionen: wenige kurzkettige Fettsäuren ins Blut, der Rest als resynthetisierte Triglyceride in Chylomikronen in die Lymphe.

➤ Bei Störungen der Fettresorption (z.B. verminderte Gallenproduktion bei Lebererkrankungen, Darmentzündungen) ist auch die Aufnahme fettlöslicher Vitamine behindert. So kann es durch Vitamin K-Mangel im Blut, welches normalerweise durch die Darmflora immer ausreichend gebildet wird, zu einer erhöhten Blutungsneigung kommen.

Verdauungsvorgänge im Dickdarm
Im Dickdarm werden hauptsächlich die nichtresorptionsfähigen Substanzen, die Ballaststoffe (z.B. Rohfasern), durch Flüssigkeitsentzug zu Kot eingedickt.

➤ Ballaststoffe regen Kautätigkeit, Verdauungssekretorik und -motorik an, binden manche Schadstoffe und beeinflussen die Darmflora positiv.

Im Vergleich zum Dünndarm erfolgt die Transportperistaltik relativ langsam (10 bis 18 Stunden). Durch die Sekrete der Schleimdrüsen erhält der Kot seine Gleitfähigkeit.

Merke: Grundsätzlich ist die gesamte Schleimhaut des Verdauungstraktes zur Resorption fähig. So besteht auch die Möglichkeit der künstlichen Ernährung durch Nährklistier über die Dickdarmschleimhaut.

Kotentleerung (Defäkation)
Mit zunehmender Füllung des Rektums werden durch erhöhten Druck die Dehnungsrezeptoren der Darmwand gereizt. Die Information wird an die zuständigen Bereiche des vegetativen Nervensystems geleitet. Als Antwort kommt es zur
- *Kontraktion* der Ring- und Längsmuskulatur des Darmes und der Bauchmuskeln (Bauchpresse) und
- *Erschlaffung* der Afterschließmuskeln.

➤ In der Regel findet der Stuhlgang einmal täglich statt, oft nach der Einnahme von Mahlzeiten (gastrokoloner Reflex).

Resorption von Vitaminen, Wasser und Mineralstoffen
1. Vitamine
Die Resorption der *fettlöslichen Vitamine* (A, D, E, K) erfolgt mit der der Fette also durch *Chylomikronen.*

Die wasserlöslichen Vitamine gelangen wie folgt in das Blut:
- Vitamin C und B_2 durch Diffusion,
- Vitamin B_{12} mit Intrinsic-Faktor aktiv im Ileum.

2. Wasser und Natrium

Wasser und *Natrium* werden hauptsächlich im Duodenum und Jejunum aufgenommen (8 bis 10 l/d, nur 200-500 ml werden noch im Dickdarm resorbiert). Calcium und *Magnesium* werden hauptsächlich aktiv resorbiert. Die Resorption wird durch zwei Hormone (Calcitonin, Parathormon) gesteuert.

➤ Die *Calciumresorption* setzt die Anwesenheit von Vitamin D voraus, dessen aktive Form unter Mitwirkung von Niere und Haut unter Lichteinwirkung entsteht (bei Mangel: Rachitis).

Eisen wird ebenfalls aktiv im oberen Dünndarm aufgenommen.

Merke: Die Resorption der Verdauungsprodukte erfolgt
- passiv durch Diffusion oder
- aktiv mit Hilfe von Trägersubstanzen bzw. durch Pinozytose.

Der *Hauptresorptionsort* ist der obere Dünndarm (Duodenum, Jejunum). Er besitzt eine sehr große Oberfläche (s. S. 310) und alle lebensnotwendigen Nahrungsbestandteile liegen in seinem resorptionsfähigen Zustand vor.

13. 8. 4. Regulation der Verdauung

Die Regulation der einzelnen Verdauungsvorgänge ist recht kompliziert. Deshalb sollen hier nur einige grundsätzliche Möglichkeiten dargestellt werden.
Das vegetative Nervensystem steuert sowohl Motorik als auch Sekretorik (Sympathicus hemmt, Parasympathicus fördert).

➤ Psychische Einflüsse, bestimmte Stoffe (Coffein, Nikotin), aber auch der Grad der körperlichen Aktivität können nachhaltig die Wirkungen des vegetativen Nervensystems beeinflussen.

Die Regulation realisiert sich über
- *angeborene Fremdreflexe,* deren Auslöser hauptsächlich mechanische (z.B. Druckanstieg) sowie die Geruchs- und Geschmacksreize sind.
  Beispiel: Sekretion der Verdauungssekrete, Peristaltik, Defäkation.

- *erlernte Reflexe,* deren Auslöser Gehör oder Sehreize, aber auch Vorstellungen sind.

  Beispiel: Mundspeichel und Magensaftsekretion (= kephale Phase - Regulation durch Vorstellung von Essen).
- *humoral* durch Gewebshormone, deren Freisetzung durch bestimmte Verdauungsprodukte erfolgt.

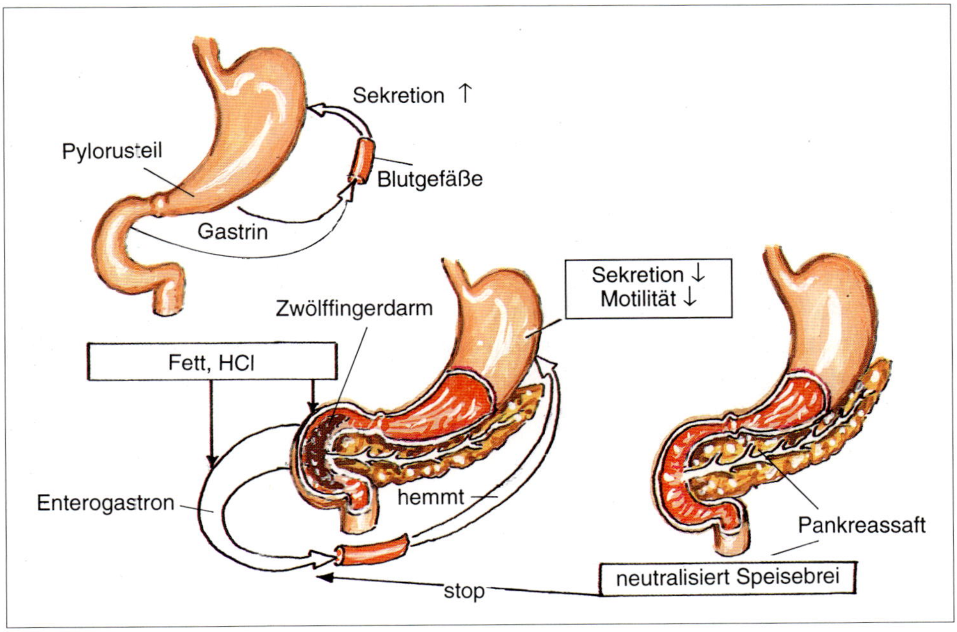

Abb. 160: Hormonelle Regulation.

13. 8. 5. Funktionen der Leber (Überblick)

Die Leber ist das zentrale Stoffwechselorgan. Lebenswichtige Leistungen sind:
- Verstoffwechslung der Kohlenhydrate, Lipide, Eiweiße (s. S. 46),
- Abwehr- und Überwachungsfunktion (s. S. 328),
- Entgiftungsfunktion,
- Ausscheidungsfunktion,
- Verdauungsfunktion (s. S. 198),
- Proteinsynthese.

Aufgaben im Kohlenhydratstoffwechsel

- Kompensation von Blutzuckerschwankungen durch
  - Auf- und Abbau von Glykogen,
  - Umwandlungen von Zuckern ineinander,
  - Glukoneogenese (s. S. 47),
- Speicherung von Glukogen.

Aufgaben im Fettstoffwechsel
Aufbau und Abbau von Fettsäuren

- *Aufbau von Plasmalipoproteinen,* die als Mizellen den Transport von Triglyzeriden, Phospholipiden und Cholesterol gewährleisten.
- *Ketonkörpersynthese:* Die Ketonkörper werden nicht in der Leber, sondern in den peripheren Organen (z.B. Muskeln) zum Zwecke der Einergiefreisetzung restlos verstoffwechselt.

➤ Hunger, Fasten, Diabetes mellitus führen zu extremen Konzentrationsanstiegen von Ketonkörpern, so daß diese in den Urin übertreten (= Ketonurie). Eine Ketonämie kann zu lebensgefährlichen pH-Wert-Verschiebungen führen (charakteristischer Acetongeruch).

Aufgaben im Eiweißstoffwechsel

- Aufbau der Plasmaproteine als
  - Transportproteine,
  - Gerinnungsfaktoren (s. S. 199) und
  - osmotisch wirksame Teilchen,
- Harnstoffsynthese aus Aminostickstoff.

Entgiftungsfunktion

Auszuscheidende körpereigene und körperfremde Stoffe (z.B. Medikamente) werden durch spezielle chemische Umwandlungen in biologisch inaktive ungiftige Verbindungen oder in ausscheidungsfähige Produkte umgewandelt.

Produktion der Galle

Mit dieser Spezialleistung erfüllt die Leber zwei Funktionen:

1. Fettverdauung (s. S. 328);
2. Ausscheidung von Bilirubin in den Darm.

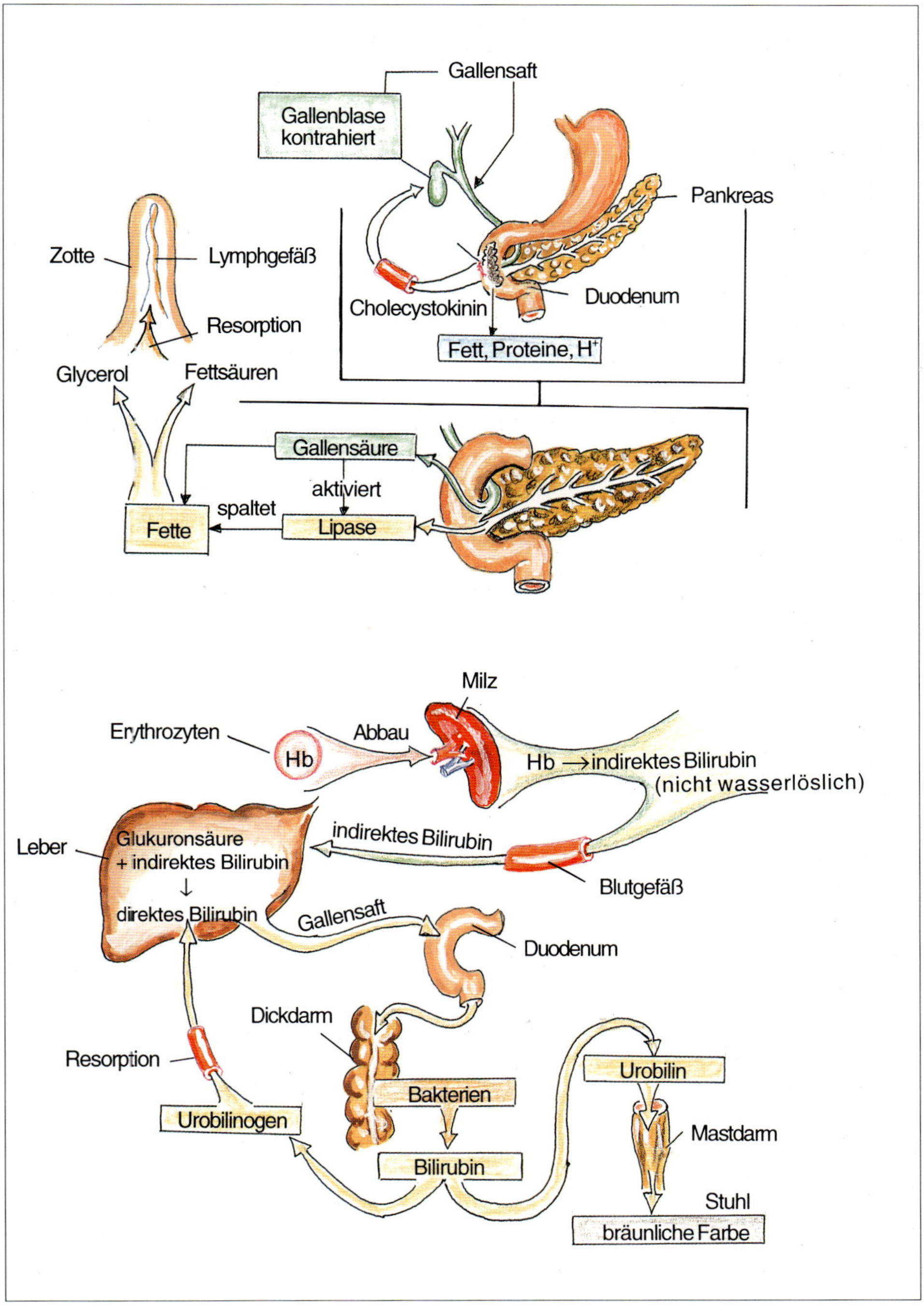

Abb. 161: Fettverdauung, Leberfunktion.

Aufgaben zur Wiederholung

1. Geben Sie einen Überblick über die Verdauungsorgane und deren Lage!
2. Beschreiben Sie den Bau der Mundhöhle und deren Organe (Zunge, Zähne, große Speicheldrüsen).
3. Beschreiben Sie die Lage sowie den makroskopischen und mikroskopischen Bau der Speiseröhre!
4. Beschreiben Sie die Lage, den makroskopischen und mikroskopischen Bau sowie die Blut- und nervale Versorgung des Magens!
5. Nennen Sie die Abschnitte des Dünndarms! Beschreiben Sie deren bauliche Besonderheiten und Lage!
6. Nehmen Sie eine Gliederung des Dickdarms vor!
7. Beschreiben Sie die Lage des Blinddarms!
8. Nennen Sie charakteristische Merkmale des Colons!
9. Wie wird das Rektum verschlossen?
10. Beschreiben Sie Lage und Aufbau der Leber!
11. Beschreiben Sie den Verlauf der intra- und extrahepatischen Gallenwege!
12. Beschreiben Sie Lage und Bau des Pankreas!
13. Definieren Sie:
    a) Verdauung, b) Motorik,
    c) Sekretorik, d) Resorption.
14. Beschreiben Sie die Verdauung und Resorption
    a) der Kohlenhydrate, b) der Fette,
    c) der Eiweiße!
15. Interpretieren Sie das Sprichwort "Gut gekaut ist halb verdaut"!
16. Nennen Sie die Aufgaben
    a) der Salzsäure, b) der Gallensäuren.
17. Begründen Sie, warum der Dünndarm für die Resorption am besten geeignet ist!
18. Wie erfolgt die Regulation der Verdauung?
19. Nennen und erläutern Sie die wichtigsten Funktionen der Leber!

14. Wärmehaushalt

Voraussetzung für den Ablauf aller Funktionsprozesse im Organismus ist eine relativ konstante Temperatur von 37°C in den inneren Bereichen unseres Körpers (Organe im Schädel, Brustkorb und Bauch). Dieses ist die *Körperkerntemperatur*. Die sog. *Schalentemperatur* ist nicht konstant. Sie beträgt z. B. an der Haut der Hände 28°C, am Unterschenkel 31°C.

➤ Ausreichend genaue Temperaturmessung erfolgt im Rektum (rektal) oder der Mundhöhle (oral). In der Achselhöhle ist die Temperatur 0,5 Grad niedriger. Sinkt die Kerntemperatur unter 25° C (Hypothermie), erlöschen die Reflexe des Nervensystems, die Spontanatmung fällt aus und es kommt zum Herzflimmern. Aber auch umgekehrt führt ein Temperaturanstieg über 41° C zum Ausfall lebenswichtiger Zentren des Nervensystems und es entstehen lebensbedrohliche Zustände.

Wärmeproduktion
Die Wärmebildung im Körper hängt ausschließlich vom Grad des Energiestoffwechsels, vor allem der Skelettmuskulatur, ab.

➤ Bei schwerer körperlicher Arbeit erhöht sich die Wärmebildung um ein Vielfaches gegenüber dem Ruhezustand.

Wärmeabgabe
Die Abgabe von Wärme erfolgt über die Haut und zum Teil auch mit der Atmung. Bei Ruhe und ca. 20°C Umgebungstemperatur
- zu ca. *70%* durch *Wärmestrahlung* über die Haut,
- zu ca. *30%* durch *Verdunstung* und *Wärmeleitung*.

Bei fehlendem Temperaturgefälle zwischen Hautoberfläche und umgebender Luft kann Wärme nur noch durch Verdunstung abgegeben werden. Das notwendige Wasser gelangt an die Hautoberfläche durch
- die Schweißabsonderung,
- Diffusion (= Perspiratio insensibilis).

➤ Die Wasserverdunstung ist ein stark energieverbrauchender Vorgang, so daß beim Verdunsten relativ geringer Wassermengen dem Körper relativ viel Wärme entzogen wird. Da die Wärme vorwiegend über die Haut abgegeben wird, hat das Verhältnis zwischen Körperoberfläche und -volumen Bedeutung. Beim Säugling ist dieses Verhältnis wesentlich größer als beim Erwachsenen, folglich tritt wesentlich schneller Wärmeverlust ein.

Regulation der Körpertemperatur

Die Thermoregulation erfolgt über einen biologischen Regelkreis.

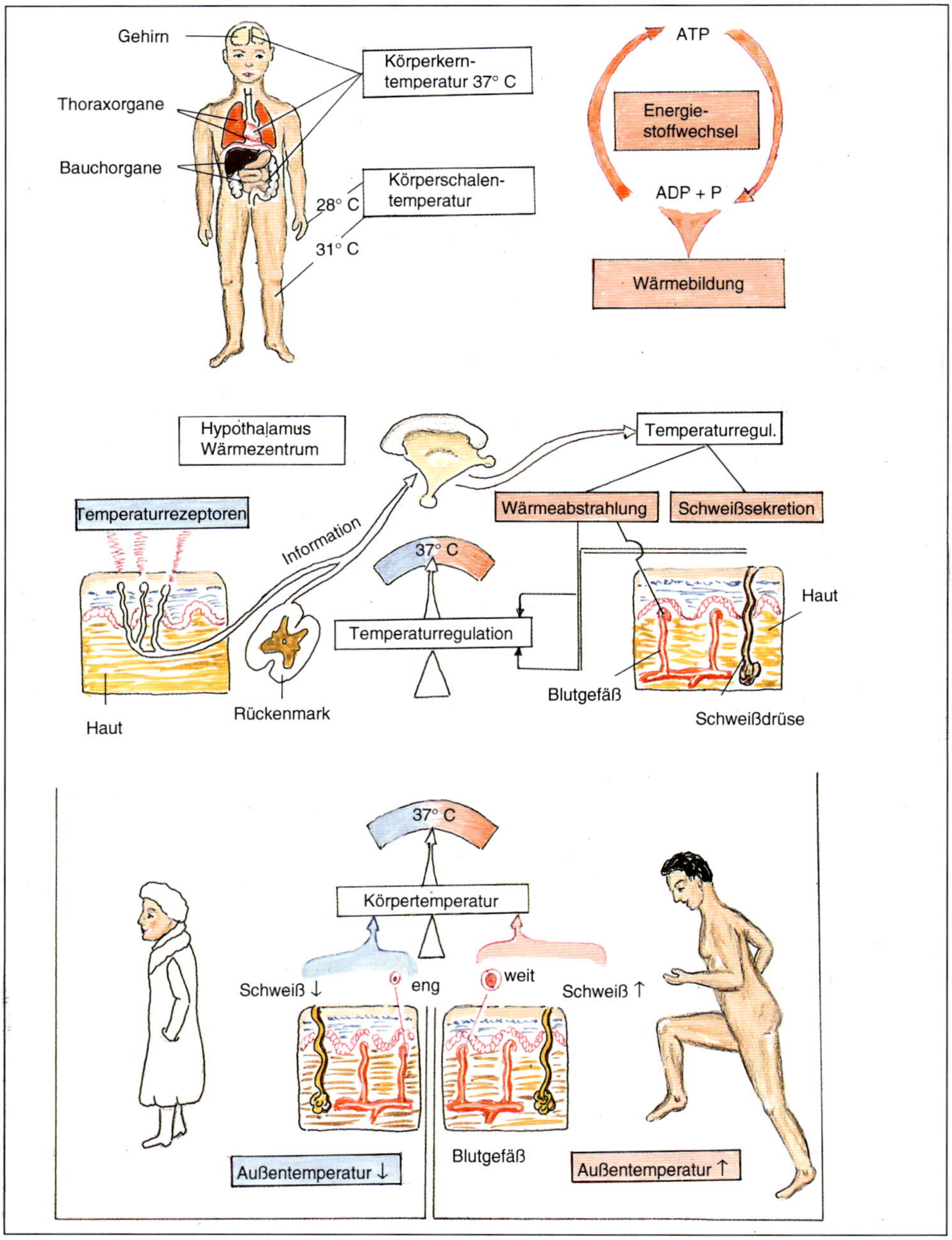

Abb. 162: Wärmeregulation.

Das *Temperaturregulationszentrum* liegt im Hypothalamus des Zwischenhirns und speichert den Sollwert (normal 37°C). Durch *Thermorezeptoren* in der Haut, im Rückenmark und Hypothalamus erfolgt die *Messung* des *Istwertes*, welcher dem Zentrum zum Vergleich mit dem Sollwert zugeleitet wird.

Vorgänge bei Temperaturanstieg über den Sollwert
Die Wärmeabgabe wird erhöht durch
- vermehrte Schweißbildung,
- Erhöhung der Hautdurchblutung durch Erweiterung der Hautblutgefäße über das Kreislaufzentrum.

Vorgänge bei Temperaturabfall unter den Sollwert
Die Wärmeabgabe wird gedrosselt durch
- Verminderung der Hautdurchblutung, indem die Hautblutgefäße verengt werden,
- Erhöhung der Wärmeproduktion durch
  - Erhöhung der Muskelspannung bis zum Zittern "vor Kälte".

➤ Umgekehrt sinkt die Muskelspannung in einem warmen Bad.

Fieber
Als Fieber bezeichnet man eine Erhöhung der Körpertemperatur, z.B. bei Infektionen. Sogenannte fiebererregende (pyrogene) Stoffe bewirken im Temperaturregulationszentrum, daß der *Sollwert* der Körpertemperatur *höher gestellt* wird.

Fieberanstieg (= Anstieg der Körpertemperatur, bis der neue Sollwert erreicht ist). Die Vorgänge sind die gleichen wie bei Temperaturabfall unter den Sollwert.

➤ Tritt die Differenz zwischen Ist- und neuen Sollwert (= Fieberwert) plötzlich auf, kommt es zum Schüttelfrost.

Fieberabfall (= Abfall der Körpertemperatur, nachdem der normale Sollwert im Temperaturregulationszentrum wieder eingestellt worden ist). Die Vorgänge entsprechen denen beim Temperaturanstieg über den Sollwert.

➤ Fieberabfall kann zu Schweißausbrüchen führen.

Aufgaben zur Wiederholung

1. Was wissen Sie über die Körpertemperatur des Menschen und wie kann sie gemessen werden?

2. Welche Bedeutung haben Wärmeproduktion und Wärmeabgabe bei der Konstanthaltung der Körpertemperatur?

3. Erklären Sie die Regulation der Körpertemperatur!

4. Begründen Sie, warum Frieren und Fieber "identisch" sind!

15. Harnsystem, Funktionen der Niere

Das Harnsystem besteht aus
- den paarigen Nieren als harnbildende Organe,
- den paarigen Harnleitern,
- der Harnblase und
- der Harnröhre als harnableitende Organe.

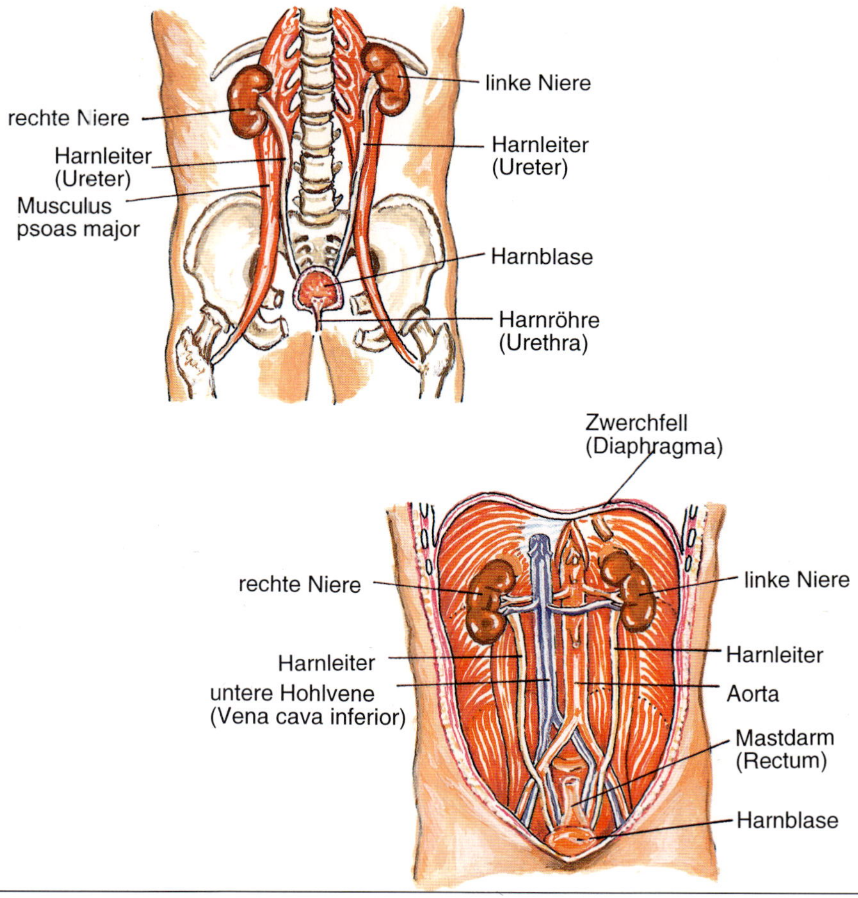

Abb. 163: Harnsystem - Lage der Harnorgane.

15. 1. Niere (Ren)

Größe und Form
Die rotbraun aussehende Niere hat eine Masse von 120 bis 220 g und ist 10 bis 12 cm lang. Die Form der Niere wird bestimmt durch
- den konvexen *lateralen Rand,*
- den konkaven *medialen Rand,* an der
- die *Nierenbucht* mit
- dem *Nierenhilum* liegt,
- den *oberen Nierenpol* und
- den *unteren Nierenpol.*

> *Merke:* Das Nierenhilum ist die Eintrittsstelle der Nierenarterie (A. renalis) und die Austrittsstelle der Nierenvene (V. renalis) sowie des Harnleiters (Ureter).

Lage
Die Nieren liegen hinter dem Bauchfell (retroperitoneal) lateral der Wirbelsäule mit ihrem oberen Pol dicht unter dem Zwerchfell, wobei die rechte Niere wegen ihrer Nachbarschaft zur Leber etwas tiefer steht.

> *Merke:* Die unteren Nierenpole stehen ca. 3 Fingerbreit oberhalb des Darmbeinkammes.

Die Nachbarschaftsbeziehungen der Nieren zeigen die Abb. 97 und 163.

➤ Krankhafte Veränderungen der Nieren sind bimanuell beim Liegenden tastbar.

Die Nieren werden in ihrer Lage gehalten und geschützt durch
- die *Blutgefäße* (siehe oben),
- die *Fettkapsel* (Capsula adiposa), das Fett ist bei Körpertemperatur halb flüssig, so daß eine gewisse Beweglichkeit gegeben ist,
- die *Nierenfaszie* (Fascia renalis) als Begrenzung der Capsula adiposa.

➤ Wird z.B. bei Abmagerung Fettgewebe der Capsula adiposa abgebaut, kann die Niere ihren Halt verlieren und nach unten sinken. Man spricht von einer Wanderniere (Ren mobilis).

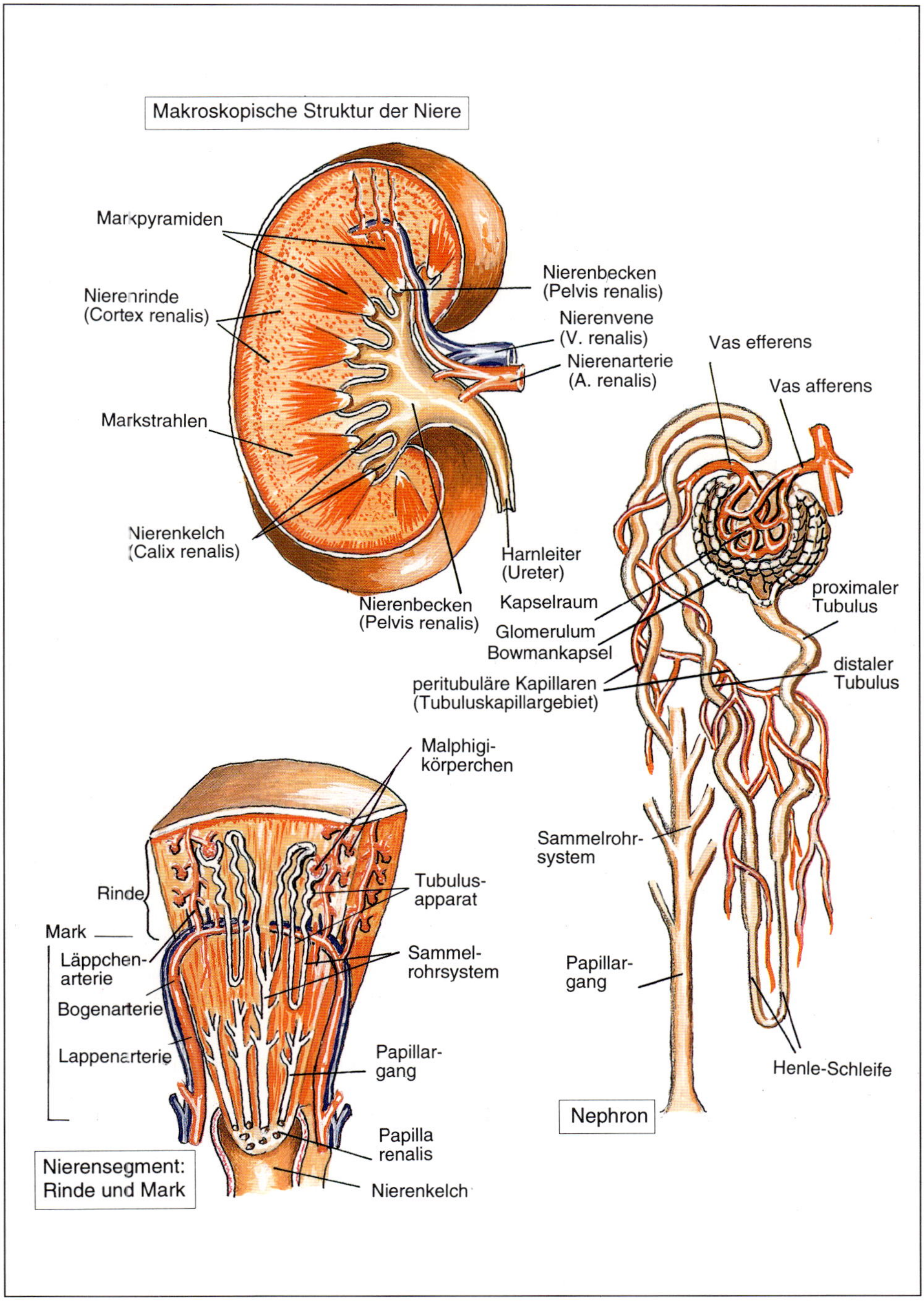

Abb. 164: Nieren.

Makroskopischer Bau

An einem Frontalschnitt (Abb. 164) erkennt man mit bloßem Auge

- *das Mark:* Es ist die streifige Innenschicht und bildet die ca. 10 *Markpyramiden*. Auf deren Spitze, der *Markpapille* (Papilla renalis), befinden sich 15 bis 20 Öffnungen der *Papillargänge* (Ductus papillares);
- *die Nierenkelche:* Sie umgeben die Markpyramidenspitzen;
- *das Nierenbecken:* Es entsteht durch den Zusammenschluß der Kelche;
- *die Rinde:* Es ist die an der Peripherie durchlaufende körnige Außenschicht, die von einer Bindegewebskapsel (Capsula fibrosa) überzogen ist. Ausläufer der Nierenrinde zwischen den Markpyramiden werden als Nierensäulen (Columnae renales) bezeichnet.

Die Funktionseinheit der Niere im Sinne der Harnbildung ist das *Nephron*, von dem es in jeder Niere ca. 0,5 Millionen gibt. In ihm wird der Harn gebildet.
Am Nephron unterscheidet man:

1. *das Nierenkörperchen* (= Malpighisches Körperchen): Es besteht aus
   - dem *Glomerulum* innen, einem Knäuel von Blutkapillaren. Dem Glomerulum wird das Blut über eine Arteriole, das *Vas afferens*, zugeführt. In dessen Wand liegen sog. Quellzellen (= Polkissen), welche durch Flüssigkeitsaufnahme oder -abgabe mehr oder weniger anschwellen und so die Blutzufuhr steuern.

     Aus dem Glomerulum heraus führt wiederum eine Arteriole, das *Vas efferens*. Die Ein- und Austrittsstelle der beiden Arteriolen heißt *Gefäßpol*.
   - *die Bowmansche Kapsel:* Sie umgibt als doppelwandige Epithelhülle das Glomerulum. Ihre innere Schicht liegt direkt auf den Blutkapillaren.
2. *den Tubulusapparat* (Nierenkanälchen): Der Tubulusapparat wird gebildet aus:
   - *proximalem Tubulus:* Am Harnpol geht der Raum der Bowmanschen Kapsel in das Nierenkanälchen über.
   - *Henlescher Schleife* (Nephronschleife): Sie ist der verjüngte Teil mit absteigendem und aufsteigendem Schenkel.
   - *distalem Tubulus:* Er mündet in ein Sammelrohr. Um die Harnkanälchen befindet sich das Tubuluskapillargebiet.

Sammelrohrsystem

Mit dem System der Sammelrohre beginnen die ableitenden Harnwege innerhalb der Niere. In jedes Sammelrohr münden etwa 10 Nierenkanälchen. Kleinere Sammelrohre schließen sich zu immer größeren zusammen. Die Endstücke liegen in den Nierenpapillen und heißen Papillargänge (Ductus papillares).

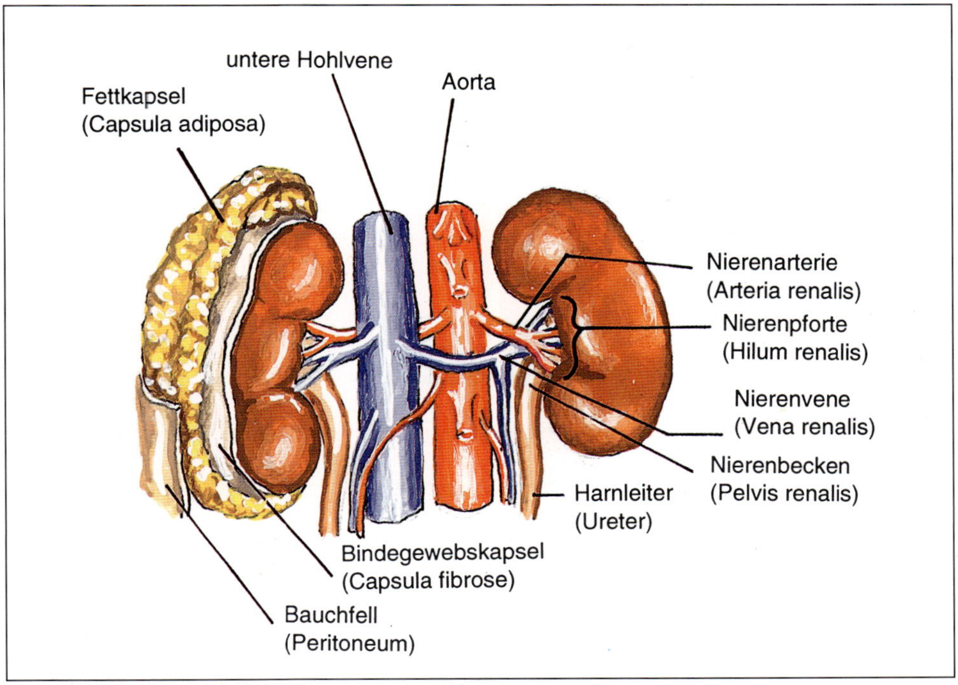

Abb. 165: Nierenkapseln und Nierenpforte.

Nierenbecken (Pelvis renalis)

Das *Nierenbecken* als Auffangbehälter für den Harn entsteht durch den Zusammenschluß von 8 bis 10 Nierenkelchen. Es kann recht unterschiedlich geformt sein. Im Nierenbecken beginnt das *Übergangsepithel* als Charakteristikum für die ableitenden Harnwege (s. S. 84).

➤ Eine häufige Erkrankung der Niere ist die Nierenbecken-/Nieren-Entzündung (Pyelonephritis), deren Hauptgefahren Schrumpfniere, Bluthochdruck und Nierenvereiterung sind.

Nierenkreislauf

Tab. 34

Aorta abdominalis
↓
A. renalis
↓
Zwischenlappenarterien (ziehen zur Basis der Pyramiden)
↓
Bogenarterien (verlaufen zwischen Rinde und Pyramidenbasis bogenartig)
↓
Läppchenarterien (an ihnen hängen wie Beeren die Nierenkörperchen)
↓
Vas afferens
↓
Glomerulum
↓
Vas efferens
↓
Tubuluskapillargebiet
↓
Venen innerhalb der Niere
↓
V. renalis
↓
V. cava inferior

Merke: Das Blut durchströmt in der Niere 2 Kapillargebiete:
- das Glomerulum und danach
- das Tubuluskapillargebiet.

15. 2. Harnleiter (Ureter)

Die Harnleiter leiten den Harn durch Peristaltik vom Nierenbecken in die Harnblase. Sie haben eine Länge von ca. 30 cm und einen Durchmesser von 4 bis 7 mm. Beide Harnleiter liegen wie die Nieren retroperitoneal.

Ureterengen
Der Harnleiter hat drei enge Stellen:
1. am Übergang vom Nierenbecken in den Harnleiter,
2. beim Übergang in das kleine Becken,
3. in der Harnblasenwand.

➤ In der Niere gebildete kleinere Nierensteine können in den Harnleiter abgehen. Häufig verklemmen sie sich in einer dieser Engen. Dies führt zu starken Kontraktionen der Ureterwandmuskulatur, welche sich als heftigste Schmerzen bemerkbar machen (Nierenkolik).

Wandschichten
- Klassischer Dreischichtenaufbau der Hohlorgane,
- Schleimhaut mit Übergangsepithel.

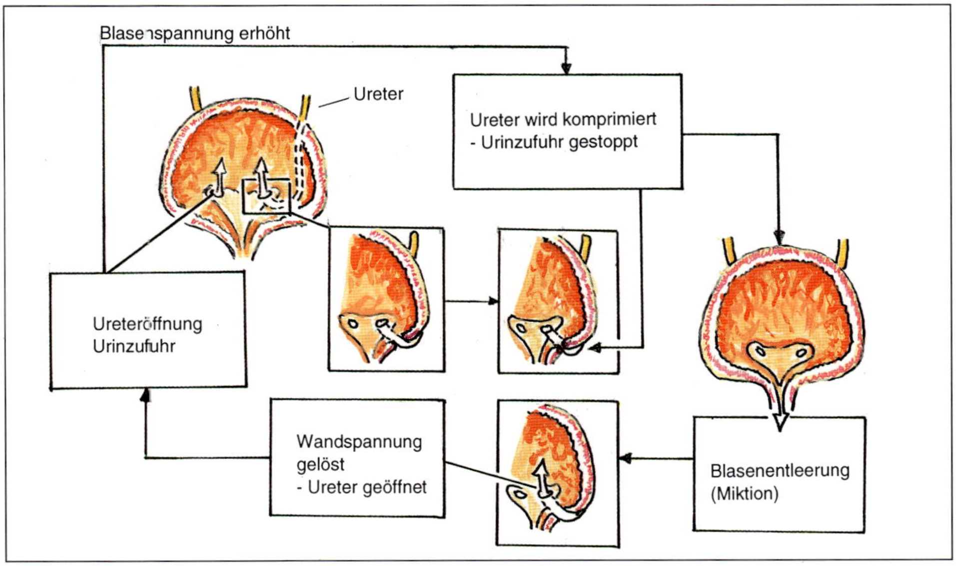

Abb. 166: Eintritt der Urethra in die Harnblase.

15. 3. Harnblase

Die Harnblase sammelt den Urin. Bei einer Füllung ab 200 ml tritt Harndrang auf. Das maximale Fassungsvermögen beträgt ungefähr 1 Liter.

Gliederung
An der Harnblase unterscheidet man folgende Teile:
- Harnblasenspitze (oberer Pol),
- Harnblasenkörper,
- Harnblasengrund (Boden),
- Harnblasenhals (Übergang in die Harnröhre).

Lage und Nachbarschaftsbeziehungen
Die Harnblase liegt im kleinen Becken hinter der Symphyse. Beim Mann schiebt sich zwischen Harnblasengrund und Beckenboden (Diaphragma urogenitale) die Vorsteherdrüse (Prostata). Außerdem liegen hinten unten die Bläschendrüsen an. Die obere und hintere Seite der Harnblase ist vom Bauchfell überzogen. An der hinteren Blasenwand verläuft es tief nach unten, um danach entweder auf das Rektum (Mann) oder auf den Uterus (Frau) überzugehen.

➤ Ist die Harnblase gefüllt, liegt sie der vorderen Bauchwand ohne Zwischenschaltung des Bauchfells an, so daß oberhalb der Symphyse punktiert werden kann.

Beim Mann liegt an diesem Übergang der tiefste Punkt der Bauchhöhle (Excavatio rectovesicalis). Bei der Frau liegt der tiefste Punkt der Bauchhöhle zwischen dem Uterus und dem Rektum (Excavatio rectouterina = Douglasscher Raum).

➤ Bei entzündlichen Prozessen im kleinen Becken sammelt sich in diesen Taschen Eiter und nach Verletzungen Blut.

Harnblasenwand
Die *Schleimhaut* ist mit *Übergangsepithel* besetzt und liegt im leeren Zustand in Falten. Eine Ausnahme bildet das am Blasengrund liegende immer faltenfreie *Blasendreieck* (Trigonum vesicae). Seine *Eckpunkte* werden von drei Öffnungen markiert:
- *innere Harnröhrenöffnung* (Ostium urethrae internum) vorn,
- *2 Ureteröffnungen* hinten.

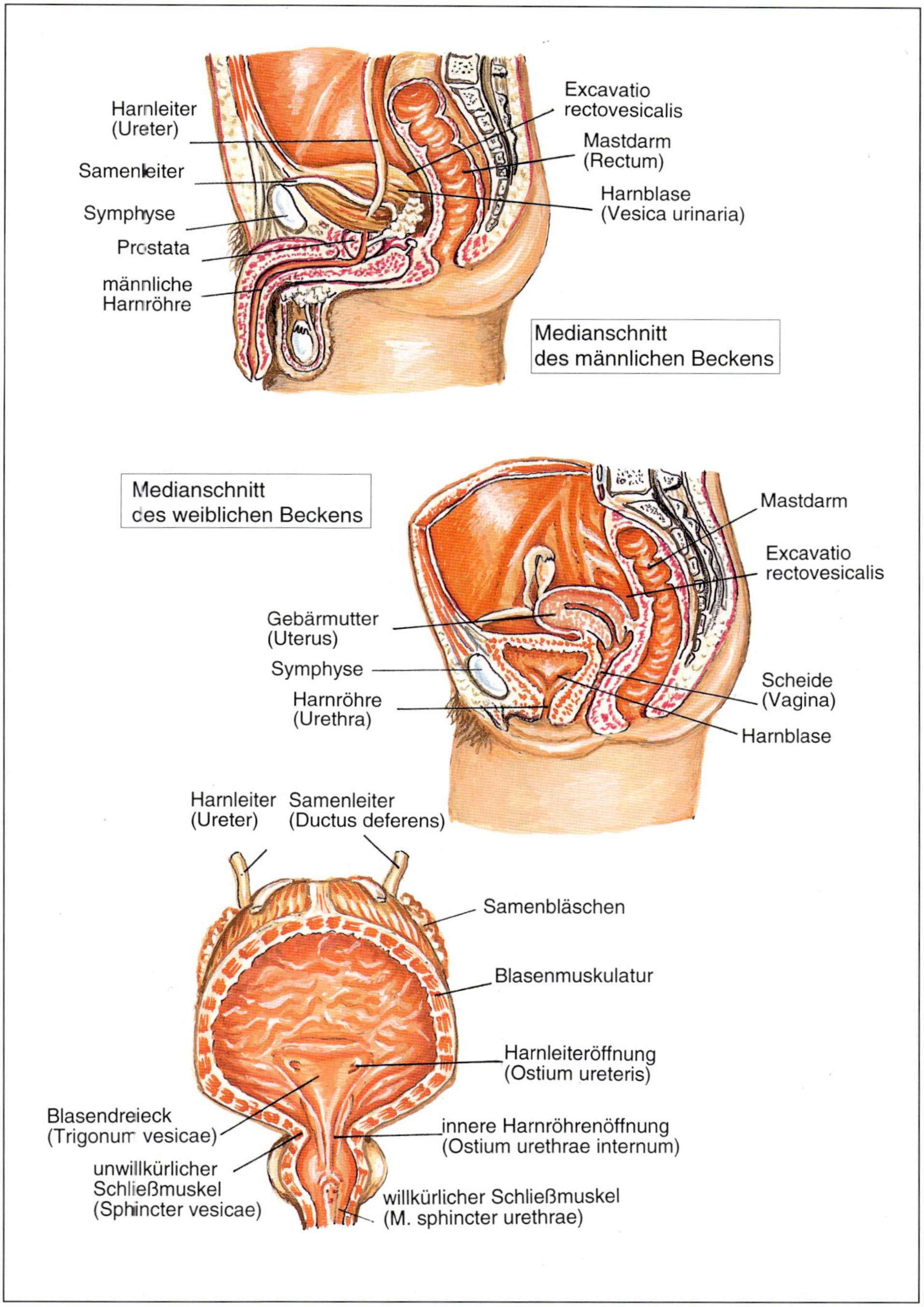

Abb. 167: Harnblase.

Merke: Die Ureter durchsetzen die Harnblasenwand schräg. Dadurch entsteht ein "Ventil" und der Harn kann nicht zurückfließen.

➤ Beim vesikoureteralen Reflux ist dieses Verschlußsystem geschwächt. Dadurch wird eine Harnleiter- und Nierenbeckeninfektion begünstigt.

Die *Muskulatur* der Harnblasenwand ist *dreischichtig* und so angeordnet, daß sich bei ihrer Kontraktion die Harnblase vollständig entleeren kann.

Merke: Die Entleerung der Harnblase heißt Miktion (s. S. 356).

Verschluß von Harnblase und Harnröhre

Der Verschluß erfolgt durch
- verschiedene glatte Muskeln im Bereich der inneren Harnröhrenöffnung,
- den quergestreiften Harnröhrenschließmuskel (M. sphincter urethrae) im Diaphragma urogenitale: über ihn erfolgt die willkürliche Steuerung der Miktion.

➤ Die Regulation der Miktion unterliegt komplizierten nervalen Mechanismen. Ist sie gestört (z.B. bei Querschnittslähmung), kommt es zu ständigem unwillkürlichen Harnträufeln (Harninkontinenz).
Mittels Zystoskopie (Harnblasenspiegelung) kann die Blasenschleimhaut gut besichtigt werden.

15. 4. Harnröhre (Urethra)

Verlauf und Mündung der Harnröhre

Die Harnröhre leitet den Harn von der Harnblase schubweise nach außen. Sie *beginnt* am Harnblasenfundus mit der *inneren Harnröhrenöffnung* (Ostium urethrae internum) und *endet* mit der *äußeren Harnröhrenöffnung* (Ostium urethrae externum).

Weibliche Harnröhre (Urethra feminina)

Die weibliche Harnröhre liegt vor der Scheide. Ihre äußere Öffnung befindet sich im Scheidenvorhof (s. S. 372). In ihrem oberen Bereich geht das Übergangsepithel, wie es im Nierenbecken, den Harnleitern und der Harnblase vorkommt, in mehrschichtiges unverhorntes Plattenepithel über. Die weibliche Harnröhre ist etwa 4 cm lang.

➤ Die sehr kurze weibliche Harnröhre hat Vorteile, wie leichtes Zystoskopieren und Katheterisieren, aber auch Nachteile: auch für Krankheitserreger ist der Weg nur kurz, um in die Blase zu gelangen. Daher ist die Gefahr einer Entzündung der ableitenden Harnwege, die über Blase, Harnleiter bis zur Niere aufsteigen kann, bei Frauen größer.

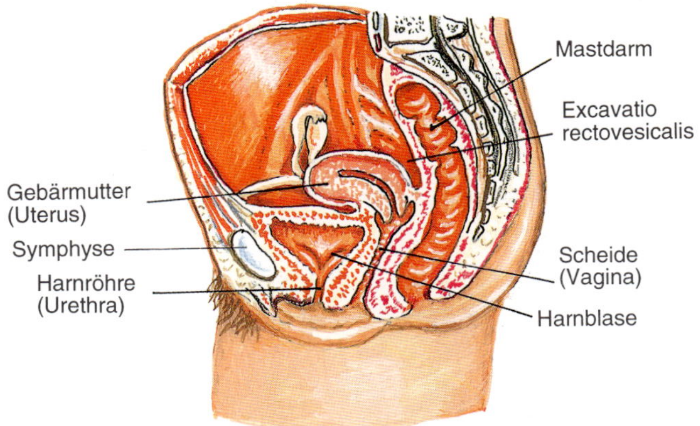

Abb. 168: Weibliche Harnröhre.

Männliche Harnröhre (Urethra masculina)
Die männliche Harnröhre endet spaltförmig auf der Eichel des männlichen Gliedes (s. S. 365). Sie hat eine Länge von 20 bis 25 cm und einen Durchmesser von 5 bis 7 mm.

Man unterscheidet die folgenden drei Abschnitte:
1. Vorsteherdrüsenabschnitt (Pars prostatica): er durchzieht die Prostata, ist ca. 3 cm lang und enthält den Samenhügel mit den Öffnungen der beiden Spritzkanäle der Samenleiter.
2. Beckenbodenabschnitt (Pars membranacea): am Übergang zu diesem Abschnitt befindet sich der willkürliche Harnröhrenschließmuskel.
3. Schwellkörperabschnitt (Pars spongiosa): hier verläuft die Harnröhre im Harnröhrenschwellkörper bis zum Ausgang auf der Eichel.

Merke: Die männliche Harnröhre ist ab Samenhügel eigentlich eine Harnsamenröhre.

Krümmungen
Die männliche Harnröhre (s. S. 347) hat zwei Krümmungen:
- hinter der Symphyse,
- beim Eintritt in den Harnröhrenschwellkörper.

➤ Beide Krümmungen können in einen Bogen verwandelt werden, wenn das männliche Glied nach oben auf die Bauchwand gelegt wird (eine notwendige Voraussetzung beim Katheterisieren).

Das Epithel der Schleimhaut ist ab der Prostata mehrschichtiges Zylinderepithel, ab Schiffergrube unverhorntes mehrschichtiges Plattenepithel.

➤ Durch sensible Nervenendigungen ist die Harnröhre sehr berührungs-, schmerz- und temperaturempfindlich.

Merke: Die männliche Harnröhre weist sowohl 3 engere als auch 3 weitere Stellen in ihrem Verlauf auf.
Engstellen: innere Harnröhrenöffnung (Harnblasenwand), Beckenboden (willkürlicher Schließmuskel), äußere Harnröhrenöffnung (Eichel). Weite Stellen: Prostatabereich, Harnröhrenschwellkörper, Eichel (Schiffergrube).

15. 5. Physiologie der Niere

Damit die Zellen unseres Körpers ihre Aufgaben erfüllen können und so die Existenz des Organismus sichern, benötigen sie eine möglichst konstante Umgebung (= inneres Milieu).

Merke: Die Umwelt der Zellen ist die interstitielle Flüssigkeit (s. S. 30).

Das wichtigste Organ für die Erhaltung der Homöostase des inneren Milieus ist die Niere, indem sie durch die Harnbildung trotz diskontinuierlicher Aufnahme und Abgabe von Stoffen das innere Gleichgewicht sichert.

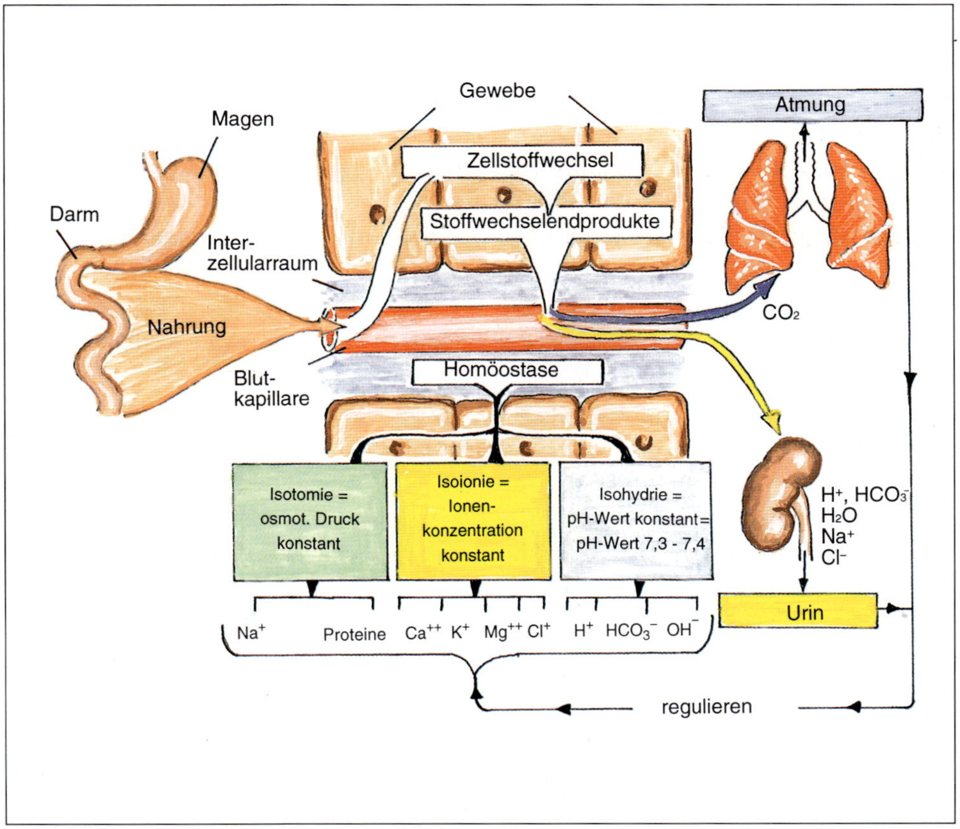

Abb. 169: Regulationsfunktionen: Atmung und Harnbildung.

Im einzelnen erfüllt die Niere mit der Harnproduktion folgende *lebenswichtige Aufgaben:*

1. Ausscheidungsfunktion:
   - Ausscheiden der *harnpflichtigen Substanzen* Harnstoff, Harnsäure, Kreatinin (harnpflichtig deshalb, weil sie nur von der Niere ausgeschieden werden können und ihr Verbleiben im Körper zur allmählichen Selbstvergiftung führt).
   - differenzierte Ausscheidung von Stoffen (z.B. Ionen), so daß das innere Milieu konstant bleibt.
   - Ausscheidung von Fremdsubstanzen bzw. deren Stoffwechselprodukte (z.B. Medikamente).
2. Einstellung des osmotischen Drucks (Isotonie),
3. Einstellung der Ionenkonzentration (Isoionie),
4. Einstellung des pH-Wertes (Isohydrie),

Außerdem bildet die Niere zwei Hormone:
1. Renin, welches mittelbar an der Blutdruckregulation beteiligt ist und
2. Erythropoetin, welches eine Rolle bei der Erythrozytenbildung spielt.

➤ Bei chronischen Nierenerkrankungen (z.B. Glomerulonephritis) spielt neben der Gefahr der Selbstvergiftung (Urämie) die Entstehung eines Bluthochdrucks (nephrogener Hypertonus) und einer Blutarmut (Anämie) eine Rolle.

Harnbildung

Der Prozeß der Harnbildung durch das Nephron wird in zwei Teilfunktionen vollzogen.
1. Filtration in den Nierenkörperchen (Primärharnbildung),
2. Resorption und Sekretion im Tubulusapparat (Sekundär- oder Endharnbildung).

Bildung des Primärharns durch Filtration im Nierenkörperchen

Aus allen Glomerula werden pro Minute ca. 120 ml Plasmabestandteile in die Bowmansche Kapsel filtriert (= glomeruläre Filtrationsrate GFR). Das entspricht einer Tagesmenge von ca. 170 l, wozu das gesamte Blutplasma (3 l) 60 mal dem Filtrationsvorgang unterzogen werden muß.

Merke: Das Ultrafiltrat heißt Primärharn. In ihm sind alle Stoffe des Blutplasmas mit Ausnahme der Eiweiße und natürlich der Blutkörperchen enthalten.

Die Porengröße der Kapillarmembran und des inneren Blattes der Bowmanschen Kapsel verhindert die Filtration von Substanzen ab einem Molekulargewicht von 80 000.

➤ Durch akute und chronische Nierenkrankheiten kann es zur Filtration von Erythrozyten (blutiger Harn – Hämaturie), Leukozyten (eitriger Harn – Leukozyturie) und Eiweißen (Proteinurie) kommen.

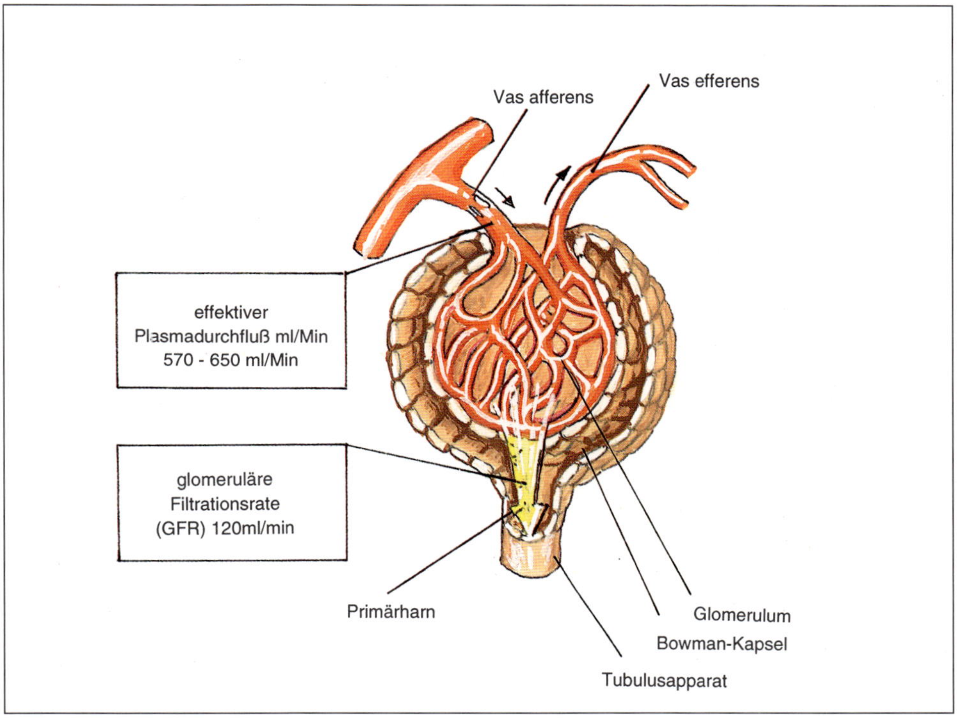

Abb. 170: Glomeruläre Filtration.

Effektiver Filtrationsdruck

Der glomeruläre Blutdruck (= Bruttofiltrationsdruck) beträgt ca. 80 Torr. Diesem wirken entgegen

- der kolloidosmotische Druck des Blutplasmas von 25 Torr und
- der Kapseldruck von 15 Torr.

Als Ergebnis entsteht der effektive Filtrationsdruck von 40 Torr. (80-25-15=40).

Selbstregulation der Nierendurchblutung
Damit die Niere ihre das Leben erhaltende Funktionen kontinuierlich erfüllen kann, muß sie möglichst konstant durchblutet werden.
Dies erfolgt vor allem durch das Vas afferens, indem es bei einer arteriellen Druckveränderung selbständig die Gefäßlichtung so verändert, daß die Durchblutung konstant bleibt. Auf diese Weise können Blutdruckschwankungen zwischen 80 und 180 Torr ausgeglichen werden.

➤ Bei starkem Absinken des zentralen Blutdruckes, z.B. bei einem Schock, versagt auch die Nierendurchblutung und damit die Filtration des Primärharns. Es kommt zum akuten Nierenversagen, so daß keine Harnbildung erfolgen kann (= Anurie).

Bildung des Endharns durch Resorption und Sekretion im Tubulus
Es bedeuten
- Resorption: Stofftransport (aktiv oder passiv) aus dem Tubulus in den Blutkreislauf,
- Sekretion: Stofftransport (aktiv oder passiv) aus dem Blutkreislauf in den Tubulus.

Resorption
Durch die Resorption werden alle Stoffe, auch Wasser, die der Körper zur Erhaltung der Homöostase des inneren Milieus benötigt, aus dem Tubulus in das Blut zurückgeführt.
Die aktive Resorption ist eine Leistung der Tubuluszellen. Stellt man sich die Frage, was würde geschehen, wenn bei einem 70 kg schweren Mann die Resorption nur für 5 Stunden versagt. Die Antwort: Die Masse des Mannes würde nur noch 28 kg betragen.

Glucoseresorption
Glucose wird (wie auch die Aminosäuren) normalerweise *vollständig* aktiv rückresorbiert. Übersteigt jedoch der Blutzucker 1,8 g/l = 10 mmol/l, dann erscheint Zucker im Urin (= Glucosurie).

➤ Da Zucker nur in gelöster Form ausgeschieden werden kann, wird die Urinmenge erhöht (Polyurie), und der Mensch hat größeren Durst (= Symptome der Zuckerkrankheit).

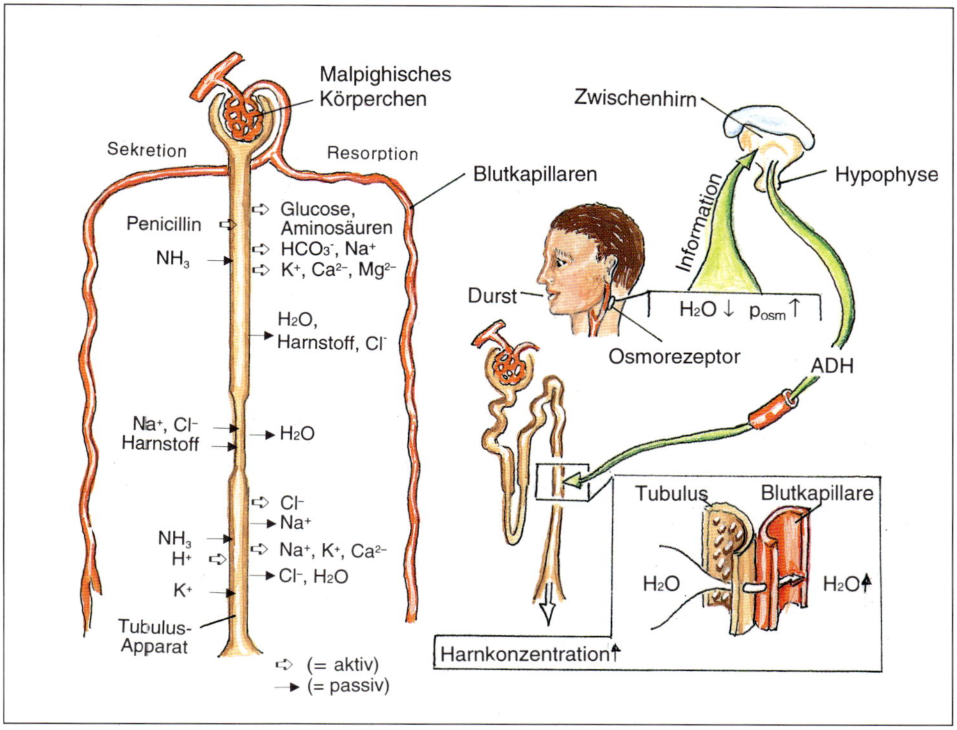

Abb. 171: Tubuläre Resorption und Sekretion und Harnkonzentrierung.

Sekretion

Durch die Sekretion können noch zusätzlich Stoffe aus dem Eiweißabbau (Harnstoff, Harnsäure), aber auch Medikamente (z.B. Penicillin) aus dem Blut in den Tubulus transportiert werden.

> *Merke:* Die Hauptmasse der Stoffe wird im proximalen Tubulus resorbiert. Die auszuscheidende Endharnmenge pro Tag beträgt ca. 1,5 l.

Hormonelle Regulation der Nierentätigkeit

Bei der Einstellung der endgültigen Harnmenge einschließlich der Kompensation normaler Veränderungen der osmotischen Konzentration sind *2 Hormone* wichtig.

1. Antidiuretisches Hormon (ADH) (s. S. 376)
Das ADH wird im Hypothalamus gebildet, gelangt über den Hypophysenstiel in den Hypophysenhinterlappen und von da in das Blut.
Im Tubulus steuert es die Wasserrückresorption, indem es die Wasserdurchlässigkeit der Zellen verändert.

Beispiel: Wassermangel (z.B. infolge starken Schwitzens).

Osmotischer Druck steigt
↓
ADH-Sekretion steigt
↓ →
vermehrte Wasserrückresorption — Auslösung des Durstgefühls

> *Merke:* Die Dichte des Endharns beträgt: 1005 bis 1025 g/l, der pH-Wert liegt im Mittel bei 5,5. Diese Werte sind bei den verschiedensten Erkrankungen häufig verändert (z.B. Pyelonephritis, Stoffwechselerkrankungen).

➤ Erkrankungen im Bereich des Zwischenhirns bzw. der Hypophyse können zum Verlust der ADH-Bildung führen. Die Folge ist die Wasserharnruhr (Diabetes insipidus) mit einer Urin- und Trinkmenge von täglich 20 bis 25 l.

2. Aldosteron
Das Aldosteron wird in der Nebennierenrinde gebildet und dort in das Blut abgegeben (s. S. 382). Dieses Hormon reguliert über die Natriumresorption im Tubulus ebenfalls die Isotonie. Bei Natriummangel bewirkt Aldosteron im Tubulus eine verstärkte Natrium- und Wasserrückresorption, allerdings auf Kosten gleichzeitiger Kalium- bzw. Wasserstoffionensekretion.

Harnausscheidung
Über die Öffnungen der *Nierenpapillen* gelangt der Endharn über die *Nierenkelche* in das *Nierenbecken.* Nun befördern ihn die *Ureteren* durch peristaltische Wellen ihrer Wandmuskulatur in die *Harnblase.*

Blasenentleerung (Miktion)
Haben sich beim Erwachsenen etwa 200 bis 300 ml Harn angesammelt, tritt Harndrang auf. Über Dehnungsrezeptoren in der Blasenwand gelangen entsprechende Informationen zu einem parasympathischen Zentrum des Sakralmarkes

(s. S. 464). Durch Rückinformation kontrahiert die Blasenmuskulatur. Wird nun der willkürliche Schließmuskel zur Erschlaffung gebracht, fließt der Harn restlos ab.

➤ Durch den willkürlichen Schließmuskel kann die Blasenentleerung eine begrenzte Zeit aufgehalten werden.

Zusammensetzung des Endharns

- Wasser ca. 97%,
- Stoffwechselendprodukte des Eiweißstoffwechsels (Harnstoff, Kreatinin) ca. 40 g/d,
- anorganische Substanzen (Kochsalz, Kalium, Kalzium, Ammoniak, Magnesium) ca. 18 g/d,
- Harnfarbstoffe (Urobilin, Urochrom),
- Hormone, Enzyme, Vitamine.

Merke: Beim Gesunden enthält der Urin weder Eiweiß noch Zucker, höchstens einige abgeschilferte Epithelzellen der ableitenden Harnwege und einige Leukozyten.

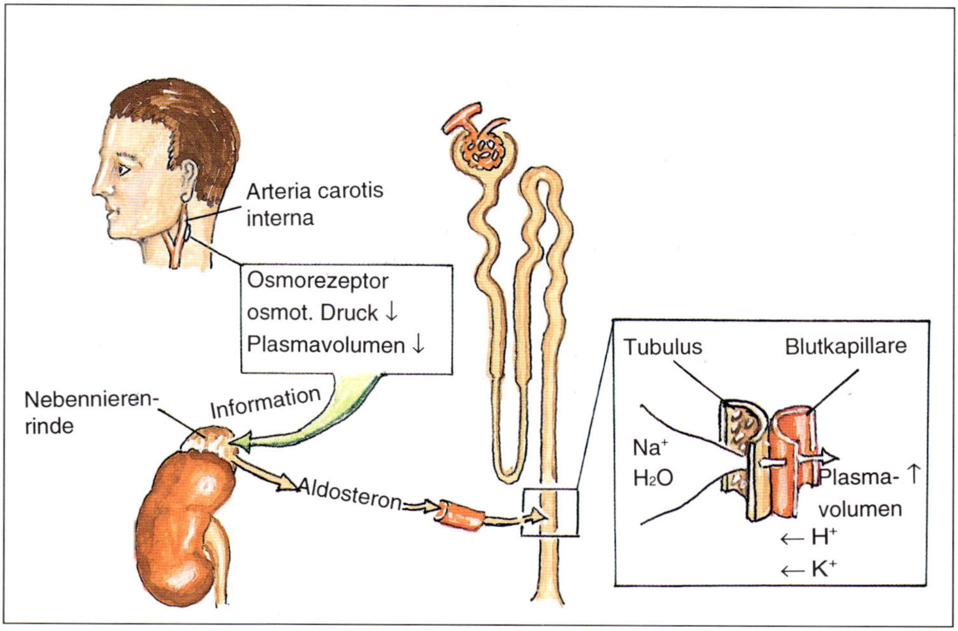

Abb. 172: Hormonelle Regulation der Na^+-Resorption.

Aufgaben zur Wiederholung

1. Nennen Sie die Harnorgane und beschreiben Sie deren Lage!

2. Beschreiben Sie den makroskopischen und mikroskopischen Bau der Niere!

3. Wodurch werden die Nieren in ihrer Lage gehalten?
   Was ist eine Wanderniere?

4. Beschreiben Sie das Sammelrohrsystem!

5. Beschreiben Sie den Blutfluß durch die Niere! Welche Besonderheit gibt es?

6. Auf welchem Weg gelangt der Urin vom Bildungsort nach außen?

7. Beschreiben Sie die anatomischen Besonderheiten der ableitenden Harnwege!

8. Vergleichen Sie männliche und weibliche Harnröhre und ziehen Sie praktische Schlußfolgerungen!

9. Nennen Sie die Aufgaben der Niere!

10. Erklären Sie die Harnbildung als Mittel der Regulations- und Ausscheidungsfunktion!

11. Definieren Sie:
    a) Primärharn,
    b) Endharn,
    c) effektiver Filtrationsdruck,
    d) Selbstregulation der Nierendurchblutung!

12. Wie erfolgt die hormonelle Regulation der Nierentätigkeit?

13. Beschreiben Sie die Miktion!

14. Sprechen Sie über die Zusammensetzung des Endharns!

16. Geschlechtssystem (Genitalsystem)

Die Geschlechtsorgane werden traditionsgemäß in äußere und innere untergliedert. Sie stehen in enger Beziehung zu den Harnorganen.

Beispiel: Männliche Harnröhre als Harnsamenröhre.

16. 1. Männliche Geschlechtsorgane

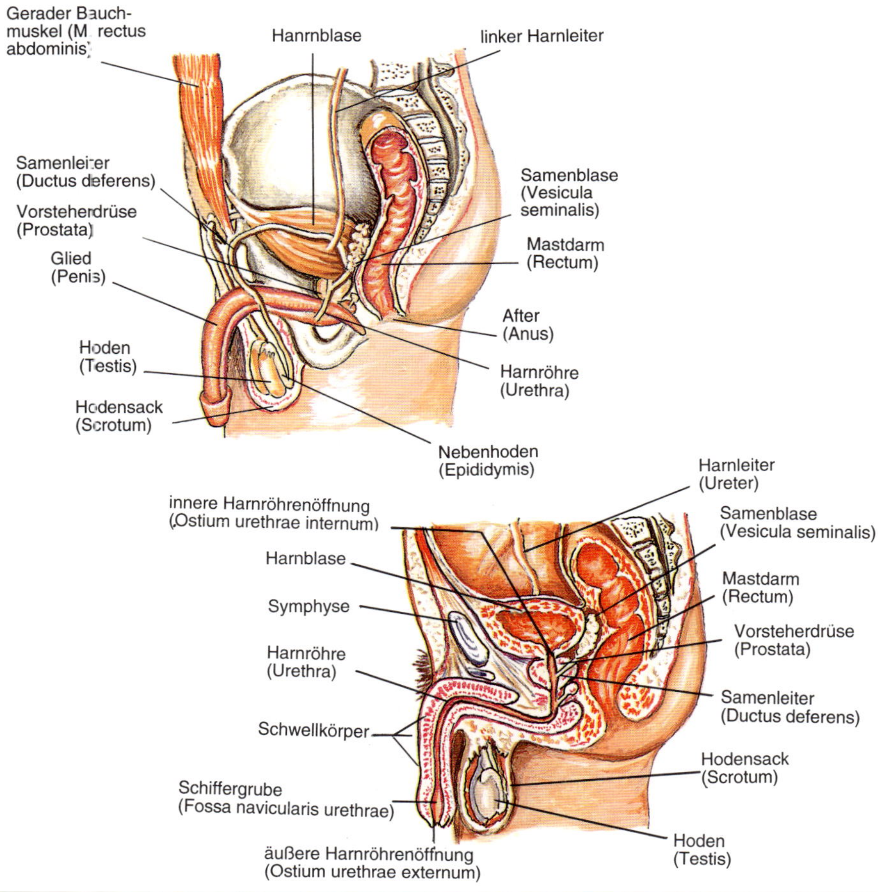

Abb. 173: Männliche Beckenorgane.

16. 1. 1. Innere männliche Geschlechtsorgane

Zu den inneren männlichen Geschlechtsorganen gehören
- die paarigen Hoden,
- die paarigen Nebenhoden,
- die paarigen Samenleiter,
- die paarigen Samenblasen (= Bläschendrüsen),
- die Vorsteherdrüse.

Hoden (Testis, Orchis)
Form, Größe, Lage
Die Hoden entwickeln sich im Bauchraum und wandern am Ende der Embryonalzeit durch den Leistenkanal (s. S. 180) in den Hodensack. (Descensus testis, descensus = absteigen). Dabei gelangen auch Bauchfellanteile dorthin.

➤ Bleiben die Hoden im Bauchraum oder im Leistenkanal hängen (Kryptorchismus) ist eine operative Verlagerung in den Hodensack notwendig, da die Bildung der Samenzellen (Spermiogenese) eine etwas niedrigere Temperatur als die Körpertemperatur zur Voraussetzung hat. Außerdem neigen retinierte Hoden eher zu krankhaften Entartungen (Tumoren). Beim erwachsenen Mann sind die Hoden walnußgroß.

Mikroskopische Struktur

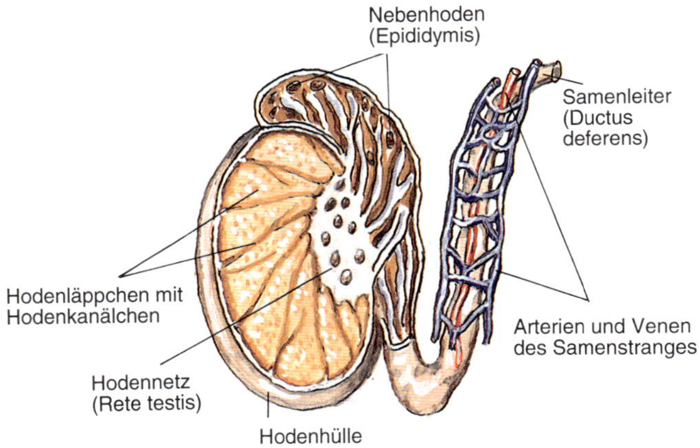

Abb. 174: Hoden (Testis) und Nebenhoden (Epididymis).

Der Hoden wird von einer bindegewebigen Kapsel umschlossen. Von dieser ziehen kleine Zwischenwände nach innen, so daß eine Aufteilung in ca. 250 *Hodenläppchen* erfolgt. In jedem Hodenläppchen befinden sich 2 bis 4 *Hodenkanälchen*. Alle zusammen erreichen eine Länge von ca. 300 m.

Funktion

- *Samenzellbildung:* Die Bildung der Samenzellen (Spermien) erfolgt im gewundenen Teil der Hodenkanälchen. Diesen Vorgang bezeichnet man als Spermiogenese (s. auch S. 67). Über den gestreckten Teil gelangen diese in das Hodennetz.

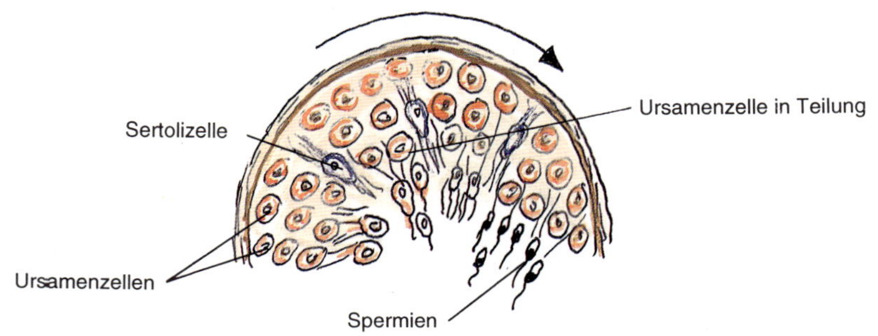

Abb. 175: Reifung der Samenzellen.

➤ In der Scheide sind die Spermien ca. 2 Stunden, in der Gebärmutter bis zu 48 Stunden befruchtungsfähig.

- *Hormonbildung:* In den Leydigschen Zwischenzellen, welche zwischen den Hodenkanälchen im Bindegewebe liegen, wird das Androgen *Testosteron* gebildet. (s. S. 387).

Gefäßversorgung

- A. und V. testicularis.

Nebenhoden (Epididymis)

Der Nebenhoden liegt an der Hinterfläche des Hodens, also ebenfalls im Hodensack. Vom Hodennetz ziehen Kanälchen in den Nebenhodenkopf und münden hier in den 4 bis 5 m langen auf ca. 5 cm zusammengeknäulten Nebenhodengang. Dieser durchzieht den Nebenhoden und geht am Nebenhodenschweif in den Samenleiter über.

Funktion
Speicherung und Ernährung der Spermien.

Samenleiter (Ductus deferens)
Länge und Lage
Die Samenleiter sind 50 bis 60 cm lang und haben einen Durchmesser von 3 mm. Sie ziehen zunächst aus dem Hodensack heraus bis vor die Schambeinäste, um von da aus durch den Leistenkanal in das kleine Becken zu gelangen. Anschließend verlaufen die Samenleiter seitlich der Harnblase in enger Nachbarschaft der Samenblasen zum Fundus der Harnblase. Hier durchbohren sie von beiden Seiten die Vorsteherdrüse und münden innerhalb dieser auf dem Samenhügel in die Harnröhre. Der in der Vorsteherdrüse verlaufende Endabschnitt der Samenleiter heißt Spritzkanal (Ductus ejaculatorius).

Funktion
Transport der Samenzellen

Samenstrang (Funiculus spermaticus)
Innerhalb des Leistenkanals verläuft der Samenleiter gemeinsam mit der A. und V. testicularis, Lymphgefäßen und Nerven des Hodens im Samenstrang.

Samenblase (Vesicula seminalis)
Die beiden Samenblasen liegen beidseitig am Harnblasengrund und grenzen dorsal an das Rektum. Ihr Ausführgang verbindet sich mit dem Ductus ejaculatorius.

Funktion
Die Samenblasen produzieren ein alkalisches Sekret, welches die Spermien aktiviert. Es bildet den Hauptteil der Samenflüssigkeit.

Vorsteherdrüse (Prostata)
Die kastaniengroße Prostata umschließt den Anfangsteil der Harnröhre, liegt also zwischen Harnblasenfundus, Beckenboden und Rektum.

➤ Die Prostata ist vom Mastdarm aus gut abzutasten.

In etwa 30 Einzeldrüsen wird ebenfalls ein alkalisches Sekret gebildet, welches beim Samenerguß (Ejakulation) durch die reichlich vorhandene glatte Muskulatur rasch in die Harnröhre abgegeben wird. Diese Muskulatur verleiht der Prostata eine im Vergleich zu anderen Drüsen feste Konsistenz.

Außen hat sie eine unelastische Kapsel aus straffem Bindegewebe und glatter Muskulatur.

➤ Bei älteren Männern kann sich die Prostata vergrößern (Prostatahypertrophie). Die Harnröhre wird eingeengt und der Harn in der Blase zurückgestaut (Retentio urinae). Der Prostatakrebs ist ein typischer Alterskrebs.
Durch jährliche rektale digitale Untersuchung bei Männern über 50 Jahre kann eine vergrößerte Prostata rechtzeitig erkannt und damit die Prognose eines möglichen Prostatacarcinoms verbessert werden.

Samenflüssigkeit (Sperma)
Als Sperma bezeichnet man die bei einem Samenerguß (Ejakulation) über die Harnsamenröhre ausgestoßene gallertartige weißliche Flüssigkeit.
Das Sperma setzt sich im wesentlichen zusammen aus
- den in den Hoden gebildeten *Spermien,*
- den *Sekreten von Samenblasen und Prostata.*

16. 1. 2. Äußere männliche Geschlechtsorgane

Zu den äußeren männlichen Geschlechtsorganen gehören
- das männliche Glied,
- der Hodensack.

Männliches Glied (Penis)
Am Penis unterscheidet man äußerlich drei Abschnitte:
1. *die Wurzel*: Dieser Teil befestigt den Penis an den Schambeinästen und dem Beckenboden;
2. *der Schaft*: Das ist der bewegliche Teil ohne Eichel;
3. *die Eichel* (Glans penis): Die Eichel wird von einem Doppelblatt der Penishaut (Vorhaut = Präputium) bedeckt.

➤ Eine häufige Entwicklungsstörung ist eine zu enge Vorhaut (Phimose). Zwischen Eichel und Präputium können bei ungenügender Reinigung Eichel-Vorhautentzündungen entstehen.

Im Inneren des Penis liegen drei langgestreckte Schwellkörper:
- die paarigen *Rutenschwellkörper*: Sie liegen im oberen Bereich am Penisrücken.
- der *Harnröhrenschwellkörper*: Er umfaßt die Harnröhre und trägt an seinem vorderen Ende die Eichel. Am hinteren Ende ist er zwiebelförmig verdickt. Hier liegen die beiden erbsengroßen *Cowperschen Drüsen* (Glandulae bulbourethrales). Ihr schleimiges Sekret dient der Befeuchtung der Harnröhre.

Die Schwellkörper bestehen aus zahlreichen kleinen Hohlräumen und werden von einer derben Hülle umgeben.

Versteifung bzw. Aufrichtung (Erektion) des Gliedes
Die Erektion des Gliedes zum Zwecke der Begattung wird erreicht, indem durch nervale Regulation eine Erweiterung der zuführenden Arterien bei gleichzeitiger Verengung der abführenden Venen erfolgt. Die Schwellkörper werden so prall mit Blut gefüllt, ohne daß jedoch der Blutstrom völlig zum Erliegen kommt.

Funktion
Der Penis hat eine Doppelfunktion. Er ist
- Begattungsorgan und
- Ausscheidungsorgan.

Hodensack (Scrotum)
Der Hodensack ist eine Hauttasche, in der Hoden, Nebenhoden und die Anfänge der Samenleiter liegen. Die Haut ist pigmentiert und weist als Besonderheit reichlich glattes Muskelgewebe anstelle von Fettgewebe auf, daher der Name Fleischhaut.
Dieses Muskelgewebe ermöglicht ein Zusammenziehen der Fleischhaut bei niederen und Erschlaffen bei höheren Temperaturen im Sinne eines Wärmeregulators für die empfindlichen Keimdrüsen.

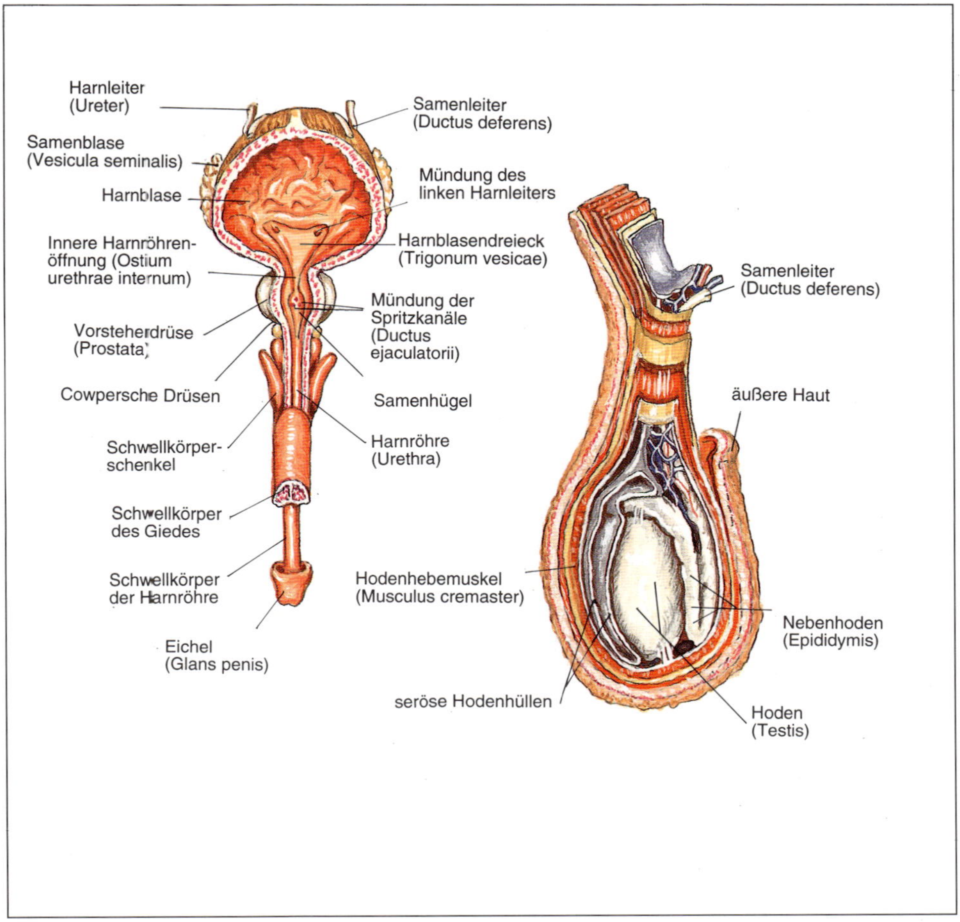

Abb. 176: Männliche Harn- und Geschlechtsorgane.

16. 2. Weibliche Geschlechtsorgane

16. 2. 1. Innere weibliche Geschlechtsorgane

Zu den inneren weiblichen Geschlechtsorganen gehören
- die paarigen Eierstöcke,
- die paarigen Eileiter,
- die Gebärmutter,
- die Scheide.

Eierstock (Ovarium)
Größe und Lage
Die bei der geschlechtsreifen Frau ca. pflaumengroßen (4cm x 2cm x 1cm) Ovarien liegen an den Seitenwänden des kleinen Beckens in der sog. Eierstockgrube zwischen den inneren und äußeren Beckengefäßen.

Mikroskopischer Bau
Von außen nach innen lassen sich vier Schichten unterscheiden:
1. *Bauchfellüberzug.*
2. *Organkapsel* aus Bindegewebe.
3. *Eierstockrinde*: Sie enthält schon beim Neugeborenen ca. 200 000 Follikel mit ebensoviel Eizellen. Nach der Geburt können sich keine Eizellen mehr bilden.
4. *Eierstockmark*: Es besteht aus lockerem Bindegewebe mit Gefäßen und Nerven.

Funktion
1. Follikelreifung
Follikel sind Bläschen aus Follikelepithel, welche jeweils eine Eizelle umhüllen. Bereits vor der Geburt beginnen die Reifeteilungen (s. S. 67).
Aber erst mit Beginn der ersten Regelblutung (Menarche) reift in ca. 28 Tagen ein Follikel heran. Dabei sind drei Stadien zu beobachten:
1. *Primärfollikel:* Die Eizelle ist von meist einer Schicht Follikelepithelzellen umgeben.
2. *Sekundärfollikel:* Durch Teilung der Follikelepithelzellen schon in den ersten Lebensjahren wird die Hülle dicker.
3. *Tertiärfollikel: (= Graafscher Follikel).* Er entwickelt sich ab 10. bis 14. Lebensjahr. Das Follikelepithel teilt sich lebhaft. Es entsteht ein mit Flüssigkeit gefüllter Hohlraum. Der sprungreife Follikel ist kirschkerngroß und hebt sich bis zum Eisprung (Ovulation) deutlich von der Oberfläche ab.

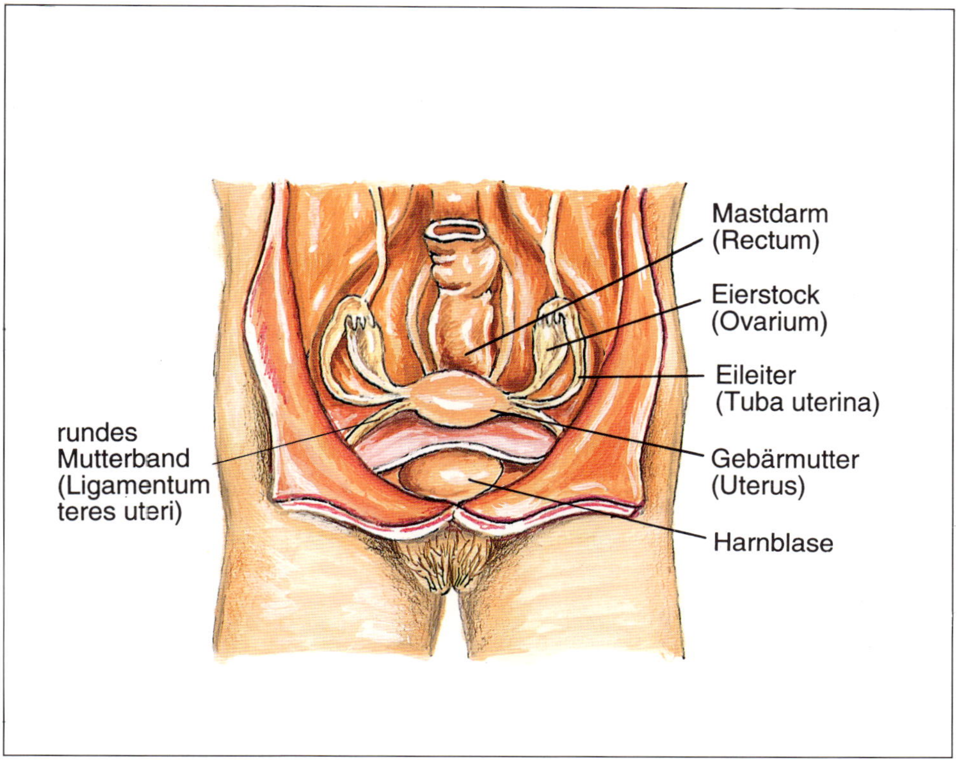

Abb. 177: Beckenorgane der Frau.

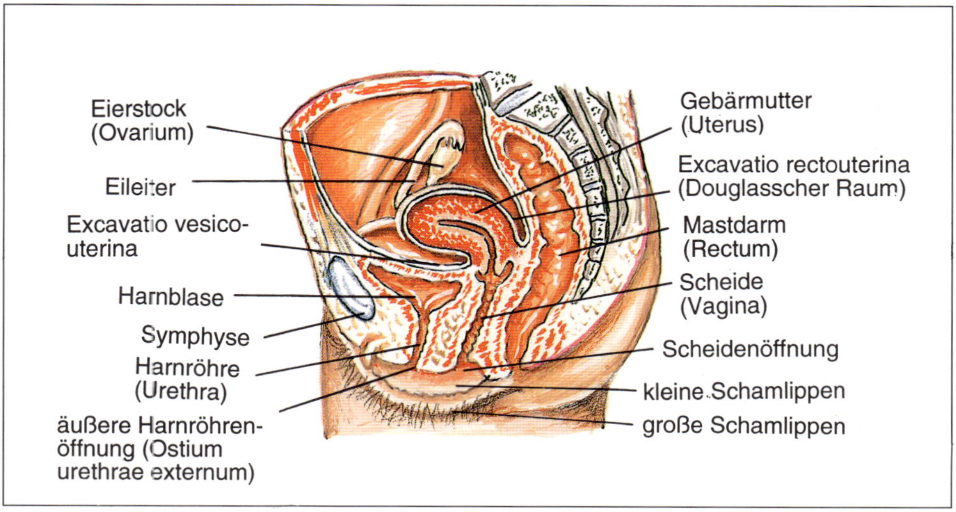

Abb. 178: Weibliche Beckenorgane - Medianschnitt.

2. Hormonbildung
Im Eierstock werden in bestimmten Zellen Sexualhormone gebildet.
- Oestrogene ("Follikelhormone"),
- Gestagene ("Gelbkörperhomon" = Progesteron).

➤ Im Eierstock kommen häufig Zysten vor.

Eileiter (Tuba uterina, Salpinx uterina)
Der Eileiter ist ein 10 bis 15 cm langer Schlauch und dient dem Transport der Eizelle vom Eierstock in die Gebärmutter. Die äußere trichterförmige Eileiteröffnung umfaßt mit fingerartigen Fortsätzen (Fimbrien) den Graafschen Follikel, fängt die Eizelle beim Eisprung auf und transportiert sie mit Hilfe von Flimmerbewegungen der Flimmerepithelzellen sowie peristaltischen Wellen der Muskulatur in die Gebärmutter.
Der Transport dauert ca. 4 Tage.

➤ Über die Eileiter besteht eine direkte Verbindung von der freien Bauchhöhle über Gebärmutter und Scheide nach außen (Infektionsgefahr). Bei gestörtem Auffang- und Transportmechanismus kann sich eine befruchtete Eizelle sowohl in der Bauchhöhle als auch im Eileiter einnisten. Im ersten Fall spricht man von einer Bauchhöhlen-, im zweiten von einer Eileiterschwangerschaft. Beide sind lebensbedrohlich und müssen deshalb behandelt werden.

Gebärmutter (Uterus)
Form und Größe
Die Gebärmutter ist birnenförmig, etwa 7 bis 10 cm lang und wiegt 60 bis 70 g. Bei Frauen, die schon mehrere Kinder geboren haben (Multipara), ist sie etwas größer als bei einer Frau, die noch nicht geboren hat (Nullipara).

Gliederung
Bei der äußeren Betrachtung der Gebärmutter erkennt man folgende Abschnitte:
- *Gebärmuttergrund* (Fundus uteri): die Wölbung über den Eintrittsstellen der Tuben in den Uteruskörper.
- *Gebärmutterkörper* (Corpus uteri): Im Inneren dieses breiten, abgeflachten Teiles liegt die *Gebärmutterhöhle* (Cavum uteri) als Entwicklungsraum für den Keimling.
  Ihre Form ist im Frontalabschnitt dreieckig und im Längsschnitt spaltförmig. Nach unten verengt sich die Gebärmutterhöhle zum *Gebärmutterhalskanal* (Canalis cervicalis uteri = Cervixkanal).

- *Gebärmutterhals* (Cervix uteri): Zwischen Körper und Hals liegt eine Engstelle als Verbindung, der *Isthmus uteri*.
  Der obere Teil des Gebärmutterhalses liegt über der Scheide. Der untere Halsteil ragt in die Scheide hinein (Portio vaginalis) und schließt mit dem äußeren Muttermund (Ostium uteri) ab.

➤ Der äußere Muttermund ist bei der Nullipara rund, bei der Multipara lippenartig quergestellt. Er kann vom Arzt direkt besichtigt werden.

Lage
Der Uterus liegt im kleinen Becken zwischen der Blase und dem Rektum. Normalerweise ist der Körper nach vorn über die Blase gebeugt (Anteflexio uteri).

➤ Bei einer Krümmung des Körpers nach hinten (Retroflexio uteri) auf den Mastdarm könnte der Weg für die Spermien versperrt werden, weil der äußere Muttermund gegen die vordere Scheidenwand gedrückt wird.

Bauchfellbeziehung und Bänder
Der Bauchfellüberzug des Uterus zieht als Doppelblatt seitwärts zur Beckenwand. So entsteht von der Gebärmutter ausgehend das *breite Mutterband* (Lig. latum uteri) als Aufhängung für Eileiter und Eierstock.
Das Gewebe zwischen dem Bauchfelldoppelblatt heißt *Parametrium* und enthält in Bindegewebe eingebettet Gefäße und Nerven.
Vom Fundus der Gebärmutter ziehen die beiden *runden Mutterbänder* (Lig. teres uteri) durch den Leistenkanal zu den großen Schamlippen (s. S. 180).

➤ In der Gynäkologie werden die dem Uterus "anhängenden" Organe (Eileiter, Eierstock, breites Mutterband) als Adnexe (= Anhangsgebilde) bezeichnet. Dementsprechend heißen Entzündungen der Gebärmutteranhänge Adnexitis. Wegen ähnlicher Symptome ist die Unterscheidung zwischen Adnexitis und Appendicitis manchmal schwierig. Sie ist aber wegen der therapeutischen Konsequenzen notwendig.
Der Halteapparat des Uterus wird bei jeder Schwangerschaft gedehnt. Bei manchen Frauen verliert er seinen Halt und es kommt zum Gebärmuttervorfall (Prolapsus uteri) mit beträchtlicher Infektionsgefahr.

Mikroskopischer Bau
Die Uteruswand ist dreischichtig. Von innen nach außen sind zu unterscheiden:
1. Gebärmutterschleimhaut (Endometrium): Diese gefäß- und drüsenreiche Schicht besteht aus
- der *Basalschicht:* direkt an die Muskulatur grenzend und
- der *Funktionsschicht,* welche während der monatlichen Regelblutung (Menstruation) abgestoßen und in den darauffolgenden Tagen wieder aufgebaut wird (s. S. 388).

Die Schleimhaut im Gebärmutterhalskanal enthält palmenblattartige Falten. Hier bilden die Zellen einen Schleimpfropf, welcher das Eindringen von Krankheitserregern von der Scheide her verhindert.

2. Gebärmuttermuskulatur (Myometrium): Diese glatte Muskulatur ist in Spiralzügen angeordnet und wirkt vor allem als austreibende Kraft während der Geburt des Kindes durch Gebärmutterhalskanal und Scheide.

➤ Das Myometrium neigt zur Bildung gutartiger Geschwülste (Myome).

3. Bauchfellüberzug (Perimetrium): Das Peritoneum überzieht vom Scheitel der Harnblase kommend die Gebärmutteroberfläche. Damit liegt sie innerhalb des Bauchfells und ist entsprechend beweglich (Größenzunahme bei Schwangerschaft). Von der hinteren Seite des Gebärmutterhalses zieht dann das Bauchfell zur Vorderfläche des Rektums.

Scheide (Vagina)
Die Scheide ist ein elastischer Schlauch zwischen Harnröhre und Mastdarm, etwa 10 cm lang. Vorder- und Hinterwand liegen aufeinander, so daß ein Querspalt entsteht.
Der obere Scheidenteil ist gewölbeartig erweitert (man spricht vom Scheidengewölbe) und umfaßt den äußeren Muttermund (Portio vaginalis).
Das untere Ende der Scheide (Scheideneingang, Scheidenmund) mündet in den Scheidenvorhof.

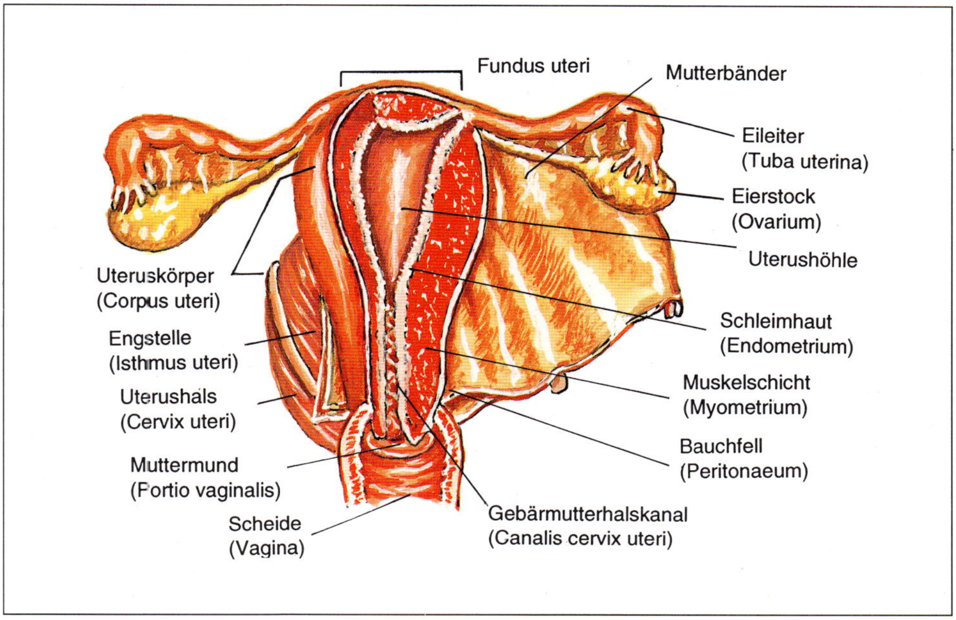

Abb. 179: Innere weibliche Geschlechtsorgane von vorn.

Scheidenschleimhaut

Die Schleimhaut der Scheide trägt *mehrschichtiges unverhorntes* Plattenepithel. Die Zellen enthalten reichlich Glykogen. Nach ihrem Absterben bilden Milchsäurebakterien, auch Döderleinsche Scheidenbakterien genannt, aus dem anfallenden Glykogen Milchsäure. Dadurch wird das Scheidensekret sauer (pH-Wert = 4) und bildet einen wichtigen Infektionsschutz.

➤ Scheidenspülungen sind nur selten notwendig. Beim Scheidenabstrich wird die hintere Wand der Scheide im oberen Bereich abgetupft und so Zellen für die mikroskopische Untersuchung gewonnen.

16. 2. 2. Äußere weibliche Geschlechtsorgane

Das äußere Genitale der Frau wird als Vulva (= weibliche Scham) bezeichnet. Es besteht aus
- Schamberg,
- große Schamlippen,
- kleine Schamlippen,
- Scheidenvorhof,
- Kitzler.

Schamberg (Mons pubis)
Der Schamberg ist ein Fettpolster. Er liegt über dem vorderen Zusammenschluß der großen Schamlippen und ist behaart. Die Behaarung schließt nach oben horizontal ab.

Große Schamlippen (Labia pudendi majores)
Die großen Schamlippen werden gebildet aus zwei breiten behaarten Hautwülsten, die sich vorn vor dem Kitzler und hinten vor dem After vereinigen. Sie umschließen die Schamspalte (Rima pudendi).

Kleine Schamlippen (Labia pudendi minores)
Die kleinen Schamlippen sind fettfreie unbehaarte dünne Hautfalten, die erst sichtbar werden, wenn man die großen Schamlippen auseinanderzieht.

Scheidenvorhof (Vestibulum vaginae)
Der Scheidenvorhof ist der Raum zwischen den kleinen Schamlippen. In ihm liegen von vorn nach hinten
- der Kitzler (Clitoris): Er besteht aus Schwellkörpergewebe und ähnelt in seinem Bau dem Penis,
- die äußere Harnröhrenöffnung (Ostium urethrae externum),
- die äußere Scheidenöffnung (Ostium vaginae).

Jungfernhäutchen (Hymen)
Der Hymen ist eine dünne Schleimhautfalte am Scheideneingang und engt dessen Öffnung ein. Es trennt mithin äußere und innere weibliche Geschlechtsorgane. Beim Kind stellt es einen zusätzlichen Infektionsschutz dar. Gewöhnlich reißt es beim ersten Geschlechtsverkehr.

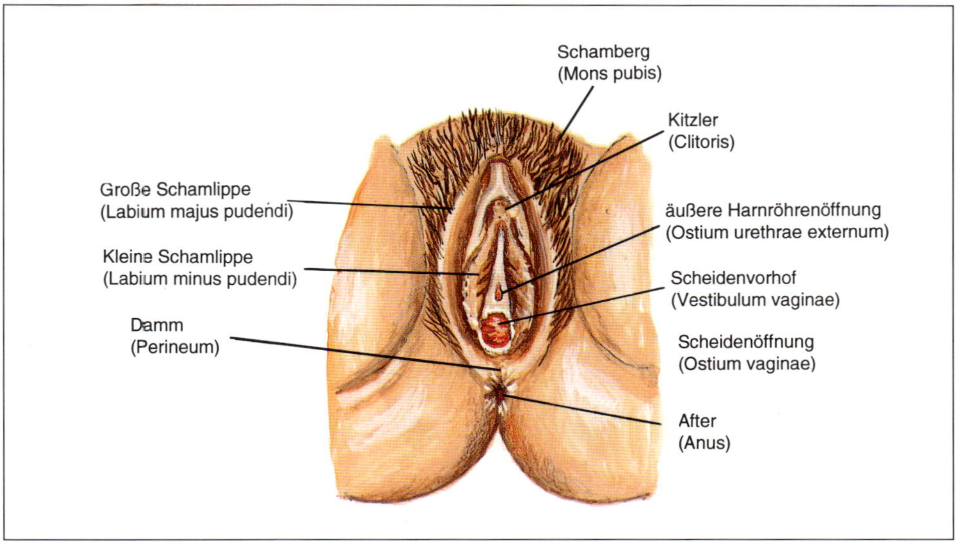

Abb. 180: Äußere weibliche Geschlechtsorgane.

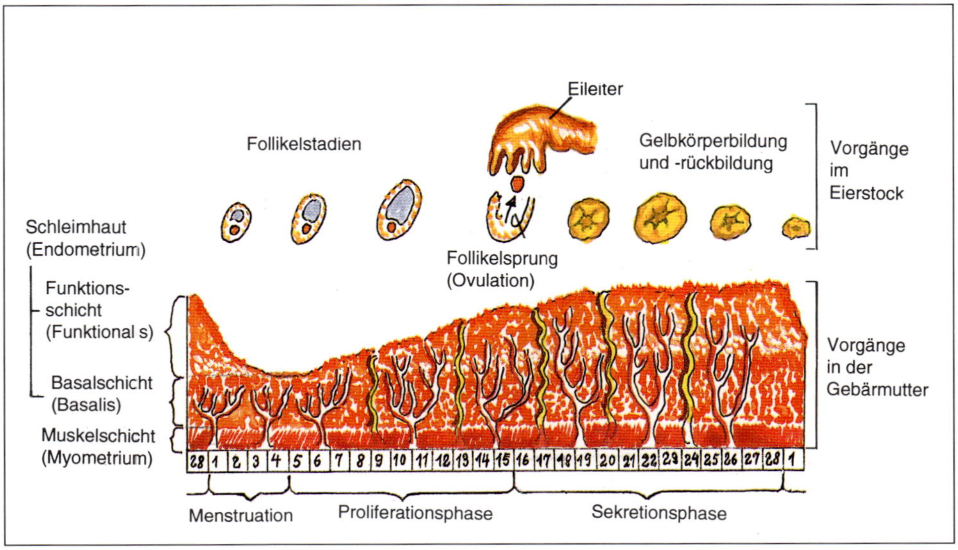

Abb. 181: Menstruationszyklus.

Aufgaben zur Wiederholung

1. Geben Sie einen Überblick über die männlichen Geschlechtsorgane und deren Lage!

2. Welche Aufgaben erfüllen die inneren männlichen Genitalorgane?

3. Wie ist das Sperma zusammengesetzt?

4. Beschreiben Sie den Weg der Spermien vom Bildungsort zum Ort der Befruchtung!

5. Geben Sie einen Überblick über die weiblichen Geschlechtsorgane und deren Lage!

6. Beschreiben Sie die Follikelreifung im Eierstock!

7. Welche Aufgabe hat der Eileiter und wie erfüllt er sie?

8. Beschreiben Sie den Aufbau des Uterus!

9. Was bedeutet der Begriff "Adnexe"?

10. Begründen Sie, warum eine gesunde Scheidenflora der wichtigste Schutz gegen Infektionen der inneren weiblichen Geschlechtsorgane ist!

11. Was versteht man unter dem Scheidenvorhof?
    Welche Gebilde liegen in ihm?

17. Hormonsystem (Endokrines System)

Übersicht über die Hormondrüsen und ihre Lage: s. S. 123.

17. 1. Regulationsfunktionen der Hormone

Hormone sind als *Informationsträger* bereits in winzigen Konzentrationen äußerst wirksam.
Obwohl sie verschiedenen Stoffklassen (z. B. Steroide, Proteine) angehören, sind sie durch einige *gemeinsame Merkmale* gekennzeichnet.

1. Hormone gelangen vom Bildungsort direkt in das Blut und werden von diesem zum Wirkungsort transportiert.
2. Jedes Hormon hat spezifische Wirkungen, die in der Regel durch keinen anderen Stoff hervorgerufen werden können.
   Die spezifische Wirkung kommt dadurch zustande, daß jedes Hormon an seiner Zielzelle von "seinen" Zellmembranmolekülen, den Rezeptoren, "erkannt" wird.
3. Hormone entfalten ihre Steuerwirkung, indem sie die Tätigkeit bestimmter Enzyme in den Zellen beeinflussen.
4. Die Hormonkonzentrationen im Blutplasma werden in vielen Fällen nach dem Prinzip der *negativen Rückkopplung* konstant gehalten. Das heißt, ein Anstieg der Hormonkonzentration im Plasma wirkt hemmend auf seine Freisetzung, ein Abfall dagegen fördernd.

Allgemeine Aufgaben
In Abstimmung mit dem vegetativen Nervensystem erfüllen die Hormone lebenswichtige Regulationsfunktionen im Organismus, die sich in *3 Punkten* zusammenfassen lassen.

1. Die Hormone ermöglichen und fördern die körperliche, sexuelle und geistige *Entwicklung.*
2. Die Hormone ermöglichen und fördern die *Leistungsanpassung* des Organismus.
3. Die Hormone halten bestimmte *physiologische Größen konstant.*
   Beispiel: Blutzuckerspiegel,
   osmotischer Druck.

Bezüglich ihrer Funktionsweise lassen sich 3 Hormongruppen unterscheiden:

1) *Releasinghormone und Inhibitinghormone:* Sie werden in der hypophysiotropen Zone des *Hypothalamus* gebildet und *regulieren* die Bildung und Freisetzung der Hormone des *Hypophysenvorderlappens*.
2) *Glandotrope Hormone:* Sie werden im Hypophysenvorderlappen gebildet und regulieren die Tätigkeit von Schilddrüse, Nebennieren und Keimdrüsen.
3) *Effektorische Hormone:* Das sind alle Hormone, die unabhängig von ihrem Bildungsort unmittelbar auf das Erfolgsorgan wirken.

Tab. 35

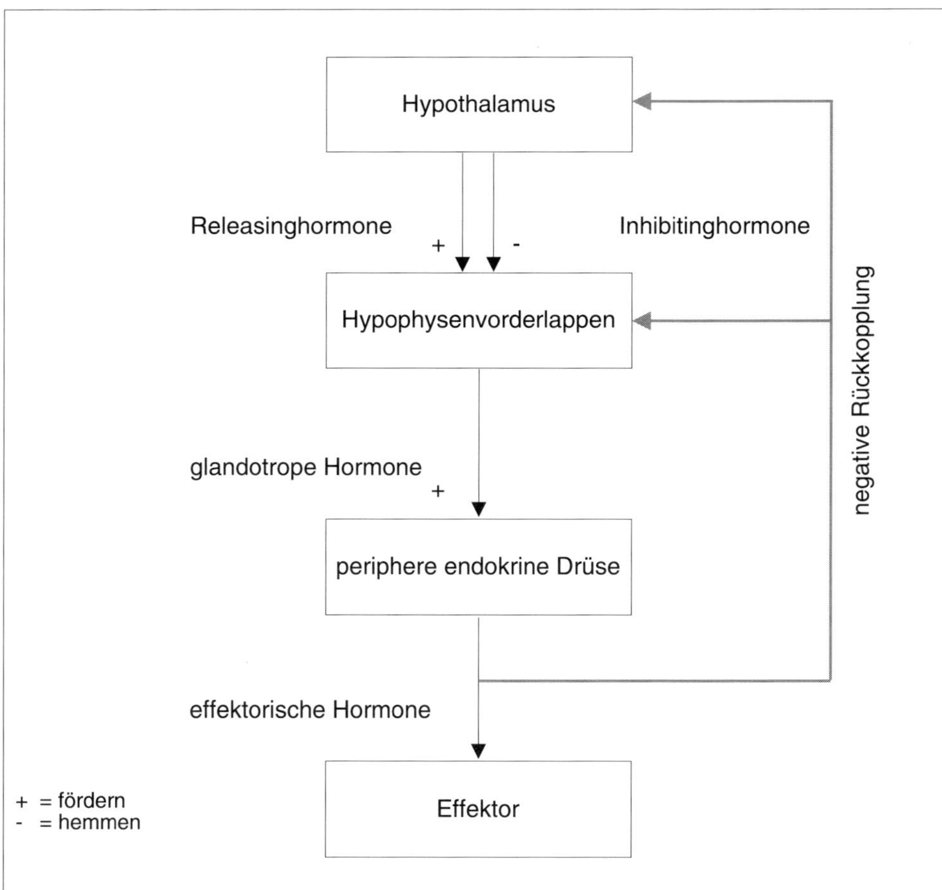

17. 2. Hormone des Hypothalamus und der Hypophyse

Die *Hypophyse* ist ein kleines bohnenförmiges Organ.

Masse: 0,5 bis 1g,
Lage: Türkensattel des Keilbeins,
Bau: Die Hypophyse besteht aus:
- *einem Vorderlappen (= Adenohypophyse):* Dieser wird von Drüsengewebe gebildet,
- *einem Hinterlappen (= Neurohypophyse):* Er enthält spezifische Neuroglia (s. S. 98) und marklose Nervenfasern.

Durch den *Hypophysenstiel* (Infundibulum) ist die Hypophyse mit dem Hypothalamus verbunden. Dieser ist ein Teil des Zwischenhirns (s. S. 432).
Im Bereich des Infundibulums liegt das *hypophysäre Pfortadersystem.* Über diese Blutgefäße gelangen die im Hypothalamus gebildeten Releasing- und Inhibitinghormone in die Hypophyse.

Merke: Hypothalamus und Hypophyse bilden eine Funktionseinheit.

Hormone des Hypothalamus

Releasing- und Inhibitinghormone
Im Hypothalamus werden gebildet:
1. *6 Releasinghormone:* Sie steuern die Bildung und Freisetzung der
   - 4 glandotropen Hormone des Hypophysenvorderlappens: Thyreotropes Hormon, luteinisierendes Hormon, Follikelstimulierendes Hormon, Adrenocorticotropes Hormon.
   - 3 effektorischen Hormone des Hypophysenvorderlappens: Wachstumshormon, Prolactin, Melanocytenstimulierendes Hormon.
2. *3 Inhibitinghormone:* Sie hemmen die Freisetzung der
   - 3 effektorischen Hormone des Hypophysenvorderlappens Wachstumshormon, Prolactin, Melanocytenstimulierendes Hormon.

Beachte: Wachstumshormon, Prolactin und Melanocytenstimulierendes Hormon werden sowohl von Releasing- als auch von Inhibitinghormonen gesteuert.

3. Effektorische Hormone

Es handelt sich um 2 Hormone. Sie werden nach ihrer Bildung über den Hypophysenstiel in den Hypophysenhinterlappen transportiert und dort gespeichert, ehe sie von da in das Blut gelangen.

- *Adiuretin, antidiuretisches Hormon (ADH) Vasopressin:* Das ADH erhöht die Wasserresorption aus den distalen Tubuli der Nieren in das Blut und vermindert damit die Harnausscheidung. Es ist an der Aufrechterhaltung der Isotonie beteiligt (s. S. 352).
- *Oxytocin:* Das Oxytocin erhöht die Spannung der glatten Muskulatur. Durch dieses Hormon wird die Geburt eingeleitet (deshalb auch der Name "Wehenhormon"). Nach der Geburt bewirkt es die Kontraktion der Milchgänge, so daß die Milchejektion zustande kommt.

Hormone des Hypophysenvorderlappens

- *Glandotrope Hormone*
  Gemeinsam mit den Releasing- und Inhibitinghormonen wird nach dem Regelkreisprinzip gewährleistet, daß die abzugebende Hormonmenge der Schilddrüse, Nebennieren und Keimdrüsen den differenzierten Erfordernissen angepaßt wird.

1. *Thyreotropes Hormon (TSH):* Stimuliert das Wachstum der Schilddrüse und reguliert die Freisetzung von Thyroxin und Trijodthyronin.
2. *Adrenocorticotropes Hormon (ACTH):* Bewirkt das Wachstum der Nebennierenrinde und reguliert die Bildung und Freisetzung der Glucocorticoide.
3. *Follikelstimulierendes Hormon (FSH) und luteinisierendes Hormon (LH):* Beide Hormone werden auch als *gonadotrope Hormone* bezeichnet.
   Sie regulieren die Entwicklung der Keimdrüsen (Gonaden) sowie die Bildung und Freisetzung der Sexualhormone, (z.B. Oestrogen und Progesteron).

- *Effektorische Hormone*

1. *Wachstumshormon (STH):* Das Wachstumshormon fördert vor allem das Längenwachstum der Knochen über die Beeinflussung der Zellteilung in den Epiphysenfugen.

➤ *STH-Überschuß* hat bei Kindern Riesenwuchs (Gigantismus) bis 2,50 m zur Folge. Im Erwachsenenalter entsteht die Akromegalie (Wachstum der gipfelnden Körperteile Nase, Kinn, Zunge, Hände, Füße), da durch die geschlossenen Epiphysenfugen ein Längenwachstum nicht mehr möglich ist.

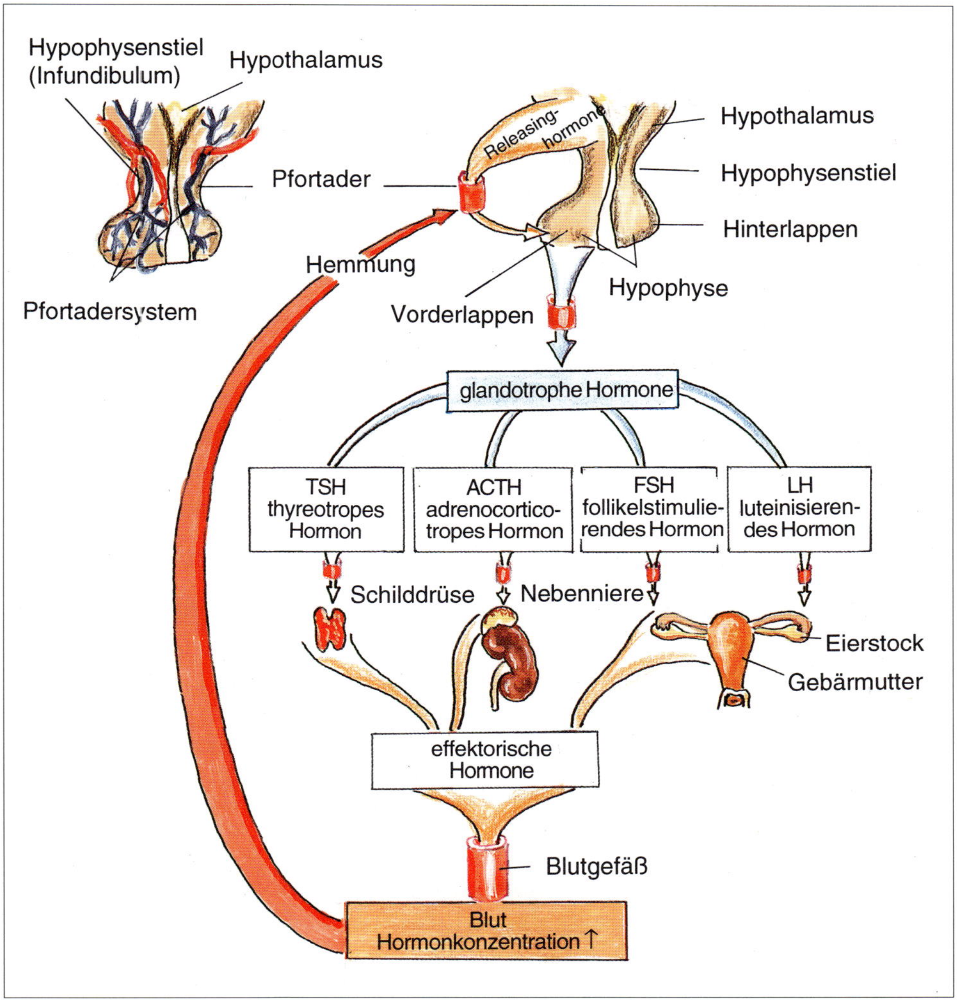

Abb. 182: Funktion der Hypophyse.

STH-Mangel führt zum hypophysären Zwergwuchs (Lilliputismus). Körperproportionen und Intelligenz sind normal entwickelt.

2. *Melanocytenstimulierendes Hormon (MSH):* Das MSH beeinflußt die Pigmentbildung in der Haut.
3. *Prolactin (PRL):* Das Prolactin löst die Milchabsonderung (= Laktation) nach der Geburt aus.

17. 3. Periphere Hormondrüsen, die durch die glandotropen Hormone gesteuert werden

17. 3. 1. Schilddrüse und die Hormone Thyroxin (T_4) und Trijodthyronin (T_3)

Masse:
Die Schilddrüse hat eine Masse von 30 bis 40g.

Bau:
Die Schilddrüse (Glandula thyreoidea) besteht aus einem *rechten* und *linken Lappen,* die durch eine Brücke (*Isthmus*) miteinander verbunden sind. Außen befindet sich eine *Bindegewebskapsel,* von der kleine Septen in das Drüsengewebe ziehen. Dadurch entstehen die *Schilddrüsenläppchen.* Das Drüsengewebe selbst besteht aus kleinen Bläschen, den sogenannten *Follikeln.*

> Die Hormone Thyroxin und Trijodthyronin werden in den Follikelepithelzellen gebildet und in den Follikeln gespeichert.
> *Entscheidend für die Wirkung ist ihr Jodgehalt.*

Neben den Follikelzellen liegen C-Zellen, in denen ein Hormon gebildet wird, welches den Calciumstoffwechsel mit reguliert.

Lage:
Die beiden Schilddrüsenlappen liegen seitlich der Luftröhre und reichen nach oben bis zum Ringknorpel des Kehlkopfes, nach hinten bis zur Speiseröhre.

➤ Krankhafte Vergrößerungen der Schilddrüse (Struma) können Atem- und Schluckbeschwerden hervorrufen. Eine Struma kann mit einer Über-, Unter- oder normalen Hormonproduktion einhergehen.

Hauptsächliche Wirkungen von T_3 und T_4

1. *Stoffwechselwirkungen:* Die Hormone stimulieren vor allem den Energiestoffwechsel.
2. *Wirkungen auf Wachstum und Entwicklung:* T_3 und T_4 fördern die Eiweißsynthese, das Längenwachstum der Knochen und die Entwicklung des Nervensystems.

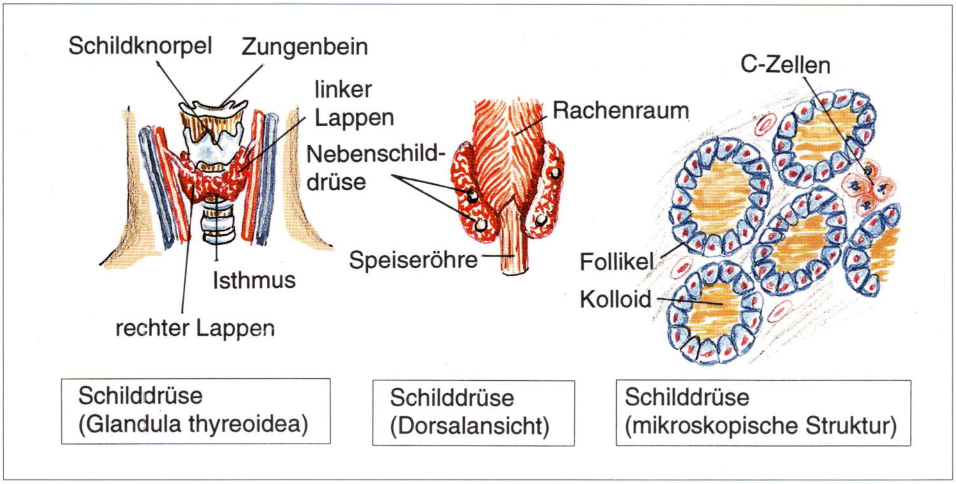

Abb. 183: Schilddrüse.

➤ *Schilddrüsenüberfunktion (Hyperthyreose):* Ein TSH-ähnlicher Stoff regt die Bildung von T_3 und T_4 wegen der nicht funktionierenden negativen Rückkopplung ungehemmt an (Basedow'sche Krankheit). Kennzeichen einer Schilddrüsenüberfunktion sind u.a.

- erhöhter Grundumsatz,
- häufiges Schwitzen,
- starkes Herzklopfen,
- hervortretende Augäpfel (Exophthalmus = Glotzauge),
- Abmagerung.

Es gibt noch andere Ursachen für eine Hyperthyreose (z.B. hormonproduzierende Schilddrüsentumoren).

Schilddrüsenunterfunktion (Hypothyreose): Ursachen können Jodmangel in der Nahrung (Trinkwasser), aber auch erblich bedingte Faktoren sein.
Kennzeichen bzw. Folgen sind u.a.:

- erniedrigter Stoffumsatz,
- geistige und körperliche Trägheit,
- niedriger Blutdruck,
- teigiges Aussehen der Haut (Myxödem).

Im Kindesalter kann es aufgrund des gehemmten Stoffwechsels zur unproportionierten Kleinwüchsigkeit kommen. Meist ist dies auch noch mit Schwachsinn (Kretinismus) verbunden, weil auch die Entwicklung des Nervensystems gestört wird.

17. 3. 2. Nebennieren und ihre Hormone

Form und Lage:
Die halbmondförmigen Nebennieren liegen jeweils auf dem oberen Pol der Nieren und sind von deren Fettkapsel umgeben.

Merke: Die Nebennieren haben mit der Funktion der Nieren nichts zu tun.

Die Nebenniere (Glandula suprarenale) besteht aus:
- *Nebennierenrinde:* Sie ist gelblich und umgibt das graue
- *Nebennierenmark.*

Nebennierenrinde und ihre Hormone

Unter ACTH-Einfluß werden in der Nebennierenrinde die folgenden Hormone gebildet:

1. Glucocorticoide (Corticosteron, Cortisol): Sie beeinflussen den *Kohlenhydratstoffwechsel*, indem sie die Glukoneogenese (s. S. 47) fördern. Darüber hinaus wirkt Cortisol entzündungshemmend, indem es lymphatisches Gewebe abbaut.

➤ Die Überproduktion des Cortisols kann das sogenannte Cushing-Syndrom zur Folge haben mit den typischen Zeichen: Stammfettsucht, Vollmondgesicht, Muskelschwund, Hypertonie, erhöhter Blutzuckerspiegel.

2. Mineralocorticoide (Aldosteron): Das Aldosteron beeinflußt den *Elektrolythaushalt*. Im Tubulusapparat der Nieren reguliert es die Resorption der Na^+ im Austausch gegen K^+. In diesem Zusammenhang wird Wasser festgehalten, das Plasmavolumen also erhöht, die Urinmenge vermindert (s. S. 356).

➤ Eine aus unterschiedlichen Gründen hervorgerufene Unterfunktion der NNR, bei der besonders ein Aldosteronmangel vorherrscht, bezeichnet man als Addison'sche Krankheit.

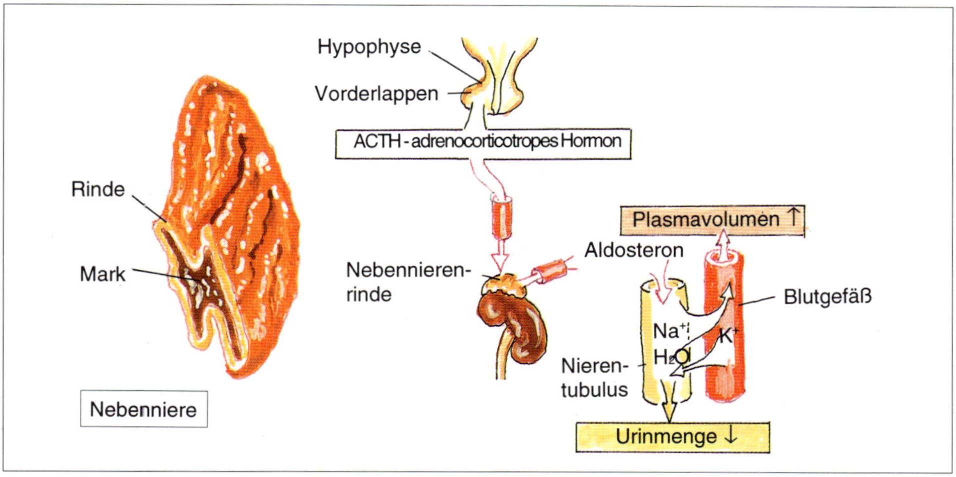

Abb. 184: Nebennierenrinde.

Nebennierenmarkhormone

Im Nebennierenmark werden gebildet:

- Adrenalin,
- Noradrenalin (Bildung auch in sympathischen Nervenendigungen). Beide Hormone werden auch als *Katecholamine* bezeichnet.
  Der Wirkungskomplex dieser Hormone ergänzt die ergotropen Funktionen des Sympathicus (= sympathico-adrenales System).

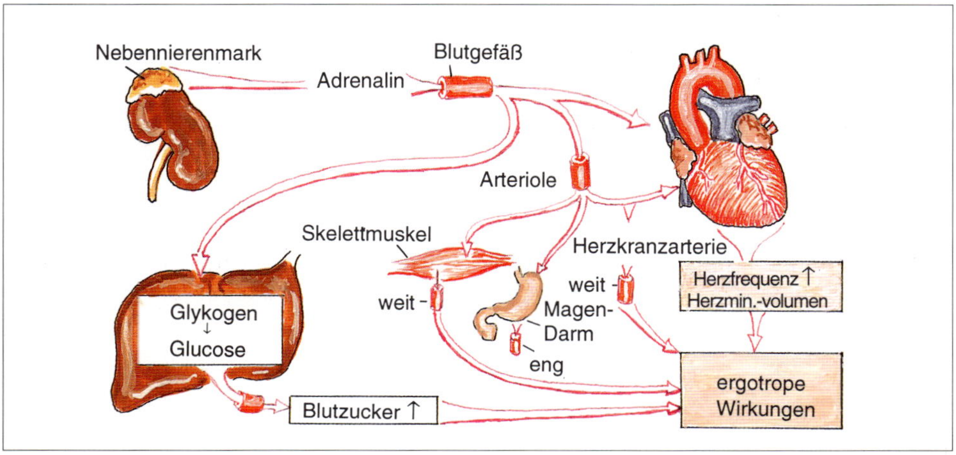

Abb. 185: Nebennierenmark.

Die *Catecholamine erhöhen* insgesamt den *Energiestoffwechsel* durch folgende Wirkungen:
- Abbau der Fettdepots durch die Mobilisierung von Fettsäuren (Lipolyse) zur Energiefreisetzung.
- Umwandlung von Glykogen in Glukose und damit Erhöhung des Blutzuckerspiegels.
- Erhöhung der Herzfrequenz, daraus resultierend Steigerung von Blutdruck und Herzminutenvolumen.
- Beeinflussung der Arteriolenweite zwecks Durchblutungsregulation einzelner Organsysteme.

Beispiel: Erweiterung (Vasodilatation) der Herzkranzgefäße und Gefäße der Skelettmuskulatur und gleichzeitige Verengung (Vasokonstriktion) der Arteriolen im Verdauungssystem.
Die gegensätzliche Wirkung auf unterschiedliche Gefäße beruht auf dem unterschiedlichen Besatz mit verschiedenen Rezeptortypen.

17. 3. 3. Pankreashormone und Blutzuckerregulation

Die in den Langerhansschen Inseln gebildeten Hormone Insulin und Glukagon (s. S. 320) beeinflussen den Blutglukosespiegel.

- *Insulin* wirkt als einziges Hormon *blutzuckerspiegelsenkend*, indem es
  - die Glukosepermeabilität der Zellmembranen erhöht, so daß Glukose verstärkt in die Zellen gelangen kann,
  - die Umwandlung von Glukose in Glykogen fördert,
  - die Glukoneogenese hemmt.

- *Glukagon* wirkt *blutzuckerspiegelsteigernd* durch:
  - Steigerung der Glykogenolyse (Umwandlung von Glykogen in Glukose),
  - Förderung des Glukoneogenese.

➤ Insulinmangel führt zur Zuckerkrankheit (Diabetes mellitus Typ I). Dabei kommt es zum Anstieg des Blutzuckerspiegels (Hyperglykämie) und infolgedessen zur Ausscheidung des Zuckers im Urin (Glucosurie) bei gleichzeitiger Erhöhung der Urinmenge (Polyurie). Gleichzeitig wird der Fettsäureabbau gestört. Es entstehen vermehrt sog. Ketonkörper, z.B. Aceton. Diese Säuren im Blut bedingen eine metabolische Azidose, die in den Zustand tiefer Bewußtlosigkeit (Coma diabeticum) führen kann.

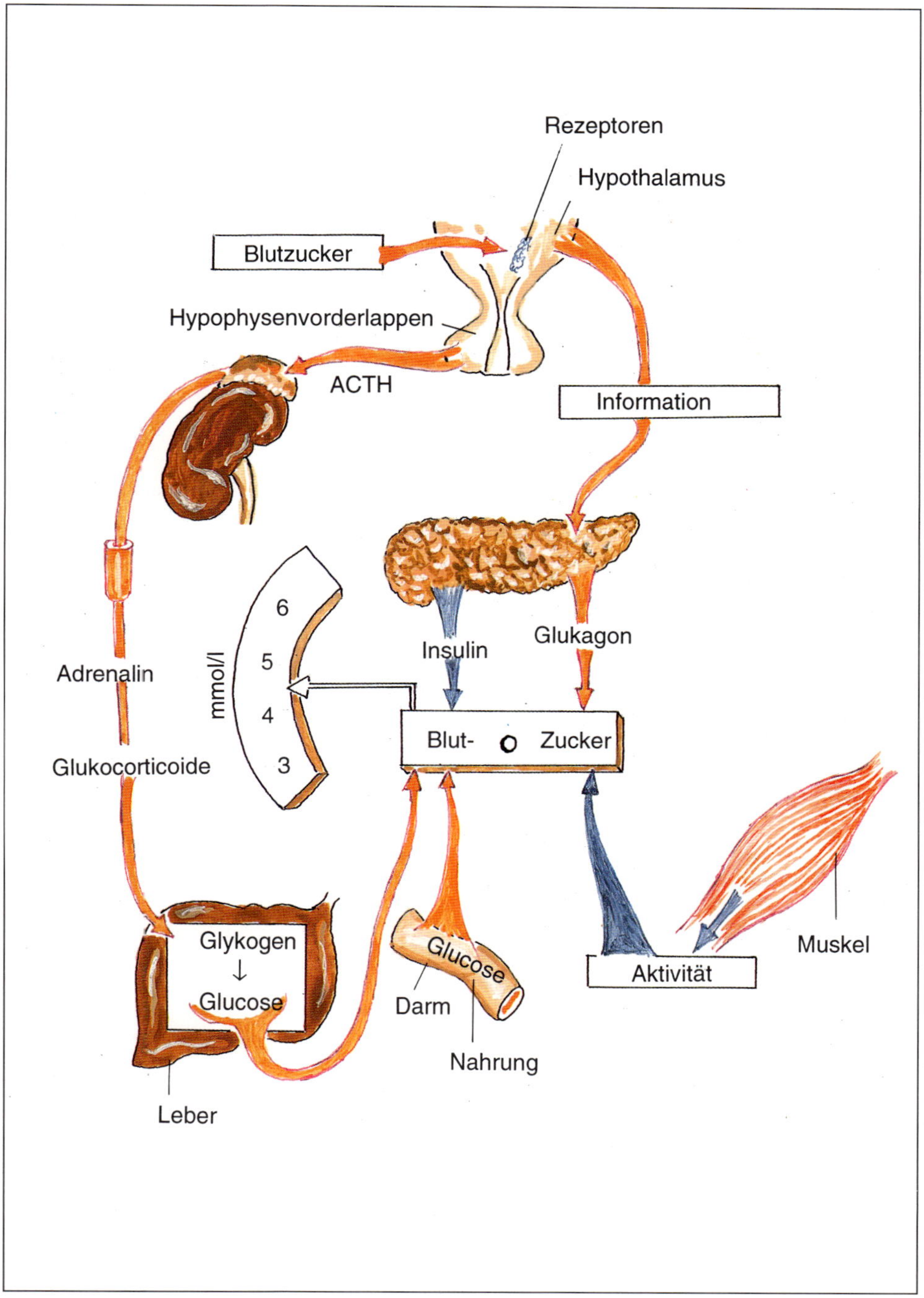

Abb. 186: Blutzuckerregulation.

Regulation des Blutzuckerspiegels
Der Normalwert der Blutzuckerkonzentration beträgt 4 bis 5 mmol/l Blut = 0,8 bis 1,2 g/l Blut. Da Abweichungen von der Norm zu schwerwiegenden Erkrankungen führen, gehört die Konstanthaltung des Blutglukosespiegels mit zu den wichtigsten Regulationsaufgaben des Hormonsystems.
Die wechselnde Aufnahme von Kohlenhydraten mit der Nahrung und die unterschiedliche körperliche Belastung und folglich auch unterschiedliche biologische Oxidationsrate verändern ständig den Blutglukosespiegel.

Anstieg des Blutzuckerspiegels
Glukoserezeptoren im Pankreas reagieren auf einen Anstieg des Blutzuckerspiegels und bewirken die *Freisetzung* einer entsprechenden Menge *Insulin.*

Abfall des Blutzuckerspiegels
Glukoserezeptoren im Hypothalamus reagieren auf einen Blutzuckerspiegelabfall und bewirken die *Freisetzung* einer entsprechenden Menge *Glukagon.*
Neben den Inselhormonen wird der Zuckerstoffwechsel beeinflußt durch:
- Adrenalin,
- Glucocorticoide,
- Thyroxin.

➤ Da der Blutglukosespiegel von mehreren Hormonen beeinflußt wird, können Veränderungen Rückschlüsse auf den Hormonhaushalt des Körpers geben. Deshalb hat die Messung des Blutzuckergehaltes große klinische Bedeutung.

Tab. 36

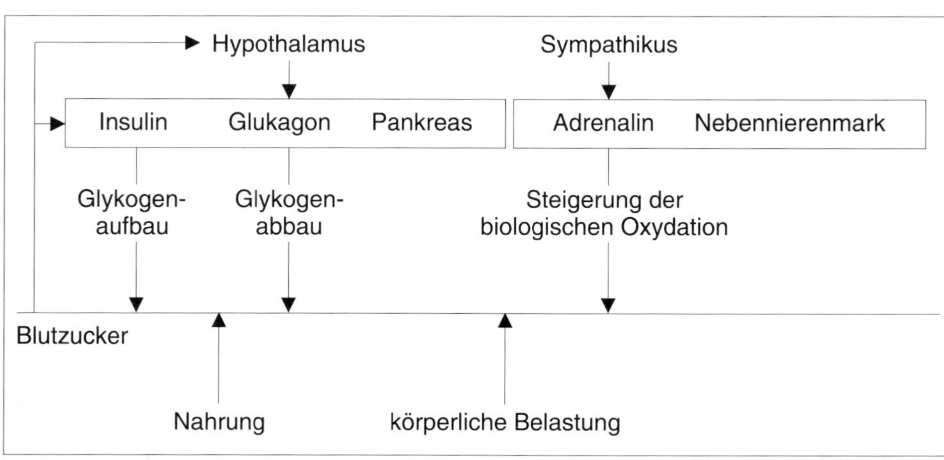

17. 3. 4. Sexualhormone, Menstruationszyklus

Die zu den Steroiden gehörenden Sexualhormone werden hauptsächlich in den Keimdrüsen (Gonaden) gebildet (s. S. 361; 368). Sie werden in 3 Gruppen eingeteilt:

	Hauptvertreter	Bildungsort
1. Oestrogene	Oestradiol	*Ovar,* Plazenta, Hoden.
2. Gestagene	Progesteron	*Ovar,* Plazenta, Hoden.
3. Androgene	Testosteron	*Hoden,* Ovar, Nebennierenrinde.

Hauptsächliche Wirkungen

Die Sexualhormone steuern:
1. die embryonale Geschlechtsdifferenzierung.

➤ Störungen der Hormonproduktion im Embryo können zum Pseudohermaphroditismus (Zwitterbildung) führen.

2. *die pubertäre Entwicklung und die Ausbildung der sekundären Geschlechtsmerkmale:* Dazu gehören:
   - Wachstum und Reifung der Geschlechtsorgane bis zu ihrer Funktionstüchtigkeit.
   - Ausbildung der Schambehaarung.
   - Herausbildung des typischen Körperbaus mit der geschlechtsspezifischen Fettverteilung sowie Hüft- und Schulterbreite.
   - Ausbildung der weiblichen Brustdrüsen.
3. *Steuerung des zyklischen Auf- und Abbaus der Uterusschleimhaut.*
4. *Steuerung der Schwangerschaft und Geburt.*
5. *Beeinflussung des Sexualverhaltens,* z. B. Entwicklung der Libido (= Bedürfnis nach sexueller Betätigung).
6. *Beeinflussung des Knochenwachstums.*

➤ Bei Mangel an Sexualhormonen kann durch ausbleibende Verknöcherung der Epiphysenfugen ein hypogonadaler Riesenwuchs auftreten, weil das STH (s. S. 378) weiterwirkt.

Der Menstruationszyklus und seine hormonelle Steuerung
Der Menstruationszyklus *beginnt* mit dem *1. Tag der Regelblutung* und erstreckt sich regulär über *28 Tage (± 3 Tage).* Dabei sind parallel zu betrachten die *zyklischen Vorgänge* im *Eierstock* und *Uterus.*

Tab. 37

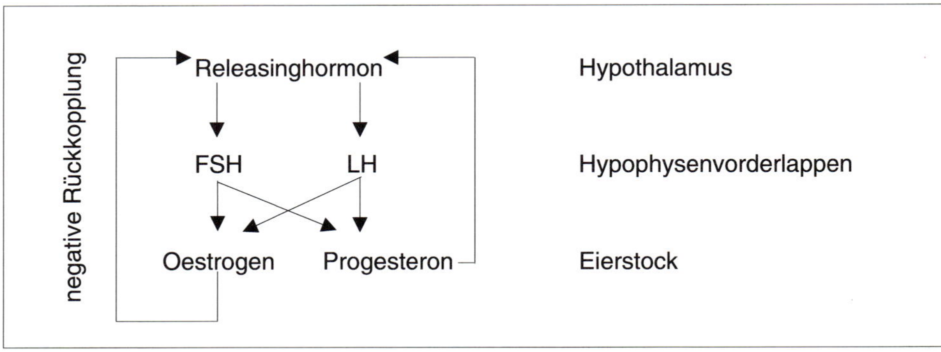

➤ Die Bildung und Freisetzung des Releasinghormons wird nicht nur durch negative Rückkopplung gesteuert, sondern auch durch übergeordnete Zentren im ZNS. Dadurch kann der Menstruationszyklus durch zahlreiche Faktoren, nicht zuletzt psychische, beeinflußt werden.

Ablauf des Menstruationszyklus, wenn keine Befruchtung stattfindet

Jeder Zyklus verläuft in folgenden Phasen:
1. Menstruation (1.-4. Tag):
In dieser Phase wird die Funktionalis der Uterusschleimhaut abgestoßen. Damit ist die Regelblutung verbunden (Blutverlust ca. 20 bis 60 ml).

2. Proliferationsphase (5. bis 14. Tag):
Durch lebhafte Zellteilungen in der Basalis wird die Funktionalis wieder aufgebaut und auf eine Schwangerschaft vorbereitet.

Steuerung
Angeregt durch das Releasinghormon kommt es zu einem *FSH-Anstieg.* Das FSH bewirkt, daß ein *Follikel heranreift.* Dieser produziert zunehmend mehr *Oestrogen,* unter dessen Wirkung der *Aufbau der Uterusschleimhaut* erfolgt.

Merke: Die Proliferationsphase wird effektorisch hauptsächlich durch Oestrogen gesteuert.

Die Oestrogensekretion wird durch das Mischungsverhältnis von FSH und LH bestimmt.

Follikelsprung (Ovulation)
Am Ende der Proliferationsphase, um den 14. Tag, erfolgt die Ovulation. Der reife Graafsche Follikel platzt und die Eizelle wird vom Eileiter aufgenommen.

Steuerung
Ebenfalls angeregt durch ein Releasinghormon kommt es in der Zyklusmitte zu einem *steilen LH-Anstieg*. Dieser bewirkt die Ovulation sowie die Umwandlung des Follikels in den Gelbkörper (Corpus luteum).

> *Merke:* Der LH-Gipfel ist die unmittelbare Ursache des Follikelsprungs. Zwischen beiden verstreicht eine Latenzzeit von 24 bis 36 Stunden.

➤ *Ovulationshemmung:* Werden zu Zyklusbeginn Oestrogene und Gestagene (beides in der sog. Anti-Babypille enthalten) zugeführt, wird infolge der negativen Rückkopplung der LH-Gipfel und damit die Ovulation gehemmt.

3. Sekretionsphase (15. bis 28. Tag)
Blutgefäße und Drüsen der Funktionalis werden reichlicher. Dies dient der unmittelbaren Vorbereitung für die Einnistung (Nidation) der Morula.

Steuerung
Der Gelbkörper bildet zunehmend *Progesteron.* Dessen Anstieg reguliert die Vorgänge im Uterus während der Sekretionsphase.

> *Merke:* Die Sekretionsphase wird effektorisch hauptsächlich durch Progesteron gesteuert.

➤ Der hohe Progesteronspiegel in der 2. Zyklushälfte führt zu einem Anstieg der Körpertemperatur um 0,5°C. Dies kann zum Zwecke einer Schwangerschaftsverhütung durch Messung erfaßt werden.

Ein steiler Abfall der Sexualhormone am Ende der Sekretionsphase löst die nächste Menstruationsblutung aus.

> *Merke:* Die Menstruationsblutung steht nicht mit der Ovulation im Zusammenhang.

Im folgenden Schema sind noch einmal die wichtigsten Vorgänge des Menstruationszyklus zusammenhängend dargestellt.

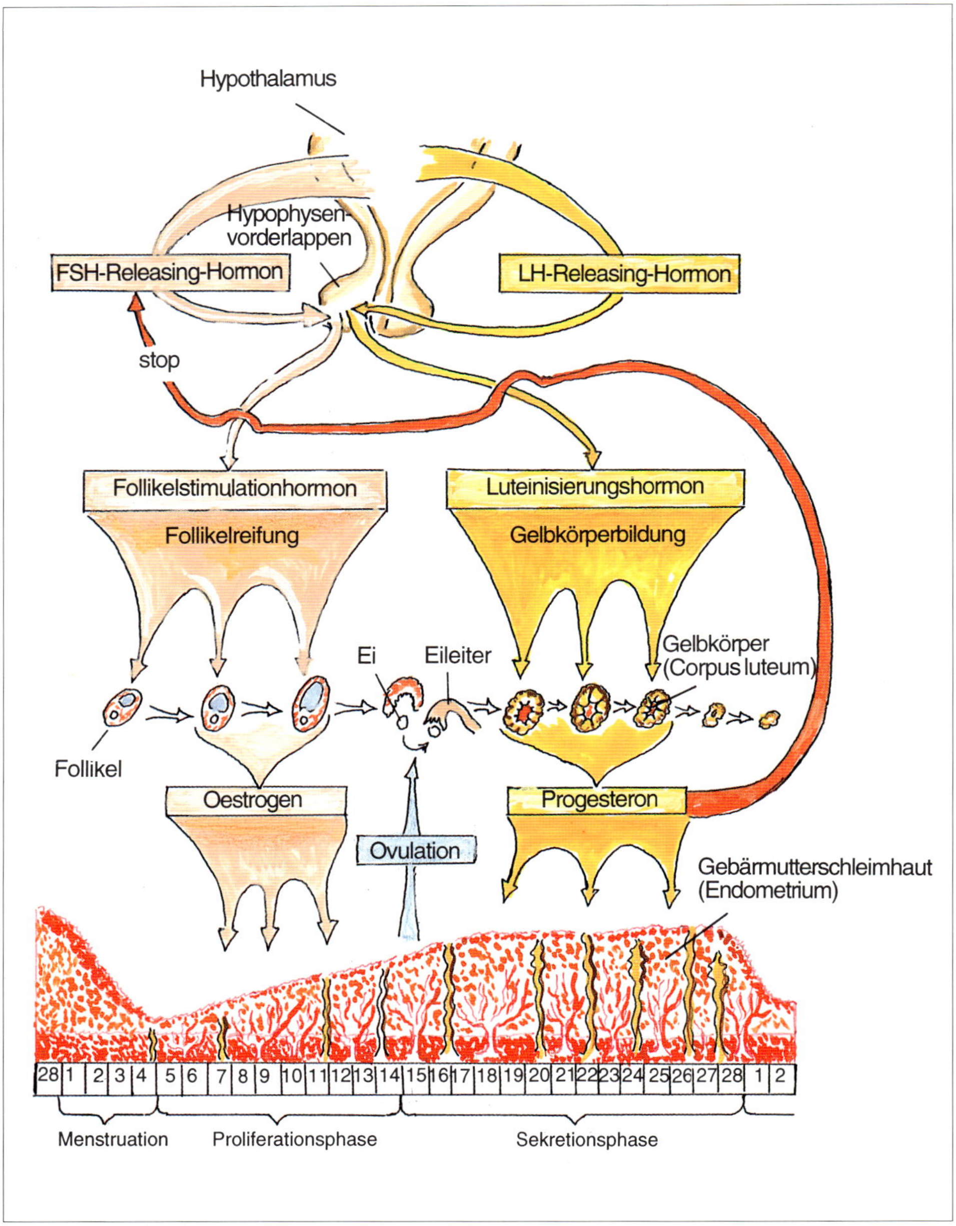

Abb. 187: Hormonelle Regulation des Menstruationszyklus.

Hormonelle Steuerung der Schwangerschaft
Erfolgt eine Kopulation in der Zeit um die Ovulation, kann eine Befruchtung stattfinden und damit eine Schwangerschaft eintreten. Ist dies der Fall, nistet sich am 7. Tag nach der Befruchtung die Morula in die Uterusschleimhaut ein. Nun bildet der *Trophoblast* (= Hüllzellen, die der Ernährung dienen) *2 Hormone:*
- HCG (Choriongonadotropin),
- HPL (Human Placental Lactogen).

Diese Hormone bewirken, daß der Gelbkörper zunächst erhalten bleibt. Außerdem regen sie ihn zur verstärkten Progesteronproduktion an.

Merke: Die Aufrechterhaltung des hohen Progesteronspiegels verhindert die Abstoßung der Uterusschleimhaut. Gegen Ende des 1. Schwangerschaftsmonats produziert der entstandene Mutterkuchen (Plazenta) jene Mengen von Progesteron und Oestrogen, die für die Erhaltung der Schwangerschaft notwendig sind. Der Gelbkörper bildet sich nun zurück.

➤ HCG wird in hohen Konzentrationen im Urin ausgeschieden, so daß dies zur Schwangerschaftsdiagnose genutzt wird.

17. 3. 5. Hormonelle Regulation des Mineralhaushaltes (Überblick)

1. Regulation der Natrium-, Kalium- und Wasserstoffkonzentration
Die Regulation erfolgt durch Aldosteron im Zusammenwirken mit Renin und Angiotensin (s. S. 356). Dabei wird der Wasserhaushalt zwangsläufig mit beeinflußt.

2. Regulation des Kalziumhaushaltes
Die Regulation umfaßt:
- die Konstanthaltung des Blutkalziumspiegels,
- die Kalziumresorption aus dem Darm,
- die Kalziumein- bzw. auslagerung im Knochensystem,
- die Kalziumausscheidung durch die Niere.

Tab. 38: Beteiligte Hormone und ihre Wirkungen

Hormon	**Bildungsort**	**Wirkung**
Parathormon	Nebenschilddrüse (Epithelkörperchen). Die 4 erbsengroßen Körperchen liegen an der hinteren Fläche des rechten und linken Schilddrüsenlappens.	*Steigert Blutkalziumspiegel* durch: - Förderung der Ca_2^+-Resorption, - Herauslösung von Ca_2^+ aus dem Knochen.
Calcitonin	Schilddrüse	*Senkt Blutkalziumspiegel* durch: - Hemmung der Ca_2^+-Freisetzung aus den Knochen, - Förderung der Ca_2^+-Ausscheidung.
Vitamin D_3-Hormon (Cholecalciferol)	in Leber und Niere aus Vitamin D	*Steigert Blutkalziumspiegel* durch: - Förderung der Ca_2^+-Resorption. *Senkt Blutkalziumspiegel* durch: - Förderung der Einlagerung von Ca^+ in die Knochen.

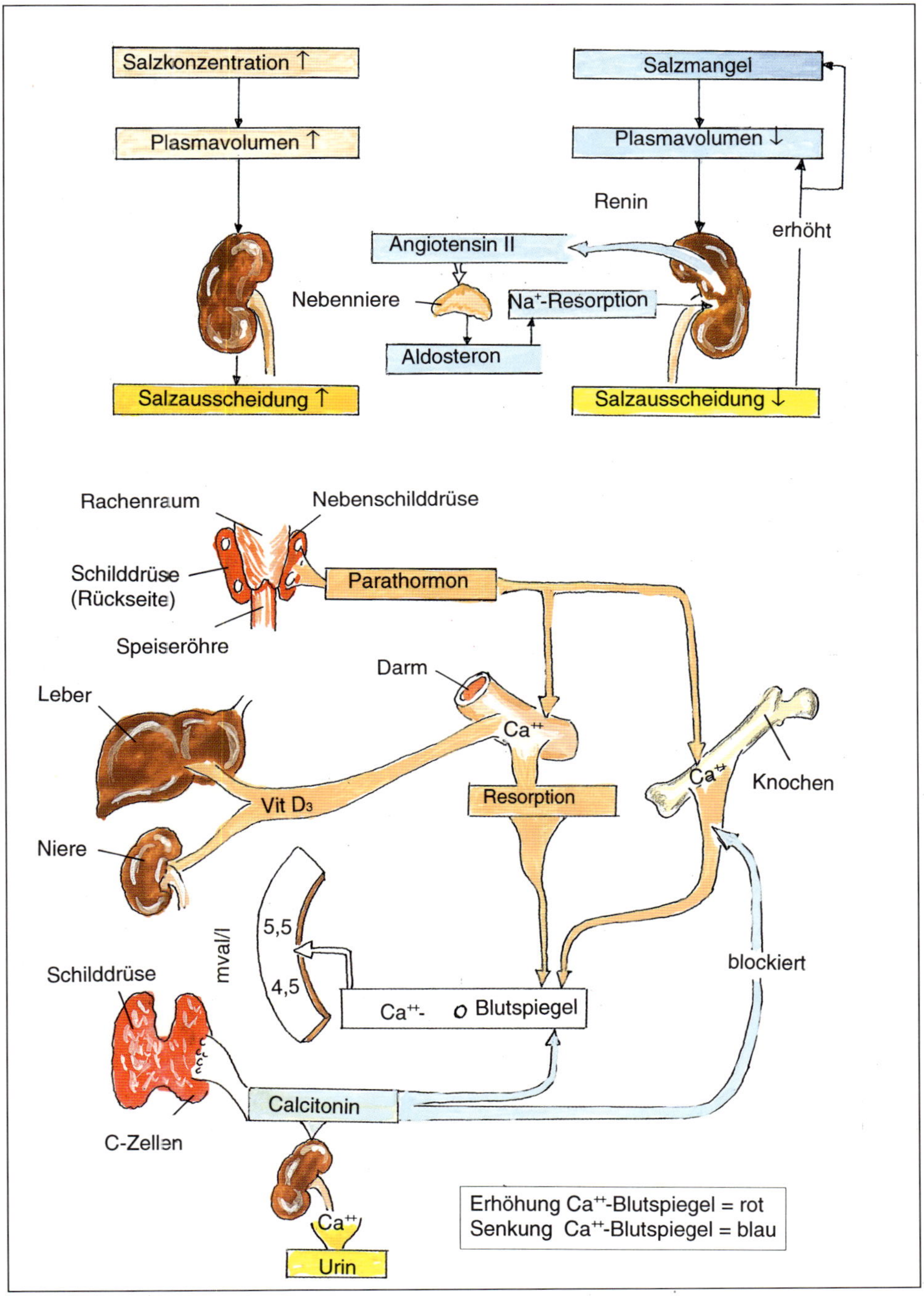

Abb. 188: Mineralhaushalt.

Aufgaben zur Wiederholung

1. Nennen Sie die Hormondrüsen und beschreiben Sie ihre Lage!

2. Welche gemeinsamen Merkmale haben Hormone?

3. Begründen Sie, warum Hormondrüsen reich kapillarisiert sind!

4. Welche allgemeinen Funktionen erfüllen die Hormone?

5. Erläutern Sie das Zusammenwirken von Releasing-/Inhibiting-Hormonen, glandotropen Hormonen und effektorischen Hormonen!

6. Erklären Sie das Prinzip der negativen Rückkopplung!

7. Nennen Sie die Hormone der Adenohypophyse und beschreiben Sie deren Wirkungen!

8. Welche hauptsächlichen Wirkungen haben T_3 und T_4?
   Nennen Sie einige Symptome
   a) einer Schilddrüsenüberfunktion, b) einer Schilddrüsenunterfunktion!

9. Unterscheiden Sie Nebennierenmark- und -rindenhormone! Nennen Sie einige Wirkungen!

10. Beschreiben Sie die Regulation des Blutzuckerspiegels!

11. Erklären Sie folgende Begriffe:
    a) Diabetes mellitus, b) Hyperglykämie,
    c) Glykosurie, d) Polyurie,
    e) Coma diabeticum.

12. Nehmen Sie eine Einteilung der Sexualhormone vor und nennen Sie deren hauptsächliche Wirkungen!

13. Beschreiben Sie die hormonelle Regulation des Menstruationszyklus!

14. Wie erfolgt die hormonelle Steuerung der Schwangerschaft!

15. Geben Sie einen Überblick über die Regulation des Mineralhaushaltes!

18. Sinnessystem

Die Koordinationsfunktion des Nervensystems setzt unter anderem die *ständige Aufnahme von Informationen* sowohl *aus* der *Umwelt* des Menschen als auch *von* den *Organen* selbst voraus. Die Träger dieser Informationen sind Reize.

Sinneszellen (= Rezeptoren) nehmen als hochspezialisierte Nervenzellen die Reize und damit die Informationen auf, indem sie diese in Aktionspotentiale (Erregung) umwandeln. Diese Aktionspotentiale werden über sensible Nervenfasern in das Zentralnervensystem geleitet (s. S. 101).

Reiz

Ein Reiz ist ein Ereignis (= energetische Veränderung) in der Umgebung lebender Systeme, das eine Erregung auslöst. Reize treffen in unterschiedlichen Energieformen auf den Körper. Sie können nach verschiedenen Gesichtspunkten eingeteilt werden, z.B.:

- *nach der Art ihrer Einwirkung:* akustische, optische, chemische, thermische, mechanische Reize.
- *nach ihrer Herkunft:* exterozeptive (aus der Umwelt kommende) und interozeptive (aus den Organen kommende) Reize.

Adäquater Reiz und Reizschwelle

Rezeptoren sind normalerweise auf eine bestimmte Reizart spezialisiert, z.B. Lichtsinneszellen auf optische, Geruchsinneszellen auf chemische Reize. Diese Reizart wird als adäquater Reiz bezeichnet. Für den adäquaten Reiz besitzt der Rezeptor die niedrigste Reizschwelle. Unter der Reizschwelle versteht man die Mindestintensität eines Reizes, um eine Rezeptorzelle zu erregen.

Die Rezeptoren sind entweder über die Körperoberfläche (Hautsinneszellen) oder im Körperinneren (z.B. Drucksinneszellen) verstreut bzw. in Sinnesorganen (z.B. Auge) zusammengefaßt.

Informationsaufnahme

Zur Aufnahme einer Information sind notwendig:

- ein überschwelliger Reiz,
- intakte Sinneszellen,
- intakte Leitungsbahn (= sensible Nervenfasern),
- intaktes ZNS (= Analysator).

Vorgänge (vereinfacht)

1. Der *überschwellige Reiz* führt zur Entstehung eines sogenannten *Rezeptor (Generator)-Potentials.*
2. Wird ein bestimmter Schwellenwert des Rezeptorpotentials erreicht, kommt es zur Auslösung von *Aktionspotentialen,* die in den *sensiblen Nervenfasern* in das zugehörige Verarbeitungszentrum im *Gehirn* weitergeleitet und verarbeitet werden.

Merke: Die Sinnesphysiologie ist eine wichtige Voraussetzung für den Erwerb von Kenntnissen. Sie liefert die ursprüngliche Information für die subjektive Verarbeitung im Gehirn.

Im einzelnen sollen folgende Sinne kurz besprochen werden:

1. Oberflächen- und Tiefensensibilität,
2. Chemische Sinne (Geruch und Geschmack),
3. Gleichgewichtssinn,
4. Gehörsinn,
5. Gesichtssinn.

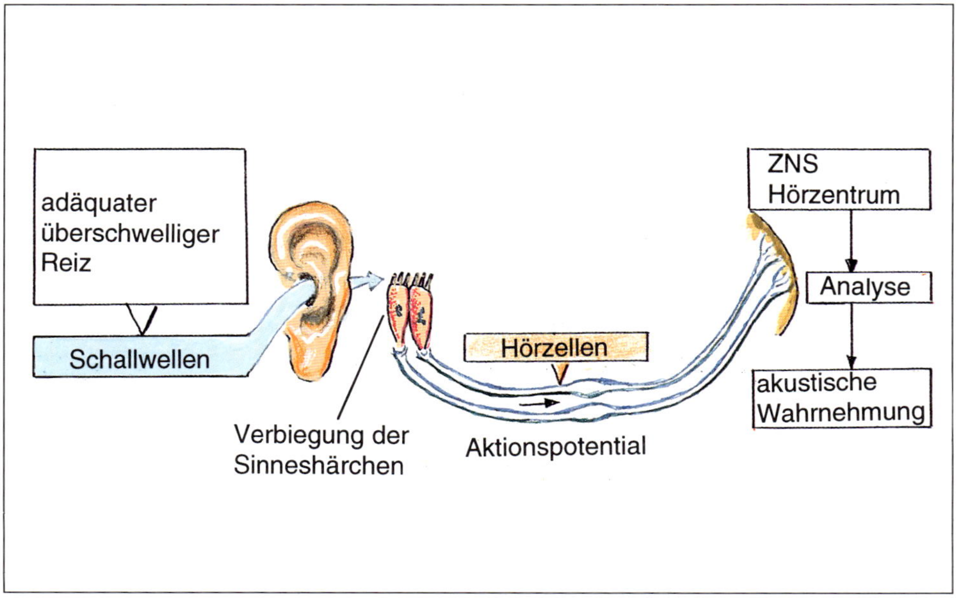

Abb. 189: Informationsaustausch.

18. 1. Oberflächen- und Tiefensensibilität

Sensibilität ist die Fähigkeit, Gefühls- und Sinneseindrücke wahrzunehmen.

Oberflächensensibilität
Die Oberflächensensibilität umfaßt die *Sinnesbereiche der Haut.*
Tast- und Temperatursinn (s. S. 116).

Tab. 39

Sinn	**Rezeptoren**	**adäquater Reiz**
Tastsinn	Meißnersche Tastkörperchen, Haarwurzelrezeptoren	Berührung
	Merkel-Zellen	Druck
	Vater-Pacinische Lamellenkörperchen	Vibration
Temperatursinn	Kaltrezeptoren (unter 36°C) Warmrezeptoren (über 36°C)	Temperatur-veränderungen

Tast- und Temperatursinn sind wegen der ungleichmäßigen Verteilung der ca. 500.000 Druckpunkte bzw. ca. 250.000 Kalt- und ca. 30.000 Warmpunkten an verschiedenen Stellen des Körpers unterschiedlich ausgeprägt.
Besonders gut mit Rezeptoren ausgestattet sind:
- Lippen,
- Zunge,
- Fingerspitzen.

➤ Für die Entwicklung von Säuglingen und Kleinkindern hat der Berührungskontakt große Bedeutung. Ebenfalls reagieren viele schwerkranke Patienten positiv.

Tiefensensibilität
Unter der Tiefensensibilität verstehen wir die Fähigkeit, Informationen aus dem Körperinneren zu erhalten.

Beispiel: - Informationen über
- Stellung der Gliedmaßen,
- Richtungssinn und Geschwindigkeit von Bewegungen der Gliedmaßen,
- die Beträge wirkender Kräfte (= Kraftunterscheidungsvermögen).

Die Rezeptoren befinden sich in
- Muskeln (= Muskelspindeln),
- Sehnen (= Sehnenspindeln) und
- Gelenkkapseln.

Merke: Die Sinne der Oberflächen- und Tiefensensibilität ermöglichen zusammen mit dem Gleichgewichtssinn (s. S. 401) die Regulation der Körperhaltung und die Ausführung feiner Bewegungsprogramme, indem sie entsprechende Reflexhandlungen auslösen.

Schmerz
Schmerz ist ein lebensnotwendiges Warnsignal, das bei Zellveränderungen bzw. -zerstörungen entsteht. Ursachen sind mechanische, chemische oder thermische Einwirkungen, aber auch krankhafte Veränderungen (z.B. Entzündungen).
Von *übertragenem Schmerz* spricht man, wenn Eingeweideschmerzen an bestimmten Stellen der Körperoberfläche empfunden werden.

➤ Analgetika (z.B. Morphin) sind Substanzen, die Schmerzen unterdrücken.

18. 2. Chemische Sinne (Geruch und Geschmack)

Zu den chemischen Sinnen gehören *Geschmacks-* und *Geruchssinn.*
Ihre Bedeutung liegt im Wahrnehmen von Umwelteinflüssen, die ihrerseits lebenswichtige Nahrungsreflexe auslösen, das Wohlbefinden des Menschen entscheidend mitbestimmen und ihn vor schädigenden Einwirkungen schützen.

Geschmackssinn
Die Geschmackssinneszellen liegen in der Zunge (s. S. 303). Es können 4 Grundqualitäten des Geschmacks unterschieden werden.

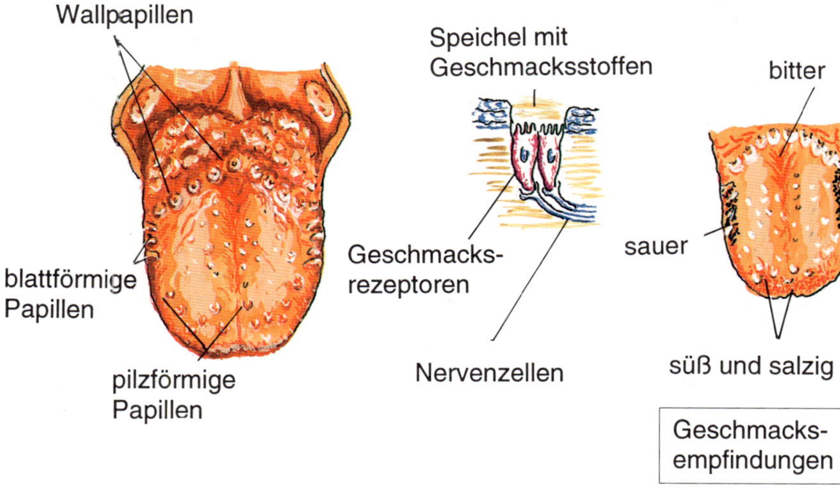

Abb. 190: Zunge.

Die Geschmacksstoffe der Nahrung gelangen nach ihrer Lösung durch Diffusion zu den Sinneszellen.

Geruchssinn

Die Geruchsrezeptoren sind im Riechfeld (Regio olfactoria) der Nase lokalisiert (s. S. 272). Riechstoffe gelangen mit der Luft dorthin und werden in der Schleimhaut gelöst.

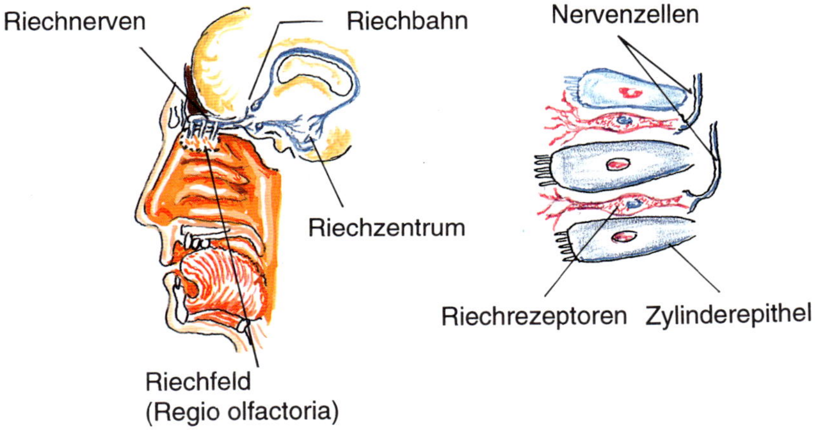

Abb. 191: Geruchssinn.

Merke: Gewöhnlich überlagern sich Geruchs- und Geschmacksempfindungen zu Mischempfindungen. Im Vergleich zu anderen Sinnen zeigen sie eine besonders ausgeprägte Adaptation.

➤ Mit zunehmendem Alter nimmt die Leistungsfähigkeit der chemischen Sinne ab. Bestimmte Krankheiten und Rauchen beeinträchtigen diese ebenfalls.

18. 3. Gleichgewichtssinn

Der Gleichgewichtssinn löst wichtige Reflexe zur Gleichgewichtserhaltung des Organismus aus.

Das *Gleichgewichtsorgan* (Vestibularorgan) ist gemeinsam mit dem Hörorgan im Innenohr lokalisiert.

Es besteht aus 2 Untereinheiten:

1. den *Vorhofsäckchen* (= Maculaorgane) Utriculus und Sacculus,
2. den *Bogengangsorganen* (horizontaler, vorderer und hinterer vertikaler Bogengang).

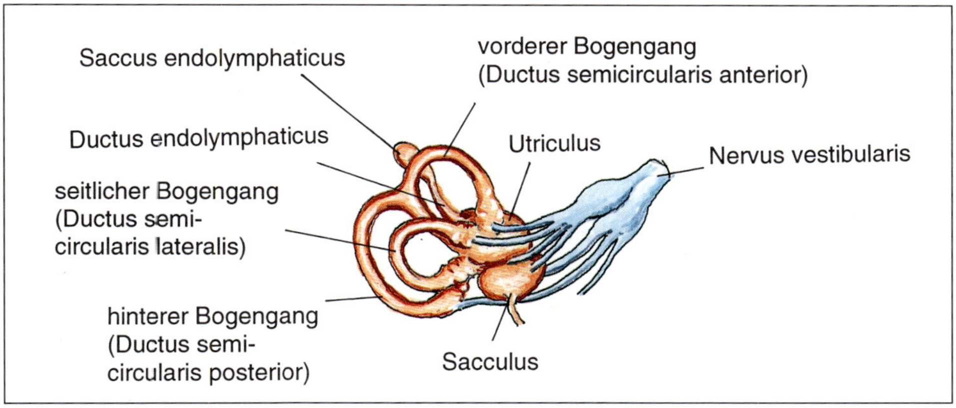

Abb. 192: Gleichgewichtsorgan.

Merke: Die Sinneszellen sind Haarsinneszellen, d.h. sie besitzen Cilien.

Sacculus und Utriculus

Die Cilien tauchen in eine gallertige Masse mit Calcitkristallen (= Statolithen). Das Gewicht dieser "Steinchen" verbiegt die Cilien in Ruhe.
Jede Linearbeschleunigung (= adäquater Reiz) bewirkt aufgrund der Trägheit eine zusätzliche Verbiegung, welche dann Erregung auslöst.

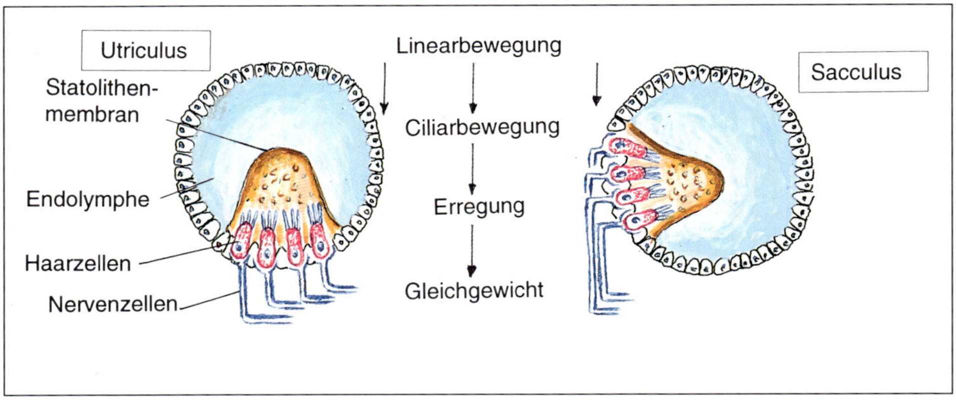

Abb. 193: Funktion der Vorhofsäckchen.

Bogengänge
Die Haarsinneszellen befinden sich in den Ampullen der Bogengänge. Ihre Cilien tauchen ebenfalls in eine Gallerte.
In den Bogengängen befindet sich außerdem Flüssigkeit (= Endolymphe). Dreht sich der Kopf (= adäquater Reiz), so kann diese infolge ihrer Trägheit dieser Bewegung nicht gleich folgen. Es kommt zu einer Gegenströmung, die zu einer Verbiegung der Cilien und damit zur Erregung der Sinneszellen führt.

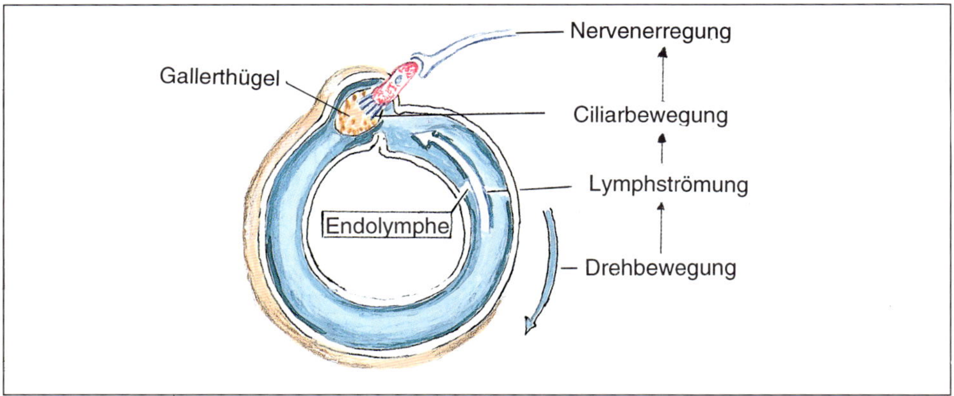

Abb. 194: Funktion der Bogengänge.

➤ Folgen übermäßiger Reizung des Vestibularapparates sind Kinetosen und Schwindel.

18. 4. Gehörsinn

Das Ohr liegt im Felsenbein des Schläfenbeins (s. S. 171).

18. 4. 1. Bau des Ohres

Das Ohr wird in 3 Abschnitte gegliedert.

1. Äußeres Ohr
Zum äußeren Ohr gehören:
- *Ohrmuschel*,
- *äußerer Gehörgang*, der am *Trommelfell* endet. Das Trommelfell ist eine etwa gleichförmige bindegewebige Membran mit einem Durchmesser von ca. 1 cm.

2. Mittelohr
Hinter dem Trommelfell liegt die *Paukenhöhle,* ein luftgefüllter Hohlraum mit der Gehörknöchelchenkette:
- Hammer: mit Handgriff am Trommelfell verwachsen.
- Amboß: gelenkig mit Hammer und Steigbügel verbunden.
- Steigbügel: paßt sich mit seiner Fußplatte dem ovalen Fenster (= Grenze zum Innenohr) an.

Die Paukenhöhle ist durch die Ohrtrompete (Tuba auditiva) mit dem Nasenrachen verbunden (s. S. 274). Bei jedem Schluckvorgang wird die Ohrtrompete kurz geöffnet, so daß der Druck zwischen Mittelohr und Außenwelt ausgeglichen wird.

➤ Schleimhautschwellungen bei den üblichen Nasen-Rachen-Infekten können dies verhindern und somit vorübergehend das Hören beeinträchtigen.

3. Innenohr (= Labyrinth)
Wie bereits ausgeführt, befinden sich im Innenohr Gleichgewichts- und Hörorgan.

Bau des Hörorgans
Das Hörorgan heißt wegen seiner Form *Schnecke* (Cochlea).
Die Schnecke besteht aus *3* übereinanderliegenden *Kanälen,* die spiralförmig aufgerollt sind.

Um einen besseren Einblick in den Bau der Schnecke zu bekommen, stelle man sich folgendes vor: Als "Minimensch" steigt man von der Paukenhöhle durch das ovale Fenster in die Scala vestibuli und gelangt über $2^1/_2$ Windungen im immer enger werdenden Kanal zur Schneckenspitze. Dort am Helicotrema gelangt man über eine Öffnung in die Scala tympani und erreicht wiederum über $2^1/_2$ Windungen im nun wieder weiter werdenden Kanal durch das runde Fenster die Paukenhöhle. In Wirklichkeit sind ovales und rundes Fenster durch Membrane abgedichtet, damit die Perilymphe nicht aus den Scalen entweichen kann.

Cortisches Organ

In der Scala media liegt auf der Basilarmembran das Cortische Organ. In ihm liegen die Gehörsinneszellen, die ebenfalls zu den Haarsinneszellen gehören. Die gallertige Masse, in die die Cilien eintauchen, heißt Tektorialmembran.

An der äußeren Seite der Scala media befindet sich eine blutgefäßreiche Region (= Stria vascularis) zur Versorgung des Hörorgans.

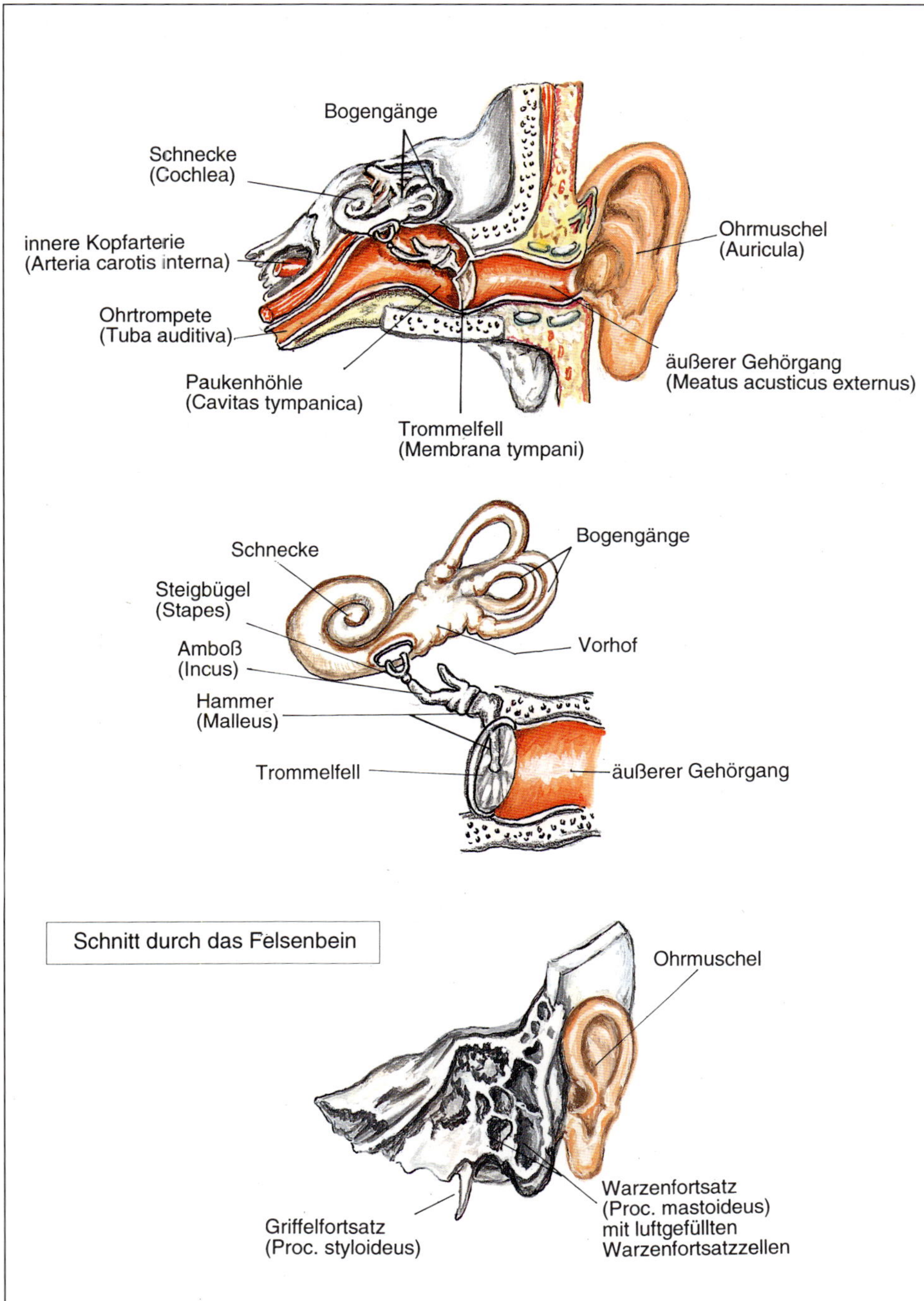

Abb. 195: Innenohr.

18. 4. 2. Physiologie des Hörens

Der adäquate Reiz für das Hörorgan sind Schallwellen der Frequenzen 16 Hz. bis ca. 20.000 Hz. Der Schall gelangt über das äußere Ohr zum Trommelfell und versetzt dieses in Schwingungen. Aufgrund der Verbindung Trommelfell-Hammer einerseits und Steigbügel-Membran des ovalen Fensters andererseits wird die Schwingungsenergie an die Perilymphe der Scala vestibuli weitergeleitet.

Merke: Die Weiterleitung der Schallenergie vom Trommelfell über die Gehörknöchelchenkette an die Perilymphe der Scala vestibuli wird als *Luftleitung* bezeichnet. Trommelfell und Gehörknöchelchen setzen dabei die Schallwellen in Druckwellen um und üben eine Verstärkerwirkung aus.
Neben der Luftleitung können die Schallwellen auch durch *Knochenleitung* zum Innenohr gelangen.

➤ Mittelohrerkrankungen können zu Schwerhörigkeit führen, Versteifung des ovalen Fensters zu Taubheit.

Erregung der Gehörsinneszellen
Die Bewegungen des ovalen Fensters bewirken eine *Auslenkung des Endolymphkanals* (= Scala media, Basilar- und Reißnersche Membran), so daß dieser abwechselnd gegen die Scala vestibuli und tympani schwingt. Diese Auslenkungen führen dazu, daß eine sog. *Wanderwelle* im Endolymphkanal vom ovalen Fenster in Richtung Helicotrema läuft. (Aufgrund bestimmter Dämpfungsvorgänge wird das Helicotrema nicht erreicht). Zwischen Ursprungsort der Welle am ovalen Fenster und dem Ort, wo sie verschwindet, entsteht ein *Amplitudenmaximum.* An welcher Stelle es sich bildet, hängt von der Frequenz ab.

Merke: Je höher die Frequenz, desto näher bildet sich das Amplitudenmaximum am ovalen Fenster.

Die Verformung des Endolymphkanals bewirkt eine *Verschiebung der Tektorialmembran* gegenüber den Haarsinneszellen und damit *Verbiegung* ihrer *Cilien.* Diese Verbiegung führt zur *Erregung,* welche über den *Hörnerv* in das *Gehirn* geleitet und dort verarbeitet werden. In Tabelle 40, S. 408 sind die wichtigsten Vorgänge des Hörens schematisch dargestellt.

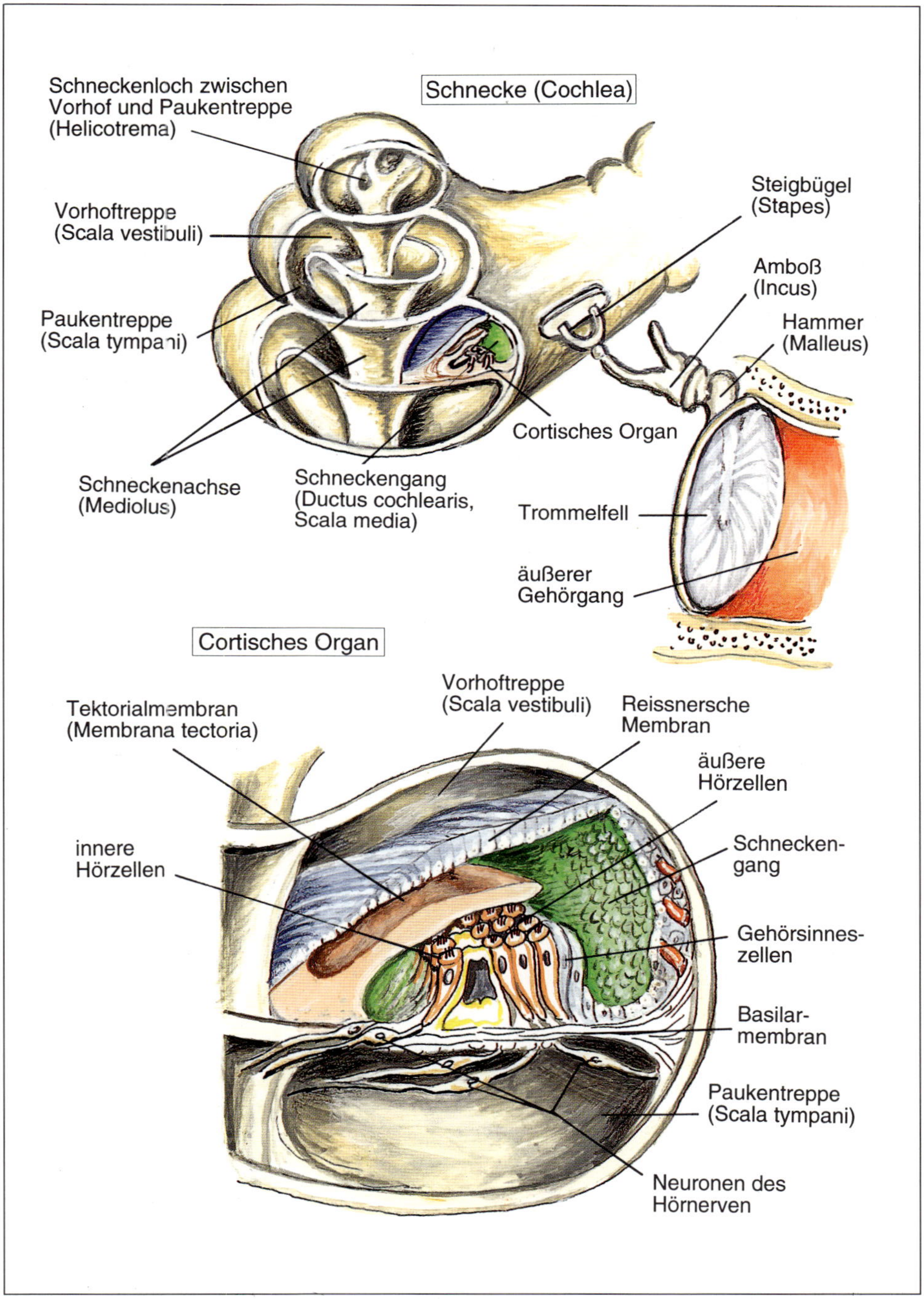
Schnecke (Cochlea)
Schneckenloch zwischen Vorhof und Paukentreppe (Helicotrema)
Vorhoftreppe (Scala vestibuli)
Paukentreppe (Scala tympani)
Schneckenachse (Mediolus)
Schneckengang (Ductus cochlearis, Scala media)
Cortisches Organ
Steigbügel (Stapes)
Amboß (Incus)
Hammer (Malleus)
Trommelfell
äußerer Gehörgang
Cortisches Organ
Tektorialmembran (Membrana tectoria)
Vorhoftreppe (Scala vestibuli)
Reissnersche Membran
äußere Hörzellen
innere Hörzellen
Schneckengang
Gehörsinneszellen
Basilarmembran
Paukentreppe (Scala tympani)
Neuronen des Hörnerven

Abb. 196: Ohr.

Leistungen des Gehörsinns

Zu den Leistungen des Gehörsinns gehören vor allem:

- die Unterscheidung von Tonhöhen und Schallintensitäten sowie
- die Feststellung der Schallrichtung und Entfernung der Schallquelle.

➤ Zerstörung einzelner Abschnitte der Basilarmembran oder Hörzellen - z.B. durch Lärm - führt zu Hörausfall für einzelne Tonhöhen bzw. auch zu Schwerhörigkeit. Bei bestimmten Krankheiten und im Alter kann sich die Reizschwelle verändern.

Tab. 40: Schallaufnahme und -weiterleitung

Äußeres Ohr
↓
Trommelfell
↓
Hammer
↓
Amboß
↓
Steigbügel
↓
ovales Fenster

(Trommelfell bis ovales Fenster: Verstärkung)

↓
Perilymphe der Scala vestibuli
↓
Wanderwelle - Amplitudenmaximum
↓
Verbiegung der Cilien
↓
Aktionspotentiale
↓
Hörnerv
↓
Gehirn

18. 5. Gesichtssinn

Der größte Teil der Informationen aus der Umwelt wird über das Auge aufgenommen.

18. 5. 1. Bau des Auges

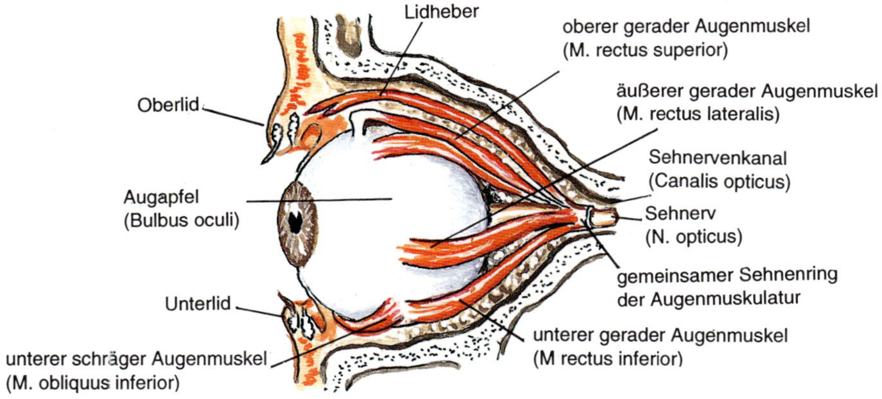

Abb. 197: Auge.

1. Äußere Augenhaut

Die äußere Augenhaut wird gebildet von:

- *der Lederhaut* (Sklera): Sie ist aufgrund des Vorhandenseins vieler Fasern weiß und sehr zugfest.
- *der Hornhaut* (Cornea): Sie ist glasklar, enthält keine Blutgefäße, aber viele Nerven. Die Hornhaut ersetzt im vorderen Bereich des Auges die Lederhaut.

Merke: Die Lederhaut ist vor allem formgebender Bestandteil des Auges.

➤ Trocknet die Hornhaut aus (z.B. bei Fazialislähmung), so wird sie trüb.

2. Mittlere Augenhaut

Zur mittleren Augenhaut gehören:

- *Aderhaut* (Chorioidea): Sie ist für die Blutversorgung verantwortlich und deshalb gefäßreich.
- *Ziliarkörper* (Corpus ciliare).
  Der Ziliarkörper hat 3 Aufgaben:
  1. Haltesystem für die Linse,
  2. Veränderung der Linsenkrümmung durch Kontraktion bzw. Erschlaffung des Ziliarmuskels,
  3. Produktion des Kammerwassers.
- *Regenbogenhaut* (Iris): Die farbige Iris besteht aus einem Ringmuskel zum Engstellen der Pupille und einem Radialmuskel zum Weitstellen.
  Die Pupille ist ein Loch in der Iris, welches sich vor der Linse befindet.

3. Brechende Medien

- *Hornhaut:* $^3/_4$ der Brechkraft des Auges entfallen auf die Hornhaut.
- *Linse:* Die bikonvexe Linse ist glasklar. Sie besteht aus eiweißreichen Zellen und ist gefäß- und nervenfrei. Außen wird sie von der ebenfalls durchsichtigen Linsenkapsel begrenzt.

➤ Beim grauen Star (Katarakt) tritt eine Trübung der Linse ein.

- *Glaskörper:* Der Glaskörper besteht aus zellfreier Gallerte und liegt zwischen Netzhaut und Linse.

4. Augenkammern und Kammerwasser

Man unterscheidet:

- *vordere Augenkammer:* zwischen Hornhaut und Iris,
- *hintere Augenkammer:* zwischen Iris, Glaskörper und Ziliarkörper.
  Beide Augenkammern sind durch die Pupille miteinander verbunden und mit *Kammerwasser*, welches vom Ziliarkörper produziert wird, gefüllt.

Weg des Kammerwassers

Das Kammerwasser gelangt vom Bildungsort zunächst in die

- hintere Augenkammer, von dort durch
- die Pupille in die
- vordere Augenkammer. Vom Kammerwinkel (= Hornhaut-Iris-Winkel) fließt die Hauptmenge über den
- Schlemmschen Kanal in das
- Venensystem.

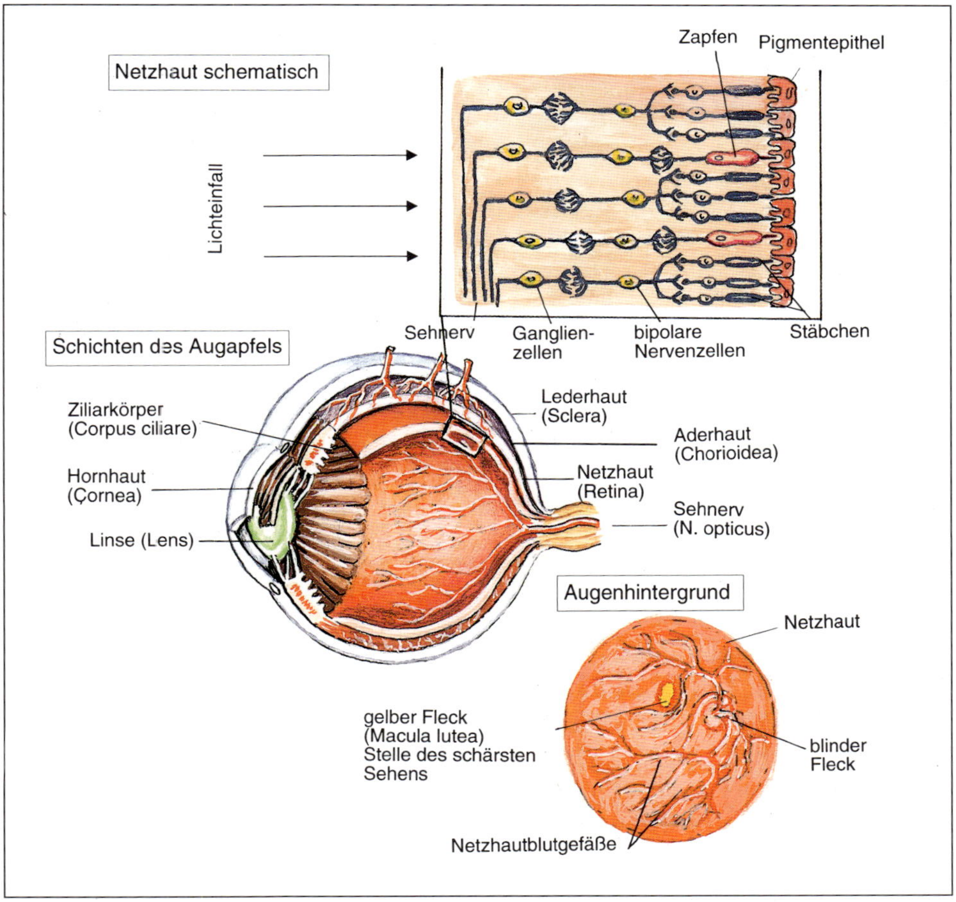

Abb. 198: Auge.

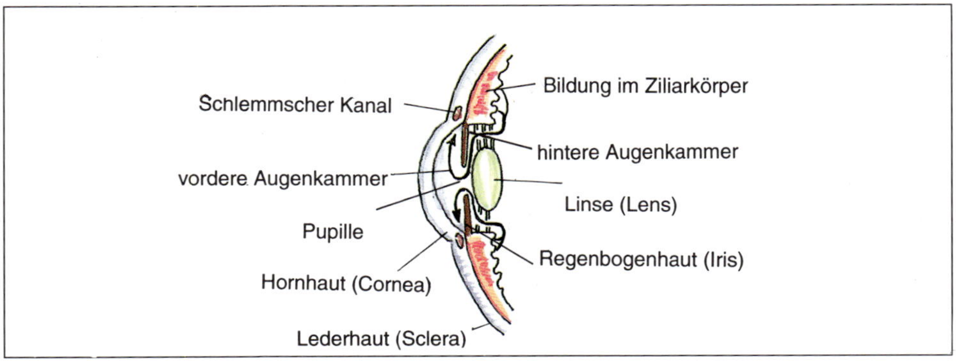

Abb. 199: Weg des Kammerwassers.

Merke: Für die Konstanz des *Augeninnendruckes* spielt das Gleichgewicht zwischen Produktion und Abfluß des Kammerwassers eine wesentliche Rolle. Er wird bei ca. 15 Torr konstant gehalten.

➤ Ein erhöhter Augeninnendruck, z.B. bei einer Abflußstörung im Kammerwinkel führt zum grünen Star (= Glaukom).

5. Netzhaut (Retina)
Als innere Augenhaut kleidet die Retina die Innenfläche der Augapfelwand bis weit nach vorn aus. (Ausnahme: Austrittsstelle des Sehnerven). In der aus 10 Schichten bestehenden Retina liegen 3 Neurone der Sehbahn.
1. *die Photorezeptoren* (6 bis 7 Mill. *Zapfenzellen* und ca. 20 mal soviel *Stäbchenzellen,*
2. *bipolare Nervenzellen,*
3. *multipolare Ganglienzellen.*

Augenhintergrund
Am Augenhintergrund sind 2 Stellen bedeutungsvoll:
1. *Blinder Fleck:* Das ist ein Loch in der Netzhaut, durch das die Nervenfasern das Auge verlassen. An dieser Stelle kann man nicht sehen.
2. *Gelber Fleck (Macula):* Diese blutgefäßfreie Stelle der Netzhaut stellt eine kleine Grube (Fovea centralis) dar. Hier befinden sich nur *tageslichtempfindliche Zapfen.* Es ist die *Stelle des schärfsten Sehens.*

18. 5. 2. Schutz- und Bewegungsapparat des Auges

Die Teile des Schutz- und Bewegungsapparates gewährleisten die störungsfreie Funktion des hochempfindlichen Lichtsinnesorgans. Zu ihnen gehören:
a) Knöcherne Augenhöhle (Orbita). Sie enthält
- *den Augapfel,*
- 4 gerade und 2 schräge *Augenmuskeln* zur Bewegung des Augapfels,
  den *Sehnerven* (N. opticus), der S-förmig gebogen ist, um die Bewegung des Auges nicht zu behindern,
- *Fettgewebe* zur Abpolsterung,
- die *Tränendrüse:* Sie liegt in einer kleinen Grube an der äußeren oberen Augenhöhlenwand.

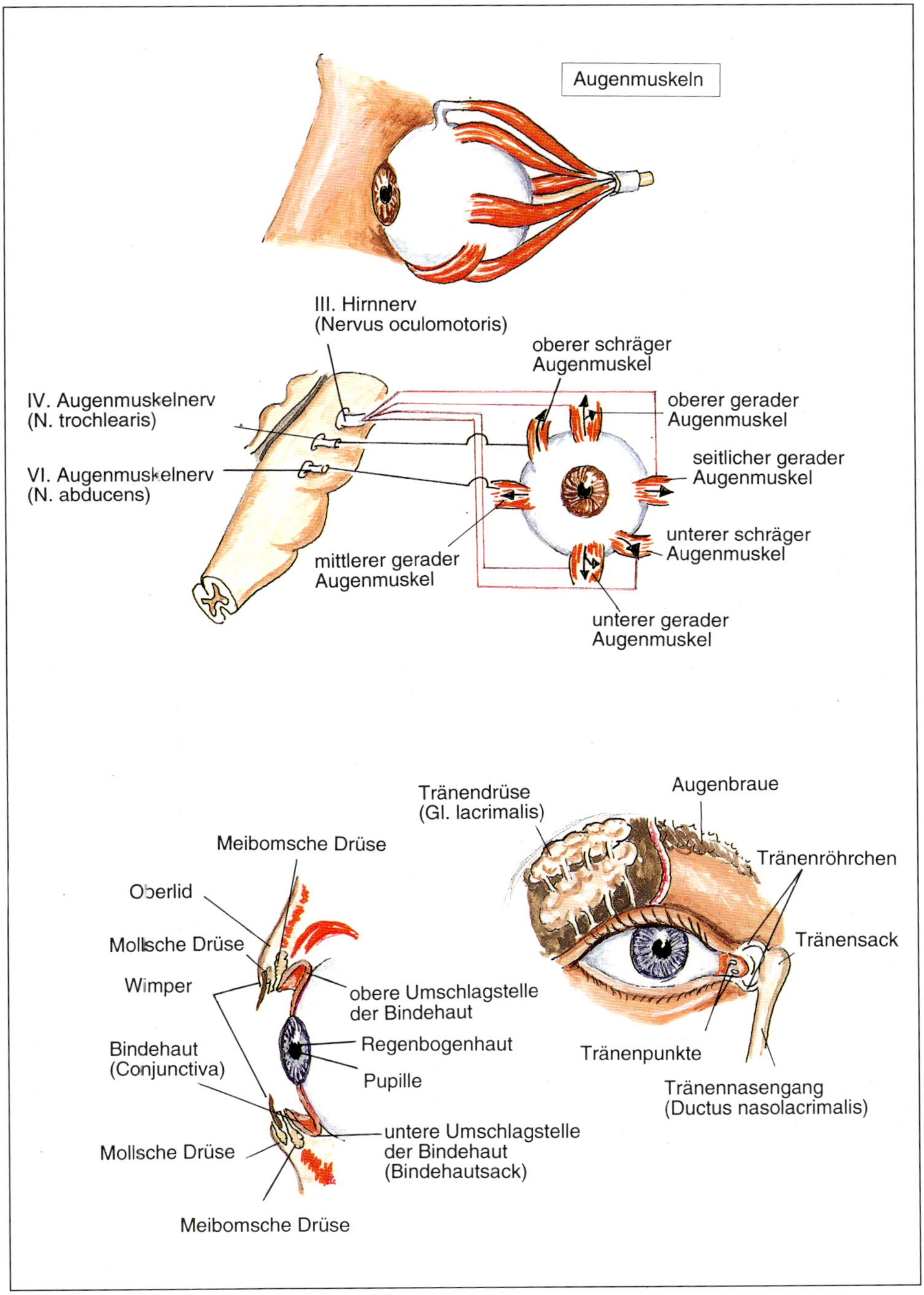

Abb. 200: Bewegungs- und Schutzapparat des Auges.

b) Augenlider

Vor jedem Auge befinden sich
- ein *Oberlid* und
- ein *Unterlid.*

Die Lider bestehen aus
- der *Bindegewebs-Muskelplatte* im Inneren,
- einer zarten *äußeren Haut,* die leicht verschieblich ist,
- der *Bindehaut* (Conjunctiva), einer Schleimhaut an der Hinterfläche,
- den *Wimpern* zwischen vorderer und hinterer Lidkante sowie
- den *Lidhebe- und Lidschließmuskeln.*

➤ Sowohl das Berühren der Hornhaut als auch der Bindehaut führt reflektorisch zum Lidschluß (Schutzreflexe).

Liddrüsen:
- *Meibomsche Drüsen*: Sie liegen an der Lidhinterseite und produzieren ein talgähnliches Sekret, welches über Ausführgänge der hinteren Lidkante an die Lidränder gelangt und diese einfettet.
- *Mollsche Drüsen*: Schweißdrüsen, die in der Nähe des Lidrandes liegen und dort ausmünden.
- *Talgdrüsen.*

➤ Eine Entzündung mit Eiterung der Mollschen Drüsen heißt Gerstenkorn.

c) Tränenapparat

Die Tränendrüsen sezernieren pro Tag etwa 500 ml farblose und kochsalzhaltige *Tränenflüssigkeit.*

Sie gelangt über mehrere Ausführgänge in den Bindehautsack und wird durch den Lidschlag über die Vorderfläche des Augapfels verteilt, so daß die Hornhaut feucht gehalten wird.

Merke: Die Tränenflüssigkeit sorgt für eine einwandfreie Funktion der Hornhaut.

Die Tränenflüssigkeit sammelt sich im medialen Augenwinkel, dem Tränensee und fließt über Tränenröhrchen, Tränensack und Tränennasengang in den unteren Nasengang (s. S. 272).

18. 5. 3. Physiologie des Sehens

Als *adäquater Reiz* wirken elektromagnetische Strahlen der Wellenlängen 400 bis 700 nm (≙ sichtbares Licht).

Bildentstehung auf der Netzhaut
Die brechenden Medien (Cornea, Kammerwasser, Linse, Glaskörper) werden als *dioptrischer Apparat* bezeichnet. Dieser wirkt wie eine Sammellinse und läßt auf der Netzhaut verkleinerte umgekehrte reelle Bilder der Umwelt entstehen.

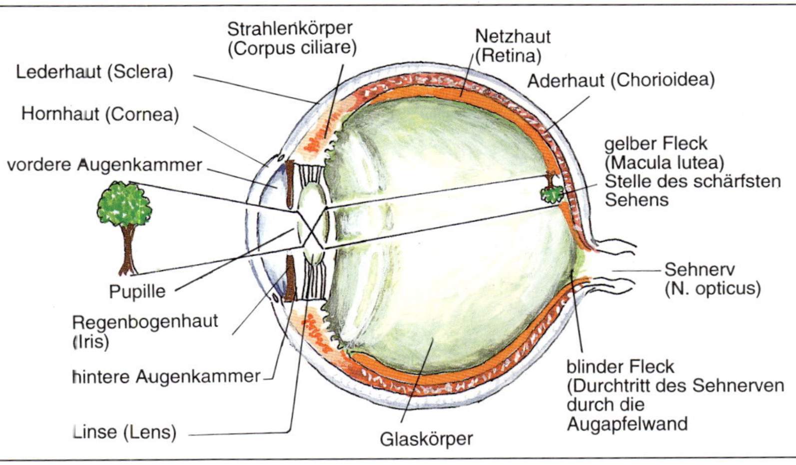

Abb. 201: Bildentstehung.

Brechkraft
Die Brennweite gibt an, wie stark Lichtstrahlen gebrochen werden. Die Brechkraft (D) wird als Kehrwert der Brennweite (f) berechnet und in Dioptrien (dpt) ausgedrückt. Da die vordere Brennweite des menschlichen Auges 17 mm beträgt, gilt:

Tab. 41

$$D = \frac{1}{f} = \frac{1}{0{,}017\ m} = 58{,}8\ dpt$$

Akkommodation

Das Bild eines Gegenstandes wird nur dann scharf abgebildet, wenn es genau auf der Netzhaut entsteht. Damit die Bilder von Gegenständen unterschiedlicher Entfernungen scharf gesehen werden, ändert das Auge seine Brechkraft. Das geschieht durch aktive Änderung der Linsenkrümmung (vorwiegend ihrer vorderen Fläche) und heißt Akkommodation. Man unterscheidet:

1. *Fernakkommodation:* Bei entspanntem Ziliarmuskel flacht sich die Linse ab, die Brechkraft wird verringert.
2. *Nahakkommodation:* Durch Kontraktion des Ziliarmuskels kann sich die Linse so weit krümmen, daß die Brechkraft um etwa 14 Dioptrien steigt. Das ermöglicht ein scharfes Sehen im Abstand von ca. 10 cm (= Nahpunkt).

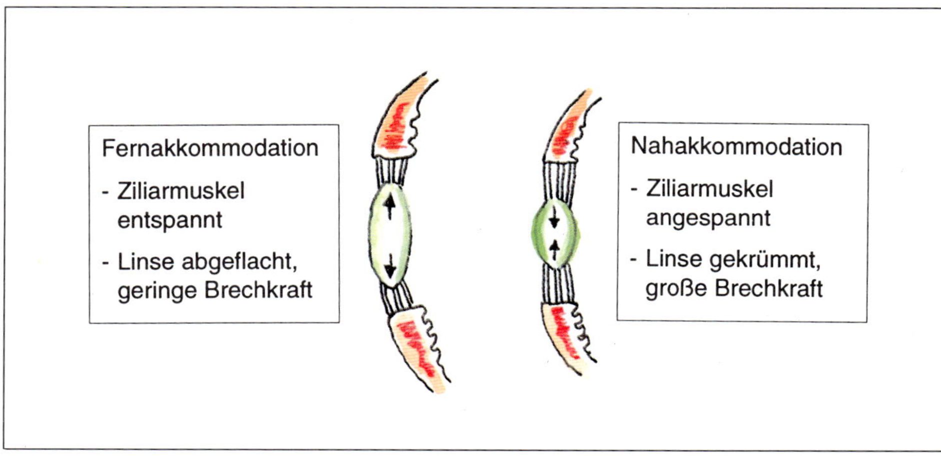

Abb. 202: Akkomodation.

➤ Die Nahakkommodation nimmt mit zunehmendem Alter ab (Linse krümmt sich aufgrund ihres Elastizitätsverlustes nicht mehr genug). Wenn der Nahpunkt größer als 30 cm wird, spricht man von der sog. *Alterssichtigkeit* (Presbyopsie). Die Kompensation erfolgt durch Sammellinsen, die den Nahpunkt wieder näher an das Auge rücken.

Nicht immer sind Größe und Form des Augapfels genau auf die Brechkraft des dioptrischen Apparates abgestimmt, so daß Störungen bei der Bildentstehung auftreten. Die wichtigsten sind:

- *Kurzsichtigkeit* (Myopie),
- *Weitsichtigkeit* (Hyperopie).

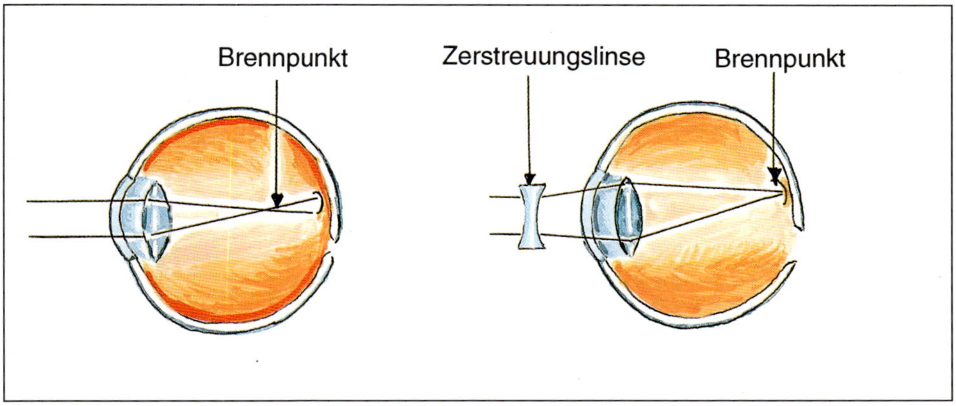

Abb. 203: Kurzsichtigkeit mit Korrekturlinse.

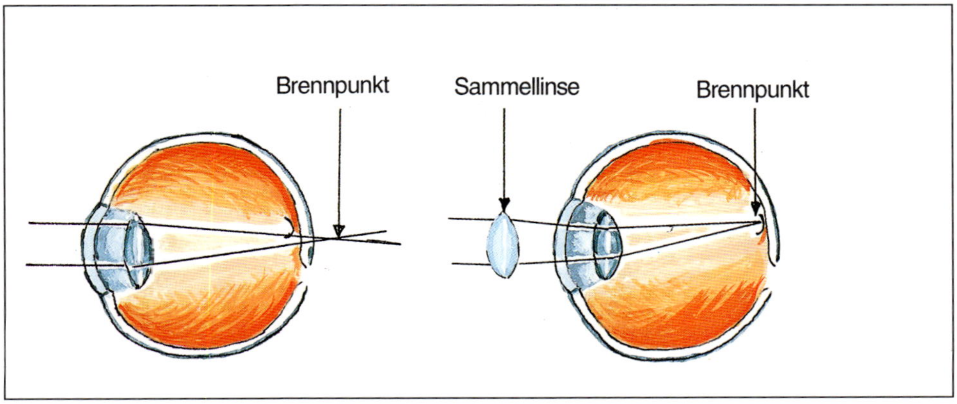

Abb. 204: Weitsichtigkeit mit Korrekturlinse.

Funktion der Stäbchen und Zapfen

Die Zapfen ermöglichen das farbige Sehen von Einzelheiten bei heller Beleuchtung.

Die Stäbchen ermöglichen das Schwarz-Weiß-Sehen bei schlechter Beleuchtung.

Merke: Scharfe Bilder entstehen nur an der Stelle des gelben Flecks.

Erregungsbildung
In den Stäbchen und Zapfen befinden sich Sehfarbstoffe (z.B. Rhodopsin). Diese werden durch Lichtabsorption mehr oder weniger abgebaut (= gebleicht).

Die Bleichung der Sehfarbstoffe führt zur Erregung der Sinneszelle.

Adaptation
Adaptation ist die Anpassung des Auges an die jeweilige Lichtintensität:
Man unterscheidet
- *die Pupillenadaptation:* Sie paßt das Auge reflektorisch schnell an einen plötzlichen Lichtwechsel an (Pupillenreflex), indem sich die Pupille im Hellen verengt und im Dunklen erweitert.
- *die Netzhautadaptation:* Die Konzentration der Sehfarbstoffe paßt sich der Lichtintensität an.

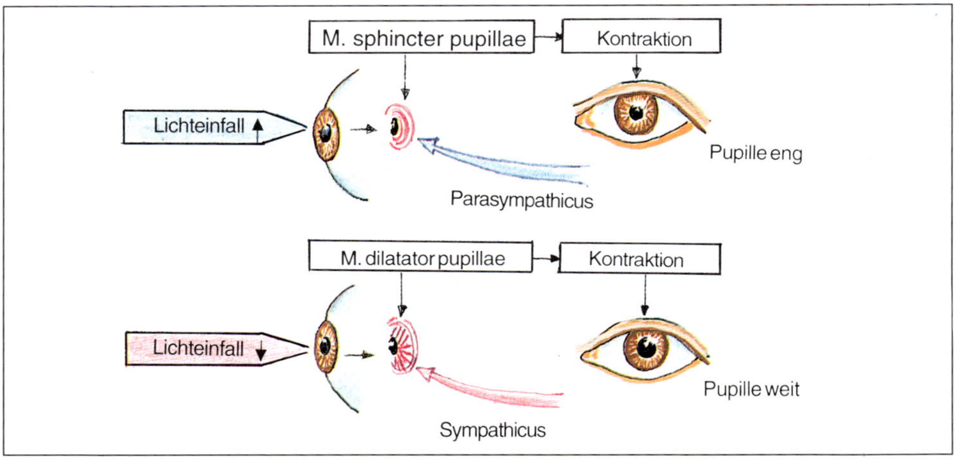

Abb. 205: Pupillenadaptation.

Merke:	wenig Licht:	→	große Pupille,
		→	viel Sehfarbstoff;
	viel Licht:	→	kleine Pupille,
		→	wenig Sehfarbstoff.

Sehnervenkreuzung (Chiasma opticum)
Die Nervenfasern der jeweiligen nasalen Seite der Augen kreuzen auf die Gegenseite, so daß eine Mischung der Erregungen aus beiden Augen entsteht. Dies ist eine wichtige Voraussetzung für das räumliche Sehen.

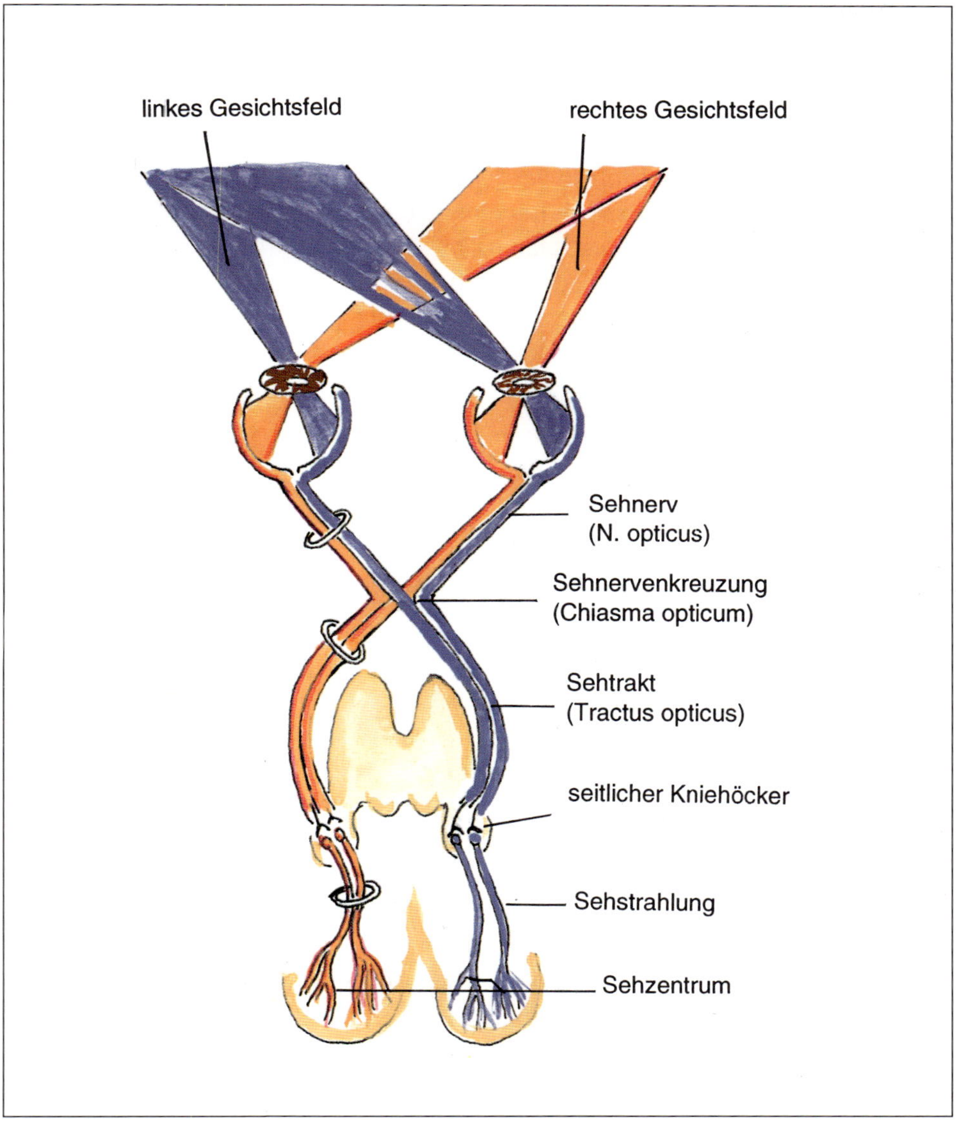

Abb. 206: Sehbahn.

Aufgaben zur Wiederholung

1. Definieren Sie
   a) Reiz, b) adäquater Reiz,
   c) Reizschwelle, d) Rezeptor,
   e) Sinnesorgan.
2. Nehmen Sie eine Klassifizierung der Reize vor!
3. Erläutern Sie
   a) Reizaufnahme, b) Informationsleitung.
4. Was ist
   a) unter Oberflächensensibilität und
   b) unter Tiefensensibilität zu verstehen?
   Erläutern Sie die biologische Bedeutung dieser Sinne!
5. Welche Bedeutung hat der Schmerz?
   Was versteht man unter übertragenem Schmerz!
6. Erläutern Sie die biologische Bedeutung von Geruch und Geschmack!
7. Beschreiben Sie den Aufbau des Ohres!
8. Wie arbeitet das Gleichgewichtsorgan und welche Aufgaben erfüllt es im Körper?
9. Erläutern Sie die ablaufenden Prozesse bei der Schallaufnahme und -weiterleitung!
10. Erklären Sie, wie es zur Erregung der Hörsinneszellen im Cortischen Organ kommt!
11. Nennen Sie Maßnahmen zur Lärmbekämpfung!
12. Beschreiben Sie den Bau des menschlichen Auges!
13. Welche Aufgaben haben:
    a) die brechenden Medien, b) der Ziliarkörper,
    c) das Kammerwasser?
14. Beschreiben Sie den Abfluß des Kammerwassers!
15. Wo liegen
    a) vordere und b) hintere Augenkammer?
16. Beschreiben Sie die Verteilung der Photorezeptoren in der Retina!
17. Definieren Sie
    a) gelber Fleck, b) blinder Fleck!
18. Nennen Sie die Schutzeinrichtungen des Auges und ihre Aufgaben!
19. Beschreiben Sie die Bildentstehung auf der Netzhaut und das Funktionsprinzip der Stäbchen und Zapfen!
20. Erklären Sie Akkommodation und Adaptation!
    Worin liegt ihre biologische Bedeutung?
21. Geben Sie einen Überblick über die Leistungen des Gesichtssinnes!

19. Nervensystem

Das Nervensystem steuert und koordiniert die lebenserhaltenden Körperfunktionen so, daß mit möglichst wenig Aufwand eine optimale Anpassung an die aktuellen Umweltwirkungen erfolgt.
Dazu nimmt es mit Hilfe von Sinneszellen bzw. Nervenendigungen Informationen auf, analysiert und speichert sie, um danach die Effektorgane zur Aktivität anzuregen, z. B. wird Sprachinformation akustisch aufgenommen, analysiert und gespeichert, danach werden die Sprechorgane erregt und es erfolgt die Reaktion.

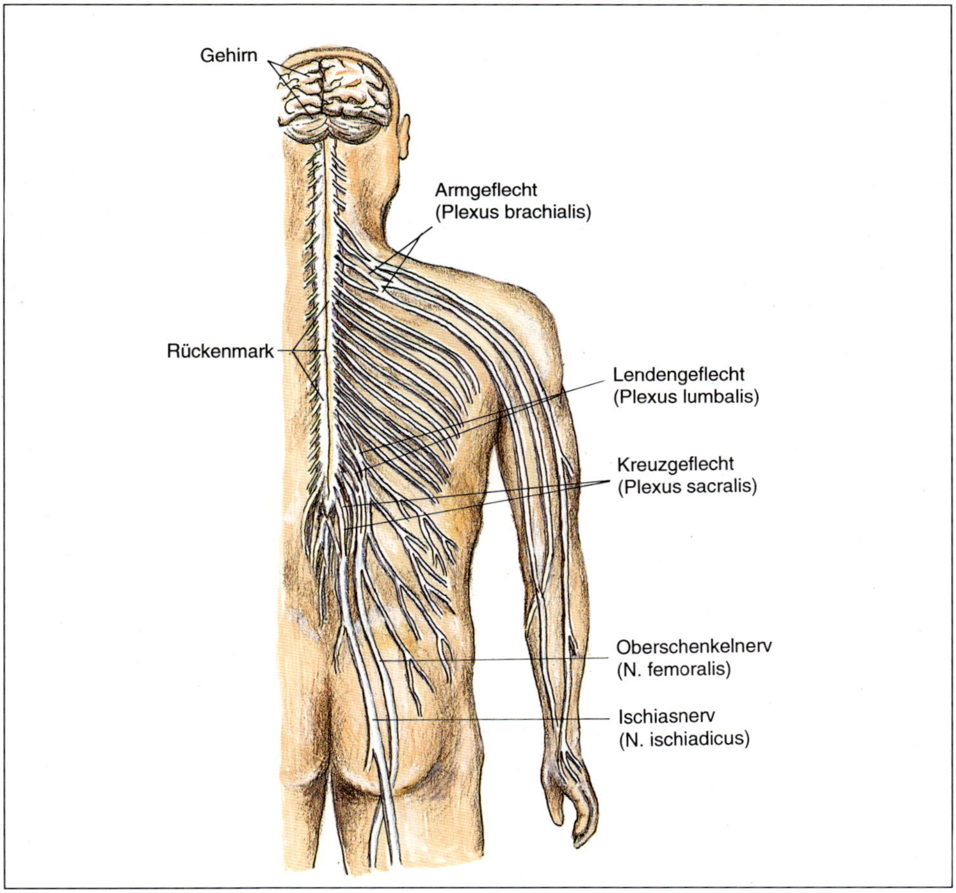

Abb. 207: Nervensystem.

19. 1. Gliederung

1. Nach *anatomischen Gesichtspunkten* werden unterschieden
- *Zentralnervensystem* (ZNS): Gehirn und Rückenmark.
  - Gehirn und Rückenmark bestehen aus
    - *grauer Substanz* (= Nervenzellkörper) und
    - *weißer Substanz* (= Nervenfasern, deren weiße Farbe auf die lipidhaltige Markscheide zurückzuführen ist.
- *Peripheres Nervensystem* (PNS): Das PNS besteht aus den zu- und abführenden Nervenfasern (= Leitungsbahnen).

2. Nach *funktionellen Gesichtspunkten* werden unterschieden:
- *Animales (cerebrospinales) Nervensystem*: (anima = Seele).
  Das sind jene Teile des Nervensystems, die aus der Umwelt Informationen aufnehmen, sie verarbeiten und im Ergebnis dessen eine Reaktion zur individuellen Anpassung auslösen.
- *Vegetatives Nervensystem (VNS)*: Das VNS stimmt die Tätigkeit der inneren Organe aufeinander ab.

Merke: Animales und vegetatives Nervensystem funktionieren nur kooperativ aufeinander abgestimmt. Sie bilden also eine Einheit.

19. 2. Rückenmark (Medulla spinalis)

19. 2. 1. Lage und Form

Das Rückenmark liegt als ovaler Strang, Durchmesser ca. 1 cm, Länge ca. 45 cm, im Wirbelkanal. Es beginnt als Fortsetzung des verlängerten Markes des Gehirns am großen Hinterhauptsloch und endet in Höhe der Oberkante des 2. Lendenwirbels. Der kaudale Teil ist verjüngt und wird durch einen 20 bis 25 mm langen Endfaden an der Rückseite des 2. Steißwirbels befestigt. An der Oberfläche des Rückenmarkes fallen 2 längsverlaufende Vertiefungen besonders auf:
- *Mittlere Längsspalte* (Fissura mediana anterior) an der Vorderseite - tief.
- *Mittlere Längsfurche* (Sulcus medianus dorsalis) an der Hinterseite - flach.

19. 2. 2. Innerer Bau

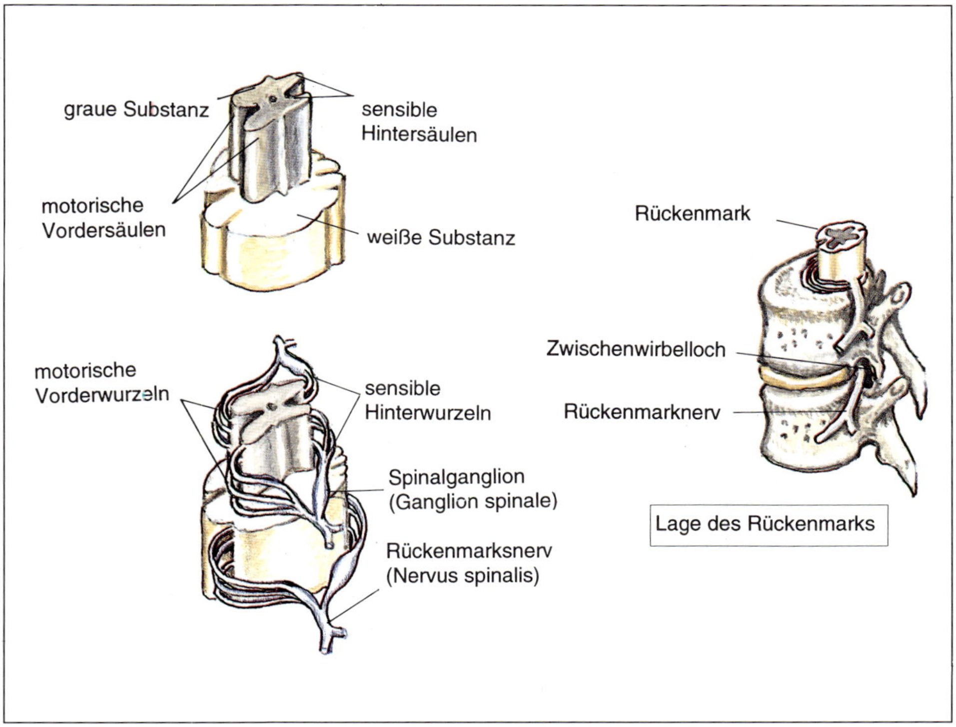

Abb. 208: Rückenmark (Medulla spinalis).

Die Schnittfläche eines Rückenmarksquerschnittes zeigt 2 deutlich gefärbte Abschnitte.

1. *Graue Substanz* (Substantia grisea): Diese schmetterlingsförmige Innenzone besteht hauptsächlich aus Nervenzellkörpern.

Man erkennt:

a) *2 Vordersäulen (Columna anterior)*: In ihnen liegen die motorischen Nervenzellkörper der *peripheren motorischen Neurone*. Ihre Neuriten treten gebündelt an der Vorderseite des Rückenmarks als *vordere Wurzeln* heraus und ziehen zu den Muskeln.
b) *2 Hintersäulen (Columna posterior)*: In den Hintersäulen liegen die Nervenzellkörper des *2. sensiblen Neurons*. Die des 1. befinden sich außerhalb des Rückenmarks im Spinalganglion, und deren Neuriten ziehen als *hintere Wurzel* in die Hintersäulen.
c) *2 Seitensäulen*: In ihnen liegen vegetative Neuronen.
d) *Zentralkanal*: Er liegt in der Mitte des zentralen Verbindungsstücks.

2. *Weiße Substanz (Substantia alba)*

Die weiße Substanz umgibt die graue Substanz. Sie besteht aus

- aufsteigenden (afferenten, sensiblen) Leitungsbahnen und
- absteigenden (efferenten, motorischen) Leitungsbahnen.

Auf jeder Seite ist sie untergliedert in einen

- Vorderstrang (Funiculus anterior),
- Seitenstrang (Funiculus lateralis),
- Hinterstrang (Funiculus posterior).

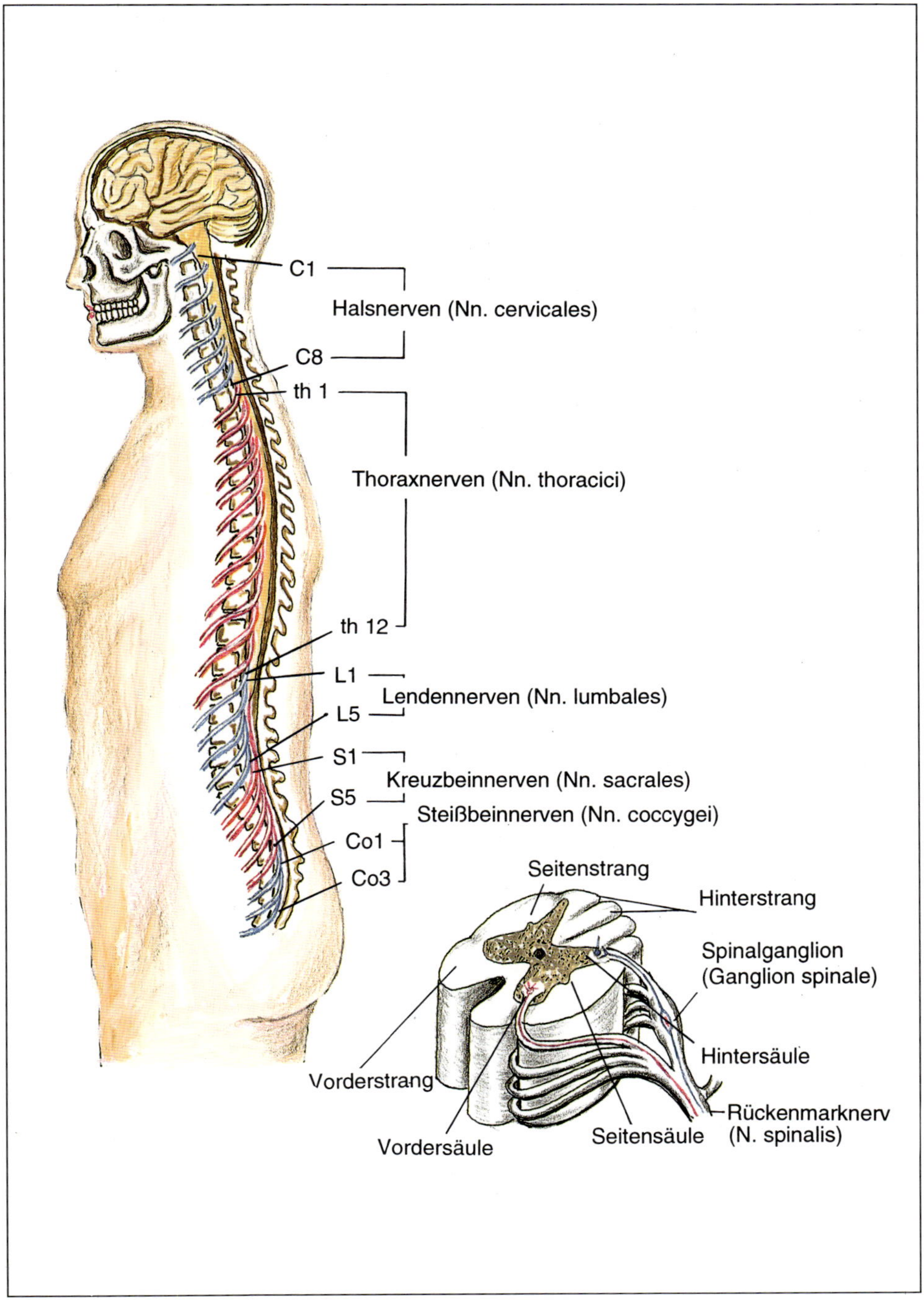

Abb. 209: Rückenmarkssegmente und Querschnitt.

19. 2. 3. Rückenmarkssegmente

Das Rückenmark wird analog der Wirbelsäule in 5 Abschnitte gegliedert. Jeder Abschnitt besteht aus Segmenten. Aus jedem Segment geht seitlich je ein Rückenmarksnerv hervor.

Tab. 42

Rückenmarks-abschnitt	**Anzahl und Kenn-zeichnung der Segmente**	**Anzahl der Rückenmarksnerven**
Halsteil (Pars cervicalis)	C_1 - C_8	8 Paar Halsnerven (Nn. cervicales)
Brustteil (Pars thoracica)	Th_1 - Th_{12}	12 Paar Brustnerven (Nn. thoracici)
Lendenteil (Pars lumbalis)	L_1 - L_5	5 Paar Lendennerven (Nn. lumbales)
Kreuzbeinteil (Pars sacralis)	S_1 - S_5	5 Paar Kreuzbeinnerven (Nn. sacrales)
Steißbeinteil (Pars coccygea)	Co_1 - Co_3	1 bis 3 Paar Steißbeinnerven (Nn. coccygeus)

19. 3. Gehirn (Encephalon)

19. 3. 1. Masse, Lage, Form, Gliederung

Beim Erwachsenen beträgt die *Hirnmasse* durchschnittlich *1350 bis 1500 g*. Das Gehirn liegt von Hirnhäuten und Liquor umgeben in der knöchernen *Schädelhöhle* und ist dieser in seiner äußeren Form angepaßt. Die untere Fläche des Gehirns heißt *Hirnbasis*.

Gliederung
Am Gehirn unterscheidet man folgende Abschnitte:
1. Endhirn (Telencephalon), auch Großhirn (Cerebrum) genannt,
2. Zwischenhirn (Diencephalon),
3. Mittelhirn (Mesencephalon),
4. Brücke (Pons),
5. Kleinhirn (Cerebellum),
6. Verlängertes Mark (Medulla oblongata).

Verlängertes Mark, Kleinhirn und Brücke bilden das *Rautenhirn* (Rhombencephalon). Sehr vereinfacht wird das Gehirn eingeteilt in:
- Großhirn und
- Hirnstamm (= alle übrigen Hirnabschnitte).

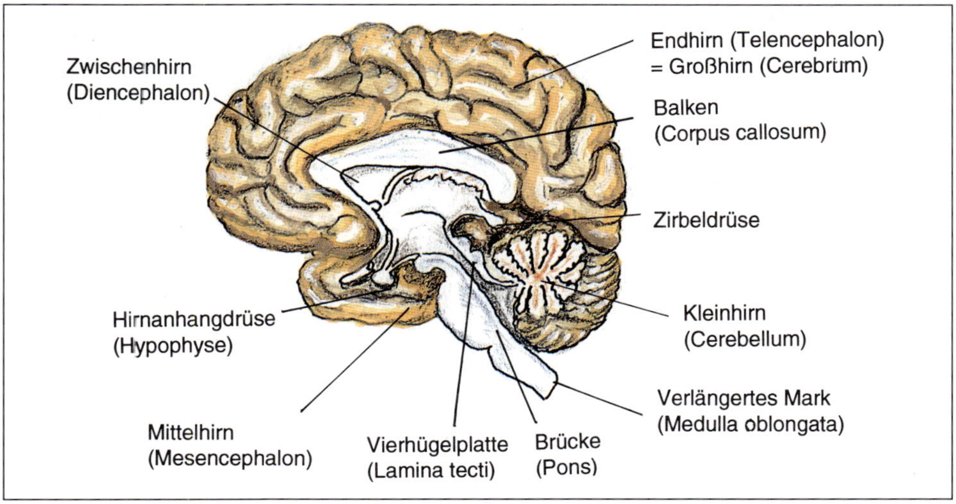

Abb. 210: Rechte Hirnhälfte.

19. 3. 2. Endhirn (Telencephalon)

Das Endhirn ist beim Menschen der mächtigste Hirnabschnitt. Es überdeckt den größten Teil der übrigen Hirnteile und ist auch diesen funktionell übergeordnet. Es wird von zwei fast symmetrischen *halbkugelförmigen Hälften* (Hemisphären) gebildet, die durch einen tiefen *Längsspalt* (Fissura longitudinalis cerebri) voneinander getrennt und durch den *Balken* (Corpus callosum) miteinander verbunden sind.
Die *Oberfläche* der beiden Hemisphären ist durch zahlreiche *Windungen* (Gyri) und *Furchen* (Sulci) gekennzeichnet.

Weiße Substanz
Die weiße Substanz befindet sich unter der Hirnrinde. Man unterscheidet folgende Leitungsbahnsysteme:
- *Assoziationsbahnen*: Sie verbinden die Zentren innerhalb einer Endhirnhemisphäre untereinander.
- *Kommissurenbahnen*: Sie verbinden die beiden Hemisphären miteinander.

Merke: Das wichtigste Kommissurensystem ist der Balken (Corpus callosum).

- *Projektionsbahnen*: Diese Leitungsbahnen verbinden das Endhirn mit den anderen Hirnteilen und dem Rückenmark.

Merke: Das Hauptprojektionssystem ist die *innere Kapsel* (Capsula interna). Diese sehr dicht gepackten Projektionsfasern führen von und zur Großhirnrinde.

➤ Schädigungen der inneren Kapsel entstehen z.B. bei Blutungen. Sie führen aufgrund oben genannter Tatsachen zu schwerwiegenden Ausfällen (z.B. Halbseitenlähmungen).

Graue Substanz
Die graue Substanz bildet:
- Die *Hirnrinde* (Cortex cerebri), welche wie ein Mantel das Endhirn umschließt. Sie besteht aus 10 bis 16 Milliarden Nervenzellkörpern, die in 6 Schichten übereinander angeordnet sind.
- Die *Kerne des Endhirns*: Als solche werden Ansammlungen von grauer Substanz unter der Rinde bezeichnet, z. B. die Basalganglien.

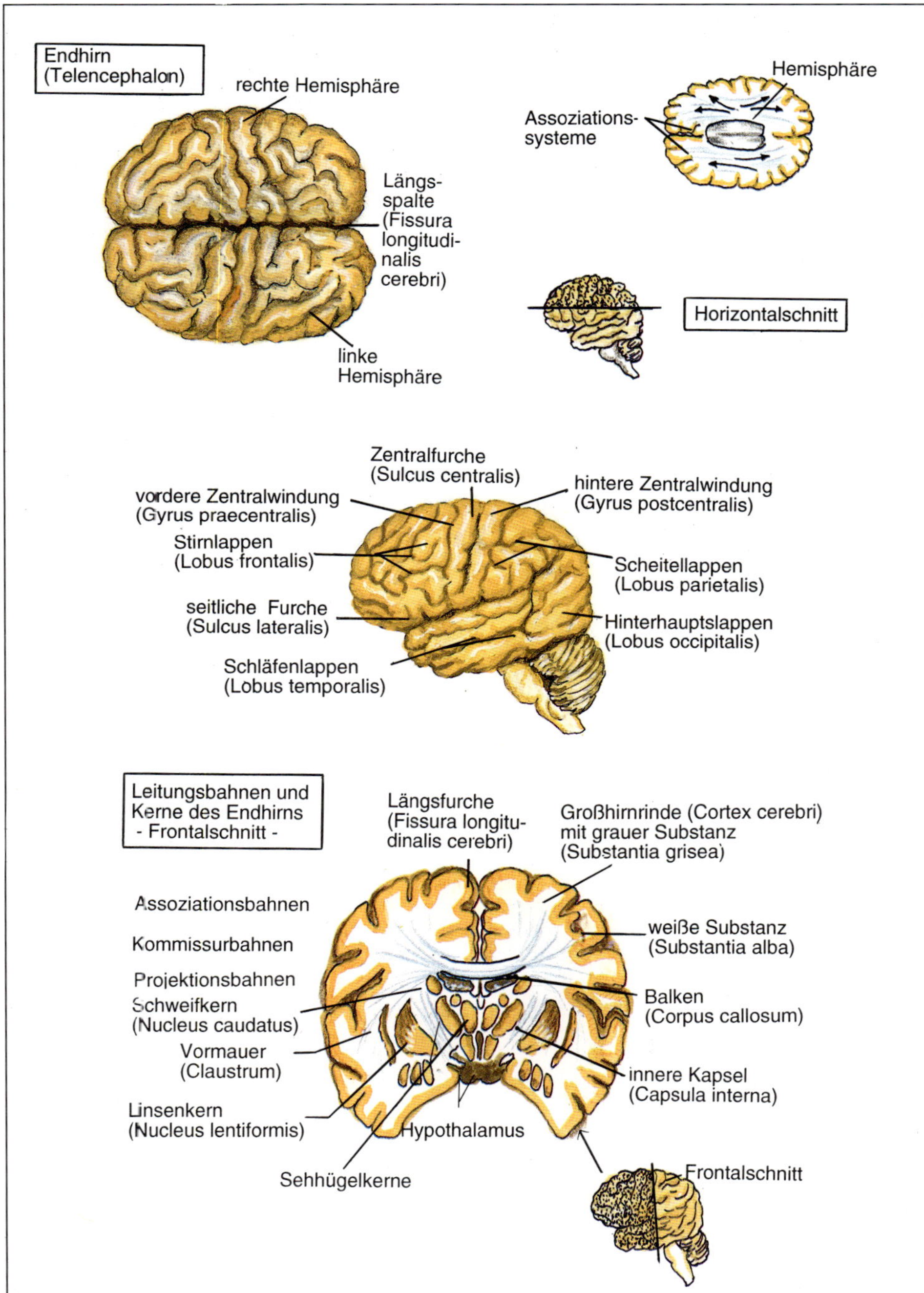

Abb. 211: Ansichten des Hirns mit Schnitten.

Funktionszentren der Großhirnrinde
Die ablaufenden Nervenprozesse können bestimmten Teilen der Rinde zugeordnet werden. Zum besseren Verständnis wird jede Hemisphäre in 4 Lappen gegliedert:

1. Stirnlappen (Lobus frontalis),
2. Scheitellappen (Lobus parietalis),
3. Schläfenlappen (Lobus temporalis),
4. Hinterhauptslappen (Lobus occipitalis).

Merke: Etwa 30% des menschlichen Endhirns werden vom Stirnlappen eingenommen.
Die *Zentralfurche* (Sulcus centralis) trennt den Stirn- vom Scheitel- und Schläfenlappen. *Vor* der Zentralfurche liegt die *vordere Zentralwindung* (Gyrus praecentralis) und *hinter* ihr die *hintere Zentralwindung* (Gyrus postcentralis).

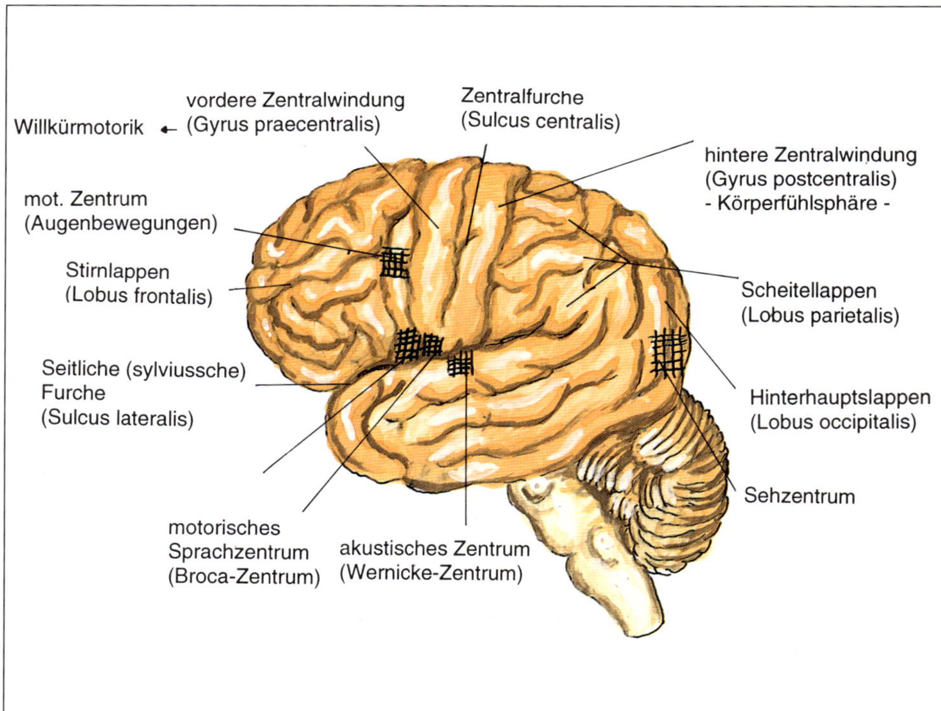

Abb. 212: Funktionszentren der Großhirnrinde.

In den beschriebenen Strukturen sind folgende Funktionszentren lokalisiert:

1. *Primärzentrum der Willkürmotorik* in der *vorderen Zentralwindung des Stirnlappens.*
   Die Zentren für die Hand und den Mund nehmen den größten Raum ein, weil deren Bewegungen sehr differenziert ablaufen. Von der vorderen Zentralwindung ziehen die motorischen Leitungsbahnen zu den Kernen der mimischen Muskulatur und zu den motorischen Vordersäulen des Rückenmarks.

Merke: Die motorischen Bahnen kreuzen zum allergrößten Teil auf die Gegenseite, d.h. Störungen in der linken vorderen Zentralwindung führen zu Ausfällen in der rechten Körperhälfte.

2. *Motorisches Sprachzentrum* (Broca-Zentrum): Dieses Zentrum liegt in der Nähe der vorderen Zentralwindung, der *unteren Stirnwindung* (Gyrus frontalis inferior), und ist eine wichtige Schaltstelle für das Sprechen.

Merke: Beim Rechtshänder ist das motorische Sprachzentrum in der linken Großhirnhemisphäre lokalisiert.

➤ Ausfall des Broca-Zentrums führt zur motorischen Aphasie. Der Betroffene versteht die Worte, kann aber selbst nicht artikuliert sprechen.

3. *Akustisches Sprachzentrum* (= Wernicke-Zentrum): Dieses Zentrum liegt hinter dem motorischen Sprachzentrum, aber im Schläfenlappen.

➤ Ausfall bedeutet "Seelenblindheit". Dem Kranken fehlt die Spracherinnerung. Worte und Silben werden als "Wortsalat" hervorgebracht (Paraphasie).

4. *Hörzentrum*: Es liegt in der oberen Windung des *Schläfenlappens* und ist nur wenige Millimeter groß.

➤ Ausfall des Hörzentrums führt zur Taubheit.

5. *Zentrum für Geschmacks- und Geruchsempfindungen*: an der Innenseite des *Schläfenlappens* (Gyrus parahippocampalis).

6. *Blick-, Lese- und Schreibzentrum*: Dieses Zentrum liegt im *Scheitellappen.* Von dort aus werden die Augenmuskeln gesteuert.

7. *Körperfühlsphäre* (Tast-, Temperatur-, Schmerzempfindungen): Sie befindet sich in der *hinteren Zentralwindung des Scheitellappens*, wo die sensiblen Nervenbahnen enden.

8. *Zentren der optischen Wahrnehmung*: Diese liegen im *Hinterhauptslappen* in der Nähe des Sulcus calcarinus. Ähnlich den motorischen und akustischen Sprachzentren gibt es auch hier einen Bereich der optischen Wahrnehmung und optischen Erinnerung.

➤ Fällt das Zentrum der optischen Erinnerung aus, kann der Mensch zwar sehen, aber sich nicht erinnern, was er gesehen hat ("Seelenblindheit).

Koordinierte und orientierte Handlungen bis hin zum Persönlichkeitsprofil sind immer das Ergebnis des Zusammenwirkens aller Funktionszentren der Großhirnrinde mit den übrigen Teilen des Nervensystems.

Basalganglien (s. Abb. 218, S. 447)
Zu den paarig angelegten Basalganglien gehören:
- der Streifenkörper (Corpus striatum): Er wird durch die innere Kapsel in *Schweifkern* (Nucleus caudatus) und *Linsenkern* (Nucleus lentiformis) unterteilt.

Letzterer besteht aus *Putamen* (seitlich) und *Pallium* (innen).
Ihre Funktionen erfüllen sich im Zusammenwirken mit den motorischen Rindenzentren des Stirnhirns:
- typische Körperhaltung und charakteristische Muskelspannung,
- persönliche Note der Bewegungen, wie Gestik und Mimik.

Weitere Kerne
- Vormauer (Claustrum),
- Mandelkern (Corpus amygdaloideum).

19. 3. 3. Zwischenhirn (Diencephalon)

Das Zwischenhirn ist zum größten Teil vom Endhirn überlagert. Nur kleinere Abschnitte sind an der Hirnbasis sichtbar.

Gliederung
Das Diencephalon untergliedert sich in:
- *Thalamus* (Sehhügel): Die beiden Sehhügel begrenzen seitlich die 3. Hirnkammer (s. S. 437). Die Bezeichnung "Sehhügel" wird verwendet, weil in kleineren Bereichen dieses Abschnittes wichtige Umschaltstationen der zentralen Sehbahn liegen. Der Begriff Thalamus (= Brautgemach) ist sicher entstanden, weil die 3. Hirnkammer von ihm umgeben wird.
- *Hypothalamus* (= unteres Brautgemach): Er liegt unter dem Thalamus, getrennt durch eine Furche (Sulcus hypothalamicus) und bildet den Boden der 3. Hirnkammer.

Aufgaben des Thalamus
- *Vorderer Kern* (Nucleus anterior thalami): Umschaltstation der Riechbahn.
- *Seitlicher Kern* (Nucleus lateralis thalami): Umschaltstation aller sensiblen Bahnen zur hinteren Zentralwindung (Körperfühlsphäre). Der Thalamus wird deshalb auch als "Tor zum Bewußtsein" bezeichnet.
- *Mittlerer Kern* (Nucleus medialis thalami): Regulierende Beeinflussung der Bahnen zur Bewegungssteuerung.
- *Kniehöcker*: Sie liegen zu zweit im unteren hinteren Bereich und dienen als Umschaltzentren der zentralen Sehbahn (seitlicher Kniehöcker = Corpus geniculatum laterale) und zentralen Hörbahn (mittlerer Kniehöcker = Corpus geniculatum mediale).

Merke: Im Thalamus erfolgt die Umschaltung der meisten Sinnesbahnen.

Aufgaben des Hypothalamus
In den Kerngebieten des Hypothalamus liegen die übergeordneten Zentren des vegetativen Nervensystems.
1. *Hunger- bzw. Eßzentrum*: zur übergeordneten Regulation des Appetits und der Verdauungsfunktionen.
➤ Bei Ausfall erlischt das Bedürfnis zur Nahrungsaufnahme.
2. *Durstzentrum*: Hier wird die Flüssigkeitsaufnahme reguliert.
3. *Temperaturzentrum*: Von hier aus wird die Körpertemperatur reguliert (s. S. 335)
4. *Sexualitätszentrum*: Durch die Bildung der Releasing- und Inhibitinghormone werden die Sexualfunktionen regulierend beeinflußt.

Merke: Über den Hypophysenstiel steht der Hypothalamus und damit das Gehirn mit der Hypophyse in Verbindung.

19. 3. 4. Mittelhirn (Mesencephalon)

Dem Zwischenhirn schließt sich der kleinste Hirnabschnitt, das Mittelhirn, an. Man unterscheidet 3 Teile:

1. *die Hirnschenkel* (Crura cerebri): Die 1,5 cm langen Hirnschenkel liegen ventral und beginnen am oberen Rand der Brücke. Ihre weiße Substanz wird von *efferenten Leitungsbahnen* (Pyramidenbahn) gebildet, die von der vorderen Zentralwindung zum Rückenmark führen;

2. *die Haube* (Tegmentum): Sie liegt medial und enthält *sensible Bahnen,* z.B. zur Hörrinde und zum Zwischenhirn. Im Zentrum liegt der *rote Kern* (Nucleus ruber); seine Zellen enthalten Eisen. Zwischen Haube und Hirnschenkeln erstreckt sich die *schwarze Substanz* (Substantia nigra); ihre Zellen enthalten Melanin.

> *Merke:* Nucleus ruber und Substantia nigra erfüllen bedeutende Regulationsfunktionen bei der Bewegungsautomatik.

Weitere Kerngebiete sind:
- Kerngebiete der Hirnnerven III und IV.

3. *die Vierhügelplatte* (Lamina tecti, Tectum): Sie liegt dorsal und enthält
- die optische Reflexbahn in den oberen Hügeln sowie
- die akustische Reflexbahn in den unteren Hügeln.

19. 3. 5. Brücke (Pons)

Die Brücke ist an der Hirnbasis als vorspringender Querwulst zwischen Medulla oblongata und Mittelhirn sichtbar.
Die Brückenhaube bildet den oberen Teil der Rautengrube. Seitliche Brückenarme enthalten Leitungsbahnen für die Gleichgewichts- und Bewegungskoordination zum Kleinhirn.

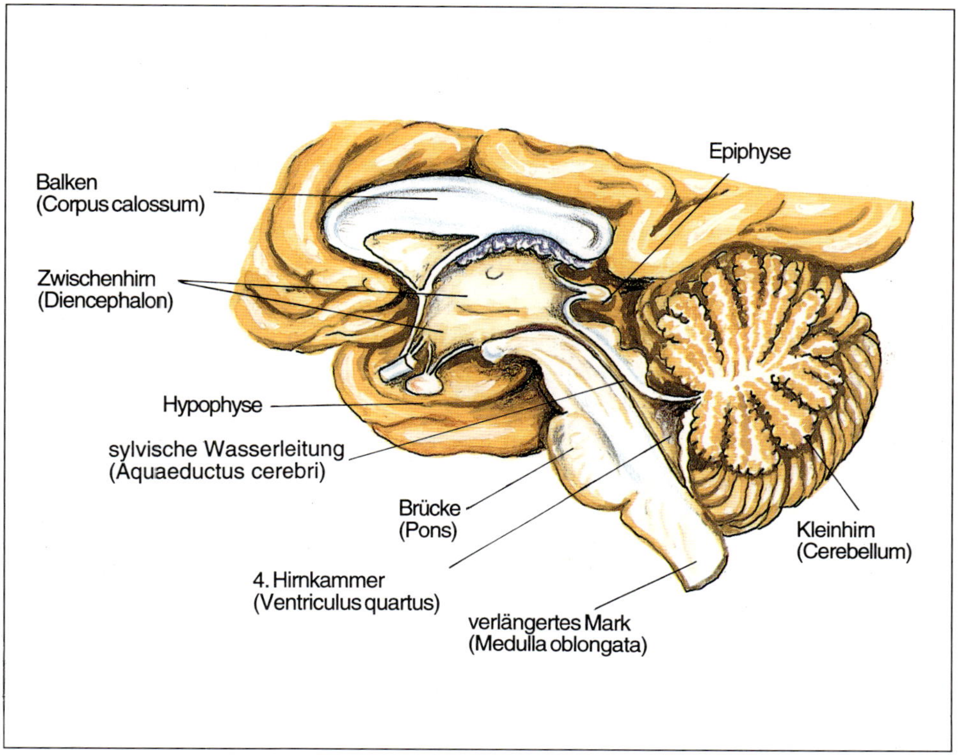

Abb. 213: Hirnstamm.

19. 3. 6. Kleinhirn (Cerebellum)

Lage: Hintere Schädelgrube

Bau

Wie das Großhirn besteht auch dieser Hirnteil aus *2 Hemisphären*, welche in der Mitte durch den *Kleinhirnwurm* (Vermis) verbunden werden. Die *Kleinhirnrinde* (Cortex cerebelli) bildet die *Hülle* und weist an ihrer Oberfläche *zahlreiche* querverlaufende *Furchen* auf. Im *Inneren* der Hemisphären unter der Rinde befindet sich die *weiße Substanz*, die sich in Form der *Kleinhirnstiele* in die benachbarten Hirnteile (Mittelhirn, Brücke, Medulla oblongata) fortsetzt. In beiden Kleinhirnhemisphären befinden sich außerdem jeweils *4 Kleinhirnkerne*.

Funktionen des Kleinhirns
Das Kleinhirn dient in erster Linie dazu, die Tätigkeit der anderen motorischen Zentren zu unterstützen und miteinander zu koordinieren.
Insbesondere ist es zuständig für
- die Erhaltung des Gleichgewichts, indem es Muskelbewegungen und -spannungen aufeinander abstimmt,
- die reibungslose Durchführung der vom Endhirn "entworfenen" schnellen Zielmotorik.

Zu diesem Zweck erhält das Kleinhirn sensible Informationen von den Muskeln und Sehnen, Informationen vom Gleichgewichtsorgan und von der Großhirnrinde.
Alle diese Informationen werden vom Kleinhirn verarbeitet und anschließend in extrapyramidalen Bahnen (s. S. 446) den peripheren Neuronen zugeleitet.

➤ Plötzlicher Funktionsausfall des Kleinhirns führt zu starkem Schwindelgefühl. Gezielte Bewegungen können nicht mehr durchgeführt werden, das Gesicht erhält ein starres Aussehen.

19. 3. 7. Verlängertes Mark (Medulla oblongata)

Die Medulla oblongata verbindet das Rückenmark mit der Brücke. Es beginnt also in Höhe des Atlas. *Hauptbestandteile* sind
- *afferente und efferente Nervenbahnen*, die von Rückenmark zum Gehirn führen und umgekehrt;
- Atmungsregulationszentrum;
- Herz-Kreislauf-Zentrum (kardiovaskuläres Zentrum).

➤ Verletzungen der Medulla oblongata sind mit der Gefahr des Atem- und nachfolgenden Herzstillstandes verbunden.

19. 4. Hirnkammern (Ventriculi encephali)

Im Gehirn liegen 4 Hirnkammern (Ventrikel)

- *1. und 2. Ventrikel*: Sie liegen jeweils in der rechten und linken Großhirnhemisphäre.
- *3. Ventrikel*: Dieser liegt als spaltförmiger Raum im Thalamus.
- *4. Ventrikel*: Diese Hirnkammer befindet sich im Rautenhirn (Rhombencephalon). Ihr Boden ist die Rautengrube (Fossa rhomboidea) und das Dach wird aus Teilen des Kleinhirns gebildet.

Beide Seitenventrikel sind durch eine Öffnung (*Foramen interventriculare*) mit dem 3. und dieser durch einen Gang (Aquaeductus = Wasserleitung) mit dem 4. Ventrikel verbunden.

Im beschriebenen Hohlraumsystem befindet sich die Hirn-Rückenmark-Flüssigkeit (Liquor cerebrospinalis). Sie wird von Venengeflechten (Plexus chorioideus), die sich in allen Hirnkammern befinden, gebildet.
Die 4 Hirnkammern bilden den *inneren Liquorraum*. Er steht nur über 3 Öffnungen im Boden des 4. Ventrikels mit dem *äußeren Liquorraum* (= Subarachnoidalraum) in Verbindung:

1. Mediane Öffnung (Apertura mediana = Magendie-Loch) hinten,
2. Zwei laterale Öffnungen (Aperdura lateralis = Luschka-Loch).

➤ Sind die Öffnungen zwischen äußerem und innerem Liquorraum nicht angelegt oder verlegt, entsteht der "Wasserkopf" (Hydrocephalus).

19. 5. Schutzeinrichtungen des ZNS

Das ZNS wird geschützt
- von knöchernen Hüllen (Wirbelkanal, Schädelhöhle),
- 3 Rückenmarks- bzw. Hirnhäuten (Meningen) und
- von einer Liquorhülle.

Das ZNS wird im Wirbelkanal (Rückenmark) und der Schädelhöhle (Gehirn) von 3 Häuten umgeben:

1. *Harte Hirn- bzw. Rückenmarkshaut* (Dura mater encephali bzw. spinalis): Die feste und derbe Dura mater ist als äußerste Haut mit der knöchernen Umgebung verwachsen.

2. *Spinnwebenhaut* (Arachnoidea encephali bzw. spinalis): Die Arachnoidea ist die mittlere Haut, liegt also zwischen Dura und Pia mater. Sie besteht aus einer sehr dünnen Lage Bindegewebe und enthält keine Blutgefäße.

3. *Weiche Hirn- bzw. Rückenmarkshaut* (Pia mater encephali bzw. spinalis): Die ebenfalls zarte, dünne aber gefäßreiche Pia mater schmiegt sich dem Gehirn und Rückenmark an und dringt auch in sämtliche Vertiefungen ein.

➤ Meningitis ist eine Entzündung der Hirnhäute.

Äußerer Liquorraum (Subarachnoidealraum): Dies ist ein Spaltraum zwischen Arachnoidea und Pia mater, der mit Liquor gefüllt ist.

Merke: Das ZNS wird allseitig von Liquor wie von einem Wasserkissen schützend umgeben.

➤ Bei der Lumbalpunktion wird beim sitzenden Menschen eine Kanüle zwischen L_3 und L_4 oder L_4 und L_5 in den Subarachnoidealraum geführt, um Liquor zu gewinnen. Das Rückenmark kann dabei nicht verletzt werden, da es in Höhe von L_2 endet.

Während es zwischen Arachnoidea und Pia mater von Rückenmark und Gehirn keine nennenswerten Unterschiede gibt, weist die Dura einige Besonderheiten auf.

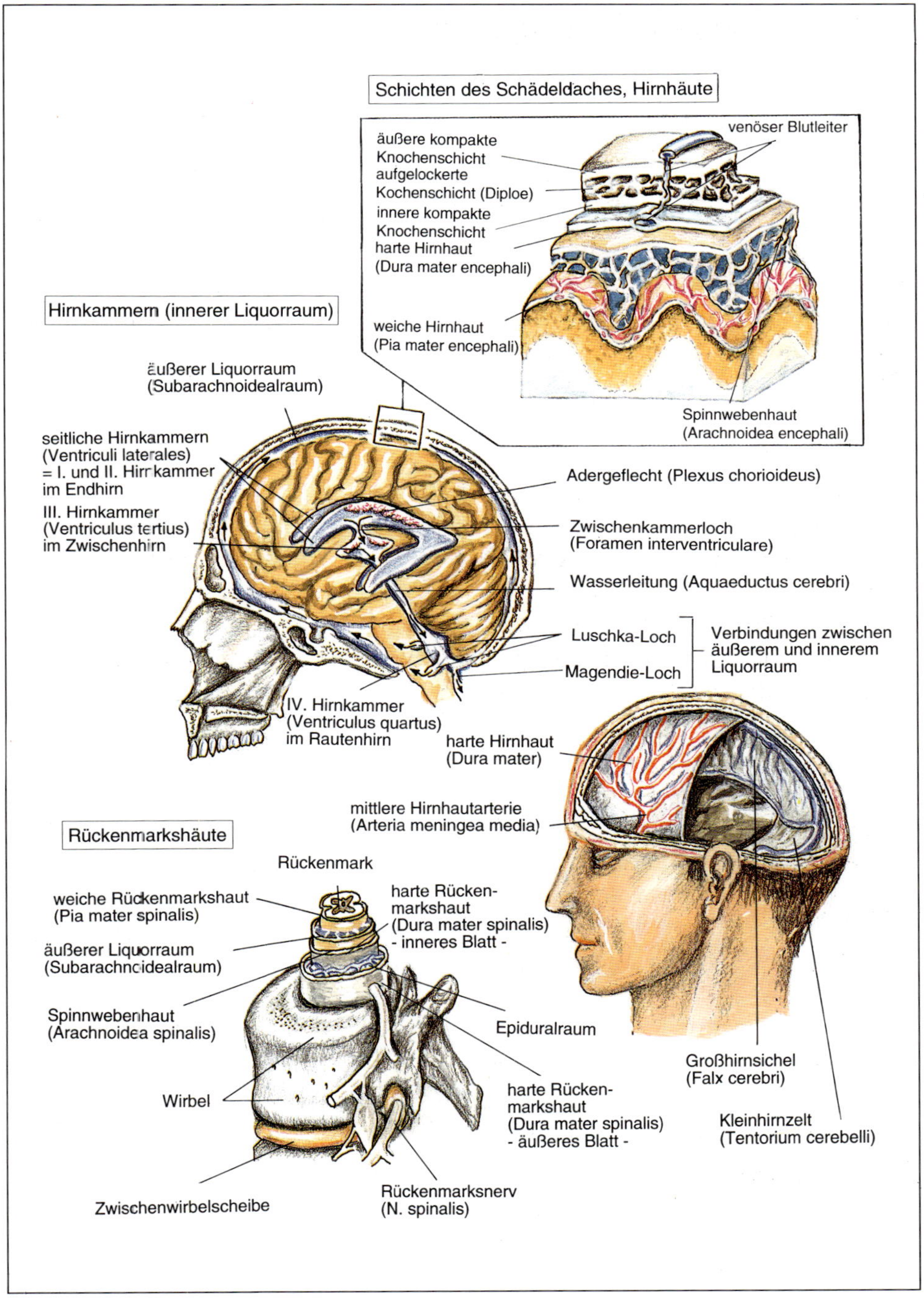

Abb. 214: Schutzeinrichtungen von Gehirn und Rückenmark.

Harte Rückenmarkshaut (Dura mater spinalis):
Die harte Rückenmarkshaut bildet im Wirbelkanal
- ein *äußeres Blatt*. Es kleidet als Periost den Wirbelkanal aus,
- ein *inneres Blatt*: In ihm steckt das Rückenmark wie in einem Sack.

Zwischen diesen beiden Blättern befindet sich der *Epiduralraum*, angefüllt mit Fettgewebe und Venengeflechten zum Schutz des Rückenmarkes vor Zerrungen.

Harte Hirnhaut (Dura mater encephali):
Bei der harten Hirnhaut sind die *2 Blätter verschmolzen*. Vom Knochen läßt sie sich nur schwer ablösen. Sie bildet aus kollagenem Bindegewebe bestehende Fortsätze, die als Scheidewände schützend zwischen bestimmten Hirnteilen liegen. Die wichtigsten sind:
- *Großhirnsichel* (Falx cerebri) zwischen den Großhirnhemisphären,
- *Kleinhirnzelt* (Tentorium cerebelli) zwischen Hinterhauptslappen und Kleinhirn.

Blutleiter der harten Hirnhaut
Innerhalb der harten Hirnhaut verlaufen die venösen Blutleiter (Sinus) der Schädelhöhle.

➤ Ein Tentoriumriß während der Geburt eines Kindes durch zu großen Druck im Geburtskanal kann zu lebensgefährlichen Blutungen zur Folge haben. Blutungen im Bereich der Hirnhäute, wie sie z.B. bei Schädel-Hirn-Traumen entstehen, können zu lebensgefährlichen Hirndruckerhöhungen führen. Das Blut sammelt sich in den entsprechenden Räumen.

19. 6. Gehirn-Rückenmark-Flüssigkeit (Liquor cerebrospinalis)

Der Liquor ist eine wasserklare Flüssigkeit mit
- einem Zuckergehalt von 60 mg/%,
- einem Eiweißgehalt von 0,3g/100 ml,
- Elektrolyten.

In den Liquorräumen befinden sich 100 bis 200 ml Liquor. Pro Tag werden ca. 650 ml in den Adergeflechten (Plexus choroidei) der Hirnventrikel gebildet. Von hier strömt er in die äußeren Liquorräume. Dort wird er hauptsächlich von der Arachnoidea resorbiert.

19. 7. Blutversorgung des Gehirns

Blutzufluß

Der Blutzufluß erfolgt über 4 große Arterien:

- Rechte innere Kopfarterie *(A. carotis interna dextra).*
- Linke innere Kopfarterie *(A. carotis interna sinistra).*
- Rechte Wirbelarterie *(A. vertebralis dextra).*
- Linke Wirbelarterie *(A. vertebralis sinistra).*

Beide Wirbelarterien vereinigen sich am oberen Rand der Medulla oblongata zur Schädelbasisarterie (*A. basilaris).*

Arterienring (Circulus arteriosus cerebri)

Die A. basilaris und die beiden inneren Kopfschlagadern sind durch verschiedene Arterienäste zu einem Arterienring zusammengeschlossen.

Von diesem Ring aus werden schließlich die einzelnen Hirnteile von der Oberfläche her versorgt.

➤ Ein Platzen der Arterien führt zu Hirnblutungen, die z.B. im Bereich der inneren Kapsel Nervenbahnen schädigen können, so daß eine Halbseitenlähmung entsteht. Verengungen oder Verschluß dieser Arterien führt zu Durchblutungsstörungen unterschiedlichen Grades bis zum Schlaganfall (Apoplex).

Blutabfluß

Der Blutabfluß aus dem Schädelinneren geschieht folgendermaßen:

Von den tiefen Hirnvenen gelangt das Blut in die oberflächlichen und sammelt sich in den Sinus der Dura mater. Von diesen fließt es in die innere Drosselvene (V. jugularis interna).

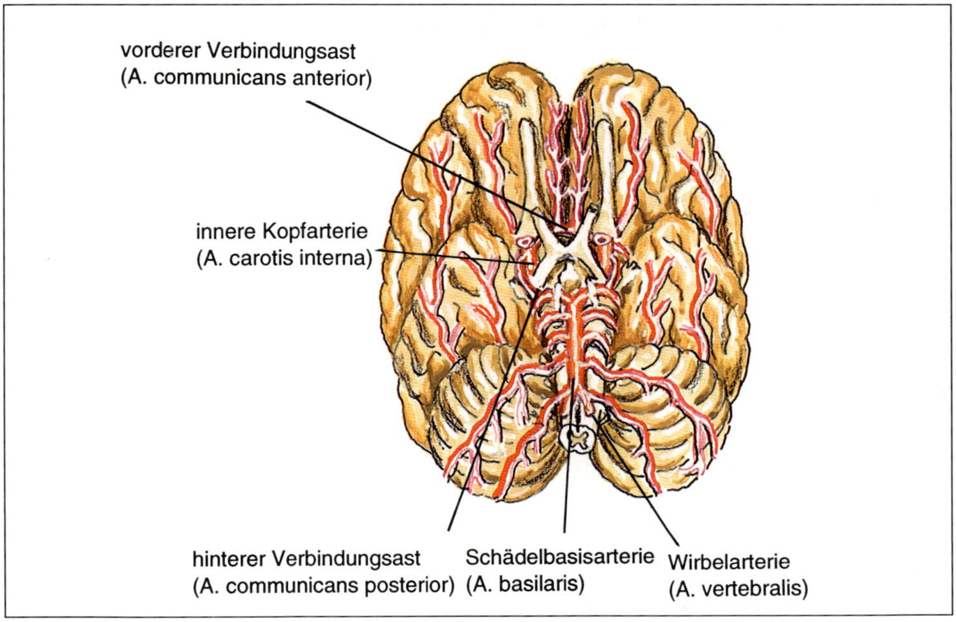

Abb. 215: Arterienring des Gehirns.

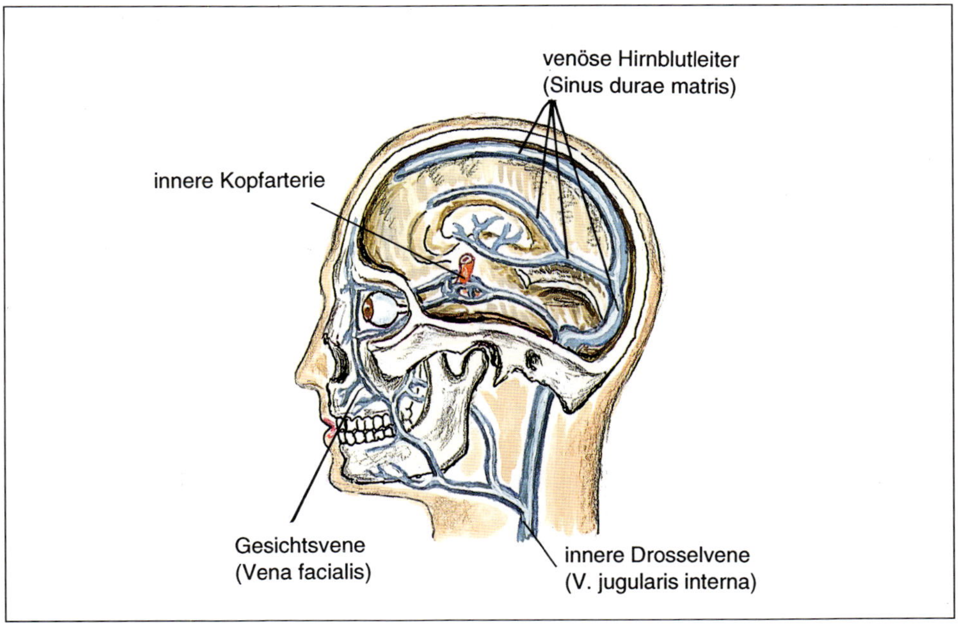

Abb. 216: Blutabfluß des Gehirns.

19. 8. Leitungsbahnen des ZNS

Die Bereiche des ZNS werden miteinander verbunden durch:
- afferente (sensible) Leitungsbahnen und
- efferente (motorische) Leitungsbahnen.

19. 8. 1. Sensible Leitungsbahnen

In den sensiblen Leitungsbahnen werden die Information von den Sinneszellen (z. B. Wärme, Druck) und Nervenendigungen (z. B. Schmerz) des Körpers den entsprechenden Teilen des ZNS zugeleitet.
An der Leitung zur Großhirnrinde sind 3 sensible Neurone beteiligt:
- *1. sensibles Neuron = peripheres sensibles Neuron*: Die *Nervenzellkörper* liegen in den *Spinalganglien* der hinteren Rückenmarkswurzeln.
  Der periphere Fortsatz dieser Zellen ist mit den *Sinneszellen verbunden.* Der *zentrale Fortsatz* zieht im *Hinterstrang* des Rückenmarks als Tractus spinobulbaris zur *Medulla oblongata.*
- *2. sensibles Neuron*: Es beginnt im verlängerten Mark. Die Neuriten dieser Neurone *kreuzen* noch im verlängerten Mark auf die Gegenseite und ziehen als Tractus bulbothalamicus zum *Thalamus.*
- *3. sensibles Neuron*: Es beginnt im Thalamus. Die Neuriten dieser Neurone verlaufen durch die *innere Kapsel* und enden in der *hinteren Zentralwindung* (= Körperfühlsphäre). Hier erst werden uns die Empfindungen bewußt.
  Die Neuriten jener 2. sensiblen Neurone, die für die Tiefensensibilität zuständig sind, führen als Tractus bulbocerebellaris ins Kleinhirn.

➤ Krankheitsbedingte Schäden der Hinterstrangbahnen führen zu schweren Sensibilitäts- und Bewegungsstörungen.

19. 8. 2. Motorische Leitungsbahnen

1. Pyramidenbahn
Die Pyramidenbahn als zentrales motorisches Leitungssystem dient allein der *Willkürmotorik.* Dabei sind 2 Leitungssysteme zu unterscheiden:
1. Leitungssystem (Tractus corticospinalis) vom primären Willkürzentrum der vorderen Zentralwindung zum Rückenmark.
2. Leitungssystem (Tractus corticonuclearis) vom primären Willkürzentrum der vorderen Zentralwindung zu den motorischen Hirnnervenkernen.

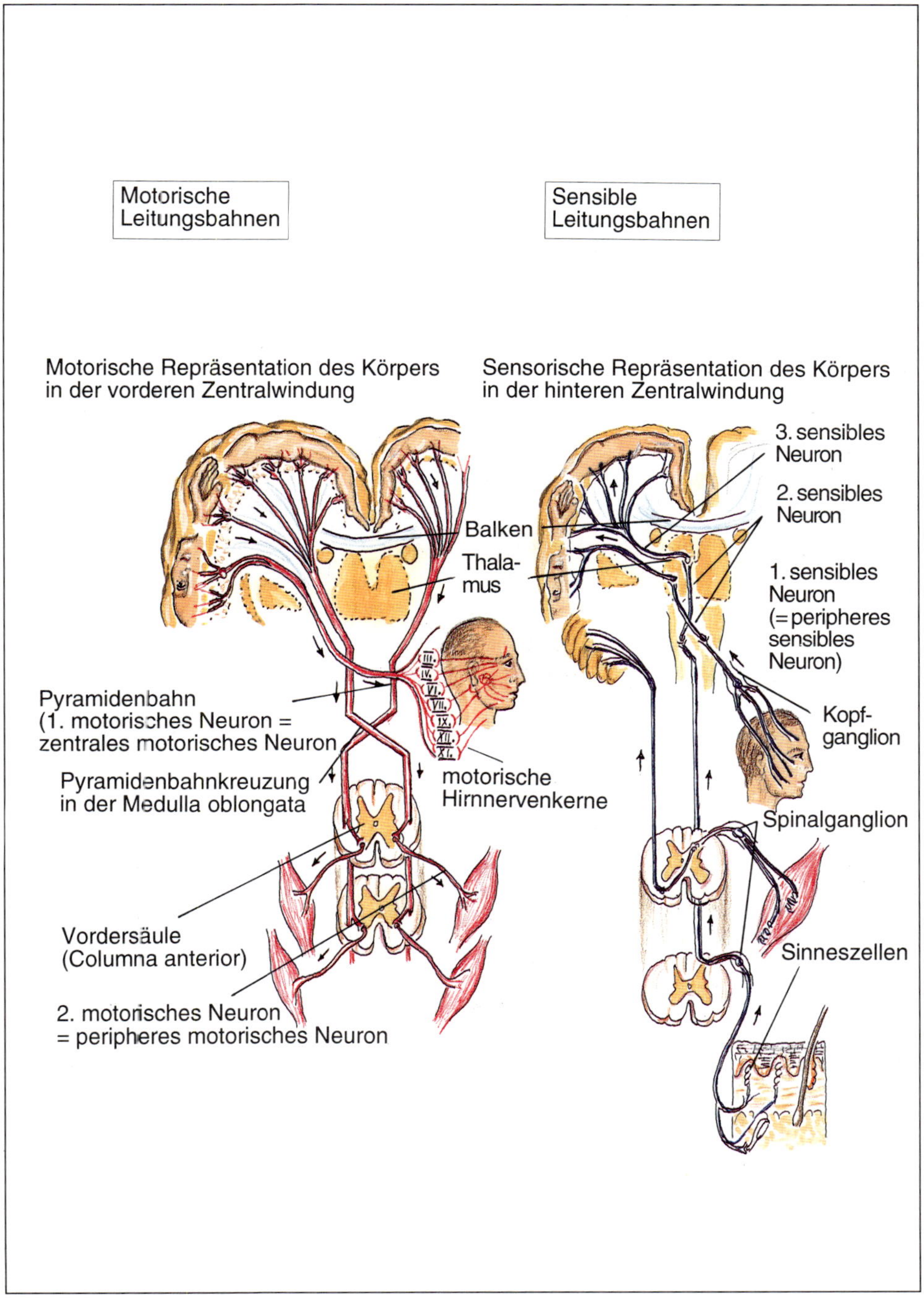

Abb. 217: Leitungsbahnen.

Tractus corticospinalis
Die Neuriten ziehen über folgenden Weg zu den motorischen Vordersäulen des Rückenmarks.

Tab. 43

vordere Zentralwindung
↓
innere Kapsel
↓
Schenkel des Mittelhirns
↓
Medulla oblongata (hier kreuzen ca. 80% der Bahnen auf die Gegenseite = Pyramidenkreuzung; der Rest kreuzt im Rückenmark
↓
Im Seitenstrang zur motorischen Vordersäule

In der motorischen Vordersäule erfolgt die Verbindung mit den motorischen Neuronen des Rückenmarks, deren Neuriten letztendlich über die motorischen Vorderwurzeln zu den Muskeln ziehen. Die Pyramidenbahn übt einen dämpfenden Einfluß auf den Ablauf der spinalen Eigenreflexe (s. S. 458), die den Muskeltonus regulieren, aus.

Merke: Die Pyramidenbahn wird aus dem Komplex der *zentralen motorischen Neurone* gebildet. Im Rückenmark wird die Verbindung zu den Muskeln durch die *peripheren motorischen Neurone* hergestellt.

➤ Schädigungen der Pyramidenbahn führen zu erhöhtem Muskeltonus und überschießenden Eigenreflexen (Spastik).

2. Extrapyramidalmotorisches System (EPS)
Während vom Primärzentrum der Willkürmotorik die Basisimpulse zur Bewegung der Skelettmuskulatur gegeben werden, wirken die Zentren des EPS regulierend auf diese ein. Erst dadurch werden situationsgerechte und koordinierte Bewegungen erreicht, d.h. der Bewegungsablauf wird "glatt" und individuell.

Folgende motorische Zentren sind beteiligt:
- *Kerngebiete im Zwischenhirn*: Hier befinden sich Zentren des Antriebes.

➤ Ausfall führt zur Hypokinese, d.h. Bewegungsarmut. Auffallend ist ein maskenähnliches Gesicht und ein tippelnder Gang.

- *Motorische Rindenzentren im Stirnlappen*: Aufgrund von Wechselwirkungen mit der vorderen Zentralwindung erhalten die Bewegungen ihre stimmungsabhängige individuelle Note.

- *Basalganglien*: Diese motorischen Zentren stimulieren die Bewegungsprogramme, indem sie hemmen oder antreiben. Der Schweifkern wirkt als Bremse.

➤ Ausfall des Schweifkerns führt zur Hyperkinese, d.h. zu überschießenden, nicht mehr zu kontrollierenden Bewegungen.

- *Roter Kern* (Nucleus ruber): Er ist im Gesamtkomplex des EPS das wichtigste Verteilungs- und Koordinationssystem.

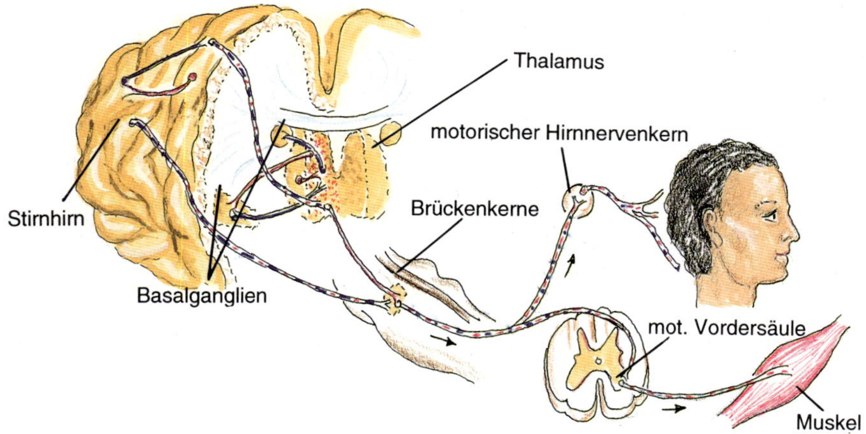

Abb. 218: Extrapyramidales System (EPS) wirkt als Antrieb und Bremse auf Bewegungen (Antrieb = rot; Bremse = blau).

19. 9. Peripheres Nervensystem (PNS)

Das PNS wird gebildet aus:
- 12 Hirnnervenpaaren,
- 31 Rückenmarksnervenpaaren.

19. 9. 1. Hirnnerven

An der Hirnbasis treten 12 Paar Hirnnerven aus. Ihre Kernzentren liegen in Teilen
- des Mittelhirns,
- der Brücke und
- der Medulla oblongata.

Sie sind mit übergeordneten Zentren (z.B. Mittelhirn, Großhirnrinde) verbunden. Nach der Reihenfolge ihres Austritts aus dem Gehirn werden die Hirnnerven mit römischen Zahlen bezeichnet. 5 der 12 Hirnnervenpaare sind gemischte Nerven.

Merke: Die Versorgung der Organe durch Nerven wird als Innervation bezeichnet.

I. Riechnerven (Nervi olfactorii) - sensibel
Die Riechnerven beginnen an den Riechsinneszellen der Riechschleimhaut und ziehen durch die Löcher der Siebbeinplatte über die Riechkolben (Bulbus olfactorius) zu den Riechzentren des Gehirns.

II. Sehnerv (N. opticus) - sensibel
Der Sehnerv ist ca. 5 cm lang. Er zieht vom Augapfel in der Augenhöhle durch den Canalis opticus in die Schädelhöhle. Vor der Hypophyse vereinigen sich beide Nerven zur *Sehnervenkreuzung* (Chiasma opticum) (s. S. 419), um dann als *Sehnervenstrang* (Tractus opticus) zunächst zum Thalamus und von dort aus als *Sehstrahlung* zur Hirnrinde zu ziehen.

III. IV. VI. Augenmuskelnerven - überwiegend motorisch
Diese Nerven ziehen durch den oberen Augenhöhlenspalt (Fissura orbitalis superior) zu den Muskeln am Augapfel. Der N. oculomotorius führt außerdem parasympathische Fasern zur Verengung der Pupille.

➤ Bei Ausfall des N. abducens kommt es zum Einwärtsschielen.

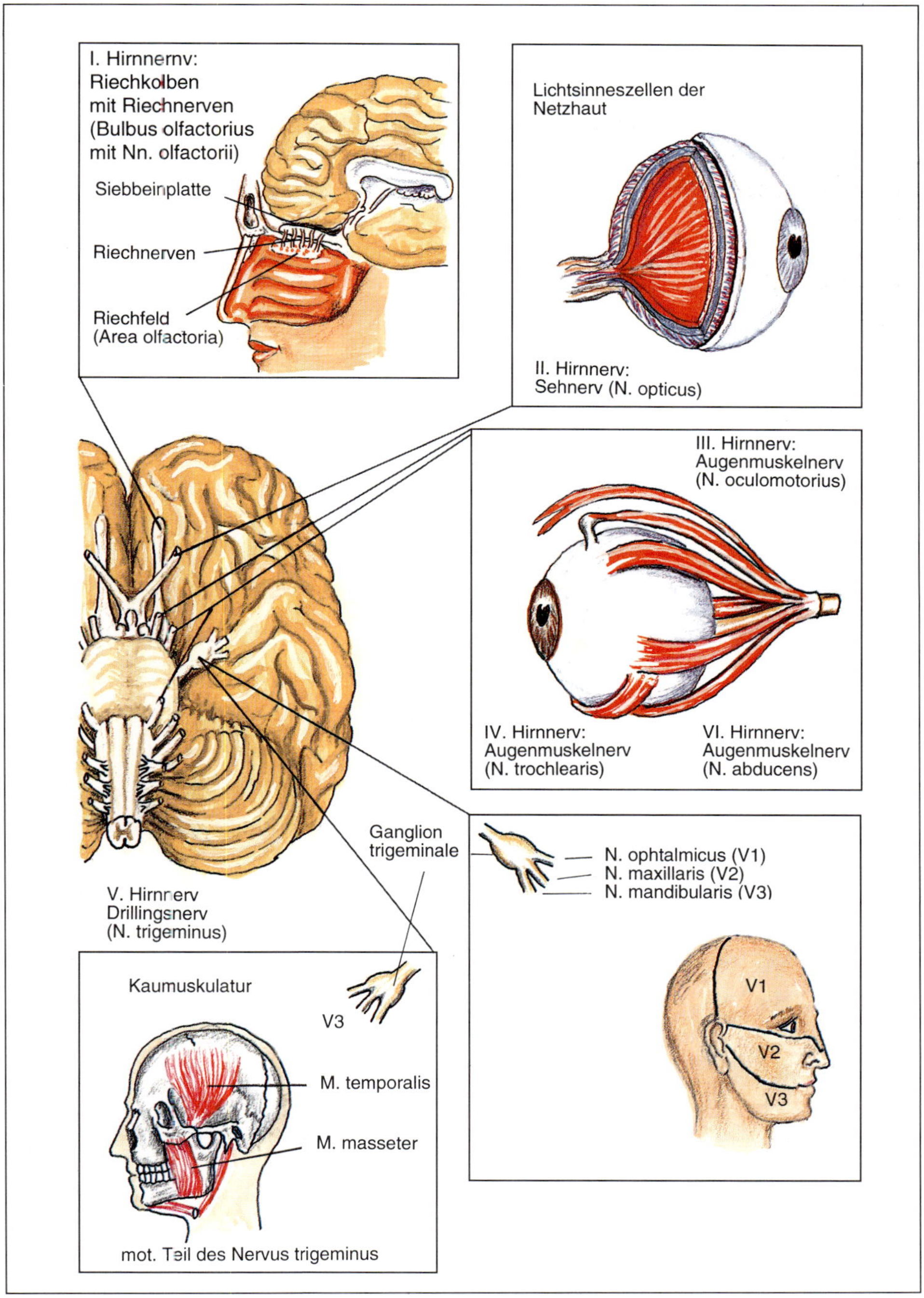

Abb. 219: Innervationsgebiete der Hirnnerven.

V. Drillingsnerv (N. trigeminus) - überwiegend sensibel
Zunächst bilden die sensiblen Fasern im Bereich der Pyramidenspitze das mächtige *Ganglion trigeminale* (Gasseri).
Aus diesem Ganglion treten die 3 Hauptäste des Trigeminus:

1. N. ophthalmicus

Er versorgt sensibel:
- Stirnhaut,
- Auge,
- Stirnhöhlen,
- Siebbeinzellen.
- Dura mater der vorderen Schädelgrube,
- Nasenrücken,
- Nasenhöhle,
- Keilbeinhöhlen,

2. N. maxillaris

Er versorgt sensibel:
- Wangen,
- Nasenhöhle,
- Haut des unteren Augenlides,
- Oberlippe,
- Gaumen und Zähne des Oberkiefers.

3. N. mandibularis

Er versorgt sensibel:
- Kinn,
- vordere Zungenabschnitte,
- untere Wangenbereiche bis Gehörgang und Trommelfell.
- Haut,
- Unterlippe,
- Zähne des Unterkiefers,

Er versorgt motorisch:
- Kaumuskulatur.

VII. Gesichtsnerv (N. facialis) - überwiegend motorisch
Zusammen mit dem Hör- und Gleichgewichtsnerv zieht der Facialis durch den inneren Gehörgang in das Felsenbein und verläßt durch eine Öffnung (Foramen stylomastoideum) die Schädelhöhle. Sogleich teilt er sich in 3 Äste. Der vordere größte Ast bildet in der Ohrspeicheldrüse ein Nervengeflecht (Plexus parotideus), von dem aus die mimische Muskulatur versorgt wird.

Der *motorische Ursprungskern* des Facialis in der Brücke besteht aus 2 Anteilen:
- dem *oberen Facialiskern* (Augenfacialis): Er versorgt die *obere Gesichtshälfte* und wird von den motorischen Rindenzentren sowohl der rechten als auch der linken Zentralwindung innerviert.
- dem *unteren Facialiskern* (Mundfacialis): Er innerviert die *untere Gesichtshälfte* und wird nur von der vorderen Zentralwindung der Gegenseite versorgt.

Abb. 220 (rechts): VII. - XII. Hirnnerven.

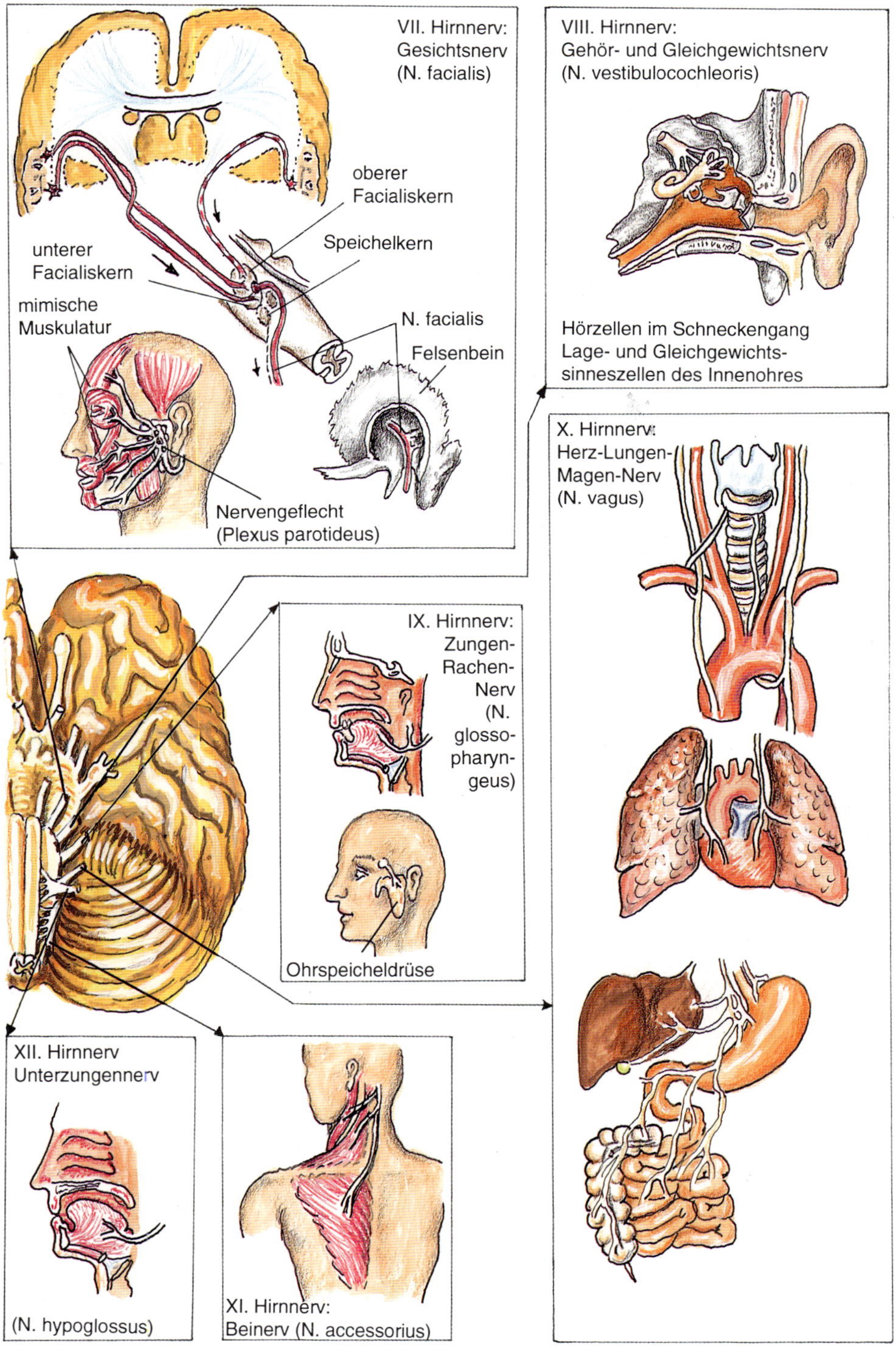
VII. Hirnnerv: Gesichtsnerv (N. facialis)
oberer Facialiskern
Speichelkern
unterer Facialiskern
mimische Muskulatur
N. facialis
Felsenbein
Nervengeflecht (Plexus parotideus)
VIII. Hirnnerv: Gehör- und Gleichgewichtsnerv (N. vestibulocochleoris)
Hörzellen im Schneckengang
Lage- und Gleichgewichtssinneszellen des Innenohres
IX. Hirnnerv: Zungen-Rachen-Nerv (N. glossopharyngeus)
Ohrspeicheldrüse
X. Hirnnerv: Herz-Lungen-Magen-Nerv (N. vagus)
XII. Hirnnerv Unterzungennerv
(N. hypoglossus)
XI. Hirnnerv: Beinerv (N. accessorius)

➤ Ausfall des rechten zentralen motorischen Neurons, z. B. infolge eines Schlaganfalls bedeutet Lähmung der mimischen Muskulatur der linken unteren Gesichtshälfte.
Ausfall des rechten peripheren motorischen Neurons, z. B. infolge eines Schädelbasisbruches oder einer Mittelohrentzündung, bedeutet totale Lähmung der rechten Gesichtshälfte (Stirn kann nicht gekräuselt werden, Auge kann nicht geschlossen werden usw.).

VIII. Gehör- und Gleichgewichtsnerv (N. vestibulocochlearis) - sensibel
Wie bereits aufgeführt, tritt dieser Nerv ebenfalls durch den inneren Gehörgang in das Felsenbein. Ein Teil leitet die Erregungen vom Gleichgewichtsorgan, ein zweiter die vom Gehörorgan.

IX. Rachen-Zungen-Nerv (N. glossopharyngeus) - sensibel, motorisch, parasympathisch
Dieser Nerv innerviert
- motorisch die Rachenmuskeln,
- sensibel die hintere Rachenwand und das hintere Drittel der Zunge,
- parasympathisch die Ohrspeicheldrüse (Speichelsekretion).

X. Herz-Lungen-Magen-Nerv (N. vagus) - überwiegend parasympathisch
Der N. vagus ist der wichtigste Nerv des Parasympathicus (s. S. 464).
Er tritt mit 10 bis 15 Faserbündeln aus der Medulla oblongata und verläßt die Schädelhöhle durch das Drosselloch (Foramen jugulare).

Verlauf
Die beiden Nerven sind zunächst Bestandteil der *Gefäß-Nerven-Straßen des Halses*, gelangen durch die obere Thoraxöffnung in das hintere *Mediastinum* und von dort mit der Speiseröhre durch den *Hiatus oesophageus* (s. S. 185) in den *Bauchraum*. Entsprechend dieses Verlaufes werden 4 Teile unterschieden:
1. *Kopfteil*: Er innerviert sensibel
   - die Dura mater der hinteren Schädelgrube.

➤ Reizung bei Meningitis hat reflektorisches Erbrechen zur Folge.

2. *Halsteil*: Er innerviert motorisch den Kehlkopf, parasympathisch das Herz.
3. *Brustteil*: Er innerviert
   - durch rückläufige motorische Äste (N. laryngeus recurrens) die Kehlkopfmuskeln,
   - parasympathisch: Herz, Bronchien, Speiseröhre.

4. *Bauchteil*: Hier bilden die beiden Vagusnerven Geflechte mit Nerven des Sympathicus. Parasympathisch innerviert werden Leber, Pankreas, Milz, Nieren, Nebennieren, Magen, Dünndarm, Dickdarm bis zur Mitte des Quercolons (= Böhmscher Punkt).

XI. Nerv (N. accessorius) - motorisch
Innervationsgebiete: Kopfwendermuskel, Trapezmuskel.

XII. Unterzungennerv (N. hypoglossus) - motorisch
Innervationsgebiete: Zungenmuskulatur.

➤ Einseitige Lähmung des Hypoglossus führt zu erheblichen Behinderungen beim Kauen, Schlucken und Sprechen.

19. 9. 2. Rückenmarksnerven (Nn. spinales)

Die Rückenmarksnerven gehen vom Rückenmark ab und treten durch das jeweilige Zwischenwirbelloch aus dem Wirbelkanal heraus. Entsprechend den 31 Rückenmarkssegmenten gibt es 31 Rückenmarksnervenpaare (s. S. 145, 426).
Während der Embryonalentwicklung bleibt das Wachstum des Rückenmarkes gegenüber dem der Wirbelsäule zurück. Das hat zur Folge, daß sich die Austrittsstellen (Zwischenwirbellöcher) für die Rückenmarksnerven zunehmend weiter kaudal verschieben. Die Wurzeln der Lenden-, Kreuz- und Steißnerven erreichen deshalb im Wirbelkanal eine Länge bis zu 20 cm, ehe sie "ihr" Zwischenwirbelloch erreichen. Diese Wurzelansammlungen unterhalb des 1./2. Lendenwirbels bilden den sog. Pferdeschweif (Cauda equina).

Merke: Der *Rückenmarksnerv* (N. spinalis) entsteht aus dem *Zusammenschluß* der *vorderen* motorischen Wurzel und der *hinteren* sensiblen Wurzel eines Segmentes. Die hintere Wurzel enthält das *Spinalganglion* (Ganglion spinale), welches als deutliche Verdickung zu erkennen ist. Im Spinalganglion befinden sich die Neurone (pseudo-unipolare Zellen) der sensiblen Fasern, deren distale Fortsätze Informationen aus der Körperperipherie erhalten und deren zentrale Fortsätze ins Rückenmark ziehen. Die Rückenmarksnerven liegen in den *Zwischenwirbellöchern* und sind etwa 1 cm lang.

Innervationsgebiete der Rückenmarksnerven

Die 31 bis 33 Paar Rückenmarksnerven mit motorischen und sensiblen Nervenfasern teilen sich teilweise schon im Zwischenwirbelloch oder kurz danach in mehrere Äste.

- Hintere Äste:
  Sie versorgen
  - sensibel die Haut vom Hinterkopf bis zum Steißbein,
  - motorisch die tiefere Rückenmuskulatur.

- Vordere Äste:

Mit Ausnahme der Brustäste bilden alle anderen Geflechte (Plexus).
Die Brustäste versorgen als Zwischenrippennerven die Thoraxwand.

Tab. 44

Plexus	**Hervorgehende Nerven**	**Versorgung**	
Halsgeflecht (Plexus cervicalis)	Zwerchfellnerven (Nn. phrenici)	motorisch:	Diaphragma
	weitere Nerven	Haut und Muskeln des Halses	
Armgeflecht (Plexus brachialis)	Haut-Muskel-Nerv (N. musculo-cutaneus)	motorisch: sensibel:	Flexoren des Oberarms Haut am Oberarm und an der Außenseite des Unterarms
	Ellennerv (N. ulnaris) Er ist am Epicondylus medialis tastbar ("Musikantenknochen")	motorisch: sensibel:	Unterarmflexoren Haut des Unterarms bis zum kleinen Finger
	N. medianus	motorisch:	Beugemuskeln des Unterarmes auf der Daumenseite
	Speichennerv (N. radialis)	motorisch:	Extensoren am Unterarm
Lendengeflecht (Plexus lumbalis)	Oberschenkelnerv (N. femoralis)	motorisch:	Muskeln und Haut an der Vorderseite des Oberschenkels
Kreuzgeflecht (Plexus sacralis)	Ischiasnerv (N. ischiadicus) Oberhalb der Kniekehle teilt er sich in:	motorisch und sensibel:	Gesäßgegend, Damm, Oberschenkelflexoren
	Schienbeinnerv (N. tibialis)	motorisch: sensibel:	Wadenmuskulatur Haut an der Hinterseite des Unterschenkels
	Wadenbeinnerv (N. peronaeus communis)	motorisch: sensibel:	vordere Unterschenkelmuskeln Haut an der Vorderseite des Unterschenkels

- Folgen von Nervenausfällen

- N. ulnaris:	Krallenhand.
- N. medianus:	Schwurhand.
- N. radialis:	Fallhand.
- N. femoralis:	Keine Streckung im Kniegelenk, Beugung im Hüftgelenk ist erschwert.
- N. tibialis:	Fußspitze kann nicht mehr gesenkt werden.
- N. peronaeus communis:	Spitzfuß.

Merke: *Hautnerven* werden von den sensiblen Nervenfasern der Wärme-, Kälte-, Druck- und Schmerzpunkte der Haut gebildet. Das sensible Versorgungsgebiet eines Spinalnerven in der Haut wird als *Dermatom* bezeichnet.

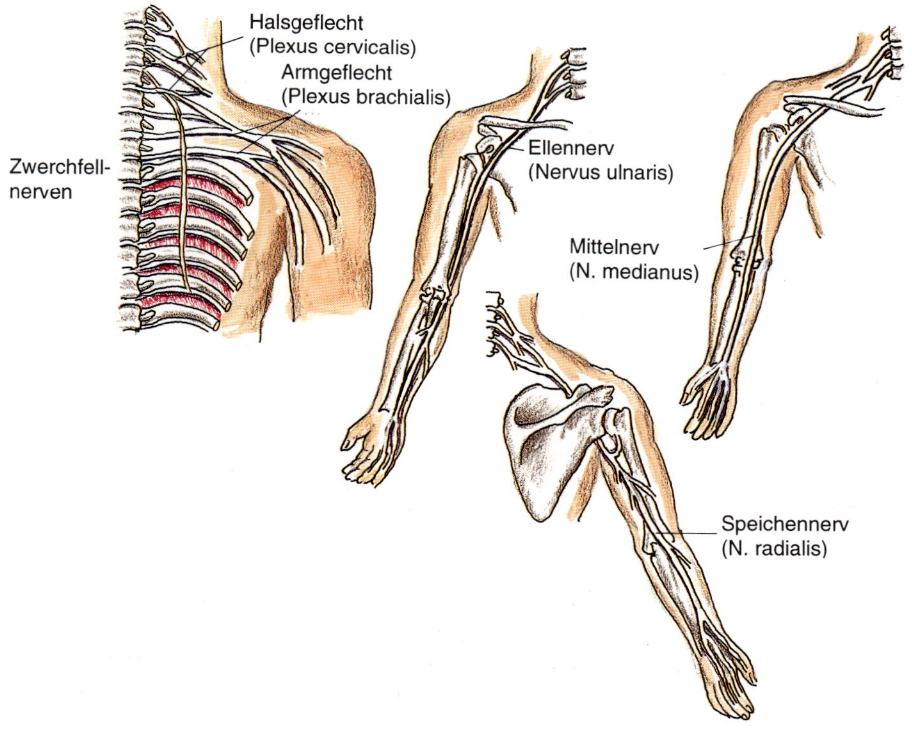

Abb. 221: Innervation des Armes.

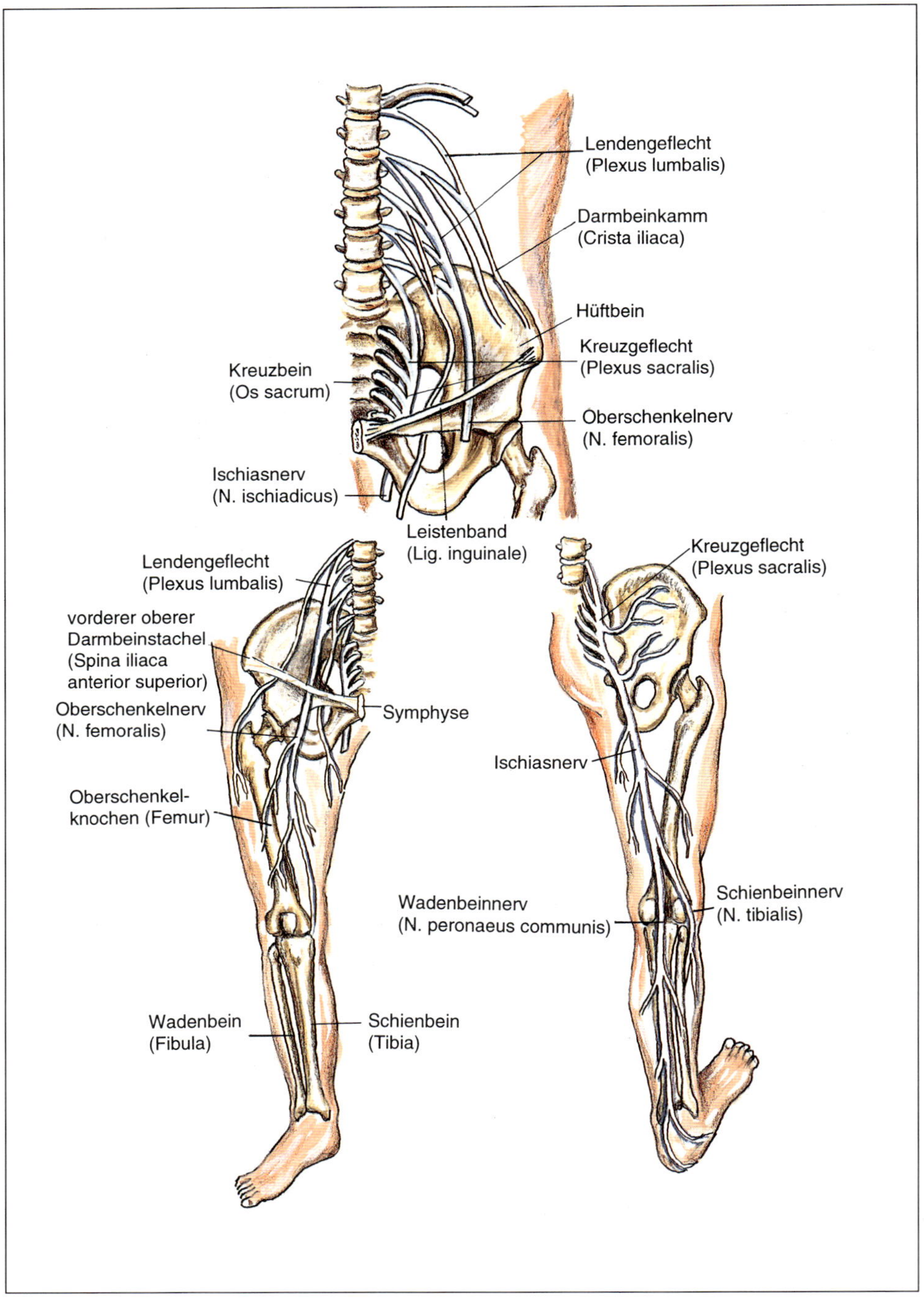

Abb. 222: Innervation der unteren Extremität.

19. 10. Reflexe

Zu den einfachsten Regulationsmechanismen des ZNS gehören die Reflexe als Leistungen von Stammhirn und Rückenmark. Ihre biologische Bedeutung liegt in der schnellen Reaktion auf Reize. Dadurch werden die Reflexe vor allem zu wichtigen Schutzmechanismen bzw. sichern elementare Lebensvorgänge. Sie können nicht durch den Willen beeinflußt werden.

Beispiele:
- Zurückziehen der Hand beim Anfassen eines heißen Gegenstandes,
- Saugen, Schlucken,
- Reaktionen zur Bewahrung der Körperhaltung,
- Aufrechterhaltung von Atmung und Kreislauf.

Reflexbogen
Als Reflexbogen wird die zum Ablauf eines Reflexes notwendige Nervenschaltung bezeichnet.

Tab. 45: Reflexbogen

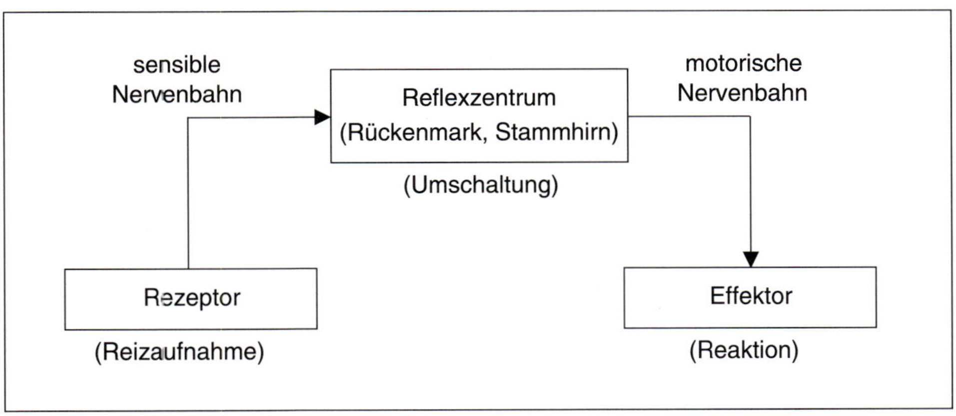

Merke: Es gibt angeborene und durch Lernvorgänge erworbene Reflexe. Bei den angeborenen Reflexen unterscheidet man monosynaptische oder Eigenreflexe und polysynaptische oder Fremdreflexe.

Monosynaptische oder Eigenreflexe

Beispiel: Patellarsehnenreflex.

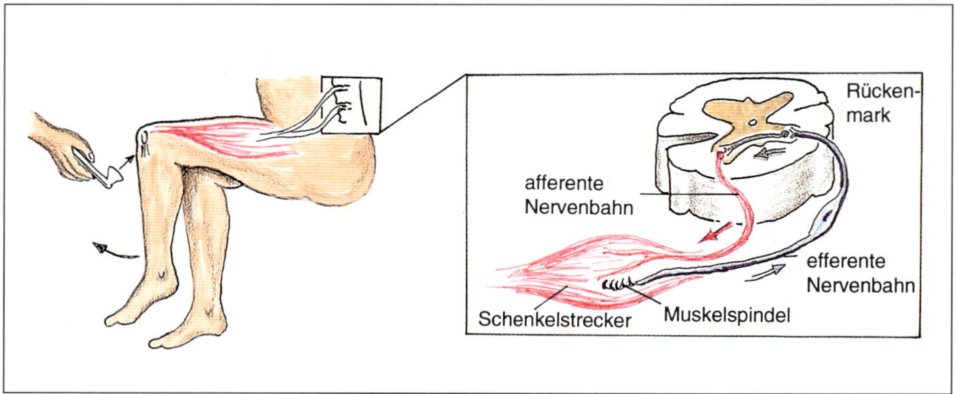

Abb. 223: Eigenreflex (Patellarsehnenreflex).

Die Erregung aus den Muskelspindeln gelangt über die sensible Hintersäule im gleichen Segment auf der gleichen Seite zum peripheren motorischen Neuron der Vordersäule.

Weitere Beispiele: Bicepssehnenreflex, Tricepssehnenreflex.

> *Merke:* Bei den Eigenreflexen wird nur einmal in einer Synapse umgeschaltet. Reizung und Reaktion erfolgen im selben Organ, daher ist die Reflexzeit besonders kurz. Monosynaptische Eigenreflexe dienen der Regulation der Muskellänge und -spannung (Körperhaltung).

Polysynaptische oder Fremdreflexe

Beispiel: Bauchdeckenreflex.

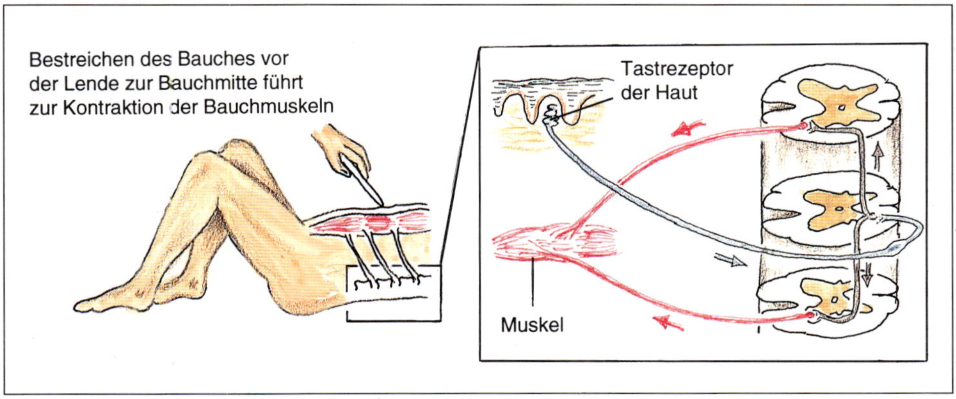

Abb. 224: Fremdreflex (Bauchdeckenreflex).

Die Erregungen für diese Reflexe kommen hauptsächlich von Rezeptoren der Haut bzw. Schleimhäute.

Merke: Fremdreflexe laufen über mehrere Synapsen in verschiedenen Segmenten. Auf diese Weise werden mehrere Muskeln bzw. Muskelgruppen erregt.

Weitere Beispiele:
- Saug- und Schluckreflex, Brechreflex, Hustenreflex,
- Kreislauf- und Atmungsreflexe,
- Halte- und Stellreflexe.

➤ Neugeborene reagieren in erster Linie mit Reflexen auf Reize, da die Großhirnrinde noch nicht funktionsreif ist.
Reflexüberprüfungen sind wichtige diagnostische Verfahren.

Stützmotorik

Die motorischen Leistungen, die der Haltung des Körpers im Raum dienen, werden als Stützmotorik bezeichnet.

Sie wird realisiert durch:
- *die motorischen Leistungen des Rückenmarks (Spinalmotorik)*

Auf Rückenmarksebene existiert eine Vielzahl von Verschaltungen, über die Bewegungen ausgelöst oder gehemmt werden können.
Die *spinalen Reflexe* beinhalten gewissermaßen einen Vorrat elementarer Haltungs- und Bewegungsprogramme, die je nach Bedarf vom Organismus genutzt werden können, ohne daß sich die übergeordneten Abschnitte des ZNS im einzelnen um die Ausführung der Programme bemühen müssen.
Auf diese Weise werden z.B. Änderungen in der Belastung der Muskeln automatisch ausgeglichen oder Muskeln aufeinander abgestimmt (z.B. Streckreflex).

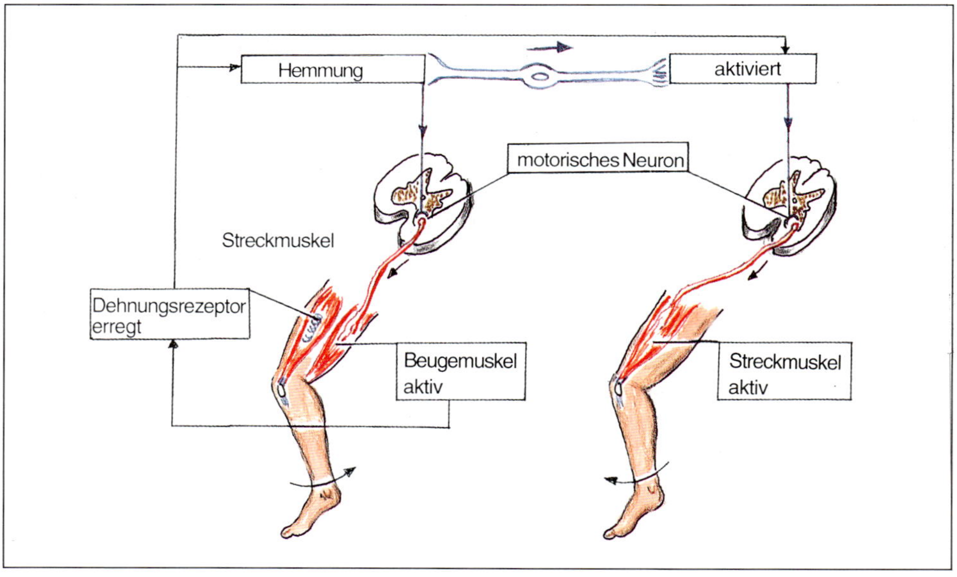

Abb. 225: Streckreflex.

Es ist zu erkennen, daß die Schreitbewegungen nur möglich sind, weil bei Erregung des motorischen Neurons der Strecker, gleichzeitig das der Beuger gehemmt wird.

- *die motorischen Leistungen des Hirnstamms*

Sie gewährleisten mit Hilfe von *Halte- und Stellreflexen* die Aufrechterhaltung des Gleichgewichts und der normalen Körperhaltung.

Merke: Willkürmotorik (s. S. 444) und Stützmotorik sind eng miteinander verknüpft. Denn jede gezielte Bewegung muß von einer Neueinstellung der Stützmotorik begleitet werden.

Erworbene Reflexe (bedingte Reflexe)

Wird einem Menschen seine Lieblingsspeise gezeigt oder beschrieben, reagiert er mit Speichelabsonderung, also mit einem Reflex, der nicht angeboren ist. Nach häufiger gleichzeitiger Darbietung beider Reize setzt bereits beim Sehen der Nahrung die Speichelsekretion ein, weil sich ein bedingter Reflex herausgebildet hat (siehe Abbildung).

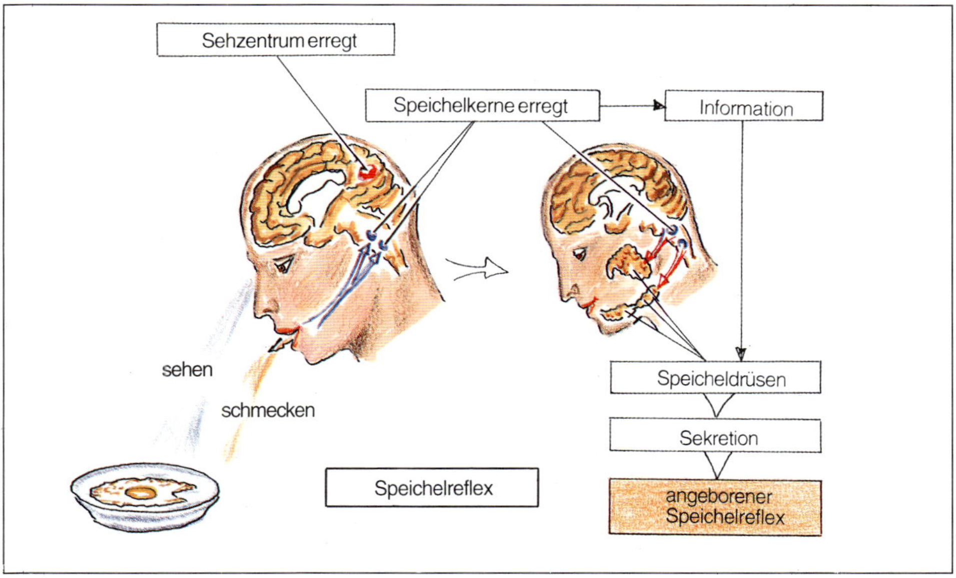

Abb. 226: Entstehung eines bedingten Reflexes.

Tab. 46

Der Mensch sieht die Nahrung (Reiz 1)

↓

Erregung Sehzentrum

Danach bringt er die Nahrung in den Mund und kaut (Reiz 2)

↓

Erregung des Speichelreflexzentrums und Speichelsekretion

} angeborener Fremdreflex

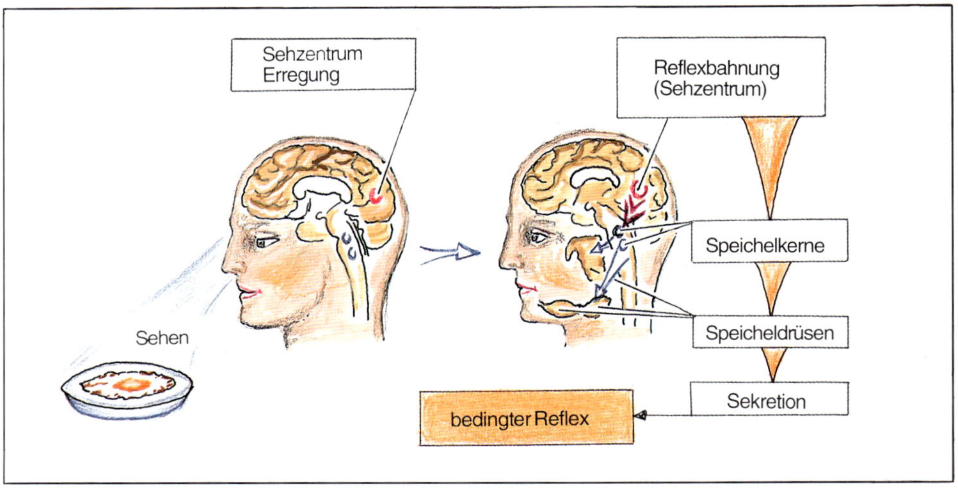

Abb. 227: Bedingter Reflex.

Merke: Bedingte Reflexe werden auf der Grundlage angeborener Fremdreflexe durch Lernvorgänge herausgebildet. Der biologische Sinn besteht darin, besser und müheloser auf wechselnde Situationen in der Umwelt zu reagieren.
Sie laufen über die Hirnrinde und werden bei mehrmaligem Fehlen des 2. Reizes auch wieder "vergessen".

19. 11. Vegetatives Nervensystem (VNS)

Das VNS steuert im Zusammenwirken mit den Hormonen und der wechselseitigen Beeinflussung durch das animale Nervensystem die Funktionen der inneren Organe, z. B. die Regulation von
- Körpertemperatur,
- Herzfrequenz,
- Blutdruck.

Der Hypothalamus ist das oberste Integrationsorgan der übergeordneten vegetativen Zentren. Funktionell basiert das VNS hauptsächlich auf dem Reflexbogen.

Das VNS läßt sich morphologisch und funktionell in 2 Teile gliedern:
1. den Sympathicus:
Die *zentralen Neurone* des Sympathicus liegen in den Seitensäulen der grauen Rückenmarkssubstanz (Nucleus intermediolateralis) vom *8. Halssegment* (C_8) *bis zum 3. Lendensegment* (L_3). Die *afferenten Erregungen* kommen von den Eingeweiderezeptoren und erreichen über die sensiblen Hinterwurzeln die sympathischen Zentren. Die efferente Strecke wird aus 2 Neuronen gebildet:

Tab. 47

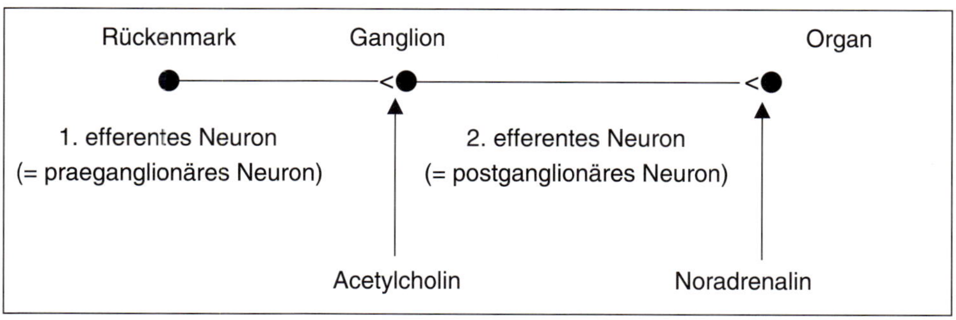

Die 1. *efferenten Neurone* ziehen in der motorischen Vorderwurzel aus dem Rückenmark und enden in einem der 25 bis 30 Ganglien, die beidseits der Wirbelsäule in einer Doppelreihe angeordnet sind oder ziehen nur hindurch.

Merke: Diese Ganglienketten werden als *Grenzstränge* des Sympathicus bezeichnet.

Vom 3. Ganglion (= Sternganglion - Ganglion stellatum) ziehen die sympathischen Nerven
- zum Hals,
- zum Kopf,
- zum Arm,
- zu den Brustorganen (Bronchien, Lunge, Herz).

Die durch die Grenzstrangganglien hindurchziehenden Fasern werden in unpaarigen Ganglien umgeschaltet, die vor der Wirbelsäule bzw. Bauchaorta liegen. Zu diesen *praevertebralen sympathischen Ganglien* gehören:
- Ganglion coeliacum,
- Ganglion mesentericum superius,
- Ganglion mesentericum inferius.

Die daraus hervorgehenden Nerven versorgen die Bauch- und Beckeneingeweide.

2. Parasympathicus

Die oberen parasympathischen Zentren liegen:
- im Mittelhirn,
- in der Brücke und
- in der Medulla oblongata.

Die unteren parasympathischen Zentren liegen
- vom 2. bis 4. Sakralsegment (S_2 bis S_4).

Von den inneren Organen gelangen die Informationen über sensible Nervenfasern zu den Zentren des Parasympathicus.

Die Umschaltung vom prae- auf das postganglionäre Neuron erfolgt in
- freiliegenden peripheren parasympathischen Ganglien und
- Nervengeflechten, die an oder in den Organen liegen (Herz, Magen, Darm, Blase, Uterus).

Vom Hirnstamm aus werden vor allem über den N. vagus versorgt:
- Brust- und Baucheingeweide.

Vom Sakralteil aus werden versorgt:
- die Bauchorgane ab Canon-Böhmschen Punkt und
- die Beckenorgane.

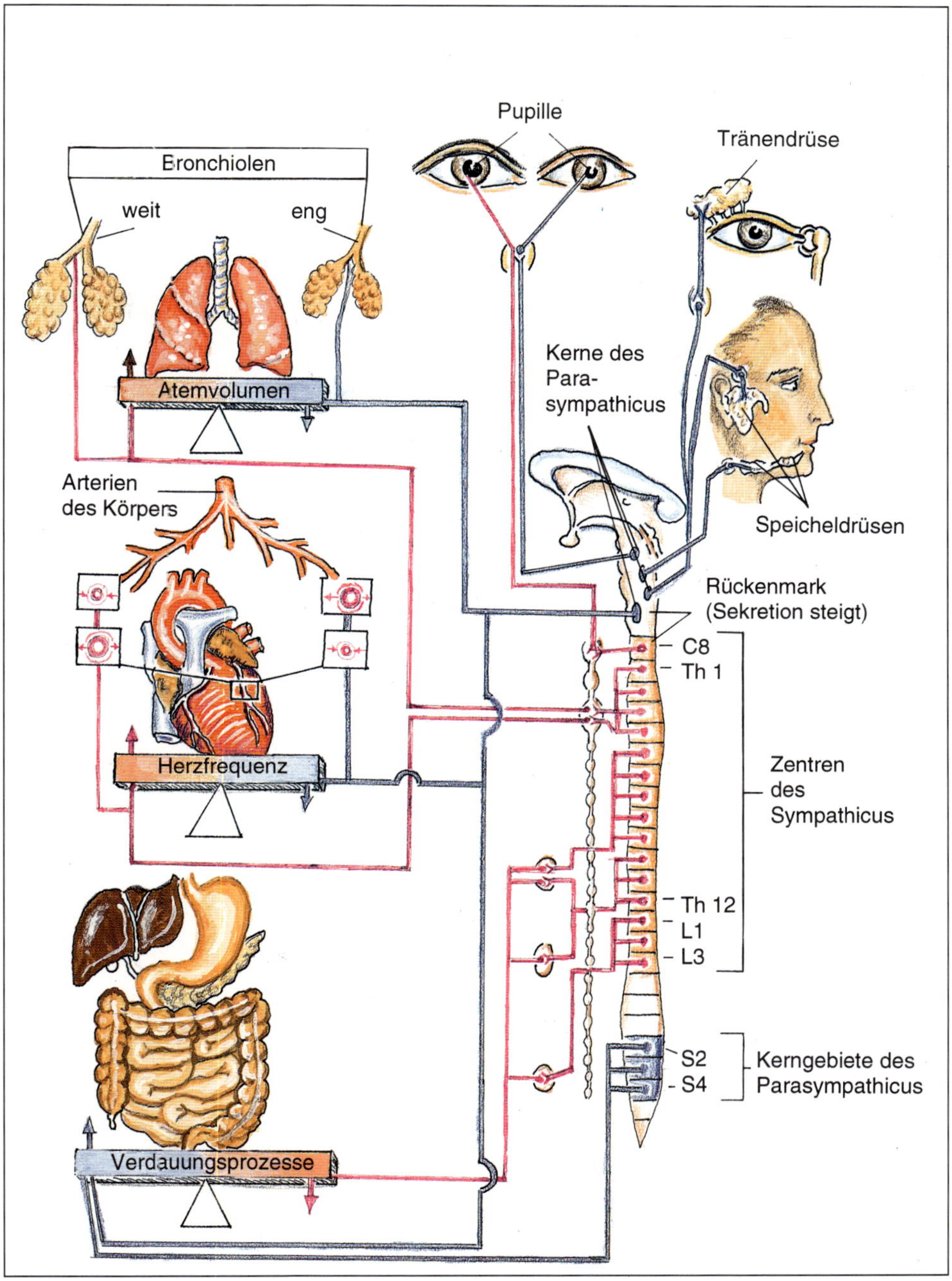

Abb. 228: Zentren und Funktionen des vegetativen Nervensystems.
Sympathicus = rot (wirkt ergotrop = setzt Energie frei);
Parasympathicus = blau (wirkt trophotrop = speichert Energie).

Wirkungsweise

Sympathicus und Parasympathicus weisen je nach Situation unterschiedliche Erregungszustände auf. Der *Sympathicus* bewirkt eine *Leistungssteigerung*, die als *ergotrope Reaktion* bezeichnet wird (vorherrschend bei Arbeit).

Der *Parasympathicus* sorgt für die Aktivierung jener Organfunktionen, die für den *Aufbau der Energiereserven* nötig sind, d.h. er hat eine *trophotrope Wirkung* (vorherrschend bei Ruhe).

> *Merke:* Die meisten inneren Organe werden sympathisch und parasympathisch innerviert, wobei die Effekte antagonistisch sind.

Beispiele:

	Reizung des Sympathicus bewirkt	*Reizung des Parasympathicus bewirkt*
Schlagfrequenz und -volumen des Herzens	Zunahme	Abnahme
Darmmotorik	Abnahme	Zunahme
Gallenblasenmuskulatur	Erschlaffung	Kontraktion
Bronchialmuskulatur	Erschlaffung	Kontraktion

Vorwiegend parasympathisch werden innerviert:
- Harnblase,
- Speicheldrüsen.

Nur parasympathisch werden innerviert:
- Tränendrüsen,
- Drüsen des Nasen-Rachen-Raumes.

Nur sympathisch werden innerviert:
- fast alle Blutgefäße,
- Milz.

➤ Bei Erkrankungen bestimmter innerer Organe (Herz, Leber, Gallenblase, Magen, Dickdarm) ist die Muskulatur über dem Krankheitsherd gespannt und das Hautareal gerötet. Der Eingeweideschmerz wird also auf die Hautoberfläche übertragen. Man bezeichnet ihn deshalb auch als *übertragenen Schmerz*. Die Hautareale (= Dermatome), in die übertragen wird, heißen *Headsche Zonen*. Dies ist so zu erklären: Von einem Rückenmarkssegment werden gleichzeitig ein inneres Organ und ein bestimmtes Dermatom versorgt.

19. 12. Zusammenwirken VNS, animales Nervensystem und Hormonsystem

Die verschiedenen Verhaltensformen, wie z.B. Nahrungs-, Fortpflanzungs- oder Fluchtverhalten sind das Ergebnis des engen Zusammenwirkens von animalem und vegetativem Nervensystem sowie dem Hormonsystem. Der Hypothalamus als oberstes Steuerzentrum aller vegetativen Funktionen erhält vom Endhirn Informationen aus der Umwelt. Daraufhin steuert er die ihm untergeordneten hormonellen, vegetativen und animalen Prozesse so, daß z.B. Ernährung und Verdauung gefördert werden, ein Abwehrverhalten (Alarmstellung) praktiziert wird oder ein Verhalten entsteht, daß der Fortpflanzung dient.
Bei den 3 genannten Verhaltensformen werden die Körperfunktionen wie folgt beeinflußt (vereinfacht):

Nahrungsverhalten:
- Blutdrucksenkung,
- Erhöhung der Magen-Darm-Durchblutung sowie Motorik und Sekretorik,
- Hemmung der Skelettmuskeldurchblutung.

Abwehrverhalten:
- Erhöhung der Skelettmuskeldurchblutung,
- Blutdruckerhöhung,
- Erhöhung der Herzfrequenz,
- Steigerung der Atemfrequenz,
- Hemmung der Magen-Darm-Durchblutung.

Fortpflanzungsverhalten:
- Steuerung der Partnerwerbung,
- Sexualerregung.

Die Aktivierung bzw. Hemmung der einzelnen Organe erfolgt
- bei Sofortreaktionen durch die schnelleitenden Nerven (Aktionspotentiale),
- bei Dauerleistungen, z.B. bei einer Flucht, durch anhaltend wirkende Hormone.

➤ Die Vorgänge des Abwehrverhaltens werden auch aufgrund vieler täglicher Belastungen (Verkehr, Schule, Arbeit u.a.) in Gang gesetzt, ohne daß danach die körperliche Handlung (Abwehr, Flucht) erfolgt. Folgen können z.B. sein: Herz-Kreislauf-Erkrankungen, Magengeschwüre, Drüsenfunktionsstörungen.

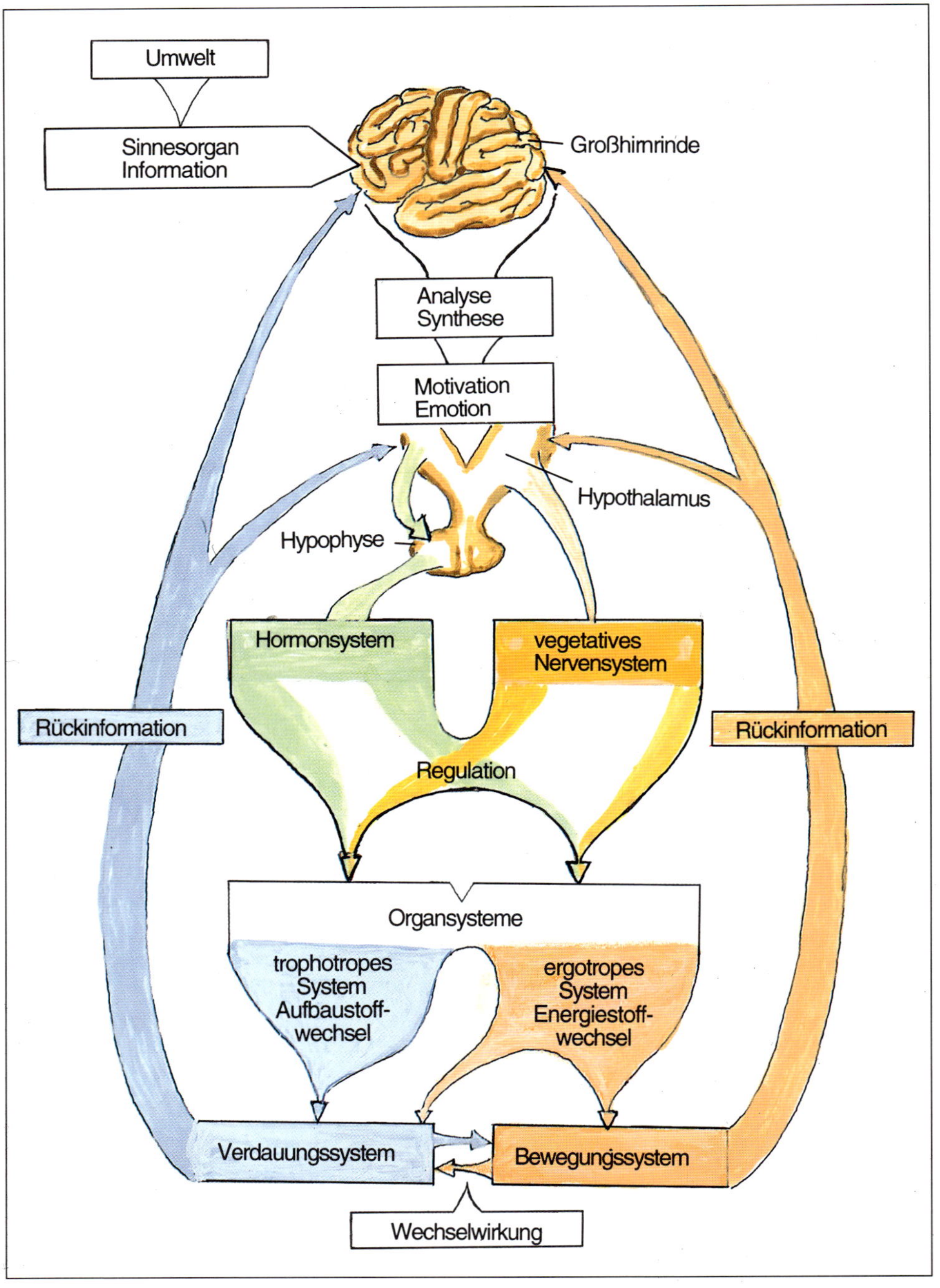

Abb. 229: Wechselwirkung zwischen animalem und vegetativem Nervensystem und Hormonsystem.

19. 13. Wachsein und Schlafen

Der Aktivitätszustand der Neuronen des Gehirns ("Wachheitsgrad") ist ständigen Schwankungen unterworfen. Ursachen sind z.B. die Afferenzen, die aufgrund von Umweltreizen bzw. Reizen aus dem Körper selbst entstehen.

Elektroencephalogramm (EEG)
Mit Hilfe des EEG ist es möglich, die elektrische Hirnaktivität zu registrieren. Das geschieht mit Hilfe von Elektroden von der Kopfhaut aus. Je nach Wachheitsgrad variieren die Potentialschwankungen in Amplitude und Frequenz.

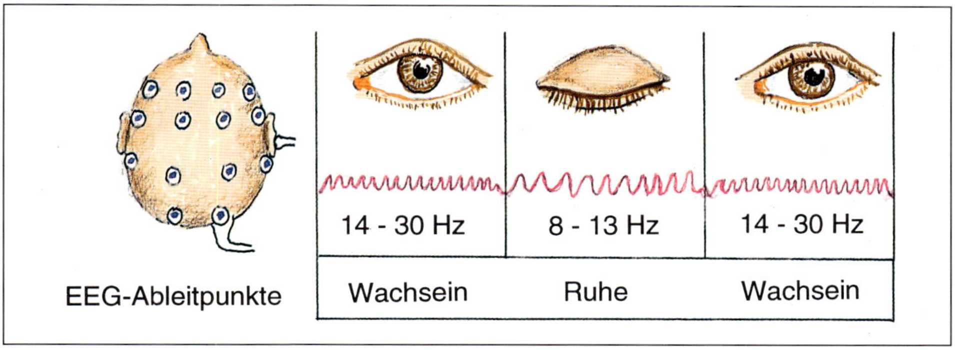

Abb. 230: EEG-Wellen.

Wachsein und Bewußtsein
Wachsein bedeutet, daß der Mensch aktiv mit der Umwelt in Kontakt tritt und auf einwirkende Reize entsprechend reagiert. Herzfrequenz, Atemfrequenz, Stoffwechsel und Muskeltonus sind im Vergleich zum Schlafzustand erhöht.
Beim Menschen ist Wachsein eng mit *Bewußtsein* verknüpft, welches durch folgende Merkmale gekennzeichnet ist:

1. Durch die *Aufmerksamkeit* und die Fähigkeit, die Richtung der Aufmerksamkeit gezielt zu wechseln.
2. Durch die Kreativität und den Umgang mit abstrakten Ideen sowie ihr Ausdrücken durch Worte oder andere Symbole.
3. Durch die Fähigkeit, die Bedeutung einer Handlung im voraus abzuschätzen, also Erwartungen und Pläne zu haben.
4. Durch die Selbsterkenntnis und das Erkennen anderer Individuen.
5. Durch das Akzeptieren ästhetischer und ethischer Werte.

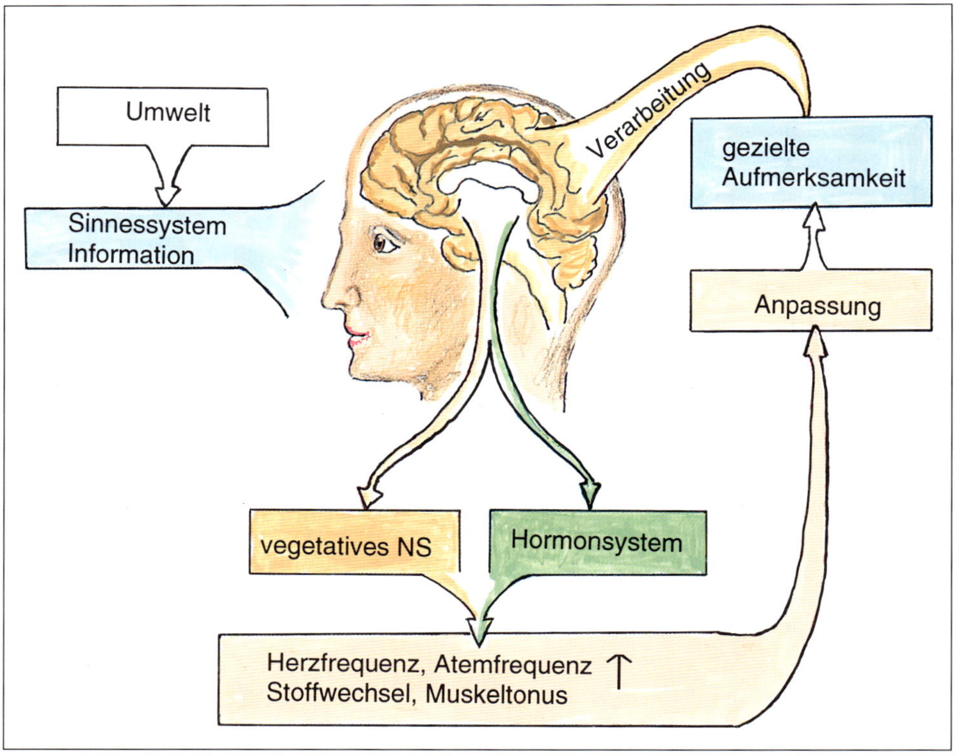

Abb. 231: Koordinationssysteme.

➤ Abweichungen vom normalen Bewußtsein werden als Bewußtseinsstörungen bezeichnet. Sie äußern sich in einem veränderten Ablauf oder Ausfall oben genannter Merkmale, z.B. bei Benommenheit, Somnolenz, Sopor, Koma).

Schlafen

Im Schlafzustand ist die Informationsaufnahme aus der Umwelt auf ein Minimum eingeschränkt, d.h. nur bestimmte Schlüsselreize wie das Wimmern des Säuglings, das die Mutter weckt, werden aufgenommen. Stoffwechsel, Herz- und Atemfrequenz sind gedrosselt (= parasympathische Reaktionslage). Schlafen dient der Erholung, ist aber nicht einfach ein Ruhen des Gehirns, sondern eine vom Wachsein unterschiedliche Organisationsform der Hirnfunktion. So wie es unterschiedliche Wachheitsgrade gibt, lassen sich mit Hilfe des EEG auch unterschiedliche Schlaftiefen bzw. Schlafstadien unterscheiden. Wie zu erkennen, werden pro Nacht Leicht- und Tiefschlafstadien ca. 4 bis 5 mal durchlaufen. Gegen Morgen nimmt die Schlaftiefe ab. Im Tiefschlaf erlischt der Tonus der quergestreiften Muskulatur fast vollkommen.

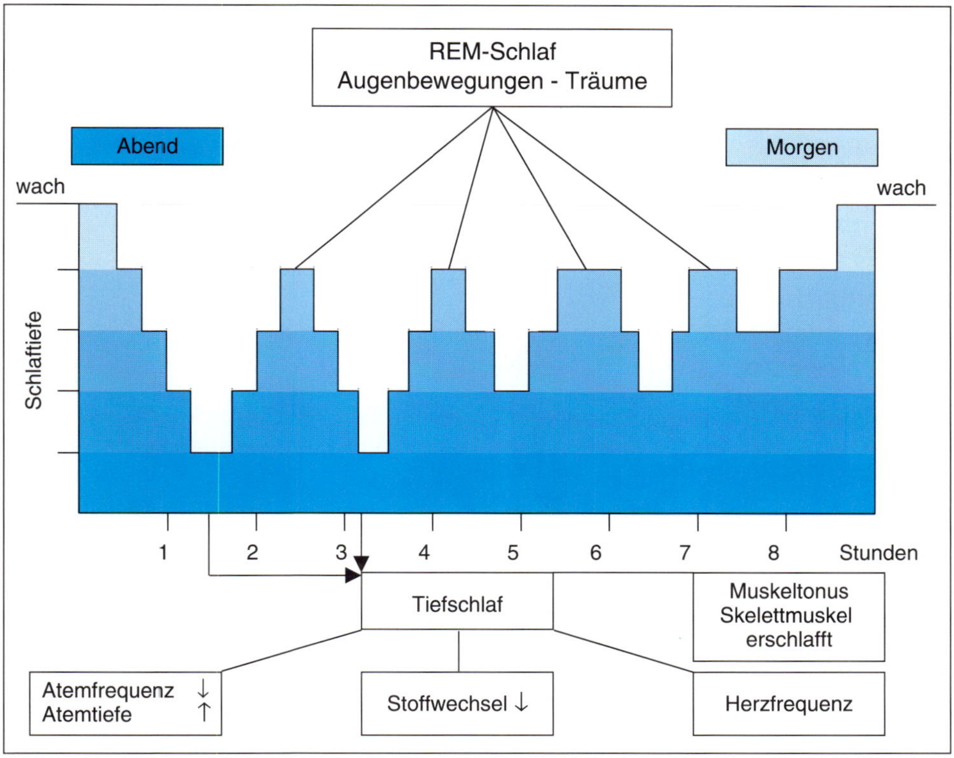

Abb. 232: Schlafstadien.

Von besonderer Bedeutung sind die B-Stadien. Sie zeichnen sich dadurch aus, daß
- wie beim Tiefschlaf der Muskeltonus erlischt,
- Salven schneller Augenbewegungen und
- die meisten Träume auftreten.

Wegen der Augenbewegungen wird dieses Stadium REM-Schlaf (von **R**apid **E**ye **M**ovements) bezeichnet, alle übrigen Stadien als Non-REM-Schlaf.
Wahrscheinlich laufen in allen Schlafstadien, besonders aber im REM-Schlaf, geistige Prozesse im Gehirn ab. Im allgemeinen nimmt mit zunehmendem Alter das Schlafbedürfnis ab, wobei große individuelle Unterschiede bestehen.
Der normale Schlaf-Wach-Rhythmus wird von einer (in ihrer Wirkungsweise noch weitgehend unbekannten) "inneren Uhr" gesteuert.

➤ Schlafmittel stören den Ablauf der natürlichen Schlafphasen und sind daher bei Dauergebrauch gesundheitsschädigend.

Aufgaben zur Wiederholung

1. Aus welchen Anteilen besteht das menschliche Nervensystem?
2. Erklären Sie anhand eines Querschnittes den Aufbau des Rückenmarks!
3. Nehmen Sie eine Gliederung der Rückenmarkssegmente vor!
4. Definieren Sie
   a) graue Substanz, b) weiße Substanz,
   c) Nervenfaser, d) Nerv.
5. Nehmen Sie eine Gliederung der einzelnen Hirnabschnitte vor!
6. Beschreiben Sie den Bau des Endhirns!
7. Nennen Sie die verschiedenen Funktionszentren in der Großhirnrinde, und beschreiben Sie kurz ihre Aufgaben!
8. Welche Bedeutung haben die Basalganglien?
9. Aus welchen Abschnitten besteht das Zwischenhirn und welche Aufgaben erfüllen sie?
10. Welche Funktionen haben
    a) Mittelhirn,
    b) Kleinhirn,
    c) Medulla oblongata?
11. Was sind Hirnventrikel und welche gibt es?
12. Wie werden Gehirn und Rückenmark geschützt?
13. Unterscheiden Sie inneren und äußeren Liquorraum!
14. Welche Bedeutung hat der Liquor?
    An welcher Stelle kann man am günstigsten Liquor gewinnen? Begründen Sie den Punktionsort aus anatomischer Sicht!
15. Beschreiben Sie die Blutversorgung des Gehirns!
16. Lokalisieren Sie die afferenten und efferenten Fasersysteme des Rückenmarks und Gehirns!
    Wo liegen die Umschaltstellen zwischen den einzelnen Neuronen?
17. Was verstehen Sie unter dem extrapyramidalmotorischen System und welche Bedeutung hat es?

18. Nennen Sie die 12 Hirnnerven und ihre Aufgaben!

19. Beschreiben Sie die Entstehung und Aufzweigung eines Rückenmarksnerven!

20. Geben Sie einen Überblick über die Innervationsgebiete der Rückenmarksnerven unter Beachtung der Geflechtbildung!

21. Nennen Sie die wichtigsten Nerven des Armes!

22. Stellen Sie Ursprung, Verlauf und Versorgungsgebiet des N. ischiadicus dar!

23. Was ist ein Reflexbogen?

24. Erläutern Sie Wesen und Bedeutung von
    a) Eigenreflexen,
    b) Fremdreflexen,
    c) bedingten Reflexen!
    Beschreiben Sie einige wichtige Reflexe genauer!

25. Welche Leistungen vollbringt die Stützmotorik und wie werden diese realisiert?

26. Wo liegen die zentralen Neurone
    a) des Sympathicus,
    b) des Parasympathicus?

27. Erläutern Sie die Besonderheiten der efferenten sympathischen und parasympathischen Leitung!

28. Beschreiben Sie anhand von Beispielen die Wirkungsweise des VNS!

29. Erläutern Sie an einem konkreten Beispiel das Zusammenwirken von VNS, animalen Nervensystem und Hormonsystem!

30. Erläutern Sie die Bedeutung des Schlafes aus physiologischer Sicht!

Literatur

(1) BARTELS, H; BARTELS, R.: Physiologie - Lehrbuch und Atlas. Urban & Schwarzenberg, München - Wien - Baltimore (1983)

(2) BERTOLINI, R. (Hrsg).: Systematische Anatomie des Menschen. VEB Verlag Volk und Gesundheit, Berlin (1987)

(3) GEBHARDT, P.: Zeichenblätter für den Unterricht. LAU-Ausbildungssysteme, Reinbek (1991)

(4) HEBERLEIN, U.: Studienhefte für die Krankenpflege, Biologie. Osnabrück (1991)

(5) Hessisches Curriculum, Krankenpflege.

(6) LIPPERT, H.: Lehrbuch Anatomie. Urban & Schwarzenberg, München - Wien - Baltimore (1990)

(7) REIFFERSCHEID, M.; WELLER, S.: Chirurgie. Georg Thieme Verlag, Stuttgart - New York (1986)

(8) SCHMIDT, H.: Orthopädische Grundlagen für sportliches Üben und Trainieren. Johann Ambrosius Barth, Leipzig (1988)

(9) SCHMIDT, R.F.; THEWS, G. (Hrsg.): Physiologie des Menschen. Springer Verlag, Berlin - Heidelberg - New York (1985)

(10) SCHUBEL, A.-L; SCHUBEL, B.: Grundriß der Anatomie. VEB Verlag Volk und Gesundheit, Berlin (1987)

(11) SCHUBERT, E.: Grundriß der Physiologie des Menschen. VEB Verlag Volk und Gesundheit, Berlin (1987)

(12) SCHUMACHER, G.-H.; KUBOTA, K.: Oberflächen-Anatomie des Menschen. VEB Georg Thieme Verlag, Leipzig (1989)

(13) SILBERNAGEL, A.; DESPOPOULOS, A.: Taschenatlas der Physiologie. Georg Thieme Verlag, Stuttgart - New York, Deutscher Taschenbuch Verlag (1983)

Stichwortverzeichnis

C

H

I

J

K

L

O

Studienbücher für medizinische Berufe

Neuerscheinungen in Vorbereitung 1993 / 94

Dieter Nelius
Manuelle Lymphdrainage

Rolf Meinecke
Orthopädie

Ronald Warm
Gynäkologie

Hans-Peter Jung
HNO-Heilkunde

Peter Wolfgang Ruff
Umgang mit der medizinischen Fachsprache

Gisela Goldhahn / Wolf-Eberhard Goldhahn

Kleines medizinisches Fremdwörterbuch

16. überarbeitete Auflage 1992
240 Seiten, 136 Abbildungen, kartoniert
ISBN 3-928537-11-3 DM 17,80
Bereits über 250.000 Exemplare wurden bis zur 15. Auflage im Leipziger Verlag Georg Thieme verlegt. Wir können Ihnen jetzt die 16. Auflage vorstellen. Ziel war, medizinischen Berufen, auch Medizinstudenten, in den medizinischen Einrichtungen für den Schriftverkehr zuständigen Mitarbeitern, in medizinischen Hilfsverbänden Tätigen und vor allem dem Kreis der medizinisch interessierten Laien ein Helfer zu sein. Besonderer Wert wurde auf eine verständliche Ausdrucksweise, Silbentrennung und instruktive Abbildungen gelegt.

Angelika Drewelow

Arbeitsbuch Grundpflege

1. Auflage 1992
112 Seiten, 23 Abbildungen, gebunden
ISBN 3-928537-13-X DM 18,80
Das Arbeitsbuch soll bei der Auswahl und Ausführung der erforderlichen Pflegemaßnahmen helfen. Sie sind als Grundlage einer patientenorientierten, die jeweilige Pflegesituation berücksichtigende Grundpflege anzusehen. Mit ihrer Hilfe ist der jeweilige individuelle Pflegeplan auf Basis des Krankenpflegeprozesses zu erstellen.

Peter Heinrich

Wunde und Wundheilung

1. Auflage 1992
112 Seiten, 23 Abbildungen, kartoniert
ISBN 3-928537-08-3 DM 14,80
Wie alle großen Fächer der Medizin ist auch die Chirurgie bedroht, in immer weitere Teilgebiete aufgespalten zu werden. Ein einigendes Band jedoch ist geblieben, die Wunde und ihre Heilung. Der Autor hat das Buch geschrieben, um den Studenten der medizinischen Fachschulen gesicherte Kenntnisse über das chirurgische Grundprinzip der Heilung durch Wundsetzung zu vermitteln.

Paul Gebhardt

Anatomie-Zeichenblätter für den Unterricht
- Arbeitsheft -

4. neu bearbeitete Auflage 1991
52 Seiten, 257 Abbildungen, DIN A4, geheftet
ISBN 3-928537-00-8 DM 12,80
Die Anatomie-Zeichenblätter sind seit 1968 eine erprobte und eingeführte Unterrichtseinheit, der der Gedanke zugrunde liegt, dem Lernenden das anatomische Grundwissen durch aktive Mitarbeit zielstrebig zu vermitteln.

Paul Gebhardt

Anatomie-Zeichenblätter für den Unterricht
- Legende -

4. neu bearbeitete Auflage 1991
22 Seiten, DIN A4, geheftet
ISBN 3-928537-01-6 DM 9,80
In der Legende sind die anatomischen Begriffe zu den bezifferten Hinweislinien der 257 Zeichnungen im Arbeitsheft enthalten.

Ortrun Ruschmeyer / Karin Schiller

Praxisbegleitbuch für die Krankenpflegeausbildung
für PraxisanleiterInnen und LehrerInnen für Pflegeberufe - Gesamtausgabe -

182 Seiten, Ringordner
ISBN 3-928537-12-1 DM 39,–

- Schülerausgabe -

144 Seiten, Ringordner
ISBN 3-928537-16-4 DM 29,50
Für die Krankenpflegeausbildung ist es besonders wichtig, den Einsatz der Schüler transparent zu gestalten. Mit der Dokumentation soll die praktische Ausbildung für beide Seiten jederzeit durchschaubar und nachvollziehbar sein. Das Werk ist als Ringordner konzipiert, um für die verschiedenen Krankenhausgrößen eine variable Gestaltung der Lerninhalte zu gewährleisten.
Die fehlenden 38 Seiten für die Schülerausgabe können mit den gewünschten Lerninhalten der

Zusatzbereiche Augenklinik (DM 1,–), Dialyse (DM –,50), Endoskopiebereiche (DM –,50), HNO (DM 2,–), Hautklinik (DM 1,–), Mund-, Kiefer-, Gesichtschirurgie (DM 1,–), Neurochirurgie (DM 2,–) und Orthopädie (DM 1,50) ergänzt werden.

Elke Luft / Renate Kaphingst

Wissensspeicher Krankenpflege

4. überarbeitete Auflage 1993
176 Seiten, gebunden
ISBN 3-928537-07-5 DM 24,00

Der überarbeitete Wissensspeicher soll allen künftigen Krankenschwestern und Krankenpflegern das Erlernen der Krankenpflege erleichtern und ihnen helfen, sich gründlich auf ihre beruflichen Aufgaben vorzubereiten, damit sie die ihnen anvertrauten Patienten sachgerecht pflegen und betreuen können. Der Wissensspeicher wurde methodisch so aufbereitet, daß Sie sich mit dem Inhalt der einzelnen Kapitel aktiv auseinandersetzen können.

Anita Wilda-Kiesel

Konzentrative Entspannung

1. Auflage 1993
66 Seiten, kartoniert
ISBN 3-928537-10-5 DM 14,80

Dieses Buch ist vor allem für diejenigen geschrieben, die eine Ausbildung zum Therapeuten für Konzentrative Entspannung absolvieren. Während dieser Ausbildung werden neben der Selbsterfahrung in der Methode Kenntnisse zur Selbstreflexion des Therapeuten-Verhaltens sowie über Dimensionen der Therapeut-Patient-Beziehung, über Strategien der Gesprächsführung und die Dynamik der Gruppenentwicklung, der Gruppenstruktur und der Bedeutung der Gruppenatmosphäre vermittelt.

Peter Wolfgang Ruff

Einführung in den Gebrauch der medizinischen Fachsprache

3. überarbeitete Auflage 1993
86 Seiten, kartoniert
ISBN 3-928537-03-2 DM 14,80

Dieses bereits in 3. Auflage vorliegende Taschenbuch ist eine hervorragende Lernanleitung zur medizinischen Fachsprache. Es vermittelt Kenntnisse über Herkunft, Bildung (Ableitung), Rechtschreibung, Aussprache und Betonung, Deklination und Konjugation und gibt Auskunft über medizinische Fachausdrücke sowie häufig vorkommende Wortbildungselemente aus dem Lateinischen und Griechischen, informiert über die Fachausdrücke in Anatomie, Klinik und Pharmazie.

Günter Grosche

Übungsheft zur Einführung in die medizinische Fachsprache

3. überarbeitete Auflage 1993
28 Seiten, DIN A4, geheftet
ISBN 3-928537-04-0 DM 8,80

Das Übungsheft besteht aus 19 Arbeitsblättern und soll bei Lernenden, die sich beruflich mit dem medizinischen Fachwortschatz beschäftigen müssen und keine Vorkenntnisse der griechischen und lateinischen Sprache haben, Verständnis für die Termini wecken, ohne die Grammatik der beiden Sprachen lernen zu müssen. Das Übungsheft wurde kombiniert mit dem Taschenbuch 'Einführung in den Gebrauch der medizinischen Fachsprache'.

Rolf Meinecke

Bewegungs-, Längen- und Umfangsmessungen (Neutral-Null-Durchgangsmethode)

1. Auflage 1992
64 Seiten, 57 Abbildungen, kartoniert
ISBN 3-928537-06-7 DM 14,80

Der Autor wendet sich mit diesem Buch an alle, die sich mit der Messung und Beurteilung des Stütz- und Bewegungsapparates befassen. Während bei den Längen- und Umfangsmaßen schon immer exakte, vergleichbare Werte erreicht wurden, entsprach die Feststellung und Dokumentation der Bewegungsmaße nicht den geforderten Normen. Die Neutral-Null-Durchgangsmethode hat sich als ideale Meßmethode herausgestellt, deren Ergebnisse gut reproduzierbar und dokumentierbar sind.